高等院校化学课程教材

有机化学
Organic Chemistry

石从云　主编

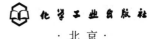
·北京·

内容简介

本书总共有 13 章，以官能团分类介绍烷烃、烯烃和二烯烃、炔烃、脂环烃、芳烃、卤代烃、醇、酚、醚、醛、酮、羧酸和羧酸衍生物、含氮化合物和杂环化合物等化合物的命名、结构、物理性质、化学性质与结构的关系、化学性质和一些基本概念、基本理论、基本原理（机理）等。

本书适合作为化工、环境、矿物加工、生物、给排水、材料、制药等工科及相关专业有机化学课程教材，也适合作为自学考试者用书和相关科研工作者参考用书。

图书在版编目（CIP）数据

有机化学／石从云主编. 一北京：化学工业出版社，2022.8（2024.5 重印）
高等院校化学课程教材
ISBN 978-7-122-41610-0

Ⅰ.①有… Ⅱ.①石… Ⅲ.①有机化学-高等学校-教材 Ⅳ.①O62

中国版本图书馆 CIP 数据核字（2022）第 097353 号

责任编辑：徐一丹　杨　菁　甘九林
文字编辑：姚子丽　师明远
责任校对：边　涛
装帧设计：刘丽华

出版发行：化学工业出版社
　　　　　（北京市东城区青年湖南街 13 号 邮政编码 100011）
印　　装：三河市延风印装有限公司
787mm×1092mm　1/16　印张 17¼　字数 422 千字
2024 年 5 月北京第 1 版第 2 次印刷

购书咨询：010-64518888
售后服务：010-64518899
网　　址：http://www.cip.com.cn

凡购买本书，如有缺损质量问题，本社销售中心负责调换。

定　价：50.00 元　　　　　　　　　　　　　版权所有　违者必究

前言

党的二十大报告指出，必须坚持科技是第一生产力，人才是第一资源，创新是第一动力，深入实施科教兴国战略、人才强国战略和创新驱动发展战略。有机化学是培养化学化工、资源环境、生物制药等相关专业人才的基础课程，其中教材起到的作用是不言而喻的，教材编写方法和内容应根据当下人才培养的需求和时代发展的需要与时俱进。

很多学生在有机化学的学习过程中感觉知识点很多、要背的多、记不住，例如，课程中最重要的知识点——有机化合物的化学性质，学生就反映太多太散，很难记忆。实际上，有机化学中的知识点是有规律的，各类化合物有这样或那样的化学性质是由化合物的结构决定的，所以近些年我们授课时特别注意有机化合物结构理论的讲述，通过分析物质结构推导化学性质；另外还注意分析同类知识点之间的关联，上课的学生反映这门课程好理解、好学、知识点有规律，记忆也没有以前那么困难了。市面上重视化学性质与有机物结构的关系阐明，进而由结构清晰地导出化学性质，且注重知识点的相互关联性的教材不多。基于此原因，本教材重点介绍有机化合物的结构、命名、化学性质和有机化学的基本概念、基本理论，注重结构与化学性质之间的关联，使学生在较短时间内能理解掌握有机化学反应发生的基本因素和规律，从而较快地掌握有机化合物复杂的化学性质；另外注重各类有机化合物命名、结构和化学性质等知识点之间的相互联系，使学生较容易地全面理解掌握各知识点，让学生从纷繁复杂的有机化学知识点中找到规律，以达到较快较好地理解、记忆和灵活运用的目的。

本书由武汉科技大学有机教研室老师编写。具体分工如下：石从云、柯昌美（第1章、第13章）；付磊（第2章、第12章）；石从云（第3章、第4章）；石从云、强敏（第5章、第7章）；张海清（第6章、第8章）；石从云、刘兴重（第9章）；李艳军（第10章、第11章）。由石从云统一整理定稿。感谢武汉科技大学有机教研室全体老师给予的热情支持和帮助，感谢农培育、岳敏、王晨、余哲、张明等参与教材内容检查、插图制作和习题检查修改。

由于编者水平有限，如若书中有纰漏之处，敬请各位专家和读者批评指正。

编者
2023年12月

目录

第1章 绪论 / 001

1.1 有机化学和有机化合物简介……001
1.2 有机化合物的特点和同分异构现象……001
    1.2.1 有机化合物性质上的特点……001
    1.2.2 有机化合物中的同分异构现象……002
1.3 描述共价键的参数……004
1.4 有机化合物来源和分类……005
    1.4.1 有机化合物的来源……005
    1.4.2 有机化合物的分类……006
1.5 有机化学中的酸碱概念……007
    1.5.1 布朗斯特酸碱理论……007
    1.5.2 路易斯酸碱理论……007

第2章 烷烃 / 008

2.1 烷烃的命名……008
    2.1.1 伯、仲、叔、季碳原子及烷基的概念……008
    2.1.2 烷烃的命名……009
2.2 烷烃的结构……010
    2.2.1 甲烷的立体结构和共价键理论解释……010
    2.2.2 乙烷的结构……012
    2.2.3 正丁烷的结构……014
    2.2.4 其他长链烷烃的结构……015
2.3 烷烃的物理性质……015
    2.3.1 沸点……015
    2.3.2 熔点……016
    2.3.3 溶解度……016
    2.3.4 密度……016
    2.3.5 折射率……017
2.4 烷烃的化学性质……017
    2.4.1 化学性质的推导……017
    2.4.2 化学性质……017
习题……022

第3章 烯烃和二烯烃 / 024

- 3.1 烯烃 024
  - 3.1.1 烯烃的命名 024
  - 3.1.2 烯烃的结构及同分异构现象 026
  - 3.1.3 烯烃的物理性质 029
  - 3.1.4 烯烃的化学性质 030
- 3.2 二烯烃 038
  - 3.2.1 二烯烃的分类和命名 038
  - 3.2.2 共轭二烯烃的结构及共轭体系 039
  - 3.2.3 共轭二烯烃的化学性质 042
- 习题 046

第4章 炔烃 / 049

- 4.1 炔烃的命名、结构和同分异构现象 049
  - 4.1.1 炔烃的命名 049
  - 4.1.2 炔烃的结构和同分异构现象 049
- 4.2 炔烃的物理性质 051
- 4.3 炔烃的化学性质 051
  - 4.3.1 化学性质的推导 051
  - 4.3.2 化学性质 052
- 习题 059

第5章 脂环烃 / 061

- 5.1 脂环烃的分类和命名 061
  - 5.1.1 脂环烃的分类 061
  - 5.1.2 脂环烃的命名 062
- 5.2 环的稳定性及其结构 064
  - 5.2.1 环的稳定性 064
  - 5.2.2 环的结构 064
- 5.3 环烷烃的物理性质 069
- 5.4 环烷烃的化学性质 069
  - 5.4.1 化学性质的推导 069
  - 5.4.2 化学性质 069
- 习题 071

第 6 章 对映异构 / 073

- 6.1 手性和对映体 ··· 073
  - 6.1.1 手性 ··· 073
  - 6.1.2 对映体 ··· 074
- 6.2 旋光性和比旋光度 ··· 075
  - 6.2.1 平面偏振光和旋光性 ··· 076
  - 6.2.2 旋光仪和比旋光度 ··· 076
- 6.3 含一个手性碳原子化合物的对映异构 ··· 077
  - 6.3.1 手性碳原子 ··· 077
  - 6.3.2 构型表示法 ··· 078
  - 6.3.3 构型标记 ··· 079
- 6.4 含两个手性碳原子化合物的对映异构 ··· 081
  - 6.4.1 含两个不同手性碳原子化合物的对映异构 ····································· 081
  - 6.4.2 含两个相同手性碳原子化合物的对映异构 ····································· 082
- 6.5 不含手性碳原子化合物的对映异构 ··· 083
  - 6.5.1 丙二烯型化合物 ··· 083
  - 6.5.2 联苯型化合物 ··· 083
  - 6.5.3 含有其他手性中心的化合物 ··· 084
- 6.6 外消旋体的拆分 ··· 084
- 6.7 手性合成 ··· 085
- 6.8 对映异构在研究反应机理中的应用 ··· 085
- 习题 ·· 086

第 7 章 芳烃 / 088

- 7.1 芳烃的分类和命名 ··· 088
  - 7.1.1 芳烃的分类 ··· 088
  - 7.1.2 芳烃的命名 ··· 089
- 7.2 单环芳烃 ··· 092
  - 7.2.1 单环芳烃的结构 ··· 092
  - 7.2.2 单环芳烃的物理性质 ··· 093
  - 7.2.3 单环芳烃的化学性质 ··· 093
- 7.3 亲电取代反应的机理及定位规律 ··· 099
  - 7.3.1 亲电取代反应的机理 ··· 099
  - 7.3.2 定位规律介绍 ··· 101
  - 7.3.3 定位规律的解释和应用 ··· 103

7.4 稠环芳烃 ··· 105
    7.4.1 萘 ··· 105
    7.4.2 蒽 ··· 109
    7.4.3 菲 ··· 110
    7.4.4 其他稠环芳烃 ··· 111
7.5 芳香性和非苯芳烃 ·· 111
    7.5.1 芳香性 ··· 111
    7.5.2 非苯芳烃 ·· 112
习题 ·· 113

第8章 卤代烃 / 117

8.1 卤代烃的分类、命名和结构 ··· 117
    8.1.1 卤代烃的分类 ··· 117
    8.1.2 卤代烃的命名 ··· 117
    8.1.3 卤代烃的结构 ··· 118
8.2 卤代烃的物理性质 ·· 119
8.3 卤代烷的化学性质 ·· 120
    8.3.1 化学性质的推导 ·· 120
    8.3.2 化学性质 ·· 120
8.4 亲核取代反应历程 ·· 125
    8.4.1 双分子亲核取代（S_N2）反应历程 ························ 125
    8.4.2 单分子亲核取代（S_N1）反应历程 ························ 127
    8.4.3 影响亲核取代反应历程的因素 ································ 128
8.5 消除反应历程 ·· 130
    8.5.1 双分子消除（E2）反应历程 ··································· 130
    8.5.2 单分子消除（E1）反应历程 ··································· 131
    8.5.3 取代反应和消除反应的竞争 ··································· 132
8.6 卤代烯烃和卤代芳烃 ··· 132
习题 ·· 135

第9章 醇、酚、醚 / 138

9.1 醇 ··· 138
    9.1.1 醇的分类、命名 ·· 138
    9.1.2 醇的结构 ·· 139
    9.1.3 醇的物理性质 ··· 140

		9.1.4 醇的化学性质	141

9.2 酚 147
    9.2.1 酚的分类、命名 147
    9.2.2 酚的结构 148
    9.2.3 酚的物理性质 149
    9.2.4 酚的化学性质 149

9.3 醚 153
    9.3.1 醚的分类、命名 153
    9.3.2 醚的结构 155
    9.3.3 醚的物理性质 155
    9.3.4 醚的化学性质 156
    9.3.5 环醚 157

习题 159

第 10 章 醛、酮 / 161

10.1 醛、酮的分类和命名 161
    10.1.1 醛、酮的分类 161
    10.1.2 醛、酮的命名 162

10.2 醛、酮的结构 163

10.3 醛、酮的物理性质 164

10.4 醛、酮的化学性质 165
    10.4.1 化学性质的推导 165
    10.4.2 化学性质 165

10.5 亲核加成反应历程 181

10.6 α, β-不饱和醛、酮的化学特性 182
    10.6.1 亲电加成反应 182
    10.6.2 亲核加成反应 183
    10.6.3 还原反应 184

习题 185

第 11 章 羧酸和羧酸衍生物 / 187

11.1 羧酸与取代羧酸 187
    11.1.1 羧酸 187
    11.1.2 取代羧酸 199

11.2 羧酸衍生物 200

   11.2.1 羧酸衍生物的分类和命名 ································· 200
   11.2.2 羧酸衍生物的结构 ······································· 202
   11.2.3 羧酸衍生物的物理性质 ································· 202
   11.2.4 羧酸衍生物的化学性质 ································· 203
   11.2.5 β-二羰基化合物 ······································ 213
习题 ··· 219

第12章 含氮化合物 / 222

12.1 胺 ··· 222
   12.1.1 胺的分类和命名 ··· 222
   12.1.2 胺的结构 ··· 224
   12.1.3 胺的物理性质 ·· 224
   12.1.4 胺的化学性质 ·· 225
12.2 季铵类化合物 ··· 230
   12.2.1 季铵盐的制备和应用 ··································· 230
   12.2.2 季铵碱的制备和受热分解 ··························· 230
12.3 重氮和偶氮化合物 ·· 231
   12.3.1 重氮和偶氮化合物的命名和重氮盐的结构 ······ 231
   12.3.2 重氮盐的制备和化学性质 ··························· 233
   12.3.3 偶氮化合物的制备和应用 ··························· 237
12.4 腈 ··· 238
   12.4.1 腈的分类和命名 ··· 238
   12.4.2 腈的结构 ··· 238
   12.4.3 腈的物理性质 ·· 238
   12.4.4 腈的化学性质 ·· 239
习题 ··· 240

第13章 杂环化合物 / 243

13.1 杂环化合物的分类和命名 ································ 243
   13.1.1 杂环化合物的分类 ····································· 243
   13.1.2 杂环化合物的命名 ····································· 244
13.2 六元杂环化合物 ··· 246
   13.2.1 吡啶 ·· 246
   13.2.2 喹啉 ·· 250
13.3 五元杂环化合物 ··· 252

  13.3.1 呋喃、噻吩和吡咯的结构 ··252
  13.3.2 呋喃、噻吩和吡咯的物理性质和化学性质 ································253
  13.3.3 糠醛 ···257
13.4 生物碱 ···259
  13.4.1 生物碱简介 ··259
  13.4.2 生物碱的化学性质 ··259
  13.4.3 重要的生物碱 ··260
习题 ··261

参考文献 / 263

第1章 绪论

1.1 有机化学和有机化合物简介

有机化学是与人类生活联系非常紧密的学科，它诞生于19世纪初，迄今已有200多年的历史。它以有机化合物为研究对象，是研究有机化合物的结构、性质、合成、反应机理及化学变化规律和应用的一门科学。有机化合物是指含碳的化合物，或碳氢化合物及其衍生物。前者的准确性不如后者，因为前者还包括了CO、CO_2等无机化合物。石油、醇类、羧酸、油脂、糖类、蛋白质、维生素、药物、香料、染料、农药、塑料、合成纤维、合成橡胶等都是有机化合物。

人类很早就会获取和使用有机化合物。例如，我国古代的酿酒、制醋、制糖和制染料等。在18世纪末期，人们开始从自然界的有机混合体系中提取一些纯的有机物，如从葡萄汁中提取出了酒石酸，从尿液中提取出了尿素，从酸牛奶中提取出了乳酸，从柠檬汁中提取出了柠檬酸等。受认识和条件的限制，最早人们认为有机化合物只能从生命体中得到，不能由人工合成，如1806年，瑞典著名化学家贝采利乌斯提出，有机化学是与生命有关的化学，认为有机物只能由生物细胞受一种特殊力量（生命力的作用）才会产生出来，人工是不能合成的。但是1828年德国化学家F.Wohler在研究中，意外地发现把氰酸铵加热可以生成尿素，这个发现具有划时代的意义，因为这是人类第一次在实验室中人工合成了有机化合物。自此以后，化学家们陆陆续续成功合成了许多有机化合物，如1845年H.Kolbe合成了醋酸，1854年M.Berthelot合成出了油脂。在大量的事实面前，人们逐渐摒弃了有机化合物的"生命力"学说，有机化学进入了合成时代。1850~1900年间，主要以煤焦油为原料合成有机化合物，可以称为有机化学合成时代或煤焦油化学时代；20世纪初，工业上开始生产药物、染料和炸药等有机化合物，所以1900~1940年间也称为有机化学工业时代；20世纪40年代，人们又建立了以石油为主要原料的有机化学工业，如合成三大材料（橡胶、塑料、纤维），所以1940年后的几十年也可称为石油化工时代。近几十年来，有机化学与材料科学、环境科学、生命科学、国防工业、能源工业、电子工业、信息产业及各种轻工业紧密联系，相互促进、相互发展。

1.2 有机化合物的特点和同分异构现象

1.2.1 有机化合物性质上的特点

有机化合物和无机化合物在性质上存在很大差异，具有如下特性：
（1）熔点、沸点低
较之于无机物，有机物的熔点、沸点低很多。如室温下，很多有机物为气体、液体，即使为固体，其熔点也比较低，绝大多数有机物的熔点在 400℃以下；而绝大多数无机物为高熔点、高沸点的固体，例如氯化钠和丙酮的分子量相当，但二者的熔点、沸点差异巨大，见表 1.1。

表 1.1 氯化钠和丙酮的熔点、沸点

项目	NaCl（氯化钠）	CH_3COCH_3（丙酮）
分子量	58.44	58.08
熔点 / ℃	801	−95.35
沸点 / ℃	1413	56.2

这是因为很多无机物是离子化合物，它们的结晶是由离子排列而成的，晶格能较大，若要破坏这个有规则的排列，则需要较多的能量，故熔点、沸点一般较高。而有机物多以共价键结合，它的结构单元往往是分子，其分子间的作用力（范德瓦耳斯力）较弱，所以熔点、沸点比较低。

(2) 热稳定性差

有机物中原子间通过共价键结合，共价键一般较弱，受热容易断裂，故而分子热稳定性差。在温度高于 200℃时，很多有机物就会分解。

(3) 能够燃烧

有机物分子中一般都含有碳元素和氢元素（少数除外），大部分有机物（如乙醇、烷烃等）容易燃烧，放出大量热量，生成水和二氧化碳。而大多数的无机物（如酸、碱、盐、氧化物等）不能燃烧。

(4) 难溶于水而易溶于有机溶剂

水的极性很强，以离子键结合的无机物大多易溶于水。而有机物一般都以共价键结合，极性很小或者无极性，所以大多数有机物难溶于极性强的水，但易溶于极性小或非极性的有机溶剂（如苯、乙醚、烃、丙酮等）中，这就是"相似相溶"原理。正因为如此，有机反应一般需要在有机溶剂中进行。

(5) 反应速率慢

无机反应是离子型反应，反应速率一般都很快。如 Ag^+ 与 Cl^- 反应生成 AgCl 沉淀，H^+ 与 OH^- 反应生成水等都是在瞬间完成的。

有机反应大部分是非离子反应，反应过程中会有旧共价键的断裂和新共价键的形成，所以其反应速率比较慢，一般需要几小时，甚至几十小时才能反应完全。为了加快有机反应速率，经常采用搅拌、加热、光照或加催化剂等措施。

(6) 副反应多，产物复杂

有机物分子比较复杂，在有机反应中，能起反应的部位往往不仅仅局限于分子中的某一固定位置，通常在不同位置可以同时发生反应，得到不同产物。一般把主要进行的反应称为主要反应，其产物称为主要产物；把其他反应称为副反应，其产物称为副产物。因此提高某产物的产率和产物的分离提纯是有机合成中的重要任务。

1.2.2 有机化合物中的同分异构现象

有机化合物的组成元素比较少，主要为 C、H、O、N、P、S 等，但是有机化合物数量庞大。主要原因是有机化合物中同分异构现象很普遍。同分异构现象就是分子式相同而结构相异的现象。分子式相同而结构不同的化合物互称为同分异构体。同分异构可分为构造异构和立体异构。构造异构又可分为碳链（碳架）异构、官能团位置异构、官能团异构和互变异构。立体异构又可以分为构型异构和构象异构，构型异构和构象异构还可以继续细分，如下：

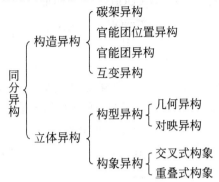

1.2.2.1 构造异构

构造异构是指分子式相同，但是分子中原子间相互连接的方式和次序不同所产生的异构。碳链异构、官能团位置异构、官能团异构和互变异构等都属于构造异构。如：

碳链异构：$CH_3CHCH_2CH_2CH_3$ （含CH_3支链） $CH_3CH_2CHCH_2CH_3$ （含CH_3支链）

官能团位置异构：$CH_2{=}CH{-}CH_2{-}CH_2{-}CH_3$ $CH_3{-}CH{=}CH{-}CH_2{-}CH_3$

官能团异构：C_2H_5OH CH_3OCH_3

互变异构：$CH_3{-}\underset{O}{\overset{\|}{C}}{-}CH_2{-}\underset{O}{\overset{\|}{C}}{-}CH_3$ （烯醇式，含分子内氢键）

1.2.2.2 立体异构

构造相同，分子空间排列方式不同而引起的异构叫立体异构。立体异构包括构型异构和构象异构。

（1）构型异构

相同构造的化合物，因原子或基团（化学键）在分子中的空间排布方式不同而产生的异构现象称为构型异构。构型异构包括几何异构和对映异构。

由于双键或环的存在，使分子中某些原子在空间的位置不同而产生的异构称为几何异构（含顺反异构）。如2-戊烯的两个顺反异构体：

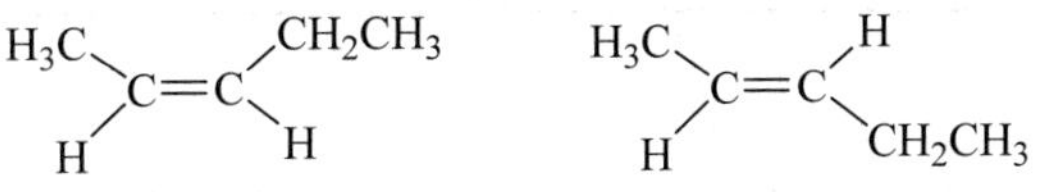

顺-2-戊烯   反-2-戊烯

1,2-二甲基环丙烷的顺反异构体：

顺-1,2-二甲基环丙烷   反-1,2-二甲基环丙烷对映异构为彼此互成镜像的一对异构体。如乳酸（2-羟基丙酸）的一对对映异构体：

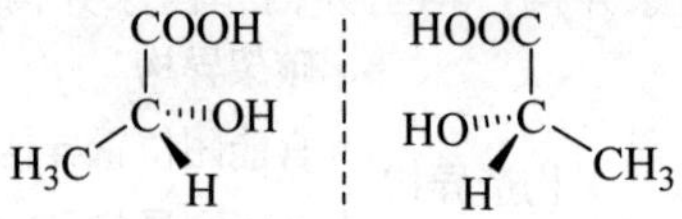

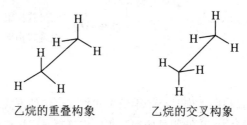

（2）构象异构

构造相同，由于σ键可以自由旋转，旋转角度的不同会导致原子或基团在分子中的空间排布方式不同，此种异构称为构象异构。分子的构象异构体数量无穷多，一般重点关注几种典型的构象。如乙烷的两种典型的构象——重叠式和交叉式：

乙烷的重叠构象　　　　乙烷的交叉构象

1.3 描述共价键的参数

共价键的性质特征可通过键长、键角、键能、键的极性等体现，因此用这些参数可以描述一个共价键。

（1）键长

键长是指形成共价键的两个原子核之间的平均距离。不同原子之间的键长一般不同，键的长短影响化合物的稳定性。键长越短，键能越大，化合物往往越稳定。一些常见共价键的键长如表 1.2 所示。

表 1.2 常见共价键的键长

键型	键长/nm	键型	键长/nm
C—H	0.109	C—O	0.143
C—C	0.154	C—F	0.142
C=C	0.134	C—Cl	0.178
C≡C	0.120	C—Br	0.194
C—N	0.147	C—I	0.213

（2）键角

键角指分子内两个相邻化学键之间的夹角。如甲烷分子中 C—H 共价键之间的键角为 109.5°，乙烯中 H–C–C 夹角为 121.7°，乙炔中 H–C–C 夹角为 180°。

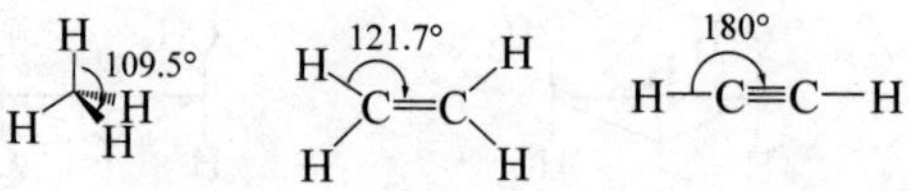

（3）键能

在常温常压下，使共价键均裂所需要的能量称为键能。如把 1mol 双原子理想气体分子

AB拆开为中性气态原子A和B,所消耗的能量称为AB键的键能,也称为该键的离解能。

$$AB（气态）\longrightarrow A（气态）+B（气态）$$

对于双原子分子而言,它的键能等同于它的离解能。对于多原子分子,键能和离解能并不完全相等,键能一般为同一类共价键离解能的平均值。键能表示共价键的牢固程度。键能和键的离解能的单位通常为kJ/mol。

（4）键的极性和元素的电负性

成键的两个原子的电负性差异造成了键的极性。现列出一些有机物组成中常见元素的电负性,如表1.3所示。

表1.3 有机物中较常见元素的电负性

元素	H	C	N	O	S	P	F	Cl	Br	I
电负性	2.20	2.55	3.04	3.44	2.58	2.19	3.98	3.16	2.96	2.66

当两个不同的原子形成共价键时,由于电负性的差异,电子云会向电负性较大的原子一方偏移,使得正、负电荷中心不重合,形成极性键。电负性较大的原子带部分负电荷(用δ^-表示),电负性较小的原子带部分正电荷(用δ^+表示)。如:

$$CH_3^{\delta^+}\longleftrightarrow Cl^{\delta^-}$$

成键两原子的电负性差越大,键的极性也就越大。共价键的极性大小可用偶极矩（键矩）μ来表示。

$$\mu=qd$$

式中,q为正电荷中心或负电荷中心所带的电荷值[单位为库仑（C）];d为正、负电荷间的距离[单位为米（m）]。偶极矩为矢量,具有方向性,通常规定其方向由正电荷指向负电荷,用 ⟶ 表示。之前偶极矩μ常为德拜（D）作为单位,1 D=3.33564×10^{-30} C·m,现在用C·m（库仑·米）来作μ的法定单位。表1.4是一些常见共价键的偶极矩。

表1.4 一些常见共价键的偶极矩

化学键	偶极矩/10^{-30}C·m	化学键	偶极矩/10^{-30}C·m
C—H	1.00	C—Cl	5.21
N—H	4.38	C—Br	4.94
O—H	5.11	C—I	4.31
C—N	1.34	C=N	4.67
C—O	2.87	C=O	8.02
C≡N	12.02		

1.4 有机化合物来源和分类

1.4.1 有机化合物的来源

在自然界中,有机物的来源主要有如下三个方面。

（1）动植物

动植物是工业（尤其是轻工业）有机原料非常重要的来源,目前橡胶、明胶、油脂、香精和药物等有机物仍主要来自动植物。

（2）煤

煤在高温下隔绝空气加热，除生成焦炭外，还产生副产品煤焦油。分馏煤焦油可以得到多种化工原料，煤焦油里估计含有 10000 种左右的有机物，其中已分离并认定的有机物约有 500 种。

（3）石油

从油井开采出的原油，其主要成分是烷烃、环烷烃和芳烃等。原油经过加工可得不同用途的石油产品和化工原料。

1.4.2 有机化合物的分类

有机化合物可以按碳架（基本骨架）的不同分类，也可以按官能团的不同分类。

1.4.2.1 根据碳架不同分类

按碳架的不同可以分为开链化合物和环状化合物。

（1）开链化合物

由碳原子等互相结合形成的链状化合物称为开链化合物，此类化合物没有环。由于这类化合物最初是在脂肪中发现的，所以又称为脂肪族化合物。如：

CH₃CH₂CH₃	CH₃CH=CH₂	CH₂=CH—CH=CH₂	CH₃CH₂OH
丙烷	丙烯	1,3-丁二烯	乙醇

（2）环状化合物

环状化合物分子中含有环。它们可分为三类：

① 脂环化合物：分子含有环，但化学性质与脂肪族化合物相似，因此称为脂环化合物。如：

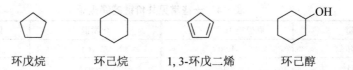

环戊烷　　环己烷　　1,3-环戊二烯　　环己醇

② 芳香族化合物：分子中含有芳环，化学性质与开链化合物和脂环化合物有较大区别。如：

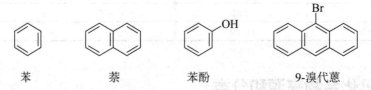

苯　　萘　　苯酚　　9-溴代蒽

③ 杂环化合物：分子中组成环的原子除了碳外，还有其他原子（如氧、硫、氮）。如：

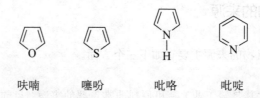

呋喃　　噻吩　　吡咯　　吡啶

1.4.2.2 根据官能团不同分类

官能团是分子中比较活泼、容易发生化学反应的原子或原子团,它决定了化合物的主要化学性质。本教材主要以官能团分类来介绍各类有机化合物。有机化合物常见的官能团及相应的化合物类别如表1.5所示。

表1.5 常见有机化合物的类别及官能团

化合物类别	官能团结构	官能团名称	化合物类别	官能团结构	官能团名称
烯烃	C=C	双键	醛或酮	C=O	羰基
炔烃	C≡C	三键	羧酸	COOH	羧基
卤代烃	X（F、Cl、Br、I）	卤原子	腈	CN	氰基
醇或酚	OH	羟基	硝基化合物	NO_2	硝基
硫醇或硫酚	SH	巯基	胺	NH_2（NHR、NR_2）	氨基
醚	C—O—C	醚键	磺酸	SO_3H	磺酸基

1.5 有机化学中的酸碱概念

有机酸碱概念主要有布朗斯特（J. N. Brønsted）酸碱理论和路易斯（G. N. Lewis）酸碱理论。

1.5.1 布朗斯特酸碱理论

布朗斯特认为,凡能释放出质子的物质是酸,凡能接受（或结合）质子的物质是碱。这一理论也被叫作质子酸碱理论。如：

$$HCl + H_2O \longrightarrow H_3O^+ + Cl^-$$
酸　　碱

1.5.2 路易斯酸碱理论

路易斯提出,凡能接受外来电子对的物质是酸,凡能给出电子对的物质是碱。如：

$$BF_3 + :NH_3 \longrightarrow F_3B-NH_3$$
$$H^+ + :OH^- \longrightarrow H_2O$$

路易斯酸　　路易斯碱　　酸碱络合物（路易斯盐）

路易斯酸能接受外来的电子对,带有正电荷的离子（如 H^+、R^+、NO_2^+等）或有空轨道的中性分子（如 BF_3、$AlCl_3$ 等）,都可以作为路易斯酸。路易斯碱能给出电子对,带有负电荷的离子（如 OH^-、NH_2^-、CN^-、CH_3O^-等）或有孤对电子的中性分子（如 H_2O、ROH、NH_3 等）,都可以作为路易斯碱。路易斯酸碱的范围比布朗斯特酸碱更广泛。在有机化学中,用得较多的是路易斯酸碱理论。

第 2 章 烷烃

烃是分子中只含有碳和氢两种元素的有机化合物,根据其结构可以分为以下几类:

$$\text{烃}\begin{cases}\text{开链烃(脂肪烃)}\begin{cases}\text{饱和烃(烷烃)}\\\text{不饱和烃}\begin{cases}\text{烯烃}\\\text{炔烃}\\\text{二烯烃}\end{cases}\end{cases}\\\text{闭链烃(环烃)}\begin{cases}\text{脂环烃}\\\text{芳香烃}\end{cases}\end{cases}$$

烷烃是饱和链烃。烷烃分子中氢原子的个数随着碳原子个数的增加也相应地增加,其通式为 C_nH_{2n+2}。结构相似,具有相同的通式,而在组成上相差—CH_2—的整数倍的一系列化合物称为同系列,同系列中的各个化合物互为同系物。—CH_2—称同系列的系差。同系物化学性质相似,物理性质随分子量增加而呈现规律性变化。

2.1 烷烃的命名

2.1.1 伯、仲、叔、季碳原子及烷基的概念

烷烃分子中的碳原子分为四种类型。与一个碳原子直接相连的碳原子称为伯碳原子(又名一级碳原子),用 1°表示;与两个碳原子直接相连的碳原子称为仲碳原子(又名二级碳原子),用 2°表示;与三个碳原子直接相连的碳原子称为叔碳原子(又名三级碳原子),用 3°表示;与四个碳原子直接相连的碳原子称为季碳原子(又名四级碳原子),用 4°表示。如:

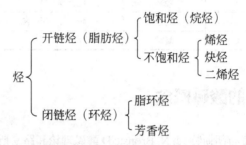

连在伯碳上的氢原子称为伯氢原子(又名一级氢,1°H);连在仲碳上的氢原子称为仲氢原子(又名二级氢,2°H);连在叔碳上的氢原子称为叔氢原子(又名三级氢,3°H)。

烷烃分子上去掉一个氢原子后剩下的基团叫作烷基,烷基通式为 C_nH_{2n+1}—,常用 R—表示。常见烷基有:

CH₃—	CH₃CH₂—	CH₃CH₂CH₂—	CH₃CHCH₃ (with bond up)
甲基（Me）	乙基（Et）	正丙基（*n*-Pr）	异丙基（*iso*-Pr）

CH₃CH₂CH₂CH₂—	CH₃CHCH₃ (bond up)	CH₃CHCH₂— (with CH₃ up)	(CH₃)₃C—
正丁基（*n*-Bu）	仲丁基（*sec*-Bu）	异丁基（*iso*-Bu）	叔丁基（*t*-Bu）

此外，二价烷基叫亚基，如：H₂C〈（亚甲基），H₃CHC〈（亚乙基）；三价烷基叫次基，如 HC≤（次甲基），CH₃C≤（次乙基）。

2.1.2 烷烃的命名

2.1.2.1 习惯命名法（普通命名法）

普通命名法又称为习惯命名法，适用于简单化合物。根据分子中碳原子的数目称"某烷"。碳原子数在十以内时，用天干甲（meth）、乙（eth）、丙（prop）、丁（but）、戊（pent）、己（hex）、庚（hept）、辛（oct）、壬（non）、癸（dec）表示；碳原子数在十个以上时，用中文数字十一（undec）、十二（dodec）、十三（tridec）……表示。如：

$$CH_3CH_2CH_2CH_2CH_3 \qquad CH_3(CH_2)_{18}CH_3$$

正戊烷　　　　　　　正二十烷

为了区别异构体，直链烷烃称"正"（*n*-）某烷；在链端第二个碳原子上连有一个甲基且无其他支链的烷烃，称"异"（*iso*-）某烷；在链端第二个碳原子上连有两个甲基且无其他支链的烷烃，称"新"（*neo*-）某烷。如：

CH₃CH₂CH₂CH₂CH₃　　　CH₃CHCH₂CH₃　　　CH₃CCH₂CH₃
　　　　　　　　　　　　　　　│　　　　　　　　│
　　　　　　　　　　　　　　 CH₃　　　　　　CH₃ (with CH₃ below)

正戊烷　　　　　　　　异戊烷　　　　　　　新己烷

2.1.2.2 衍生物命名法

以甲烷为母体，选择连接烷基最多的碳为母体甲烷，烷基按从小到大的顺序排列。如：

$$H_3C-\underset{H}{\overset{CH_3}{C}}-CH_2CH_3 \qquad H_3CH_2C-\underset{CH_3}{\overset{CH_3}{C}}-CHCH_3 (\text{with } CH_3)$$

二甲基乙基甲烷　　　二甲基乙基异丙基甲烷

2.1.2.3 系统命名法

系统命名法是国际纯粹与应用化学联合会（Internation Union of Pure and Applied Chemistry，

IUPAC）制订的。我国现用的系统命名法是依据 IUPAC 规定的原则，再结合中文特点制订的（如国际上取代基次序根据英文字母顺序，我国根据基团较优规则）。

① 直链烷烃：与普通命名法相似，省略"正"字。如：

$$CH_3CH_2CH_2CH_2CH_2CH_3$$

己烷

② 有支链时，命名步骤与原则如下：

a. 选主链。选最长、含支链最多的碳链为主链，并按主链碳原子数命名为"某烷"（若含有多条相同碳原子数的最长链，应使所含取代基尽可能简单）。例如，下面分子应选线经过的碳链作主链：

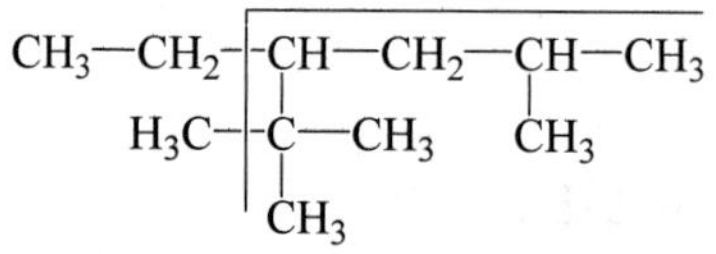

2,2,5-三甲基-3-乙基己烷

b. 给主链编号，用于确定取代基位置。给主链编号应遵循三个原则：ⓐ从距离取代基最近的一端开始给主链编号；ⓑ若含多个取代基，则应使取代基编号的和最小；ⓒ若编号和相同，则非较优基团（次序规则见烯烃的系统命名）先编号。给主链编号必须依次遵循这三条规则，不可颠倒次序。

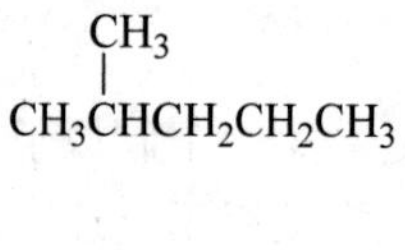

2-甲基戊烷 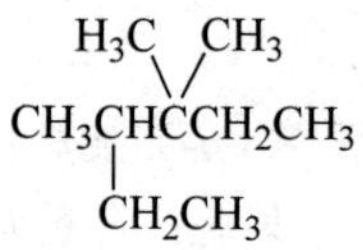　　　3,3,4-三甲基己烷 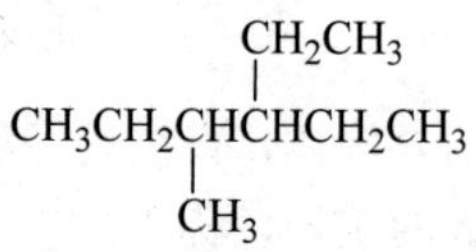　　　3-甲基-4-乙基己烷

c. 写名称。依次将取代基的位次、个数、名称写于主链名称前，位次与名称之间要用短线隔开。合并相同的取代基，用中文数字二（di）、三（tri）、四（tetra）……表示取代基的个数，用阿拉伯数字 1，2，3…表示取代基的位次；不同取代基按基团次序规则，非较优基团先列出。

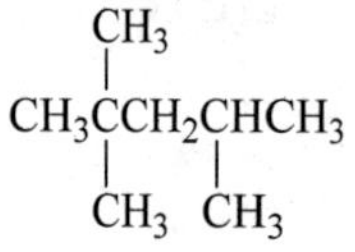

2,2,4-三甲基戊烷 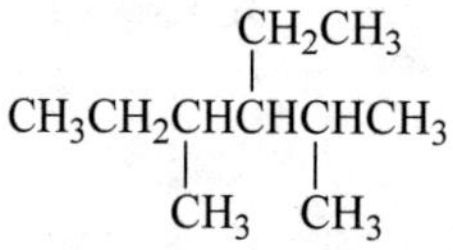　　　2,4-二甲基-3-乙基己烷 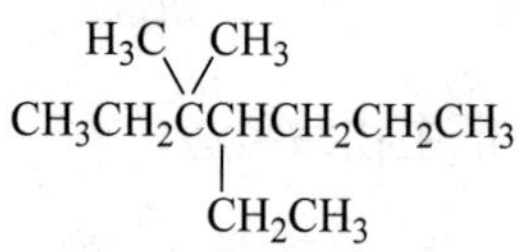　　　3,3-二甲基-4-乙基庚烷

2.2 烷烃的结构

2.2.1 甲烷的立体结构和共价键理论解释

（1）甲烷的立体结构

甲烷是最简单的烷烃分子，空间结构是正四面体型，碳原子在正四面体的中心，四个氢原

子在正四面体的四个顶点上，C—H 键相互夹角为 109.5°如图 2.1 所示。

（2）共价键理论解释

为弄清有机化合物的结构，必须对有机化合物各原子之间的成键方式有正确的认识。1916 年美国化学家路易斯提出了经典的共价键理论，

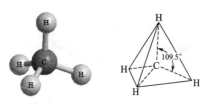

图 2.1 甲烷的空间构型

他认为同种元素或电负性相近的元素的原子之间可以通过共用电子对形成分子，通过共用电子对形成的化学键称为共价键。美国化学家鲍林（L. C. Pauling）在 1931 年又提出了杂化轨道理论和共振论，丰富和完善了现代共价键理论。现代共价键理论要点如下：

① 自旋方向相反的未成对电子互相接近（作用）形成稳定的共价键，使原子可形成稳定的惰性气体的电子构型。

② 共价键具有饱和性。一个未成对电子一旦配对，就不能再与其他的未成对电子配对。

③ 共价键具有方向性。共价键的形成实质上是电子云的重叠，电子云的重叠越多，形成的共价键就越强。

④ 能量相近的原子轨道可进行杂化而组成能量相等的杂化轨道，杂化前后轨道数目不变、能量不变。

在有机化合物中，碳起着骨架的作用，碳处于周期表中第ⅣA族，有 4 个价电子，需要得到 4 个电子才能形成稳定的八隅体。但在得到第 1 个电子后，碳原子带了 1 个负电荷，若想继续获得第 2 个电子，就会受到电荷的排斥而需要较大的能量，因此生成 C^{4-} 是很困难的；同样，失去外层 4 个电子形成 C^{4+} 也很困难，因为每个离去的电子必须克服碳正离子的引力。因此，不通过得失电子的途径，而通过共享电子对的方式形成共价键较为有利，这就是有机化合物中碳总是和其他元素之间形成共价键的原因。

碳原子在基态时核外电子排布是 $1s^22s^22p^2$，有 2 个未配对的 p 电子，根据共价键理论，似乎只能形成 2 价，这与有机化合物中碳通常显 4 价不符。为了使碳原子的电子结构与它显示的价态相一致，因而引入了激发的概念，碳的一个 2s 电子激发到 2p 轨道上，从而使激发态碳原子有 4 个未成对电子，显示出 4 价。但由于 4 个价电子所处的状态不同，有一个电子处于 2s 轨道上，3 个电子处于 2p 轨道上，s 轨道为圆球形，p 轨道为纺锤形，所生成的键应有区别，然而实验事实是甲烷中碳的 4 价是完全等同的。为了解决这一矛盾鲍林提出了轨道杂化理论，即 1 个 2s 轨道和 3 个 2p 轨道"混杂"形成 4 个完全等同的 sp^3 杂化轨道，每个 sp^3 杂化轨道一头大一头小，轨道最细处为原子核所处的位置，4 个轨道相交于原子核处，为减少轨道之间的排斥力，4 个 sp^3 杂化轨道两两夹角呈 109.5°，如图 2.2 和图 2.3 所示。

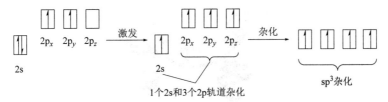

图 2.2 碳原子 2s 电子的激发和 sp^3 杂化轨道电子分布

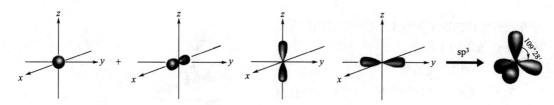

图 2.3 碳原子 sp³ 杂化轨道的形成

图 2.4 甲烷的成键电子云模型图

在甲烷分子中，碳原子的 4 个 sp³ 杂化轨道的大头分别与 4 个氢原子 1s 轨道重叠形成键角为 109.5°的正四面体型的分子，如图 2.4 所示。

甲烷分子中 C—H 键的成键电子云围绕连接原子核的轴呈对称分布，这种键叫σ键，组成σ键的电子叫σ电子，如图 2.5 所示。

图 2.5 C—H σ键的形成

σ键的特点：①电子云呈轴对称分布；②可以绕键轴自由旋转不影响电子云的分布；③重叠程度高，键较牢固。

2.2.2 乙烷的结构

乙烷分子可以看成是甲烷分子中的一个氢被甲基所取代，如图 2.6 所示。

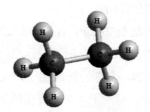

图 2.6 乙烷分子结构球棍模型

分子中碳原子都采取 sp³ 杂化，碳原子之间以 sp³ 杂化轨道相互重叠形成 C—C σ键，键长为 0.154nm，C—C σ键的成键电子云也是围绕连接原子核的轴呈对称分布的，碳原子和氢原子之间通过 sp³ 杂化轨道和 1s 轨道形成 C—H σ键，如图 2.7 所示。

图 2.7 乙烷的成键电子云模型

乙烷分子中的 C—C 键的成键电子云围绕连接原子核的轴也呈对称分布，可以自由旋转，这种键叫 C—C σ键，如图 2.8 所示。

图 2.8　C—C σ键的形成

常温下，乙烷分子中的两个甲基并不是固定在一个位置上，而是绕碳碳σ键自由旋转，在旋转中形成许多不同的空间排列形式。这种由于绕单键旋转而产生的分子中原子或基团在空间的不同排列方式，叫作构象，同一分子的不同构象称为构象异构体。

乙烷分子可以有无数种构象，但从能量的角度看只有两种典型构象：交叉式构象和重叠式构象。交叉式构象两个碳原子上的氢原子距离最远，相互间斥力最小，因而内能最低，稳定性最大，这种构象称为优势构象。重叠式构象两个碳原子上的氢原子距离最近，相互间斥力最大，内能最高，最不稳定。其他构象内能介于二者之间。表示构象可以用透视式或纽曼（Newman）投影式。

乙烷透视式写法：先画 45°碳碳σ键，在键的两端平均画三个碳氢键。

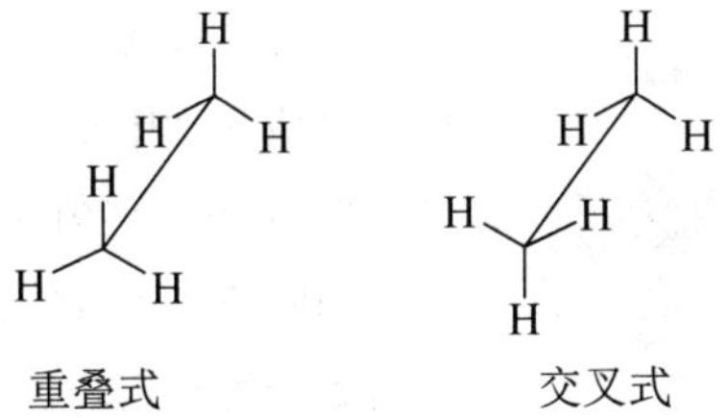

重叠式　　　　　交叉式

Newman 投影式写法：

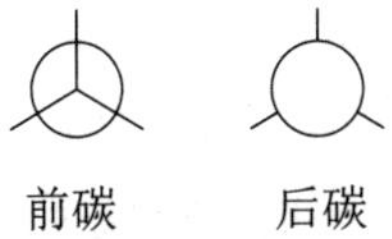

前碳　　后碳

从碳碳单键的延长线上观察，固定"前"碳，将"后"碳沿碳碳键轴旋转，得到乙烷的各种构象，典型的有两种。

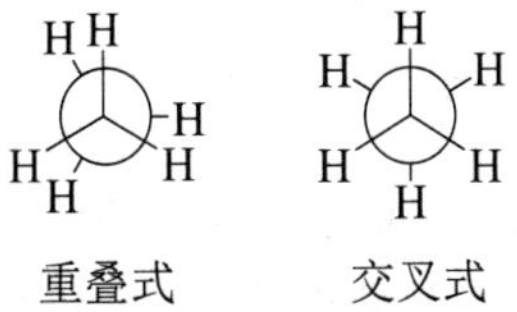

重叠式　　　　　交叉式

重叠式能量高，不稳定（含 0.5%）；交叉式能量低，稳定（含 99.5%）。

将乙烷分子的碳碳键连续旋转一周，能量变换曲线如图 2.9 所示。

交叉式构象与重叠式构象内能差别较小，约为 12.6kJ/mol，室温下两者可以相互转化。因此,在室温时可以把乙烷看作交叉式与重叠式以及介于二者之间的无数种构象异构体的平衡混合物。由于各种构象在室温下能迅速转化,因而不能分离出乙烷的某一种构象异构体。

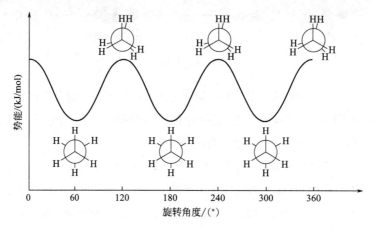

图 2.9　乙烷能量变换曲线

2.2.3　正丁烷的结构

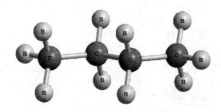

图 2.10　正丁烷分子结构球棍模型图

丁烷可以看作是乙烷分子中的 2 个碳原子上各有 1 个氢原子被甲基取代后的产物,分子碳链不是直线型,C—C—C 键角约为 113°,如图 2.10 所示。

当围绕 C2—C3 σ键旋转一周时,每旋转 60°可以得到一种有代表性的构象,如图 2.11 所示。

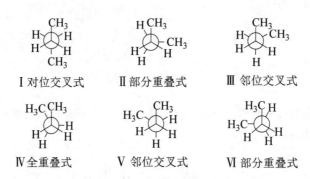

图 2.11　丁烷的典型构象

在上述六种构象中,Ⅱ与Ⅵ相同,Ⅲ与Ⅴ相同,所以实际上有代表性的构象为Ⅰ、Ⅱ、Ⅲ、Ⅳ四种,它们分别叫做对位交叉式、部分重叠式、邻位交叉式、全重叠式。丁烷几种构象的内能高低顺序为:全重叠式>部分重叠式>邻位交叉式>对位交叉式。对位交叉式是优势构象式。

丁烷分子的 C2—C3 σ键连续旋转一周,能量变换曲线如图 2.12 所示。

常温下,丁烷主要是以对位交叉式存在,全重叠式实际上不存在。

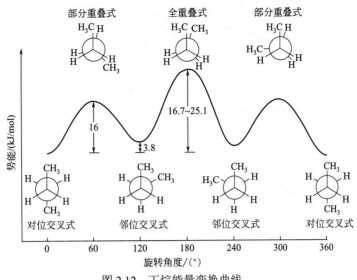

图 2.12　丁烷能量变换曲线

2.2.4　其他长链烷烃的结构

其他烷烃分子示例如图 2.13 所示，C—C—C 键角和 H—C—H 键角都接近 109.5°。

碳原子都为 sp^3 杂化，碳原子之间以 sp^3 杂化轨道相互重叠形成 C—C σ键，剩余 sp^3 杂化轨道与氢原子的 1s 轨道形成 C—H σ键。所有 C—C 键都可以沿着键轴自由旋转，随直链烷烃碳原子数目的增加，它们的构象越来越复杂。直链烷烃中的碳实际上也不完全是锯齿形排列，而是曲折地排布在空间，随着 C—C σ键的自由旋转，直链烷烃分子可以在空间自由伸展或卷曲，呈现出链的柔软性。

图 2.13　长链分子结构球棍模型图

2.3　烷烃的物理性质

有机化合物的物理性质通常包括物质的存在状态、熔点、沸点、溶解度、密度和折射率等。对于一种纯净有机化合物来说，在一定条件下，这些物理常数是固定的，因此是鉴定未知化合物的常用数据。

2.3.1　沸点

沸点是液体化合物的蒸气压等于一个大气压（0.1MPa）时的温度。烷烃的沸点随分子量的增大而有规律地升高，如图 2.14 所示。

由图 2.14 可见，直链烷烃每增加一个碳，沸点都会升高，原因是分子间色散力（瞬时偶极间的吸引力）与分子中原子的大小和数目成正比，分子量越大，色散力越大，沸点越高。沸点升高值随分子量的增加而减小。

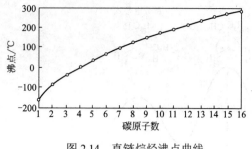
图 2.14 直链烷烃沸点曲线

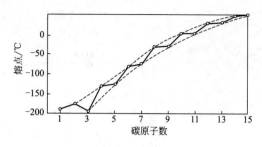
图 2.15 直链烷烃熔点曲线

正构烷烃沸点高，同分子量时支链越多，沸点越低。如：正戊烷 n-C_5H_{12}（b.p. 36℃）、异戊烷 i-C_5H_{12}（b.p. 28℃）、新戊烷 neo-C_5H_{12}（b.p. 9.5℃），原因是支链多的烷烃分子间距离大，比较松散，色散力小。

2.3.2 熔点

熔点是在一定压力下，纯物质的固态和液态呈平衡时的温度。烷烃的熔点亦随分子量的增加而有规律地增加。偶碳数与奇碳数的烷烃构成两条熔点曲线，偶碳数烷烃熔点曲线高于奇碳数烷烃，如图 2.15 所示。原因是烷烃在结晶状态时，碳原子排列很有规律，碳链为锯齿形，偶数碳烷烃分子间空间紧凑，分子间力大，晶格能高；奇数碳烷烃分子间空间松散，分子间力小，晶格能低，如图2.16、图 2.17 所示。

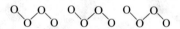

图 2.16 偶数碳烷烃分子间距离　　图 2.17 奇数碳烷烃分子间距离

烷烃的熔点变化除与分子量有关外，还与分子的形状有关，相同分子式的同分异构体，对称性越高，晶格能越大，熔点越高；对称性越差，晶格能越小，熔点越低。新戊烷的熔点为 −16.6℃，比正戊烷（熔点−129.7℃）和异戊烷（熔点−159.6℃）高很多，其原因是新戊烷为正四面体结构，对称性非常高，晶格能大。

2.3.3 溶解度

溶解度是指在一定温度下，某物质在 100g 溶剂里达到饱和状态时所溶解的质量（g）。烷烃为非极性分子，不溶于水，易溶于有机溶剂如 CCl_4、$(C_2H_5)_2O$、C_2H_5OH 等。原因是"相似相溶"，烷烃极性小，易溶于极性小的有机溶剂。

2.3.4 密度

随着分子量增加，烷烃的密度增大，最后接近于 0.8g/mL。原因是分子量越大，分子间吸引力越大，分子间相对距离越小，最后趋于一极限。

2.3.5 折射率

光在空气中的传播速度与光在该材料中的传播速度的比为折射率。折射率反映了分子中电子被光极化的程度,折射率越大,分子被极化程度越大。正构烷烃中,随着碳链长度增加,折射率增大。烷烃的折射率都大于1。

表2.1列出了部分直链烷烃熔点、沸点和相对密度及折射率的数值。

表2.1 烷烃的物理常数

名称	熔点/℃	沸点/℃	相对密度（d_4^{20}）	折射率（n_D^{20}）
甲烷	−183	−161.5	0.424	—
乙烷	−172	−88.6	0.546	—
丙烷	−188	−42.1	0.501	1.3397
丁烷	−135	−0.5	0.579	1.3562
戊烷	−130	36.1	0.626	1.3577
己烷	−95	68.7	0.659	1.3750
庚烷	−91	98.4	0.684	1.3877
辛烷	−57	125.7	0.703	1.3976
壬烷	−54	150.8	0.718	1.4056
癸烷	−30	174.1	0.730	1.4120
十一烷	−26	195.9	0.740	1.4173
十二烷	−10	216.3	0.749	1.4216

2.4 烷烃的化学性质

2.4.1 化学性质的推导

烷烃中的C—C键、C—H键都是σ键,极性小、键能大、化学性质稳定。室温下,烷烃不与强酸、强碱、强还原剂（Zn、Na）、强氧化剂（KMnO₄、K₂Cr₂O₇）反应,但在高温、高压、光照或有催化剂存在时,C—C键和C—H键可以均裂生成自由基,发生游离基反应（又名自由基反应）,可以与卤素反应生成卤代烃,在催化剂条件下,也可以去氢或加氧,生成烯烃和醇、酮、羧酸等。另外碳链在高温下可以发生裂解或重排等,如图2.18所示。

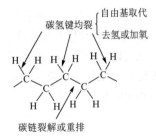

图2.18 烷烃的化学性质推导

2.4.2 化学性质

烷烃在高温、光照或催化剂作用下,能够发生卤代反应、氧化反应、裂化和异构化反应等,这些反应在石油化工中占有重要地位。

2.4.2.1 自由基取代反应（卤代反应）

烷烃中的氢原子被其他元素的原子或基团替代的反应称为取代反应。被卤素取代的反应称为卤代反应（又称为卤化反应）。

在光、热或催化剂的作用下，烷烃分子中的氢原子被卤原子取代，生成烃的卤素衍生物和卤化氢。如烷烃与氯气在光照（紫外光、漫射光）或加热条件下，可剧烈反应，生成氯代烷烃及氯化氢。

$$CH_4 + Cl_2 \xrightarrow{h\nu} CH_3Cl + HCl$$

甲烷氯代反应较难停留在一取代阶段。一氯甲烷可继续氯代生成二氯甲烷、三氯甲烷、四氯化碳。因此所得产物是氯代烷的混合物。

$$CH_4 + Cl_2 \xrightarrow{h\nu} CH_3Cl \xrightarrow[h\nu]{Cl_2} CH_2Cl_2 \xrightarrow[h\nu]{Cl_2} CHCl_3 \xrightarrow[h\nu]{Cl_2} CCl_4$$

甲烷的氯代在强光的直射下极为激烈，以致发生爆炸产生碳和氯化氢。高碳烷烃的氯代反应在工业上有重要的应用。如：

$$石蜡 \xrightarrow{氯代} 氯化石蜡 \longrightarrow 阻燃剂、增塑剂、合成加脂剂$$

$$聚乙烯 \xrightarrow{氯代} 氯化聚乙烯 \longrightarrow 耐热、耐候、耐燃、耐腐蚀\\可用作涂料或塑料$$

（1）卤代反应机理

根据反应事实，对反应作出的详细描述和理论解释叫作反应机理。研究反应机理是为了认清反应的本质，掌握反应的规律，从而达到控制和利用反应的目的。

为了了解烷烃的卤代反应机理，通过改变实验条件，观察不同条件下的实验现象，得到如下结果：

① 甲烷和氯气的混合物在室温下及黑暗处长期放置并不发生化学反应。

② 将氯气用紫外光照射后，在黑暗处放置一段时间再与甲烷混合，反应不能进行；若将氯气用紫外光照射，迅速在黑暗处与甲烷混合，反应立即发生，且放出大量的热。

③ 若将甲烷用紫外光照射后，在黑暗处迅速与氯气混合，也不发生化学反应。

从上述实验事实可以看出，甲烷氯代反应的进行与紫外光对氯气的影响有关。首先，在紫外光照射下氯气分子吸收能量，使其共价键发生均裂，产生两个活泼氯原子（氯自由基），此为链引发阶段。

$$链引发 \quad Cl:Cl \xrightarrow{h\nu} Cl\cdot + Cl\cdot$$

链引发的特点是只产生自由基而不消耗自由基。氯自由基非常活泼，它夺取甲烷分子中的一个氢原子，生成甲基自由基和氯化氢。甲基自由基也比较活泼，它与氯气分子作用，生成一氯甲烷，同时产生新的氯自由基，此为链增长阶段。

$$链增长 \begin{cases} Cl\cdot + H:CH_3 \longrightarrow HCl + \cdot CH_3 \\ \cdot CH_3 + Cl:Cl \longrightarrow CH_3Cl + Cl\cdot \end{cases}$$

链增长的特点是消耗一个自由基的同时产生另一个自由基。

新的氯自由基很活泼,继续发生上述过程的反应,如此循环往复,不断把甲烷分子变成一氯甲烷。当一氯甲烷增加到一定浓度时,新的氯自由基也可以夺取氯甲烷分子中的氢,生成氯甲基自由基,氯甲基自由基与氯气反应生成二氯甲烷和氯自由基。如此循环下去,可以使反应连续进行,生成一氯甲烷、二氯甲烷、三氯甲烷、四氯化碳等。这种由自由基引起的、连续循环进行的反应称为自由基取代反应,又称链锁反应。

$$CH_3Cl + Cl\cdot \longrightarrow \cdot CH_2Cl + HCl$$

$$\cdot CH_2Cl + Cl:Cl \longrightarrow CH_2Cl_2 + Cl\cdot$$

$$CH_2Cl_2 + Cl\cdot \longrightarrow \cdot CHCl_2 + HCl$$

$$\cdot CHCl_2 + Cl:Cl \longrightarrow CHCl_3 + Cl\cdot$$

$$CHCl_3 + Cl\cdot \longrightarrow \cdot CCl_3 + HCl$$

$$\cdot CCl_3 + Cl:Cl \longrightarrow CCl_4 + Cl\cdot$$

在自由基反应中,虽然只有少数自由基就可以引起一系列反应,但反应不能无限制地进行下去。因为随着反应的进行,氯气和甲烷的含量不断降低,自由基的含量相对增加,自由基之间的碰撞机会也增加,产生了自由基之间的结合,导致反应的终止,即链终止阶段。

$$链终止 \begin{cases} Cl\cdot + Cl\cdot \longrightarrow Cl_2 \\ CH_3\cdot + \cdot CH_3 \longrightarrow CH_3CH_3 \\ Cl\cdot + \cdot CH_3 \longrightarrow CH_3Cl \end{cases}$$

链终止的特点是只消耗自由基而不再产生自由基。自由基取代反应的最终产物是多种卤代烃的混合物。

(2)卤代反应的取向与自由基的稳定性

烷烃分子中,卤代的位置不同,发生反应的难易程度不同。分析卤代产物的组成,可以估计伯、仲、叔氢的相对活性。如丙烷分子中有 6 个伯氢、2 个仲氢,氯自由基与伯氢相遇的机会为仲氢的 3 倍,即伯氢:仲氢=6:2=3:1,那么正丙基氯应为异丙基氯的 3 倍,其实不然(正丙基氯产率为 43%,异丙基氯产率为 57%),可见仲氢比伯氢活泼。

$$CH_3CH_2CH_3 + Cl_2 \xrightarrow{h\nu} \underset{(43\%)}{CH_3CH_2CH_2Cl} + \underset{(57\%)}{CH_3CHClCH_3}$$

设伯氢的活泼性是 1,仲氢的活泼性是 x,则有:

$$\frac{57}{43} = \frac{2x}{6}, \quad x = \frac{57 \times 6}{43 \times 2} \approx 4$$

即仲氢的活泼性是伯氢的 4 倍。

再讨论叔氢的相对活泼性,氯气与异丁烷的反应也生成两种产物,比例如下:

$$\text{CH}_3\text{CHCH}_3 + \text{Cl}_2 \xrightarrow{h\nu} \text{CH}_3\text{CHCH}_2\text{Cl} + \text{CH}_3\text{CCH}_3$$
$$\quad\quad |\quad\quad\quad\quad\quad\quad\quad\quad\quad |\quad\quad\quad\quad\quad |$$
$$\quad\text{CH}_3\quad\quad\quad\quad\quad\quad\quad\quad\text{CH}_3\quad\quad\quad\text{Cl}$$
$$\quad\quad\quad\quad\quad\quad\quad\quad\quad\quad\quad(64\%)\quad\quad(36\%)$$

设伯氢的活泼性是 1，叔氢的活泼性是 x，则有：

$$\frac{36}{64} = \frac{x}{9}, \quad x = \frac{36 \times 9}{64} \approx 5$$

即叔氢原子的活泼性是伯氢原子的 5 倍。所以，氢原子活泼性顺序是：叔氢＞仲氢＞伯氢。

伯、仲、叔氢的活性不同，与 C—H 键的离解能有关。键的离解能越小，其均裂时吸收的能量越少，因此也就容易被取代。有关键的离解能如表 2.2 所示。

表 2.2　烷烃碳氢键的离解能

化学键	键离解能/(kJ/mol)	化学键	键离解能/(kJ/mol)
CH_3—H	439.6	$(\text{CH}_3)_2\text{CH}$—H	397
$\text{CH}_3\text{CH}_2\text{CH}_2$—H	410	$(\text{CH}_3)_3\text{C}$—H	389

形成自由基所需能量：$\text{CH}_3\cdot$＞1°自由基＞2°自由基＞3°自由基。故而自由基的稳定性顺序：3°自由基＞2°自由基＞1°自由基＞$\text{CH}_3\cdot$。自由基的稳定性是相对的，它只在反应的瞬间存在，寿命很短。一般来讲，自由基越稳定，越容易生成，其反应速率越快。如：

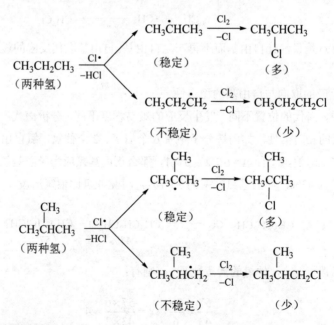

（3）反应活性与选择性

不同卤素与烷烃进行卤代反应的活性顺序为：$F_2 > Cl_2 > Br_2 > I_2$。

氟代速率太快，难以控制；碘代速率太慢，且生成的 HI 有还原性。所以只有氯代和溴代有实际意义。烷烃的溴代反应较氯代反应放热少、反应速率慢、选择性高。

$$CH_3CH_2CH_2CH_3 + Br_2 \xrightarrow[127℃]{h\nu} CH_3CH_2CH_2CH_2Br + CH_3CH_2CHCH_3$$
$$\qquad\qquad\qquad\qquad\qquad\qquad\qquad |$$
$$\qquad\qquad\qquad\qquad\qquad\qquad\qquad Br$$
$$\qquad\qquad\qquad\qquad\qquad (3\%) \qquad\qquad\qquad (97\%)$$

$$(CH_3)_2CHCH_3 + Br_2 \xrightarrow[127℃]{h\nu} (CH_3)_2CHCH_2Br + (CH_3)_3CBr$$
$$\qquad\qquad\qquad (痕量) \qquad\qquad (>99\%)$$

不同卤原子与不同氢原子反应的相对速率（以伯氢为标准）如表 2.3 所示。

表 2.3 烷烃氢原子卤代反应的相对速率

卤原子	—CH_3（伯氢）	CH_2（仲氢）	CH（叔氢）
F	1	1.3	1.8
Cl	1	4.0	5.1
Br	1	82	1600
I	1	1850	210000

以上数据说明：烷烃卤代时卤原子的选择性：I＞Br＞Cl＞F。

2.4.2.2 氧化反应

（1）完全氧化

烷烃在空气（或氧气）中燃烧生成二氧化碳和水，并放出大量的热，这是天然气和石油等用作能源的基本原理，如：

$$CH_4 + 2O_2 \xrightarrow{燃烧} CO_2 + 2H_2O + 891 kJ/mol$$

$$C_6H_{12} + 9O_2 \xrightarrow{燃烧} 6CO_2 + 6H_2O + 3954 kJ/mol$$

（2）部分氧化（催化氧化）

温度控制在着火点以下，烷烃在某些催化剂作用下可以发生部分氧化，生成醇、醛、酮和羧酸等有机化合物。

$$RCH_2CH_2R' + O_2 \xrightarrow[107\sim110℃]{MnO_2} RCOOH + R'COOH$$

产物 $C_{10}\sim C_{20}$ 的脂肪酸可用来制肥皂（代替天然油脂）。

$$C_6H_{12} + O_2 \xrightarrow[150\sim160℃, 0.8\sim1MPa]{钴催化剂} C_6H_{11}OH + C_6H_{10}O$$

产物环己醇和环己酮是制造己二酸的原料。

利用烷烃和环烷烃的部分氧化反应制备化工产品，原料便宜、易得，但产物选择性差，副产物多，分离提纯困难。

2.4.2.3 裂化反应

烷烃在隔绝空气条件下进行的热分解反应叫裂化反应。烷烃的裂化是一个复杂的反应，可生成小分子烃，也可脱氢转变为烯烃和氢气。裂化反应属于自由基型反应。如：

$$CH_3CH_2CH_2CH_3 \xrightarrow{500℃} \begin{cases} CH_4 + CH_3CH=CH_2 \\ CH_2=CH_2 + CH_3CH_3 \\ H_2 + CH_3CH_2CH=CH_2 \end{cases}$$

$$CH_3CH_3 \xrightarrow{600℃} CH_2=CH_2 + H_2$$

裂化反应主要用于提高汽油的产量和质量。根据反应条件的不同，可将裂化反应分为三种：

（1）热裂化

5.0MPa，500~700℃，可提高汽油产量。

（2）催化裂化

450~500℃，常压，硅酸铝催化，除断开碳碳键外，还有异构化、环化、脱氢等反应，生成带有支链的烷、烯、芳烃，使汽油、柴油的产量、质量提高。

（3）深度裂化

温度高于700℃，又称为裂解反应，主要是提高烯烃（如乙烯）的产量。

热裂反应主要用于生产燃料，近年来已被催化裂化所代替。工业上利用催化裂化把高沸点的重油转变为低沸点的汽油，从而提高石油的利用率，增加汽油的产量，提高汽油的质量。

2.4.2.4 异构化反应

烷烃还可以发生异构化反应，从一种异构体转变成另一种异构体。如：

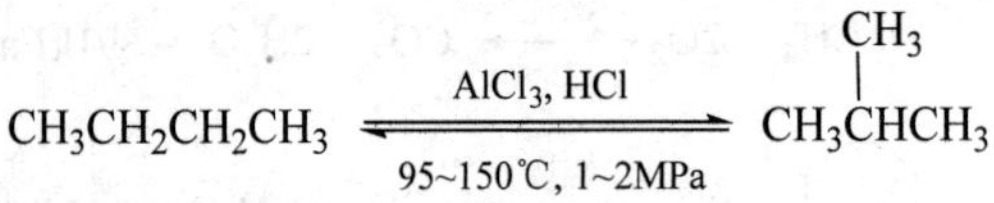

$$CH_3CH_2CH_2CH_3 \xrightleftharpoons[95\sim150℃, 1\sim2MPa]{AlCl_3, HCl} CH_3CHCH_3 \quad | \quad CH_3$$

通过异构化反应可提高汽油质量。

习 题

1. 用系统命名法命名下列各化合物或写出结构式。

(1) 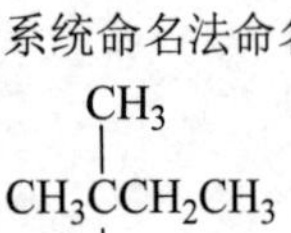 CH_3CHCH_3 上 CH_3 下 CH_3

(2) $CH_3CHCH_2CHCH_3$ 上 $CH_3\ CH_3$ 下 $CH_3\ CH_3$

(3) $CH_3CH_2CHCH_3$ 上 $CH(CH_3)_2$

(4) $C_2H_5CHCHCH_2CH_5$ 上 $C_2H_5\ CH_3$ 下 CH_3

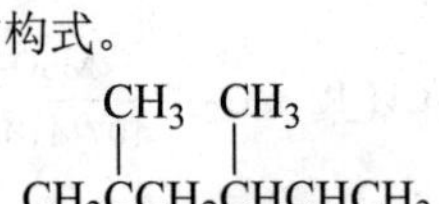

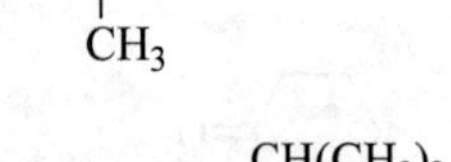

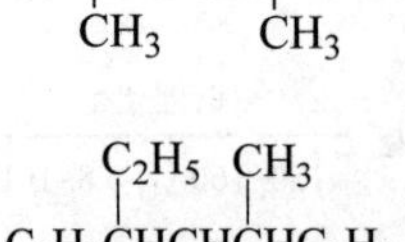

（5）2,3,3-三甲基戊烷　　　　　　（6）2,2-二甲基-4-乙基庚烷

2. 选择题。

（1）下列卤素与同一烷烃发生取代反应的活泼性最强的是（　　）。
　　A. F_2　　　B. Cl_2　　　C. Br_2　　　D. I_2

（2）光照下，烷烃卤代反应的机理是通过（　　）进行的。
　　A. 碳正离子中间体　　　B. 自由基中间体
　　C. 碳负离子中间体　　　D. 协同反应（无中间体）

（3）下列化合物中含有叔氢原子的是（　　）。
　　A. 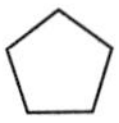 　　　　　　　　　　B. 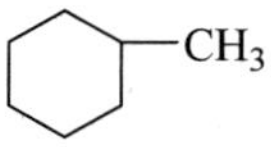
　　C. $CH_3CH_2CH_2CH_2CH_3$　　　D. $CH_3CH_2CH_2Cl$

（4）不参阅物理常数表，试推测下列化合物中沸点最低的是（　　）。
　　A. 正庚烷　　B. 正己烷　　C. 2-甲基戊烷　　D. 2,2-二甲基丁烷

（5）丁烷的四种极限构象中最稳定的是（　　）。
　　A. 部分重叠式　　　B. 全重叠式
　　C. 对位交叉式　　　D. 邻位交叉式

（6）1-氯丙烷的下列构象式稳定性顺序正确的是（　　）。
　　a. 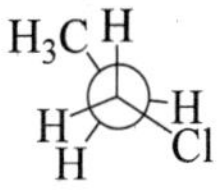　　　b. 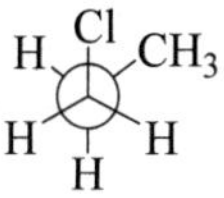　　　c. 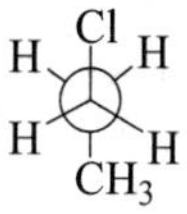　　　d. 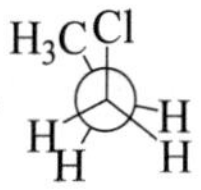
　　A. d>a>c>b　　B. a>d>b>c　　C. c>b>a>d　　D. b>a>d>c

3. 判断题。

（1）异丁基为 $CH_3CH_2CHCH_3$。　　　　　　　　　　　　　　　　（　　）

（2）可以分离出乙烷的构象异构体。　　　　　　　　　　　　　　　（　　）

（3）自由基反应的链终止阶段只消耗自由基，不产生自由基。　　　（　　）

（4）在甲基自由基、伯碳自由基、仲碳自由基、叔碳自由基中，甲基自由基稳定性最差。（　　）

4. 已知烷烃的分子式为 C_5H_{12}，根据氯化反应产物的不同，试推测各烷烃的构造，并写出其构造式：
（1）一元氯代产物只能有一种；　　（2）一元氯代产物可以有三种；
（3）一元氯代产物可以有四种；　　（4）二元氯代产物只可能有两种。

5. 在光照下，2,2,4-三甲基戊烷分别与氯和溴进行一取代反应，其最多的一取代物分别是哪一种？这一结果说明什么问题？

6. 不参阅物理常数表，试推测下列化合物熔点高低的一般顺序：
正庚烷、正己烷、2-甲基戊烷、2,2-二甲基丁烷、正癸烷。

第3章
烯烃和二烯烃

含有碳碳双键的烃称为烯烃，碳碳双键为烯烃的官能团。根据分子中所含双键的数目又可分为单烯烃、二烯烃和多烯烃。

3.1 烯烃

3.1.1 烯烃的命名

这里介绍烯烃的衍生物命名法和系统命名法。

3.1.1.1 衍生物命名法

在烯烃的衍生物命名法中，以乙烯为母体，把其他烯烃看作是乙烯的烃基衍生物。如：

$$H_3C-CH=CH_2 \qquad H_3C-CH=CH-CH_3$$

甲基乙烯　　　　　　对称二甲基乙烯

$$\underset{\underset{H_3C-C=CH_2}{}}{CH_3} \qquad \underset{\underset{H_3C-C=CH-CH_3}{}}{CH_3}$$

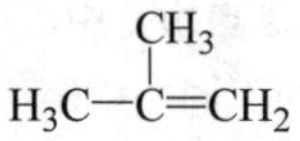

不对称二甲基乙烯 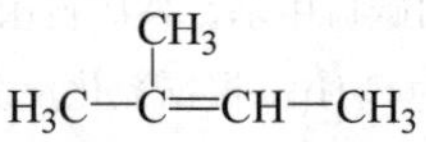　　　三甲基乙烯

3.1.1.2 系统命名法

烯烃分子有构造异构和立体构型（顺反等）异构。下面先介绍烯烃构造式的命名，再介绍顺反等立体几何构型的命名。

（1）构造式的命名

烯烃的系统命名与烷烃相似，步骤如下：先找出含有碳碳双键的最长碳链，把它作为主链，然后从距离双键最近的一端开始编号，最后写名称。

在写名称时应注意：

① 根据主链碳原子数目命名为某烯。若碳原子数目小于或等于十，则用天干数字表示，如含四个碳的，就叫丁烯，含十个碳的，就叫癸烯；若碳原子数目大于十，则直接用中文数字表示，并且在数字后加个"碳"字，如含十二个碳的，叫十二碳烯。

② 以双键中较小的碳原子位次为双键官能团的位次，放在烯烃名称的前面。
③ 取代基的位次和名称放在烯烃母体位次和名称的前面。
④ 其他同烷烃的命名规则。

$$\underset{\text{5-甲基-2-己烯}}{CH_3CHCH_2CH=CHCH_3 \atop CH_3} \quad \underset{\text{3,3-二甲基-1-戊烯}}{CH_3 \atop CH_3CCH=CH_2 \atop CH_2CH_3} \quad \underset{\text{3-甲基-2-乙基-1-丁烯}}{CH_3 \atop CH_3CHC=CH_2CH_3 \atop CH_2}$$

补充说明：烯烃去掉一个氢原子后剩下的部分（基团）称为某烯基，烯基的编号自去掉氢原子的碳原子开始，把它作为第 1 位。如：

$$\underset{\text{乙烯基}}{CH_2=CH-} \qquad \underset{\text{1-丙烯基（丙烯基）}}{CH_3CH=CH-}$$

$$\underset{\text{2-丙烯基（烯丙基）}}{CH_2=CHCH_2-} \qquad \underset{\text{1-甲基乙烯基（异丙烯基）}}{H_2C=C \atop CH_3 -}$$

（2）立体几何构型（顺反异构体等）的命名

烯烃存在顺、反等立体异构，除了构造式的命名外，还要注意顺反异构体的命名。两个相同原子或基团处于双键键轴同侧时，称为顺式，命名时冠以顺字，反之为反式，并用短横线与化合物构造式名称相连。如：

$$\underset{\text{顺-2-戊烯}}{\underset{H \quad H}{H_3C \quad CH_2CH_3} C=C} \qquad \underset{\text{反-2-戊烯}}{\underset{H \quad CH_2CH_3}{H_3C \quad H} C=C}$$

当两个双键碳原子所连接的四个原子或基团均不相同时，则不能用顺反命名法命名，如下面这个化合物：

$$\underset{CH_3CH_2 \quad CH(CH_3)_2}{H_3C \quad CH_2CH_2CH_3} C=C$$

应采用 IUPAC 规定的 Z、E-命名法。Z 是德文 Zusammen 的字首，为同侧之意；E 是德文 Entgegen 的字首，为相反之意。根据"次序规则"，将每个双键碳原子上所连接的两个原子或基团排出顺序，排在前面者称为"较优"基团。当两个较优基团位于双键键轴的同一侧时，称为 Z 式；当两个较优基团位于双键键轴的异侧时，称为 E 式。和顺反命名法相似，在命名时需将 Z 或 E 放在烯烃名称前面，并用短横线把它们连接起来，要注意的是 Z、E 需要加上括号。

条件：a＞b，c＞d，则

$$\underset{\text{Z 构型}}{\underset{b \quad d}{a \quad c} C=C} \qquad \underset{\text{E 构型}}{\underset{b \quad c}{a \quad d} C=C}$$

次序规则有如下要点：

① 取代基或者官能团的第一个原子，原子序数较大的为较优基团；对于同位素而言，原子量大的为较优基团。如：

$$I>Br>Cl>S>P>F>O>N>C>D>H$$

② 当双键碳原子连接的基团第一个原子相同时，则还需比较后面的原子，两者中只要有一个原子的序数最大就列为较优基团。如：

$$(CH_3)_3C—>CH_3CH_2CH(CH_3)—>(CH_3)_2CHCH_2—>CH_3CH_2CH_2CH_2—>CH_3CH_2—>CH_3—$$

③ 含有双键或者三键的基团，则可把与双键和三键基团当作是以单键连接两个或三个相同的原子。如：

$$—CH=CH_2 \quad —\overset{H}{\underset{}{C}}=O \quad —\overset{O}{\underset{}{C}}—OH \quad —C\equiv CH \quad —C\equiv N$$

可分别看作：

$$—\overset{C}{\underset{C}{CH}}—\overset{C}{\underset{}{CH_2}} \quad —\overset{H}{\underset{O}{C}}—\overset{C}{\underset{}{O}} \quad —\overset{O—C}{\underset{C}{C}}—OH \quad —\overset{C}{\underset{C}{C}}—\overset{C}{\underset{}{CH}} \quad —\overset{N}{\underset{N}{C}}—\overset{C}{\underset{}{N}}$$

构型确定以后，其他仍按系统命名法命名。如：

(Z)-3-甲基-4-异丙基-3-辛烯　　　(E)-3-异丙基-1,3-戊二烯　　　(Z)-3-异丙基-1,3-戊二烯

需要注意的是，顺反命名法和 Z、E-命名法并不是一致的，它们之间没有任何关联。顺式不一定是 Z 构型；反之，反式也不一定是 E 构型。如：

顺-1,2-二氯-1-溴乙烯　　　反-1,2-二氯-1-溴乙烯
(E)-1,2-二氯-1-溴乙烯　　　(Z)-1,2-二氯-1-溴乙烯

3.1.2　烯烃的结构及同分异构现象

3.1.2.1　烯烃的结构

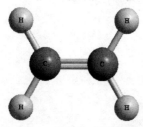

图 3.1　乙烯结构球棍模型图

（1）乙烯的结构

乙烯是结构最简单的烯烃。乙烯分子由 2 个碳原子和 4 个氢原子组成。现代物理手段测得这些原子都在同一平面上，碳原子之间以双键相连，每个碳原子还分别与两个氢原子相连，如图 3.1 所示。

乙烯分子中，C=C 键长为 0.134nm，比 C—C 键（0.154nm）

短，H—C—C 键角为 121.3°，H—C—H 键角为 117.4°，都接近 120°。双键的键能是 610.9 kJ/mol，而 C—C 的键能是 345.6 kJ/mol，不是碳碳单键的两倍，而是小于它的两倍。

乙烯分子结构的形成可以用共价键理论解释。乙烯的每个碳原子都为 sp^2 杂化，即基态碳原子的 2s 轨道上的一个电子激发到 2p 轨道后，一个 2s 轨道和两个 2p 轨道进行杂化，形成三个 sp^2 杂化轨道。每个 sp^2 杂化轨道外形与 sp^3 杂化轨道相似，也是一头大一头小，只是 sp^2 杂化轨道比 sp^3 杂化轨道短。还剩一个 p 轨道未参与杂化，称之为未杂化的 p 轨道。碳原子的 sp^2 杂化轨道形成如下：

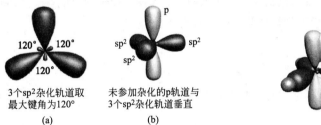

每个碳原子中的 3 个 sp^2 杂化轨道和 1 个 2p 轨道都分别有一个成单电子。为了减少轨道间的相互斥力，使得体系能量最低，三个 sp^2 杂化轨道在一个平面上，两两夹角为 120°，并且没有参与杂化的 p 轨道与杂化轨道所在平面相互垂直，如图 3.2 所示。

乙烯分子中的碳原子之间各以一个 sp^2 杂化轨道"头碰头"重叠，形成 C—C σ键，再分别各以两个 sp^2 杂化轨道与两个 H 原子的 1s 轨道重叠形成 C—H σ键；为使分子稳定、能量最低，碳原子中余下的一个 p 轨道与另一个碳中的 p 轨道以"肩并肩"形式平行重叠成键，导致五个σ键都在一个平面上（如图 3.3 所示），故而乙烯分子是平面结构。

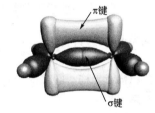

图 3.2 乙烯碳原子 3 个 sp^2 杂化轨道和未杂化轨道

图 3.3 乙烯分子的轨道重叠成键模型图

乙烯中碳原子未杂化 p 轨道这种肩并肩重叠形成的键叫π键，它的电子云分布在平面的上方和下方，如图 3.4 所示。

由于π键重叠不如σ键重叠好，键能较小（约为 265.3kJ/mol），因此碳碳双键的键能为 610.9kJ/mol，比碳碳σ键键能的两倍（2×345.6kJ/mol）要小一些。

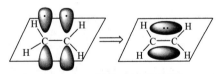

图 3.4 乙烯的π键电子云图

另外，乙烯分子碳碳双键的键长为 0.134nm，比乙烷中碳碳单键的键长（0.154nm）要短一些。原因是杂化方式不同，乙烷中碳是 sp^3 杂化的，而乙烯中碳是 sp^2 杂化的，s 轨道是圆球形，离原子核近，它比较短；p 轨道是纺锤形，它比较长。sp^3 杂化轨道因为含长的 p 成分要多一些，所以它的共价半径要长一点，因而 sp^3 进行"头碰头"的重叠交盖，成的键就要长些，sp^2 因为它含有 p 成分要少一些，所以它要短一点。因而 sp^2 杂化轨道进行"头碰头"重叠交盖，成的键就短。

（2）其他烯烃

其他烯烃分子可以看作是乙烯分子的烷基取代物，官能团都为 C═C 双键，该部分结构也都是平面构型,具有π键,如图3.5所示。

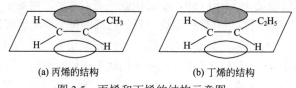

(a) 丙烯的结构　　　　(b) 丁烯的结构

图3.5　丙烯和丁烯的结构示意图

另外从图3.5可以看出,若碳碳双键沿键轴旋转,会导致π键破裂,因而碳碳双键不能像碳碳单键那样自由旋转,含有碳碳双键的化合物就有可能产生顺反异构(将在烯烃的同分异构中介绍)。

烯烃中既存在σ键也存在π键,下面把这两种键的特点作比较。它们的不同点可总结归纳为三个方面:即形成方式、存在方式和性质特点。

第一,σ键和π键形成方式不同:σ键是电子云"头碰头"的重叠,重叠程度大;π键电子云是"肩并肩"重叠,重叠程度要小,所以π键的键能就要小一些。

第二,两者存在方式不同:σ键可单独存在于任何共价键中;π键不能单独存在,只能与σ键共存。

第三,两者性质特点不同:①σ键电子云受核约束大,不易极化;π键电子云受核约束小,容易极化。②σ键可绕键轴自由旋转;π键不能绕键轴自由旋转,因为π键如果绕键轴旋转就会破裂。③σ键键能大,较稳定;π键键能小,不太稳定。④两个原子间只能有一个σ键,但可以有一个或两个π键。在后面学习的炔烃分子中就有两个π键。

3.1.2.2　烯烃的同分异构

烯烃存在构造异构,同时由于C=C不能自由旋转,也存在几何异构(顺反异构)。

(1) 构造异构

① 碳链异构。由于碳链的不同的异构现象(与烷烃碳链异构相似)。如:

$$CH_2=CHCH_2CH_3 \qquad CH_2=\underset{\underset{CH_3}{|}}{C}CH_3$$

1-丁烯　　　　　　　异丁烯

② 官能团位置异构。由于分子中存在官能团(碳碳双键),故而在碳骨架不变的情况下,官能团(碳碳双键)在碳架中的位置不同,也可产生异构体,此类异构叫官能团位置异构。如:

$$CH_2=CHCH_2CH_3 \qquad CH_3CH=CHCH_3$$

1-丁烯　　　　　　　2-丁烯

碳链异构和官能团位置异构都是由于分子中原子之间的连接方式和次序不同而产生的,都属于构造异构。

(2) 几何异构

当双键碳原子各连有两个不同的原子或基团时,由于双键不能自由旋转,就会有两种不同的空间排列方式。如:

顺-2-丁烯（沸点3.7℃）　　反-2-丁烯（沸点0.9℃）

碳原子所连两个相同基团(如两个甲基或两个氢原子)在双键键轴连线同一侧的称为顺式，在异侧的称为反式。

这种由于双键或环的自由旋转受阻碍，分子中与双键或环相连的原子或原子团存在不同的空间排列而产生的立体异构现象，也称为几何异构。顺反异构是几何异构的一种。分子中原子或基团在空间特有的固定排布方式称为构型，构型异构体之间的相互转化必须通过键的断裂和生成。几何异构是构型异构的一种，构型异构还包括旋光异构。

烯烃产生顺反异构现象必须具备两个条件：①有限制自由旋转的因素（如π键）；②双键上的两个 C 原子各连不同的原子或基团。也就是说，当双键的任何一个碳原子上连接的两个原子或基团相同时，就不存在顺反异构现象了。如下列化合物就没有顺反异构体：

另外，含相同碳原子数目的单烯烃和单环烷烃也互为同分异构体，如丙烯和环丙烷、丁烯与环丁烷和甲基环丙烷等，它们属于构造异构体。

3.1.3　烯烃的物理性质

单烯烃的物理性质与烷烃比较相似。随着碳原子数目的增加，熔点、沸点和密度也随之增大（有些例外，如丙烯、1-丁烯的熔点小于乙烯）。在同分异构体中，含有支链的烯烃比直链烯烃的熔点、沸点要低，这是由于支链使分子间距离增大，分子间引力变小。顺式异构体的熔点比反式的低，而沸点比反式的高。另外，烯烃的密度小于水的密度，且不溶于水，易溶于非极性溶剂，如石油醚、乙醚、四氯化碳。部分烯烃的熔点、沸点和密度见表3.1。

表 3.1　部分烯烃的熔点、沸点和密度

名称	熔点	沸点	密度
乙烯	−160.1	−104	0.00126（0℃）
丙烯	−185	−48.2	0.609（−47℃）
1-丁烯	−185.4	−6.3	0.594（20℃）
1-戊烯	−138	29.2	0.644（20℃）
1-己烯	−140	64	0.673（20℃）
1-庚烯	−119	95	0.703（20℃）
1-辛烯	−101.7	121.3	0.714（20℃）
1-壬烯	−81.7	147	0.731（20℃）
1-癸烯	−66.3	170.3	0.740（20℃）
1-十二碳烯	−35.2	213.4	0.768（20℃）
2-甲基丙烯	−140.4	−6.6	0.594（20℃）
2-甲基-1-戊烯	−135.7	61.5	0.681（20℃）
顺-2-丁烯	−138.9	3.7	0.621（20℃）
反-2-丁烯	−105.6	0.9	0.640（20℃）

3.1.4 烯烃的化学性质

3.1.4.1 化学性质的推导

烯烃有不饱和双键,化学性质远比烷烃活泼,这是因为在双键中,π键是两个碳原子的 p 轨道"肩并肩"重叠形成的,电子云重叠度比σ键小,且分布于成键原子的上方和下方,受两个碳原子核的约束力要小,因而易极化,容易与亲电试剂作用发生亲电加成反应,容易被氧化剂进攻发生氧化反应。此外,由于 C═C 双键为不饱和键,可催化加氢,还可以发生聚合反应,生成高分子聚合物。

sp^2 杂化的碳电负性比 sp^3 杂化的碳大,烯碳上的碳氢键与烷烃的碳氢键相比,不容易发生均裂,因而与双键碳相连的氢原子不容易像烷烃那样被卤素原子取代。而双键的α位、β位等碳原子是 sp^3 杂化的,跟烷烃碳的杂化方式是一样的,在高温、光照或者有过氧化物存在的条件下,卤素原子可以取代这些位上的氢原子。α位因为受到碳碳双键的影响(α位的碳氢键均裂后生成的碳自由基是 p-π 共轭的,稳定),α-H 比其他位置的氢取代容易得多。烯烃的主要化学性质如图 3.6 所示。

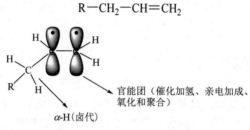

图 3.6 烯烃的化学性质推导

3.1.4.2 化学性质

(1)发生在双键上的反应

① 加成反应。

a. 催化加氢。在常温常压条件下,烯烃与氢气反应困难,添加一些催化剂,如铂、钯、镍等,可降低反应的活化能,使反应发生变得相对容易。

$$R-CH=CH_2 + H_2 \xrightarrow{\text{催化剂}} R-CH_2CH_3$$

其中铂和钯活性高,镍的活性低。工业中一般用活性较高的骨架镍(Raney nickel)作催化剂,其制法是:将铝镍合金由碱处理后把溶液过滤掉,留下海绵状的多孔镍粉。该镍粉比表面积大,吸附能力强,且价格低。

烯烃催化加氢的机理为 H_2 分子在催化剂表面吸附后,烯烃与之靠近,氢原子依次加成到烯烃双键碳原子上生成烷烃,然后解吸下来(如图 3.7 所示)。

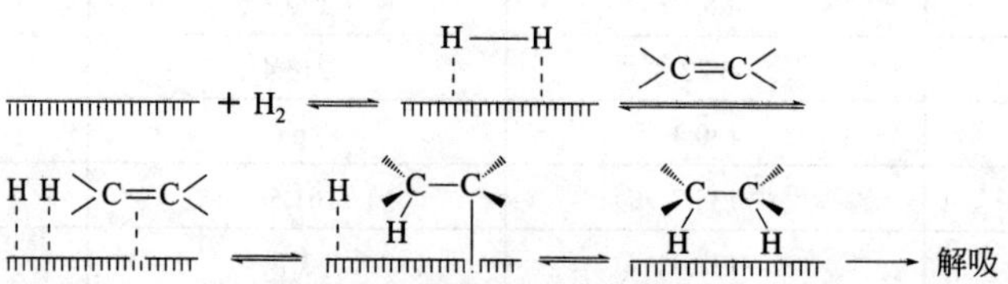

图 3.7 烯烃催化氢化示意图

不同烯烃催化加氢活性不同，烷基取代基越多的烯烃越难加氢。这是因为烷基取代基越多，空间位阻越大，催化剂吸附越不容易，故而反应越难进行。

加氢反应是一个放热反应，1mol 不饱和化合物加氢时放出的热量称为氢化热，每个双键的氢化热大约为 125 kJ/mol。通过测定不同烯烃的氢化热，可以比较烯烃的相对稳定性。如反-2-丁烯的氢化热比顺-2-丁烯的要少 4.2 kJ/mol，因此反式要更稳定，同时对于共轭与非共轭二烯烃，由于共轭二烯烃更稳定，共轭二烯烃氢化热相对要小。除此之外，通过测量加氢反应中的氢气体积，可以确定烯烃中双键的数目。

烯烃的催化加氢在工业生产中非常重要，如可以利用此反应使粗汽油中的少量烯烃还原为烷烃，提高油品质量；油脂氢化制得人造奶油等。

b. 亲电加成反应。烯烃 π 键电子云在成键原子核所在平面的上方和下方，受核的约束小，容易给出电子，因此易受亲电试剂的进攻，生成加成产物。这种由亲电试剂的进攻而引起的加成反应称为亲电加成反应。亲电试剂一般是带正电荷的试剂，或是具有空的 p 轨道（或 d 轨道）能够接受电子对的中性分子，常见的亲电试剂有卤素（Br_2、Cl_2）、卤化氢、硫酸、水及次卤酸等。

Ⅰ.加卤素。单烯烃与卤素的加成生成邻二卤代烷。在实验中，将烯烃通入溴的四氯化碳溶液中，红棕色会马上消失，表明发生了加成反应，可以用来检验烯烃的存在。

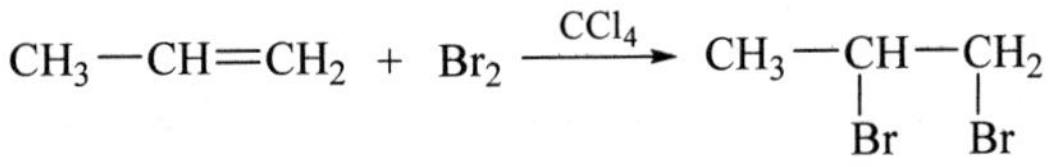

$$CH_3-CH=CH_2 + Br_2 \xrightarrow{CCl_4} CH_3-\underset{Br}{CH}-\underset{Br}{CH_2}$$

不同卤素与烯烃加成的活性顺序为：氟＞氯＞溴＞碘。其中氟很活泼，与烯烃反应非常激烈，往往会使碳链断裂，而碘的活性低，难加成，所以烯烃与卤素的加成，一般是指与氯、溴分子的加成。

为了研究反应机理，把干燥的乙烯通入溴的无水四氯化碳中，改变实验环境或条件，观察实验现象和结果。发现：置于玻璃容器中，不易反应；置于涂有石蜡的玻璃容器中，更难反应；反应体系中加入一点水时，立即发生反应，使溴水的颜色褪去；将乙烯通入溴水及氯化钠溶液时所得的产物是：

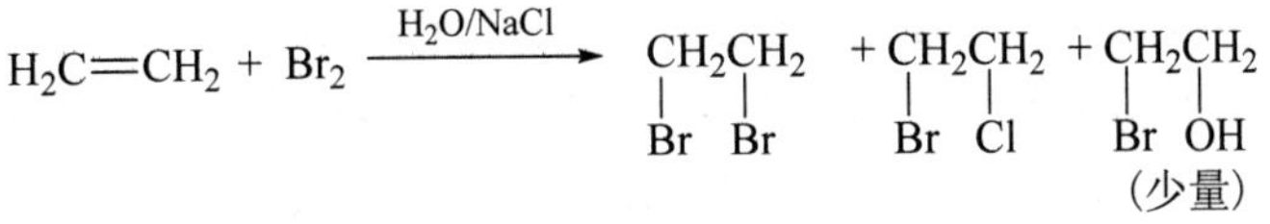

$$H_2C=CH_2 + Br_2 \xrightarrow{H_2O/NaCl} \underset{Br\ Br}{CH_2CH_2} + \underset{Br\ Cl}{CH_2CH_2} + \underset{Br\ OH}{CH_2CH_2}$$
（少量）

按以上的事实可得出，极性环境有利于反应的进行，反应分两步进行：

第一步，溴分子在极性环境下极化为 $\overset{\delta+}{Br}-\overset{\delta-}{Br}$，带正电荷的溴进攻烯烃的 π 电子，先形成 π 络合物，然后 Br—Br 键断裂，形成三元环溴正离子，该步反应慢，为速控步。

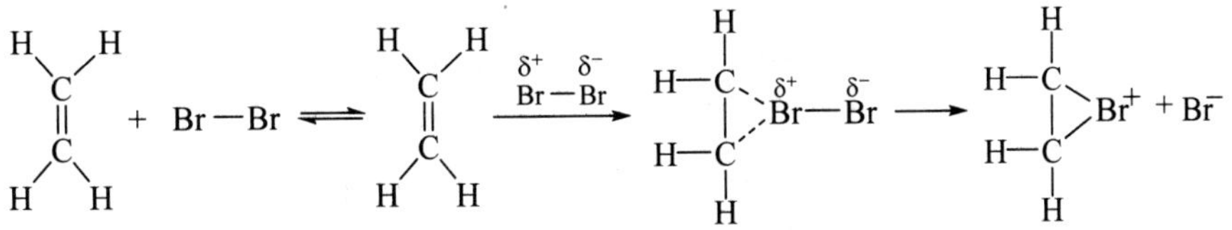

第二步，Br⁻从背面进攻，三元环断开，反式加成，生成二溴化物。该步是一个快反应。

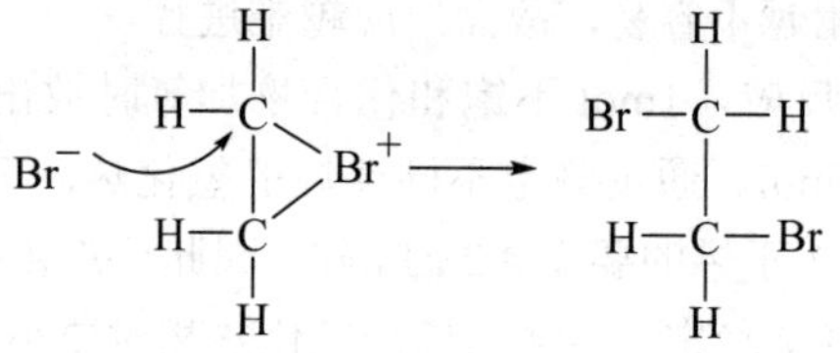

三元环溴正离子　　　1,2-二溴乙烷

上述反应过程叫作亲电加成反应历程。亲电试剂通常为带正电的离子（如 H^+、X^+ 等）或为在反应中易被极化带正电荷的分子（如 X_2）。

烯烃结构对亲电加成反应速率有较大影响（见表 3.2）。当双键连有烷基等给电子基团时反应速率增大，当双键连有羧基等吸电子基团时，反应速率减慢。这是因为给电子基团（如烷基）会增加双键上电子云密度，使双键与亲电试剂的反应更容易发生，生成的三元环溴正离子中间体更稳定，从而加快了反应速率；反之，若双键上连有吸电子基团时（如羧基），会使双键上电子云密度减小，三元环溴正离子中间体不稳定，降低了反应速率。

表 3.2　不同取代基的烯烃与溴反应的相对速率

烯烃	相对速率	烯烃	相对速率
$(CH_3)_2C=C(CH_3)_2$	74	$H_2C=CH_2$	1
$CH_3HC=CH_2$	2.03	$H_2C=CHCOOH$	0.03

可通过诱导效应来判断一个基团是给电子还是吸电子基团。分子中原子或基团电负性的差异，使分子中电子云沿着化学键向某一方向移动，这种效应称为诱导效应。诱导效应分为两种，一种是吸电子诱导效应，用 $-I$ 表示；另一种为给电子（或推电子）诱导效应，用 $+I$ 表示。诱导效应的大小与取代基（基团）的电负性大小有关，并随着取代基的距离增加而快速减弱，一般相隔 3 个σ键，作用几乎为 0。

取代基吸电子诱导效应（$-I$）大小顺序如下：$NR_3^+>NH_3^+>NO_2>CN>COOH>F>Cl>Br>I>OAr>COR>OCH_3>OH>C_6H_5>H_2C=CH_2>H>CH_3>C_2H_5>CH(CH_3)_2>C(CH_3)_3$

甲基、乙基等烃基的电负性小于 $C=C$ 双键，因而表现出给电子效应，为给电子基团；羧基电负性大于碳碳双键，则为吸电子基团，与双键相连后表现为吸电子诱导效应。

Ⅱ.加卤化氢。烯烃容易与卤化氢气体或者浓的氢卤酸反应加成，生成卤化物。

$$CH_2=CH_2 + HX \longrightarrow CH_3CH_2X$$

该反应机理与烯烃和卤素的加成相似，也是分两步进行的：第一步，质子氢进攻双键，生成碳正离子；第二步，卤素负离子进攻碳正离子，生成加成产物。

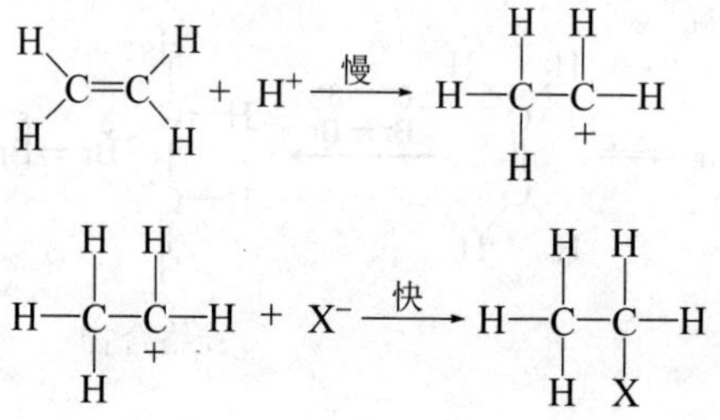

与烯烃的卤素加成相似，该反应的第一步反应为速度控制步骤，但是烯烃与卤素的加成第一步反应生成了环卤正离子，该反应的第一步则生成了碳正离子。

不同烯烃与同种卤化氢反应，烷基取代基越多的烯烃越容易进行反应，这一点也与烯烃的卤素加成相似。不同卤化氢与相同的烯烃进行加成时，反应活性顺序为 HI > HBr > HCl，氟化氢一般不与烯烃加成。这是因为 HI、HBr、HCl 的酸性依次变弱，同等浓度下，提供的质子氢依次变少，生成的碳正离子也依次减少，故而反应活性降低。

乙烯是对称分子，不管质子氢（氢离子）加到双键的哪个碳上，最后产物都是相同的。若卤化氢与不对称烯烃加成，则可能得到两种不同的产物。俄国化学家马尔科夫尼科夫（Markovnikov）在总结了大量实验事实的基础上，于 1868 年提出了一条重要的经验规则，即卤化氢与不对称烯烃发生加成时，主产物为氢原子加到含氢较多的双键碳上，卤原子加在含氢较少的双键碳上。这个规则为 Markovnikov 规则，简称马氏规则。如：

$$CH_3CH_2CH=CH_2 + HBr \xrightarrow{乙酸} CH_3CH_2\underset{Br}{CH}CH_3$$
$$80\%$$

马氏规则可以用诱导效应和碳正离子稳定性来解释。下面以丙烯和 HBr 加成为例解释。

诱导效应对马氏规则的解释如下：当质子氢进攻双键时，它优先加成到双键中电子云密度较大的一端。双键上的碳连有甲基等给电子基团时，甲基等的给电子作用使含氢多的双键碳原子带部分负电，而含氢少的碳则会带部分正电，因而氢质子会优先与含氢多的双键碳结合，然后卤素负离子再与含氢少的碳结合。总的看来，主产物是氢加在含氢多的碳原子上，卤离子加在含氢少的碳原子上。

$$CH_3\overset{\delta^+}{-}\overset{\delta^-}{CH=CH_2} + \overset{\delta^+}{H}-\overset{\delta^-}{Br} \longrightarrow [CH_3-\overset{+}{CH}-CH_3] \xrightarrow{Br^-} CH_3\underset{Br}{CH}CH_3$$

马氏规则也可以由反应过程中生成的活性中间体碳正离子的稳定性来解释。反应的第一步生成的碳正离子中间体有两种可能：

$$CH_3-CH=CH_2 + HBr \xrightarrow{-Br^-} \begin{matrix} [CH_3-\overset{+}{CH}-CH_3] & (\text{I}) \\ [CH_3-CH_2-\overset{+}{CH_2}] & (\text{II}) \end{matrix}$$

碳正离子的相对稳定性越高越容易生成。在第一个离子 I 中，甲基为 sp^3 杂化，中间的碳上带正电荷，为 sp^2 杂化，甲基的电负性小于带正电荷的碳，为给电子基团，两个甲基都表现出供电诱导效应，使碳正离子的正电荷减少，因而使其正电荷得到分散，体系趋于稳定。碳正离子 II 只有一个给电子基团（乙基），所以碳正离子 I 比 II 稳定，碳正离子 I 为该加成反应的主要中间体。I 一旦生成，很快与 Br^- 结合，生成 2-溴丙烷，符合马氏规则。另外碳正离子的稳定性也可用超共轭效应解释，将在后面介绍。

碳正离子所带烷基越多，给电子效应就越大，碳正离子越稳定，烷基碳正离子的稳定性次序为：叔碳正离子＞仲碳正离子＞伯碳正离子＞甲基碳正离子，即 3°碳正离子＞2°碳正离子＞1°碳正离子＞CH_3^+。如：

$$(CH_3)_3C^+ > (CH_3)_2CH^+ > CH_3CH_2^+ > CH_3^+$$

如果反应中有过氧化物或者光照时，则烯烃与溴化氢的加成为反马氏加成，如：

$$CH_3-CH=CH_2 + HBr \xrightarrow{\text{过氧化物}} CH_3CH_2CH_2Br$$

这可以由自由基加成反应机理来解释，在光照或有过氧化物存在的条件下，溴化氢均裂成氢自由基和溴自由基，溴自由基先与烯烃加成，优先加在末端碳上，因为生成的仲碳自由基较稳定，然后氢原子再与该自由基结合生成产物。但需要注意的是，其他卤化氢（氟化氢、氯化氢和碘化氢）没有反马氏加成现象。因为在氟化氢、氯化氢中，氢原子与氟、氯原子电负性差别大，不易均裂产生氟、氯原子，因此不能引发自由基反应；在碘化氢中，碘原子不活泼，与双键加成困难，且碘原子与碘原子之间结合又比较容易，因此也不能进行自由基加成反应。

Ⅲ.加硫酸。烯烃与冷的浓硫酸混合，反应生成硫酸氢酯，不对称烯烃与硫酸的加成反应，遵守马氏规则，硫酸氢酯水解生成相应的醇。如：

$$H_2C=CH_2 + HOSO_3H \longrightarrow CH_3CH_2OSO_3H \xrightarrow[\triangle]{H_2O} CH_3CH_2OH + H_2SO_4$$

$$CH_3-CH=CH_2 + HOSO_3H \longrightarrow \underset{\underset{\text{硫酸氢异丙酯}}{OSO_3H}}{CH_3CHCH_3} \xrightarrow[\triangle]{H_2O} \underset{\underset{\text{异丙醇}}{OH}}{CH_3CHCH_3} + H_2SO_4$$

由于硫酸可以与烯烃进行加成，可以用冷的浓硫酸洗涤来除去烷烃中夹杂的烯烃。上述方法也是工业制醇的方法之一，简称硫酸酯法，其优点是技术上已相当成熟，对原料的纯度要求并不高；缺点是需要大量硫酸，对设备的耐腐蚀性有较高的要求。

Ⅳ.加水。在稀硫酸、磷酸等催化作用下，烯烃与水直接加成生成醇。不对称烯烃与水的加成反应也遵从马氏规则。如：

$$CH_2=CH_2 + H_2O \xrightarrow[300℃, 7MPa]{H_3PO_4/\text{硅藻土}} CH_3CH_2OH$$

$$CH_3CH=CH_2 + H_2O \xrightarrow[195℃, 2MPa]{H_3PO_4/\text{硅藻土}} \underset{OH}{CH_3CHCH_3}$$

反应机理为：

$$CH_3CH=CH_2 + H^+ \underset{\text{慢}}{\rightleftharpoons} CH_3\overset{+}{C}HCH_3$$

$$CH_3\overset{+}{C}HCH_3 + H_2O \underset{\text{快}}{\rightleftharpoons} CH_3CHCH_3 \atop \underset{H \quad H}{\overset{+}{O}}$$

$$CH_3\underset{\underset{H}{\overset{|}{O^+}}\overset{|}{H}}{\overset{|}{C}}HCH_3 + H_2O \xrightleftharpoons{快} CH_3\underset{\overset{|}{OH}}{C}HCH_3 + H_3O^+$$

这也是工业制醇的方法之一，称为直接水合法。此法简单、便宜，但对设备要求较高。

V. 加次卤酸（HOCl、HOBr）。烯烃与次卤酸加成，一个双键碳上加卤素，另一个加羟基，生成 β-卤代醇。如：

$$H_2C=CH_2 + HOCl \longrightarrow \underset{\overset{|}{Cl}}{C}H_2-\underset{\overset{|}{OH}}{C}H_2$$

由于次卤酸不稳定，常用烯烃与卤素的水溶液进行反应。该反应也具有位置选择性，卤素加在含氢多的双键碳上，OH 加在含 H 少的碳上（实际也符合马氏规则）。如：

$$H_3C-CH=CH_2 + HOBr \longrightarrow H_3C-\underset{\overset{|}{OH}}{C}H-CH_2Br$$

反应的第一步也与卤素加成相似，生成环卤正离子，第二步是 OH 从反面进攻卤正离子。

② 氧化反应。烯烃很容易发生氧化反应，在不同的氧化剂和反应条件下，可以氧化成不同的产物，一般来说，π 键先断裂，条件较强烈时，σ 键也可断裂。该反应在合成上具有较重要价值，且反应产物对确定反应物结构有重要意义。

a. 高锰酸钾氧化。烯烃在稀、冷、弱碱性或中性介质中被高锰酸钾氧化，在双键碳原子处分别引入一个羟基，生成邻二醇，同时高锰酸钾的紫色褪去，生成棕褐色的二氧化锰沉淀，根据这个反应来鉴别烯烃。

$$3R-CH=CH_2 + 2KMnO_4 + 4H_2O \xrightarrow[\text{或中性介质}]{\text{稀碱}} 3R-\underset{\overset{|}{OH}}{C}H-\underset{\overset{|}{OH}}{C}H_2 + 2MnO_2\downarrow + 2KOH$$

烯烃在酸性条件下被高锰酸钾氧化，碳碳双键断裂，生成酮、羧酸或碳酸等。碳酸进一步分解生成二氧化碳和水。

$$R-CH=CH_2 \xrightarrow[H_2SO_4]{KMnO_4} R-\underset{\text{羧酸}}{\overset{\overset{OH}{|}}{C}=O} + O=\underset{}{\overset{\overset{OH}{|}}{C}}-OH \longrightarrow CO_2 + H_2O$$

$$\underset{R}{\overset{R}{}}C=CH-R \xrightarrow[H_2SO_4]{KMnO_4} \underset{R}{\overset{R}{}}C=O + O=\overset{\overset{OH}{|}}{C}-R$$
$$\text{酮}\text{羧酸}$$

不同结构的烯烃有不同的氧化产物，因此通过分析氧化产物结构可以推测出反应物烯烃的结构。烯烃结构与氧化产物关系如下：

$$\begin{matrix}\text{R}\\=\text{C}\\\text{H}\end{matrix} \longrightarrow \text{RCOOH}$$

$$\begin{matrix}\text{R}\\=\text{C}\\\text{R}\end{matrix} \longrightarrow \begin{matrix}\text{R}\\\text{C}=\text{O}\\\text{R}\end{matrix}$$

$$\begin{matrix}\text{H}\\=\text{C}\\\text{H}\end{matrix} \longrightarrow \text{CO}_2 + \text{H}_2\text{O}$$

b. 臭氧化。臭氧具有强氧化性，含有少量臭氧的氧气通入含烯烃的有机溶剂中，臭氧能与烯烃发生剧烈的化学反应，生成糊状臭氧化合物。臭氧化合物很不稳定，容易爆炸，故而不宜提取出来。加水之后，能水解生成醛、酮和过氧化氢等，过氧化氢可以继续氧化醛生成羧酸。如果在水解时添加还原剂锌粉则产物停留在醛、酮上，而加入更强的还原剂如氢化铝锂等，则可将醛和酮都还原成醇。

$$\underset{R'}{\overset{R}{>}}\text{C}=\text{CH}-\text{R}'' \xrightarrow{O_3} \underset{\text{臭氧化物}}{\begin{matrix}R\\R'\end{matrix}\text{C}\overset{O-O}{\underset{O}{\diagdown\diagup}}\text{C}\begin{matrix}R''\\H\end{matrix}} \xrightarrow{Zn/H_2O} \underset{\text{酮}}{\begin{matrix}R\\R'\end{matrix}\text{C}=\text{O}} + \underset{\text{醛}}{O=\text{C}\begin{matrix}H\\R''\end{matrix}}$$

$$\text{CH}_3-\underset{\underset{\text{CH}_3}{|}}{\text{C}}=\text{CH}_2 \xrightarrow[\text{②Zn/H}_2\text{O}]{\text{①O}_3} \underset{\text{丙酮}}{\text{CH}_3-\underset{\underset{\text{CH}_3}{|}}{\text{C}}=\text{O}} + \underset{\text{甲醛}}{\overset{O}{\text{HCH}}}$$

$$\text{CH}_3\text{CH}=\text{CH}_2 \xrightarrow[\text{②Zn/H}_2\text{O}]{\text{①O}_3} \text{CH}_3\text{CHO} + \text{HCHO}$$

$$\text{CH}_3\text{CH}=\text{CH}_2 \xrightarrow{O_3} \text{CH}_3\text{CH}\overset{O-O}{\underset{O}{\diagdown\diagup}}\text{CH}_2 \xrightarrow{LiAlH_4} \text{CH}_3\text{CH}_2\text{OH} + \text{CH}_3\text{OH}$$

根据烯烃臭氧化所得到的产物，也可以推测原来烯烃的结构。

c. 催化氧化。将乙烯与空气或氧气混合，用银作催化剂，乙烯被氧化生成环氧乙烷。环氧乙烷是重要的有机合成中间体。该方法是工业生产环氧乙烷的主要方法。丙烯也可以用这个方法制备环氧丙烷，但是其他烯烃在此条件下易引起σ键的断裂，不能制取环氧化物，必须用有机过氧酸作氧化剂，常用的过氧酸有：过氧乙酸、过氧苯甲酸、过氧三氟乙酸等。不过有机过氧酸容易爆炸，操作时要特别小心。

$$\text{H}_2\text{C}=\text{CH}_2 + \text{O}_2 \xrightarrow[230\sim280℃]{Ag} \text{H}_2\text{C}\underset{O}{-}\text{CH}_2$$

$$\text{CH}_3\text{CH}_2-\text{HC}=\text{CH}_2 + \text{R'COOH} \longrightarrow \text{CH}_3\text{CH}_2-\text{HC}\underset{O}{-}\text{CH}_2 + \text{R'}-\overset{O}{\underset{}{\text{C}}}-\text{OH}$$

③ 聚合反应。含有双键的化合物在一定的条件下可与其他同类的化合物发生加成反应，生成长链的聚合物，这样的反应称作加成聚合反应（简称加聚反应）。如，乙烯在加热加压、$TiCl_4$-$Al(C_2H_5)_3$（齐格勒-纳塔，Ziegler-Natta）催化剂作用下聚合生成聚乙烯，丙烯也可以聚合生成聚丙烯。

$$nH_2C=CH_2 \xrightarrow[60\sim75℃, 0.1\sim1.0MPa]{TiCl_4\text{-}Al(C_2H_5)_3} -\!\!\!\!-[CH_2-CH_2]\!\!-\!\!\!\!-_n$$

参加聚合的分子称作单体，而最终得到的高分子化合物叫聚合物。加聚反应发生的条件为：一是高温高压；二是存在催化剂或引发剂，如常用的齐格勒-纳塔催化剂等。

一种单体的聚合称均聚反应，产物称为均聚物；两种或两种以上单体参加的聚合，则称之为共聚反应，产物称为共聚物。聚合反应发生可以有游离基引发或离子引发两种：

a. 游离基引发的聚合反应。单体借助于光、热、引发剂或辐射等作用，活化为自由基，再与其他单体进行连锁聚合形成高聚物的化学反应。

b. 正负离子引发的聚合反应。单体在阳离子或阴离子作用下，活化为带正电荷或带负电荷的离子，再与单体连锁聚合的化学反应，统称为离子型聚合反应。

聚丙烯和聚乙烯等聚合物都是重要的工业品，广泛用作薄膜、化学纤维、容器、绝缘材料等。因此一般把丙烯和乙烯的产量作为衡量一个国家化工水平的重要标志。

（2）α-H 的卤代反应

由于受到双键的影响，与双键相连碳原子上的氢具有一定的活性，易发生取代反应。当α-H 失去后，形成的自由基中间体由于有 p-π 共轭而稳定，因此容易生成。这可用后面即将学习的共轭效应来解释。

在室温下，烯烃与卤素可发生亲电加成反应，然而当温度升高到 500~600℃（或紫外光光照）时，则在双键的α位发生氢原子的取代反应。如氯气与丙烯在 600℃左右主要发生α-H 取代反应，生成 3-氯-1-丙烯。

$$CH_3-CH=CH_2 + Cl_2 \xrightarrow{500℃} ClCH_2-CH=CH_2 + HCl$$

该反应与烷烃的卤代反应类似，可以由自由基取代反应的机理来解释。在光照、高温的条件下，氯气解离为氯原子，氯原子很快夺去α-H，生成氯化氢和烯丙基自由基，烯丙基自由基具有 p-π 共轭效应，很稳定，故而容易生成。接着烯丙基自由基又会与氯气反应，夺取氯气分子中的氯原子生成 3-氯-1-丙烯和氯原子。还可以进一步发生一系列的链式反应，最后随着氯气的耗尽，反应停止。

除此之外，N-溴代丁二酰亚胺（N-bromosuccinimide，简称 NBS）作为溴化剂可在较低温度下进行α-H 取代，适合实验室制备。

$$CH_3-CH=CH_2 + \underset{\underset{CH_2-C}{|}}{\overset{\overset{CH_2-C}{|}}{}}\!\!\!\!\!\overset{O}{\underset{O}{\|}}NBr \xrightarrow[CCl_4]{h\nu} BrCH_2-CH=CH_2 + \underset{\underset{CH_2-C}{|}}{\overset{\overset{CH_2-C}{|}}{}}\!\!\!\!\!\overset{O}{\underset{O}{\|}}NH$$

第 3 章 烯烃和二烯烃

3.2 二烯烃

3.2.1 二烯烃的分类和命名

3.2.1.1 二烯烃的分类

含两个碳碳双键的烃类化合物称为二烯烃，根据双键的相对位置可将其分为以下三类：

（1）累积双键二烯烃

$$>C=C=C<$$

双键累积在同一碳上

$$CH_2=C=CH_2$$

丙二烯

（2）共轭双键二烯烃

$$>C=C-C=C<$$

两个双键被一个单键隔开

$$CH_2=CH-CH=CH_2$$

1,3-丁二烯

（3）孤立双键二烯烃

$$>C=C-(CH_2)_n-C=C<$$

$n \geqslant 1$，两个双键被两个以上单键隔开

累积双键二烯烃分子中两个π键相互垂直，π键上的电子不能相互离域，不能形成共轭体系，因此内能高、不稳定；孤立双键二烯烃两个双键相隔远，相互影响很小，因此与一般的单烯烃性质差别不大；而共轭二烯烃由于共轭的存在具有普通烯烃不具备的性质，因而下面重点介绍共轭双键二烯烃。

3.2.1.2 二烯烃的命名

二烯烃或多烯烃的系统命名按下列步骤进行：
① 找出含有双键最多的链作为主链，若双键数目相同，则以碳链最长的为主链，称为某几烯。
② 从距离双键最近的一端开始编号，双键的位置从小到大排列。
③ 写名称时，母体称为"某二（或三、四、……）烯"，双键位置中间用逗号隔开，写在母体名称前面，并用短线相连。如果是几何构型异构体，每个双键必须在位置之后标明 Z 或 E，放在构造名称前。
④ 其他同烷烃命名规则。
例如：

$CH_2=C=CHCH_3$ 1,2-丁二烯

$CH_2=CH-CH=CH_2$ 1,3-丁二烯

$CH_2=\underset{\underset{CH_3}{|}}{C}-CH=CH_2$ 2-甲基-1,3-丁二烯

(2Z, 4E)-3-甲基-2,4-庚二烯

3.2.2 共轭二烯烃的结构及共轭体系

3.2.2.1 共轭二烯烃的结构

最简单的共轭二烯烃是 1,3-丁二烯。以 1,3-丁二烯为例介绍共轭二烯烃的结构。1,3-丁二烯的所有原子都在一个平面上，C=C 的键长为 0.134nm，C—C 键长为 0.148nm，C—C—C 键角为 122.4°，H—C—C 键角为 119.8°，如图 3.8 所示。

在 1,3-丁二烯中，4 个碳原子都为 sp^2 杂化，碳原子之间以 sp^2 杂化轨道大头相互重叠形成 C—C σ键，每个碳原子剩下的 sp^2 杂化轨道与氢原子的 1s 轨道重叠形成 C—H σ键。这些σ键都在同一平面上，键角接近 120°。另外未杂化的 p 轨道在空间上与该平面垂直，且相互平行并重叠，每个 p 轨道上有 1 个电子，4 个电子可以为 4 个轨道共享，可以发生离域，形成一个大π键，能量下降，较稳定，如图 3.9 所示。

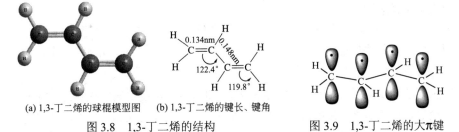

(a) 1,3-丁二烯的球棍模型图   (b) 1,3-丁二烯的键长、键角

图 3.8   1,3-丁二烯的结构   图 3.9   1,3-丁二烯的大π键

上述共价键理论还不能很好解释 1,3-丁二烯的共轭稳定性，而分子轨道理论可以解释得更好。按分子轨道理论的概念，1,3-丁二烯的 4 个 p 轨道可组成四个分子轨道，即ψ_1、ψ_2、ψ_3、ψ_4，如图 3.10 所示。

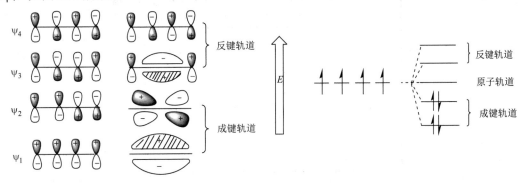

(a) 丁二烯的分子轨道图形   (b) 丁二烯p电子分子轨道的能级图

图 3.10   1,3-丁二烯的分子轨道图形及能级图

从图 3.10 可以看出，ψ_1 轨道对 C1—C2、C2—C3、C3—C4 都具有成键作用；ψ_2 轨道对 C1—C2、C3—C4 也有成键作用，而对 C2—C3 具有反键作用。总体上，C2—C3 的成键作用要强于反键作用。C1—C2 和 C3—C4 有很强的π键性质，C2—C3 也具有一些π键性质，但比前两者弱。π电子分布并不是局限于各自的两个碳上，而是分布在能量较低的成键轨道ψ_1和ψ_2中，能量下降，故而稳定。

3.2.2.2 共轭体系

(1) 共轭体系的含义

① 共轭体系的定义。共轭意为平均分担之意，如牛轭（驾车时套在牲口上的曲木）。三个或三个以上相连接的原子共平面时，这些原子中相互肩并肩平行的 p 轨道之间相互交盖连在一起，从而形成离域键（大π键）的体系称为共轭体系。除π-π共轭体系外，还包括 p-π共轭体系、σ-π共轭体系。

② 共轭效应。由于电子的离域或键的离域，使分子中电子云密度的分布有所改变，内能变小，分子更加稳定，键长趋于平均化（双键键长变长、单键键长变短），这种效应称为共轭效应。

a. 共轭效应产生的必要条件：

Ⅰ.参与共轭的原子必须在同一平面内；

Ⅱ.未杂化 p 轨道的对称轴垂直于该平面，且相互平行。若共平面性发生破坏，则必然会造成 p 轨道重叠减弱，共轭效应就会减弱或消失。

b. 共轭效应的表现：

Ⅰ.键长趋于平均化。共轭链越长，则双键和单键的键长越接近，越趋于相等。

Ⅱ.共轭二烯烃体系的能量低。是由于分子中 4 个π电子处于离域的π轨道中，使共轭体系具有较低的内能，分子稳定。

实验测量得 1-戊烯的氢化热是 127kJ/mol，非共轭的 1,4-戊二烯氢化热是 254 kJ/mol，刚好是 1-戊烯氢化热的两倍，共轭的 1,3-戊二烯的氢化热是 226 kJ/mol，比 1-戊烯氢化热的两倍要小，这说明共轭体系具有较低的内能。1,3-戊二烯比 1,4-戊二烯内能低约 28 kJ/mol，这个能量差被称为共轭能，如图 3.11 所示。

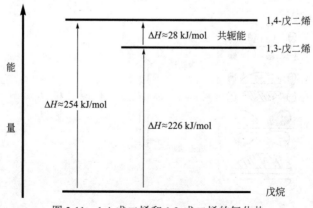

图 3.11　1,4-戊二烯和 1,3-戊二烯的氢化热

Ⅲ.共轭效应沿共轭链传递,不随距离的增加而减弱。

Ⅳ.折射率较高。共轭二烯烃分子的折射率也比相应的孤立二烯烃高。这是因为光在物质中减速是因受分子中电子的干扰而引起的,价电子结合得越不紧,极化程度越高,干扰越严重。共轭体系π电子云较之于非共轭体系易极化,因而折射率高。

（2）共轭体系的类型

共轭效应分为：π-π共轭效应、p-π共轭效应、超共轭效应。

① π-π共轭效应。具有交替的单键和双（三）键的共轭体系,称为π-π共轭。碳碳双键不仅与碳碳双键形成共轭,还可以与碳碳三键、碳氧双键、碳氮三键等共轭。如下：

$$H_2C=CH-CH=CH_2 \quad H_2C=CH-C\equiv CH$$
$$H_2C=CH-CH=O \quad H_2C=CH-C\equiv N$$

当共轭体系中含有电负性较强的原子时,该原子会吸引电子云,使电子云向该原子偏移,表现出吸电子共轭效应(−C)。$CH_2=CH-CH=O$ 分子中 $C=O$ 键就具有吸电子共轭效应。吸电子共轭效应的大小与原子的电负性和轨道重叠程度有关。同周期的元素,电负性越强,吸电子共轭效应越大。如：

$$=O>=NR>=CR_2$$

对同族元素来说,随着原子序数的增加,π键叠合程度变小,−C 效应变小。如：

$$=O>=S$$

② p-π共轭效应。π键 p 轨道与相邻原子 p 轨道之间的侧面重叠,使π电子和 p 电子扩展到整个共轭体系的键的离域效应。如烯丙基碳正离子、烯丙基自由基、氯乙烯等,都具有 p-π共轭效应（如图 3.12 所示）。

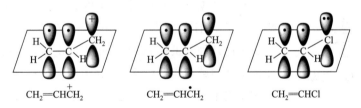

图 3.12　几种 p-π共轭体系示意图

杂原子与双键相连时,p 电子朝着双键方向转移,呈给电子共轭效应(+C)。给电子共轭效应强弱不同。

a. 对同族元素来说,p 电子轨道与双键碳原子 p 轨道体积越接近,重叠得越好,共轭能力越强；p 电子轨道体积越大,与碳的 p 电子轨道重叠得越少,共轭能力越弱。

+C 顺序为：—F＞—Cl＞—Br＞—I

b. 对同周期的元素来说,p 轨道的大小相接近,元素的电负性越强,越不易给出电子,p-π共轭就越弱。

+C 顺序为：—NR_2＞—OR＞—F

③ 超共轭效应。超共轭效应分为σ-π超共轭效应和σ-p 超共轭效应。因σ-π、σ-p 共轭效应比π-π和 p-π共轭效应要弱得多,称它们为超共轭效应。

a. σ-π超共轭效应。当重键（如碳碳三键、碳碳双键）的α-碳上连有氢原子时,由于氢原子体积很小，对 C—H σ 键的电子云屏蔽也很小，因此 C—H σ 键犹如未共用电子对，能与相邻重键的π轨道发生侧面重叠，使σ键和π键之间的电子云离域的现象，称为σ-π超共轭效应。丙烯中的甲基碳与双键碳形成的 C—C 单键在室温下可以自由旋转，因此丙烯分子中有 3 个σ-π超共轭（如图 3.13 所示）。

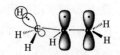

图 3.13　σ-π超共轭效应

C—H σ 键的数目越多，超共轭效应越强。所以烯烃的稳定性次序：

$$(CH_3)_2C=C(CH_3)_2 > (CH_3)_2C=CHCH_3 > CH_3CH=CHCH_3 > CH_3CH=CH_2 > H_2C=CH_2$$

通过氢化热数据可以说明超共轭效应的存在和强弱：

$CH_3CH_2CH=CH_2 + H_2 \longrightarrow CH_3CH_2CH_2CH_3$　　　氢化热：126.8kJ/mol

$CH_3CH=CHCH_3(顺) + H_2 \longrightarrow CH_3CH_2CH_2CH_3$　　　氢化热：119.7kJ/mol

$CH_3C(CH_2CH_3)=CHCH_3 + H_2 \longrightarrow CH_3CH(CH_2CH_3)CH_2CH_3$　　　氢化热：112.5kJ/mol

氢化热越小，共轭效应越强。可见，与双键碳相连的 C—H 键越多其超共轭效应越强。

b. σ-p 超共轭效应。C—H σ 键与 p 轨道之间的作用而引起的共轭效应称为σ-p 超共轭效应。如乙基碳正离子（为伯碳正离子），有 3 个σ-p 超共轭（如图 3.14 所示）。

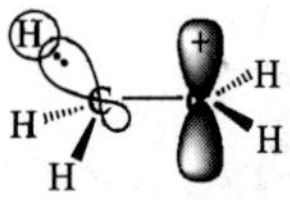

图 3.14　σ-p 超共轭效应

叔丁基碳正离子（为叔碳正离子）有 9 个σ-p 超共轭，异丙基碳正离子（为仲碳正离子）有 6 个σ-p 超共轭，前者稳定性大于后者。故而几种碳正离子的相对稳定性次序为：叔碳正离子＞仲碳正离子＞伯碳正离子＞甲基碳正离子。这是因为超共轭效应可分散碳正离子的正电荷，连接的甲基越多，超共轭效应越强，碳正离子越稳定。不同种类的自由基稳定性次序为：叔碳自由基＞仲碳自由基＞伯碳自由基＞甲基碳自由基，原因类似。

需要说明的是，共轭效应与诱导效应有时是同时存在的，要想知道电子云分布，就需要比较它们的方向和强弱来得出结论。

3.2.3　共轭二烯烃的化学性质

3.2.3.1　化学性质的推导

共轭二烯烃除了具有烯烃的一般性质外，还具有其特有性质，如能够发生 1,4-加成反应，能与其他烯烃加成(1,4-加成)生成具有六元环的化合物(也叫狄尔斯-阿尔德反应或双烯合成)，1,3-丁二烯还能自聚或与其他烯烃（如苯乙烯）共聚制得橡胶等。

3.2.3.2 化学性质

(1) 1,4-加成反应

共轭二烯烃与卤化氢加成时，既有 1,2-加成产物，也有 1,4-加成产物。如：

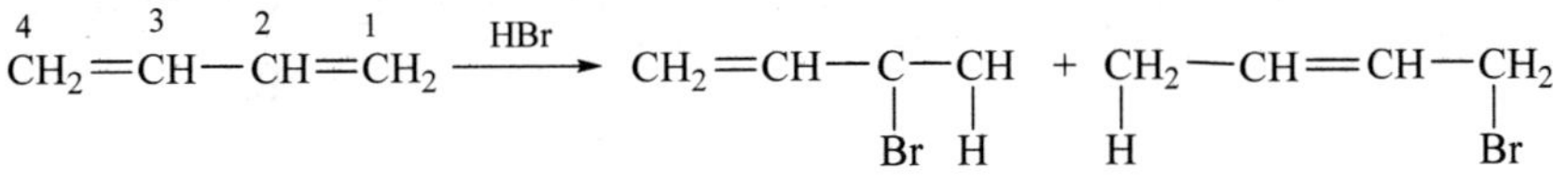

$$\overset{4}{C}H_2=\overset{3}{C}H-\overset{2}{C}H=\overset{1}{C}H_2 \xrightarrow{HBr} CH_2=CH-\underset{\underset{Br}{|}}{C}H-\underset{\underset{H}{|}}{C}H + CH_2-CH=CH-CH_2$$
$$\qquad\qquad\qquad\qquad\qquad\qquad\quad 1,2\text{-加成产物} \qquad\qquad 1,4\text{-加成产物}$$

这是由反应历程决定的（其加成反应为亲电加成历程）。反应分两步：

第一步：质子氢加在烯碳上，生成碳正离子。其中加在 1 号碳（或 4 号碳）上生成碳正离子Ⅰ，加在 2 号碳（或 3 号碳）上生成碳正离子Ⅱ。

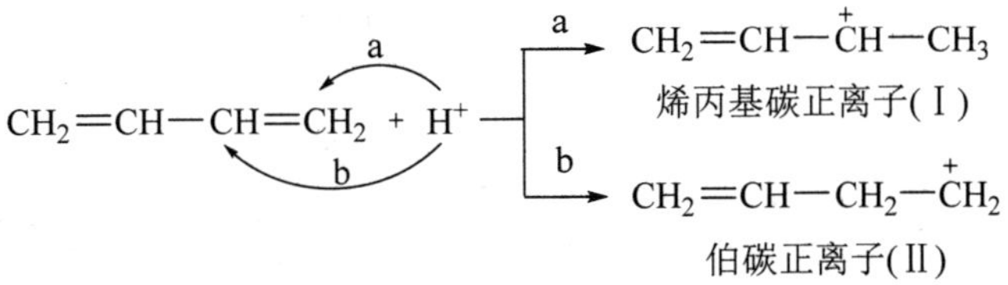

$$CH_2=CH-CH=CH_2 + H^+ \longrightarrow \begin{matrix} a: CH_2=CH-\overset{+}{C}H-CH_3 \\ \text{烯丙基碳正离子(Ⅰ)} \\ b: CH_2=CH-CH_2-\overset{+}{C}H_2 \\ \text{伯碳正离子(Ⅱ)} \end{matrix}$$

正离子Ⅰ的结构为：

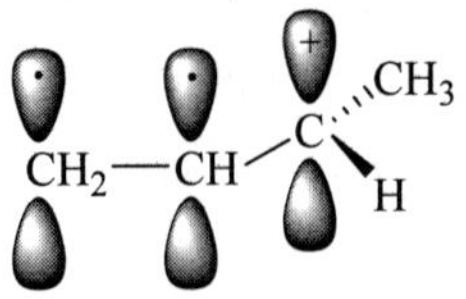

正离子Ⅱ的结构为：

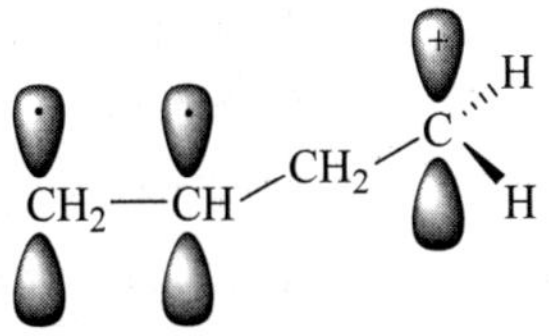

碳正离子Ⅰ的π电子可离域到空 p 轨道上，使正电荷得到分散，故较稳定。碳正离子Ⅱ的π电子不能离域，碳正离子上的正电荷得不到分散，故不稳定。由于碳正离子的稳定性Ⅰ＞Ⅱ，故第一步主要生成碳正离子Ⅰ。

第二步：卤素负离子与碳正离子Ⅰ的加成。

在碳正离子Ⅰ中，正电荷不是集中在一个碳上，其分布如下：

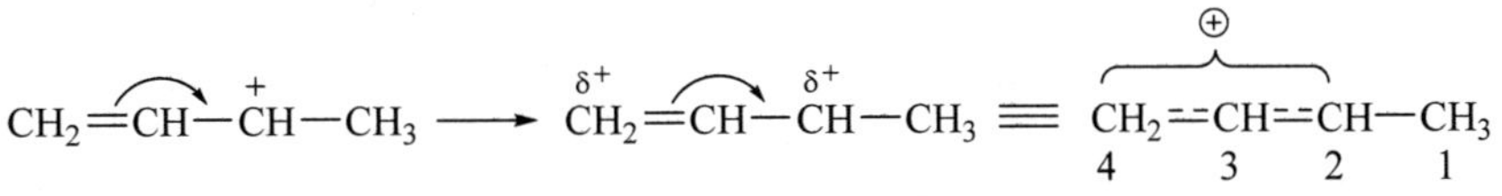

$$CH_2=CH-\overset{+}{C}H-CH_3 \longrightarrow \overset{\delta^+}{CH_2}=CH-\overset{\delta^+}{C}H-CH_3 \equiv \underset{4}{CH_2}\overset{\oplus}{\underset{3}{=}CH}\underset{2}{=}\underset{1}{CH}-CH_3$$

由于共轭效应，正负电荷极性交替出现，正电荷在 C2、C4 上分布较多，卤素负离子既可加到 C2 上，也可加到 C4 上。加到 C2 得 1,2-加成产物，加到 C4 上则得 1,4-加成产物。1,3-丁二烯和卤素的加成与 1,3-丁二烯与卤化氢的加成相似，也分两步，也有 1,2-加成产物和 1,4-加成产物。

1,2-加成和 1,4-加成是同时发生的，何者占优，决定于反应温度、反应物结构、溶剂的极性和产物的稳定性等。低温和非极性溶剂有利于 1,2-加成；高温和极性溶剂有利于 1,4-加成。

$$CH_2=CH-CH=CH_2 \begin{cases} \xrightarrow{Br_2, CHCl_3}_{-15℃} \underset{Br\quad Br}{CH_2-CH-CH=CH_2} + \underset{Br\quad\quad\quad Br}{CH_2-CH=CH-CH_2} \\ \qquad\qquad\qquad\qquad 37\% \qquad\qquad\qquad\qquad 63\% \\ \xrightarrow{Br_2, 正己烷}_{-15℃} \underset{Br\quad Br}{CH_2-CH-CH=CH_2} + \underset{Br\quad\quad\quad Br}{CH_2-CH=CH-CH_2} \\ \qquad\qquad\qquad\qquad 54\% \qquad\qquad\qquad\qquad 46\% \end{cases}$$

$$CH_2=CH-CH=CH_2 \begin{cases} \xrightarrow{HBr, 醚}_{-80℃} \underset{H\quad Br}{CH_2-CH-CH=CH_2} + \underset{H\quad\quad\quad Br}{CH_2-CH=CH-CH_2} \\ \qquad\qquad\qquad\qquad 80\% \qquad\qquad\qquad\qquad 20\% \\ \xrightarrow{HBr, 醚}_{40℃} \underset{H\quad Br}{CH_2-CH-CH=CH_2} + \underset{H\quad\quad\quad Br}{CH_2-CH=CH-CH_2} \\ \qquad\qquad\qquad\qquad 20\% \qquad\qquad\qquad\qquad 80\% \end{cases}$$

一个反应可以生成多种产物，在不同反应条件下产物比例不同，可从速度控制和平衡控制两方面分析其原因。在反应未达到平衡时，利用反应快速的特点来控制主产物，称为速度控制（也叫作动力学控制），可通过缩短反应时间或降低反应温度来达到目的；利用反应到达平衡来控制主产物，则称为平衡控制（也称作热力学控制），可通过升高温度或延长反应时间使反应达到平衡点来实现。

如图 3.15 所示，在二烯烃的加成反应中，由于 1,2-加成所需活化能较低，在低温条件时，主要是 1,2-加成产物；而由于 1,4-加成正逆反应所需活化能都很大，在高温条件下，一旦生成产物，则很难逆转，高温时主要为 1,4-加成产物。1,2-加成产物为速度控制产物，缩短反应时间对提高其比例有利，而 1,4-加成产物为平衡控制产物，延长反应时间对其有利。

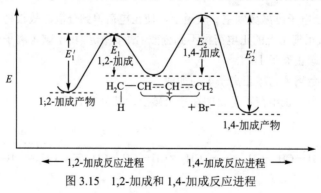

图 3.15 1,2-加成和 1,4-加成反应进程

1,4-加成产物的稳定性大于 1,2-加成产物，这可以从σ-π共轭效应来理解。1,2-加成产物中只有 1 个σ-π超共轭，而 1,4-加成产物有 5 个σ-π超共轭。

$$\underset{\underset{Br}{|}}{\overset{\overset{H}{|}}{CH_2-C}}-CH=CH_2 \qquad\qquad \underset{\underset{Br}{|}}{\overset{\overset{H}{|}}{H-C}}-CH=CH-\overset{\overset{H}{|}}{\underset{\underset{H}{|}}{C}}$$

1,2-加成产物　　　　　　　　　1,4-加成产物
1个C—H σ键与π键共轭　　　　5个C—H σ键与π键共轭

（2）狄尔斯-阿尔德（Diels-Alder）反应——双烯合成反应

共轭二烯烃与具有碳碳双键或三键的不饱和化合物进行1,4-加成，生成环状化合物的反应称为双烯合成反应，也叫狄尔斯-阿尔德反应（简称D-A反应）。如：

$$CH_2=CH-CH=CH_2 + CH_2=CH_2 \xrightarrow{200℃} \text{环己烯}$$

$$CH_2=CH-CH=CH_2 + CH≡CH \xrightarrow{\triangle} \text{1,3-环己二烯}$$

$$CH_2=CH-CH=CH_2 + CH_2=CH-COOCH_3 \xrightarrow{150℃} \text{3-环己烯-1-甲酸甲酯}$$

双烯体　　亲双烯体

要注意：

① 双烯合成的反应条件为光照或加热，双烯体以顺式进行加成。

$$\text{2,3-二甲基-1,3-丁二烯} + CH_2=CH-CHO \xrightarrow{\triangle} \text{3,4-二甲基-3-环己烯-1-甲醛}$$

② 当双烯体连有给电子基团，亲双烯体的双键碳原子上连有吸电子基团时，反应较容易进行。

D-A反应的产率高、应用范围广，是有机合成的重要方法之一，在理论上和生产上都占有重要的地位。

（3）聚合反应

共轭二烯烃与烯烃一样，也能发生聚合反应生成聚合物。1,3-丁二烯可以进行1,2-加成聚合，也可以进行1,4-加成聚合，或同时进行1,2-加成和1,4-加成聚合。用齐格勒-纳塔催化剂，基本按照1,4-加成方式进行顺式加成聚合，其聚合物结构和性质与天然橡胶相似，称为顺丁橡胶。顺丁橡胶耐磨性和耐寒性能都比较好，用于制造轮胎。

$$n\,CH_2=CH-CH=CH_2 \xrightarrow{\text{齐格勒-纳塔催化剂}} {\left[\begin{array}{c}CH_2CH_2\\ \diagdownC=C\diagup\\ HH\end{array}\right]}_n$$

顺丁橡胶

在齐格勒-纳塔催化剂作用下，异戊二烯聚合生成异戊橡胶（顺式），其结构与性能跟天然橡胶相同。如：

$$n\,CH_2=C-CH=CH_2 \xrightarrow[\triangle]{\text{齐格勒-纳塔催化剂}} {\left[\begin{array}{c}CH_2CH_2\\ \diagdownC=C\diagup\\ H_3CH\end{array}\right]}_n$$
$$|$$
$$CH_3$$

异戊橡胶

共轭二烯烃不仅能自身聚合，还能与其他单体共聚，生成各种品种的橡胶。如1,3-丁二烯与苯乙烯共聚合成丁苯橡胶：

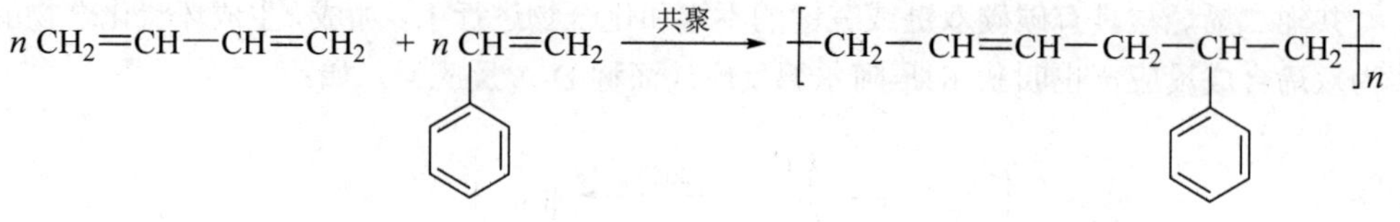

$$n\,CH_2=CH-CH=CH_2 + n\,CH=CH_2(\text{Ph}) \xrightarrow{\text{共聚}} {+}CH_2-CH=CH-CH_2-CH-CH_2{+}_n$$

丁苯橡胶

丁苯橡胶是目前合成橡胶中产量最大的品种，其综合性能优异，耐磨性好，广泛用于轮胎、胶带、胶管、电线电缆及各种橡胶制品的生产等领域。

由丁二烯和丙烯腈经乳液聚合可制得丁腈橡胶。

$$n\,CH_2=CH-CH=CH_2 + n\,CH_2=CH-CN \xrightarrow{\text{共聚}} {+}CH_2-CH=CH-CH_2-CH_2-CH{+}_n$$
$$\hspace{8cm} |$$
$$\hspace{8cm} CN$$

丁腈橡胶

丁腈橡胶的特点是耐油性极好、耐磨性较高、耐热性较好、粘接力强。其缺点是耐低温性差、耐臭氧性差、弹性稍差。丁腈橡胶主要用于制造耐油橡胶制品。

丙烯腈、1,3-丁二烯、苯乙烯三种单体共聚，可制得 ABS 树脂。

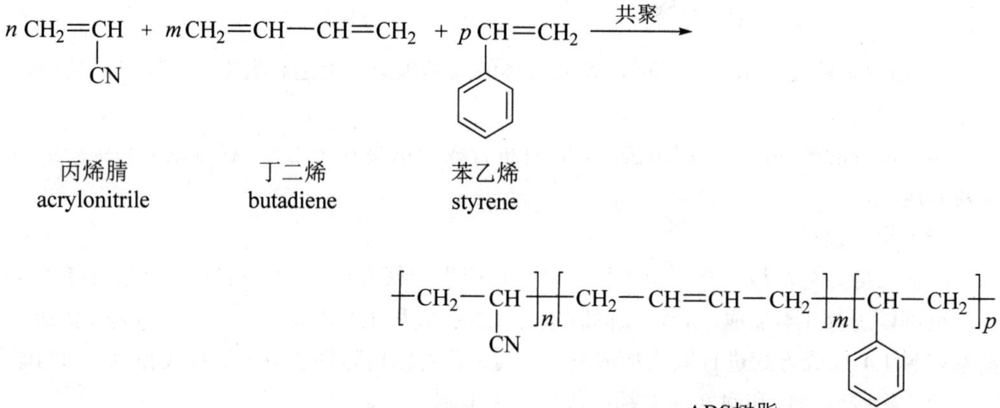

$$n\,CH_2=CH(CN) + m\,CH_2=CH-CH=CH_2 + p\,CH=CH_2(\text{Ph}) \xrightarrow{\text{共聚}}$$

丙烯腈 acrylonitrile　　丁二烯 butadiene　　苯乙烯 styrene

$${+}CH_2-CH{+}_n{+}CH_2-CH=CH-CH_2{+}_m{+}CH-CH_2{+}_p$$
$$\quad\ |\hspace{6.5cm}|$$
$$\quad CN\hspace{6cm}\text{Ph}$$

ABS树脂

ABS 是目前产量最大、应用最广泛的聚合物，是一种热塑型高分子材料，它强度高、韧性好、易于加工成型，主要用于机械、电气、纺织、汽车和造船等工业。

习 题

1. 用系统命名法命名下列化合物或写出结构式，对顺反异构体用 Z、E 命名：

(1) $CH_3(CH_2)_2CHCH=CH_2$
　　　　　　　　$|$
　　　　　　　CH_3

(2) 结构式：$CH_3CH_2CH_2$ 和 CH_3 在双键一侧，$(H_3C)_2CH$ 和 CH_2CH_3 在另一侧

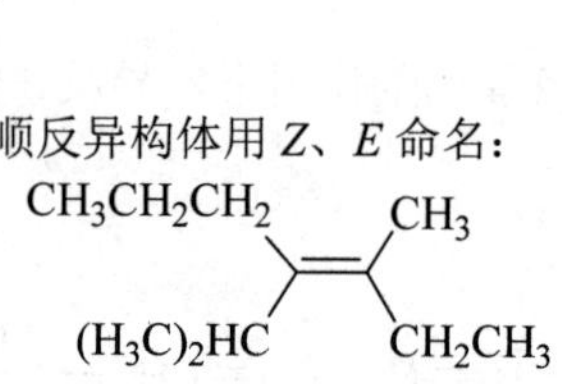

(3) $CH_3CH=CHCH_2CHCH_3$
　　　　　　　　　　$|$
　　　　　　　　　CH_3

(4) 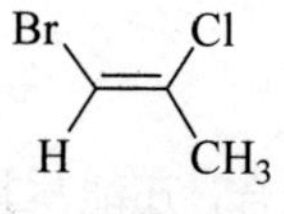 结构式：Br 和 H 在双键一侧，Cl 和 CH_3 在另一侧

(5) $CH_2=\overset{\overset{CH_3}{|}}{C}CH=CH_2$ (6) 3-乙基-1,4-己二烯

(7) (E)-2-溴-2-戊烯   (8) 顺-2-戊烯

2. 选择题。

(1) 下列化合物具有顺反异构体的是（　　）。

  A. 2-丁烯　　　　　B. 2-甲基-3-溴-2-戊烯　　C. 2-甲基-2-丁烯　　D. 2-甲基丙烯酸

(2) 烯烃碳碳双键上连有的烷基越多越稳定，这是由（　　）效应引起的。

  A. 吸电子诱导　　　B. p-π共轭　　　　　　C. π-π共轭　　　　　D. 超共轭

(3) 下列烯烃与溴化氢加成生成的碳正离子中间体最稳定的是（　　）。

  A. $CH_2=CH_2$　　　　　　　　　　B. $CH_3—CH=CH_2$

  C. $(CH_3)_2C=CHCH_3$　　　　　　　D. $CH_3CH=CHCH_3$

(4) 下列烯烃中，最容易与氢气催化加成的是（　　）。

  A. $CH_2=CH_2$　　　　　　　　　　B. $CH_3—CH=CH_2$

  C. $(CH_3)_2C=CHCH_3$　　　　　　　D. $CH_3CH=CHCH_3$

(5) 下列描述不属于π键的特点的是（　　）。

  A. 两个原子间可有一个π键或两个π键

  B. 键能较小，键的极化性较大

  C. 可以单独存在，且存在于任何含共价键的分子中

  D. 不能独立存在，必须与σ键共存，可存在于双键和三键中

3. 判断题。

(1) 不对称的烯烃和氯化氢加成的时候，如果有过氧化物存在，则生成反马氏规则的产物。（　　）

(2) 乙烯的两个碳原子都是 sp^2 杂化，且含有一个π键，五个σ键。　　　　　　（　　）

(3) 诱导效应和共轭效应都可以沿碳链传递，并随碳链增长而减弱。　　　　　　（　　）

(4) 共轭二烯烃在较低温度下以1,2-加成产物为主。　　　　　　　　　　　　　（　　）

(5) 不对称烯烃与卤化氢发生加成时，氢原子总是加到含氢较多的双键碳原子上，卤原子加在含氢较少的双键碳原子上。　　　　　　　　　　　　　　　　　　　　　　　　　　（　　）

(6) 亲电加成反应分两步完成。当双键上连有给电子基团时，双键上电子云密度增加，所得到的中间体更加稳定，加快反应速率；而双键上连有吸电子基团时，电子云密度降低，减小反应速率。（　　）

4. 完成下列反应式：

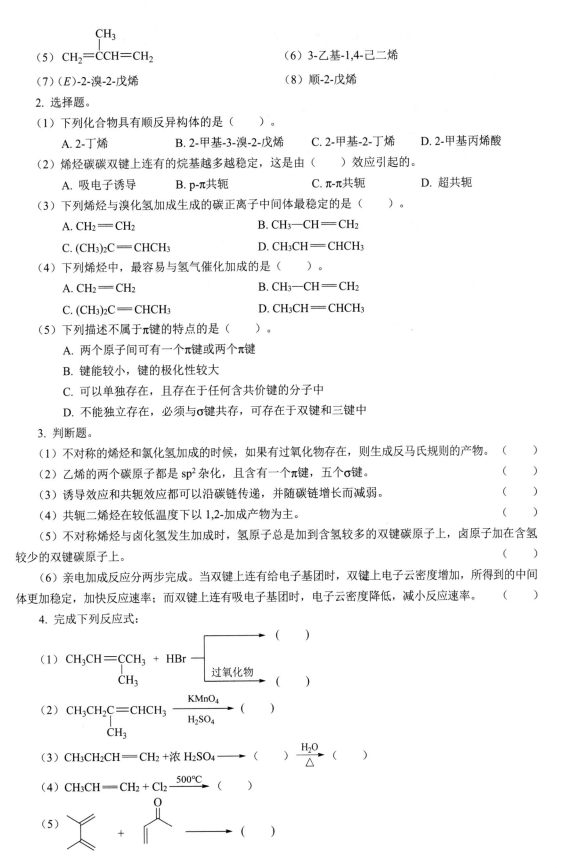

(6) $CH_2=\underset{\underset{CH_2CH_3}{|}}{C}CH=CH_2 + HCl \longrightarrow$ (   )

(7) $H_3C-CH=CH_2 + HOBr \longrightarrow$ (   )

(8) $CH_3CH_2CH_2CH=CHCH_3 \xrightarrow[(2)\ Zn/H_2O]{(1)\ O_3}$ (   )

5. 如何实现下列转变：

(1) $CH_3CH_2CH_2CH_2OH \longrightarrow CH_3CH_2\underset{\underset{Br}{|}}{C}HCH_3$

(2) $CH_3CHBrCH_3 \longrightarrow CH_3CH_2CH_2Br$

6. 用简便的化学方法区分下列化合物：1-戊烯、2-戊烯、戊烷。

7. 有 A、B 两个化合物，其分子式都是 C_6H_{12}，A 经臭氧氧化并与 Zn 粉和水反应后得乙醛和甲乙酮，B 经 $KMnO_4$ 氧化只得丙酸，推测 A 和 B 的构造式。

8. 化合物（A）+Zn $\longrightarrow$ 化合物（B）+$ZnBr_2$

化合物（B）+$KMnO_4 \xrightarrow{H^+} CH_3CH_2COOH + CO_2 + H_2O$

写出化合物 A、B 的结构式。

第4章 炔烃

分子中含有碳碳三键的烃称为炔烃。碳碳三键为炔烃的官能团。

4.1 炔烃的命名、结构和同分异构现象

4.1.1 炔烃的命名

炔烃的命名与烯烃类似，选含有三键的最长碳链为主链，从靠近三键的一端开始给主链编号，第一个三键碳的位置为碳碳三键的位号。

$$H_3C-CH_2-C\equiv C-CH_3 \qquad H_3C-CH_2-CH-C\equiv CH$$
$$\qquad\qquad\qquad\qquad\qquad\qquad\qquad\qquad |$$
$$\qquad\qquad\qquad\qquad\qquad\qquad\qquad\qquad CH_3$$

2-戊炔   3-甲基-1-戊炔

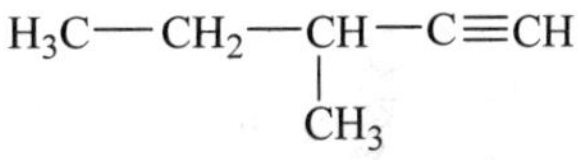

如果分子中有两个或两个以上三键，就称为二炔、三炔等，每一个三键都要标明位置。同时包含双键和三键的化合物被称为烯炔。主链从靠近重键的一端开始编号，无论双键还是三键，使位次和最小。若位次和大小一样，则双键编号先于三键。书写名称时，双键总是写在三键的前面，主链碳原子个数对应的汉字放在烯前。如：

$$HC\equiv C-CH=CH-CH_3 \qquad HC\equiv C-CH_2-CH=CH_2$$

3-戊烯-1-炔   1-戊烯-4-炔

对于炔基取代基命名也与烯基取代基的相似，由炔烃衍生而来，如：

$$HC\equiv C- \quad 乙炔基 \qquad HC\equiv C-CH_2- \quad 炔丙基$$

4.1.2 炔烃的结构和同分异构现象

最简单的炔烃是乙炔，现代物理手段测得乙炔分子里的两个碳原子和两个氢原子都处在一条直线上，如图 4.1 所示。

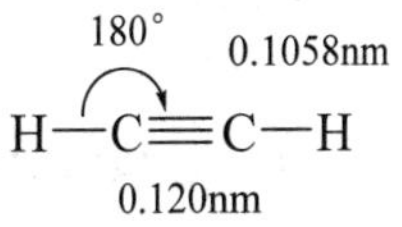

乙炔碳碳三键的键长为 0.120nm，键能大约是 836 kJ/mol。为方便比较，把乙炔、乙烷、乙烯等分子的共价键参数列表（表 4.1）如下：

图 4.1 乙炔分子的直线型结构

表 4.1 乙烷、乙烯、乙炔的碳碳键和碳氢键键能和键长

项目	乙烷	乙烯	乙炔
C—C 键长度/nm	0.154	0.134	0.120
C—C 键键能/(kJ/mol)	368	607	836
C—H 键长度/nm	1.10	1.08	1.06
C—H 键键能/(kJ/mol)	410	444	506

在乙炔分子中，碳原子为 sp 杂化。基态碳原子 2s 轨道的 1 个电子激发到 2p 轨道后，碳原子的 2s 轨道与一个 2p 轨道进行杂化，形成两个 sp 杂化轨道（如图 4.2 所示），还剩下两个未杂化的 p 轨道，这两个未杂化 p 轨道相互垂直，且在一个平面上。为了使轨道间的相互排斥力最小，两个 sp 杂化轨道须与未杂化的两个 p 轨道所形成的平面垂直，故而两个 sp 杂化轨道的夹角为 180°，大头方向相反（如图 4.3 所示）。

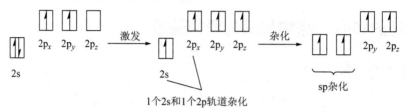

图 4.2 碳原子的 2s 轨道和 1 个 2p 轨道杂化及 sp 杂化后的电子分布

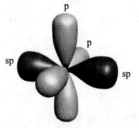

图 4.3 乙炔的碳原子 sp 杂化轨道和未杂化 p 轨道示意图

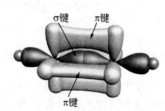

图 4.4 乙炔分子的轨道成键电子云模型图

当两个碳原子相互靠近时，各以一个 sp 杂化轨道的大头相互重叠形成碳碳σ键，另外各以一个 sp 杂化轨道分别与一个氢原子的 1s 轨道重叠形成 C—H σ键，三个σ键成一条直线；再各以两个未杂化的 p 轨道以"肩并肩"方式相互重叠，形成两个π键，这两个π键相互垂直（如图 4.4 所示）。故而四个原子都排布在同一条直线上。

炔烃碳碳三键比烯烃双键短，是因为 sp 杂化的共价半径比 sp² 杂化的共价半径短，sp 与 sp 重叠形成的键就短。炔烃三键碳上的碳氢键也比烯烃碳氢键和烷烃碳氢键短，原因也类似。碳碳三键实际上是由一个σ键和两个π键组成，故而键能比碳碳单键键能的三倍小得多。

由于炔烃是直线型分子，三键碳原子上只能有一个取代基，所以无顺反立体异构现象，故而异构体数目少于烯烃。含有 5 个或 5 个以上碳原子的炔烃存在碳架异构和官能团位置异构。如：

$$CH_3CH_2CH_2C\equiv CH \qquad CH_3-\underset{\underset{CH_3}{|}}{CH}-C\equiv CH \qquad CH_3CH_2C\equiv CCH_3$$

1-戊炔 　　　　　　　　3-甲基-1-丁炔 　　　　　　2-戊炔

另外，含碳原子数目相同的炔烃和二烯烃也互为同分异构体。这种异构体之间由于所含的

官能团不同，叫作官能团异构。如 1-丁炔和 1,3-丁二烯：

$$CH_3—CH_2—C≡CH$$
1-丁炔

$$CH_2=CH—CH=CH_2$$
1,3-丁二烯

4.2 炔烃的物理性质

常温下，$C_2 \sim C_4$ 的炔烃是气体，$C_5 \sim C_{18}$ 的炔烃是液体，多于 18 个碳原子的炔烃是固体。炔烃与烯烃一样，也不溶于水，密度比烯烃小且易溶于苯、石油醚、四氯化碳和乙醚等有机溶剂。炔烃分子极性比烯烃、烷烃强，分子可以彼此靠近，分子间的范德瓦耳斯力较强，因此炔烃的熔点和沸点要比相同碳原子的烯烃或烷烃高。另外，三键位于末端的炔烃比三键位于主链中间的炔烃沸点要低。表 4.2 列出了一些常见炔烃的物理性质。

表 4.2 炔烃的物理性质

炔烃	熔点	沸点	相对密度
乙炔	−80.8	−84.0	—
丙炔	−101.5	−23.2	—
1-丁炔	−125.7	8.1	0.6784（0）
2-丁炔	−32.3	27.0	0.6910
1-戊炔	−90.0	40.2	0.6901
1-己炔	−132.0	71.3	0.7155
1-庚炔	−81.0	99.7	0.7328
1-辛炔	−79.3	125.2	0.747
1-壬炔	−50.0	150.8	0.760
1-癸炔	−36.0	174.0	0.765

4.3 炔烃的化学性质

4.3.1 化学性质的推导

碳碳三键为炔烃的官能团，其由 1 个 C—C σ键和 2 个π键组成，化学性质与烯烃相似，也能发生催化加氢、亲电加成、氧化、聚合和 α-氢原子取代等反应。但由于炔烃碳原子（sp 杂化）的电负性大，其对π键电子的吸引力大，使得亲电加成反应活泼性不如烯烃。除此之外，炔烃还可以发生亲核加成反应，原因是：①sp 杂化轨道的电子云过于密集，不能充分覆盖碳原子核，使亲核试剂可以进攻碳原子核；②亲核试剂一般都具有孤对电子，如 ROH、RCOOH 等，或是含有不饱和键的物质如 HCN 等，进攻三键上π电子的空间位阻小（炔烃比烯烃少两个氢）；③这些亲核试剂进攻三键碳上的π键后形成 p-π共轭效应的碳负离子中间体，使得电荷得到分散，体系能量也下降，有利于反应的进行。另外也由于碳原子的电负性大，使端基炔中末端碳氢键可以异裂，产生质子氢，显示一定的酸性，此种炔与金属等作用可生成金属炔化物沉淀等。炔烃的主要化学性质如图4.5所示。

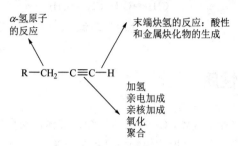

图 4.5　炔烃的化学性质推导

4.3.2　化学性质

4.3.2.1　三键上的反应

（1）加成反应

① 加氢。

a. 催化加氢。在 Pt、Pd、Ni 等催化剂存在下，乙炔可以与氢气发生加成反应生成烯烃，进一步反应则生成烷烃。

$$RC\equiv CR' \xrightarrow[H_2]{Pt、Pd或Ni} RCH=CHR' \xrightarrow[H_2]{Pt、Pd或Ni} RCH_2CH_2R'$$

炔烃催化加氢要比烯烃加氢容易，因为炔烃空间位阻小，催化剂吸附炔烃比吸附烯烃容易。取代基增加了空间位阻，故而有取代基的炔烃比乙炔加氢要难一些。

炔烃可以催化加氢生成烯烃，若氢气过量，反应往往不容易停止在烯烃阶段。如果想控制反应停留在烯烃阶段，需使用活性较低的催化剂，如林德拉催化剂（Lindlar catalyst）等。Lindlar催化剂是把细金属钯的粉末沉淀在碳酸钙上，然后用少量抑制剂喹啉或醋酸铅溶液处理而得到，降低了钯催化剂的活性，不能使烯烃加氢，而对炔烃的加氢仍然有效，因此催化加氢反应可停留在烯烃阶段。

$$HC\equiv C-\underset{\underset{CH_3}{|}}{C}-CH-CH_3 + H_2 \xrightarrow[\text{喹啉}]{Pd\text{-}CaCO_3} H_2C=CH-\underset{\underset{CH_3}{|}}{C}-CH-CH_3$$

炔烃加氢比烯烃加氢更容易，工业上经常利用这个性质控制氢气用量，使乙烯中的微量乙炔加氢转化为乙烯。在该催化条件下，炔烃加氢加成产物是顺式的，是因为催化加氢过程中炔烃分子须吸附在金属催化剂表面上。

b. 用碱金属和液氨还原。钠或锂的液氨溶液作用下，炔烃也能被部分还原，产物为反式烯烃。反应产物通过自由基机理形成。

$$R-C\equiv C-R' \xrightarrow{Na/\text{液}NH_3} \underset{H}{\overset{R}{>}}C=C\underset{R'}{\overset{H}{<}}$$

机理如下:

$$Na + NH_3 \longrightarrow Na^+ + e^-(NH_3)$$

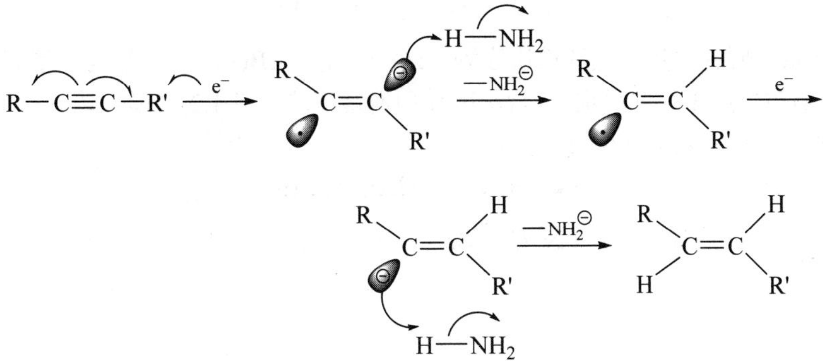

② 亲电加成。

a. 加卤素。与烯烃加卤素相似,炔烃和卤素的加成也是分两步进行的,第一步,溴正离子与炔烃加成,第二步,溴负离子与碳正离子结合,生成二卤代烯。在过量的氯或溴存在下,二卤代烯可进一步与卤素加成,生成四卤代烷。

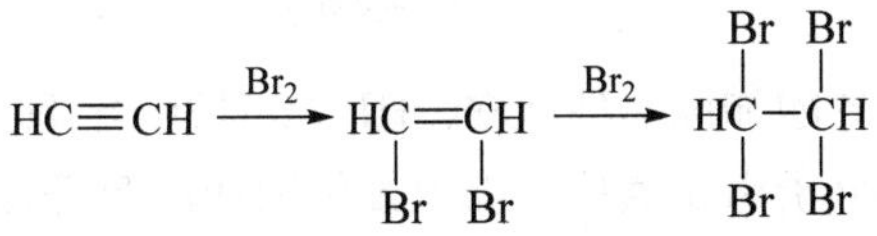

炔烃有四个π电子,π键上的电子云密度比烯烃高,而且空间位阻小,理应更易吸引亲电试剂(H^+、Br^+),更易发生亲电加成反应。但事实是炔烃比烯烃难发生亲电加成反应,怎么解释这一点呢?可从三个方面来解释:一是从轨道重叠程度来解释,三键的键长(0.120nm)比双键(0.134nm)短,它的 p 电子云有较多的重叠,所以π键较难被打开;二是从碳原子杂化的不同导致电负性的差异来解释,三键碳原子为 sp 杂化,sp 杂化的碳原子电负性大,对电子云的吸引相比双键要强些,换句话说不易给出电子,故而不易与亲电试剂作用;三是从重键与亲电试剂反应形成离子的稳定性解释,亲电试剂 E^+ 部分进攻炔形成烯基碳正离子的正碳原子为 sp 杂化,它的两个相互垂直的 p 轨道中的一个 p 轨道是空轨道(如图 4.6 所示),它的正电荷不易分散到相邻的碳原子周围,所以能量高、不稳定、不易生成,而烷基碳正离子的正碳原子是 sp^2 杂化状态,其正电荷可分散到烷基上,所以较稳定。故而三键的亲电加成反应比双键慢,如烯烃很快使溴的四氯化碳溶液褪色,而炔烃反应褪色却需要一两分钟。

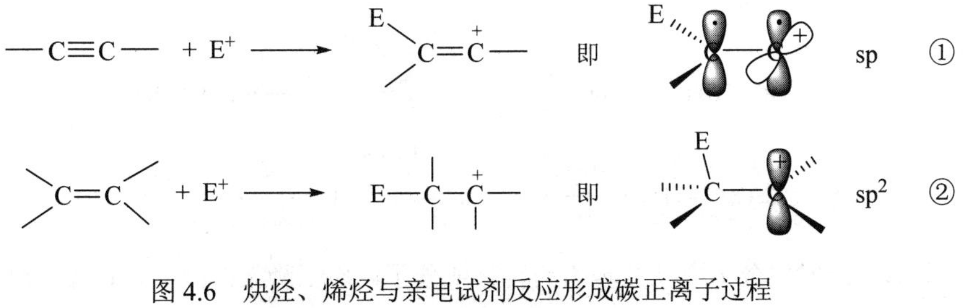

图 4.6 炔烃、烯烃与亲电试剂反应形成碳正离子过程

当分子中存在双键和三键时,与卤素的加成首先发生在双键上。

$$CH_2=CHCH_2C\equiv CH \xrightarrow{Br_2} \underset{\underset{Br}{|}}{CH_2}-\underset{\underset{Br}{|}}{CH}CH_2C\equiv CH \qquad 90\%$$

不同卤素与同种炔烃加成活性次序为:$F_2 > Cl_2 > Br_2 > I_2$,这与卤素和烯烃加成活性次序相同。碘与炔烃作用较困难,乙炔与碘作用通常只能生成 1,2-二碘乙烯。与同种卤素加成,烷基取代的炔烃比乙炔的活性高。

$$HC\equiv CH + I_2 \xrightarrow{140\sim160℃} HIC=CHI$$

b. 加卤化氢。炔烃与 HX(X=Cl、Br、I)的加成反应也是分两步进行的,但反应活性也不如烯烃。

$$RC\equiv CH \xrightarrow{HX} \underset{\underset{X}{|}}{RC}=CH_2 \xrightarrow{HX} R-\underset{\underset{X}{|}}{\overset{\overset{X}{|}}{C}}-CH_3$$

用亚铜盐或高汞盐作为催化剂,可加速反应的进行。如:

$$HC\equiv CH + HCl \xrightarrow[\text{或}HgSO_4]{Cu_2Cl_2} H_2C=CH-Cl$$

不同卤化氢与同种炔烃的加成活性次序:$HI > HBr > HCl > HF$。不对称炔烃加卤化氢时,服从马氏规则,两分子卤化氢依次加上去生成加成产物。

$$H_3C-C\equiv CH \xrightarrow[HgCl_2]{HCl} H_3C-CCl=CH_2 \xrightarrow[HgCl_2]{HCl} H_3C-CCl_2-CH_3$$

和烯烃的情况相似,若有光和过氧化物存在时,炔烃和 HBr 的加成,也是自由基加成反应,得到的是反马氏加成产物。

$$CH_3CH_2-C\equiv CH \xrightarrow[\text{过氧化物}]{HBr} CH_3CH_2-CH=CHBr \xrightarrow[\text{过氧化物}]{HBr} CH_3CH_2-\underset{\underset{H}{|}}{\overset{\overset{H}{|}}{C}}-\underset{\underset{Br}{|}}{\overset{\overset{Br}{|}}{C}}H$$

c. 加水。由于炔烃与水加成反应比较困难,因此必须用酸和汞盐等作催化剂。如乙炔和水的加成是在 10%硫酸和 5%硫酸亚汞水溶液中发生的。开始时,一分子水与三键加成,生成一分子乙烯醇,乙烯醇不稳定,很快发生分子内的重排,羟基上的氢很快转移到旁边的碳原子上,而 C=C 双键中的π电子云也发生转移,最后 C=C 双键变为单键,同时碳原子与氧原子之间单键变为双键,形成稳定的羰基化合物。

$$HC\equiv CH + H_2O \xrightarrow[H_2SO_4]{HgSO_4} [H_2C=\overset{HO}{\overset{|}{C}H}] \longrightarrow CH_3CHO$$

$$R-C\equiv CH + H_2O \xrightarrow[H_2SO_4]{HgSO_4} [R-\overset{OH}{\overset{|}{C}}=CH_2] \longrightarrow R-\overset{\overset{O}{\|}}{C}-CH_3$$

像上述反应,发生分子中某些基团的转移或分子内原子骨架的改变,最后得到一个较稳定的分子的反应称作分子重排反应。可以通过反应前后键能的变化，解释为什么烯醇式化合物能够转化为羰基化合物。通过计算可知，乙醛的总键能为 2741kJ/mol，而乙烯醇的总键能为 2678kJ/mol，故而乙醛要比乙烯醇更加稳定，并且两者相互转化所需的活化能很小，因此烯醇式和酮式可以很快地相互转化，所以在这个例子中主要的化合物是乙醛。

上述有机化合物以两种官能团异构体互相迅速变换而处于动态平衡的现象，叫做互变异构。涉及的异构体称作互变异构体。若一个异构体为酮式，另一个为烯醇式，这样的互变异构叫酮-烯醇互变异构。

③ 亲核加成。炔烃可以进行亲核加成反应。由亲核试剂进攻而引起的加成反应叫做亲核加成反应。亲核试剂有：ROH、RCOOH、HCN、H_2O 等，其中亲核基团为：—CN、—OR、—COOR、—OH。炔烃的亲核加成反应需要催化剂提高三键碳原子的正电性，以加快反应进行，常见的亲核加成催化剂为 $HgSO_4$、$Zn(OAc)_2$、Cu_2Cl_2 等含 d 轨道的过渡金属盐。

a. 加醇。在碱性条件下，乙炔与乙醇发生加成反应，生成乙烯基乙醚。

$$HC\equiv CH + CH_3CH_2OH \xrightarrow[160℃,\ 2.5MPa]{20\%KOH} CH_3CH_2O-CH=CH_2$$

反应历程为醇在碱的作用下，生成烷氧负离子，烷氧负离子与乙炔碳加成生成碳负离子中间体，然后从另一醇分子中获得质子，生成产物。

$$HC\equiv CH + RO^- \longrightarrow RO-CH=\overset{\ominus}{C}H \xrightarrow{HOR} RO-CH=CH_2 + RO^-$$

不对称的炔烃与醇亲核加成，也是氢加到含氢多的炔碳上，烷氧基加到含氢少的炔碳上，遵循马氏规则。

$$R-C\equiv CH + CH_3OH \xrightarrow[加热、加压]{碱} H_3CO-\overset{R}{\underset{}{C}}=CH_2$$

b. 加羧酸。乙炔在醋酸锌存在下与乙酸发生亲核加成反应，生成乙酸乙烯酯。

$$HC\equiv CH + CH_3COOH \xrightarrow[或\ Zn(OAc)_2,\ \triangle]{HgSO_4} CH_3\overset{O}{\overset{\|}{C}}-O-CH=CH_2$$

乙酸乙烯酯是合成聚乙烯醇的原料，聚乙烯醇进而合成纤维——维尼纶，聚乙烯醇广泛用来制造建筑涂料。

$$\underset{乙酸乙烯酯}{\underset{|}{\overset{CH_2=CH}{\underset{CH_3COO}{}}}} \xrightarrow[聚合]{引发} *\underset{CH_3COO}{[CH_2-\underset{|}{CH}]_n}* \xrightarrow{水解} *\underset{聚乙烯醇}{[CH_2-\underset{|}{\underset{OH}{CH}}]_n}*$$

$$*[CH_2-\underset{|}{\underset{OH}{CH}}]_n* \xrightarrow[H^+]{HCH=O} *[CH_2-\underset{|}{\underset{\underset{CH_2}{\underset{|}{O}}}{CH}}-CH_2-\underset{|}{\underset{O}{CH}}]_n*$$

聚乙烯醇　　　　　　维尼纶

c. 加 HCN。在氯化亚铜的存在下，氰化氢可与乙炔作用生成丙烯腈，丙烯腈是制造合成纤维腈纶的重要原料。

$$HC\equiv CH + HCN \xrightarrow{Cu_2Cl_2\text{-}NH_4Cl} H_2C=CH-CN \quad 丙烯腈$$

$$HC\equiv CH + CN^- \longrightarrow {}^-HC=CH-CN \xrightarrow{H^+} H_2C=CH-CN$$

反应机理：

$$HC\equiv CH + {}^-CN \xrightarrow[慢]{亲核进攻} {}^{\ominus}HC=CH-CN \xrightarrow[正负离子结合]{H^+} H_2C=CH-CN$$
（快）

（2）氧化反应

① 高锰酸钾氧化。炔烃比烯烃较难氧化，但仍然能被 $KMnO_4$ 氧化，反应后高锰酸钾溶液颜色褪去，有棕褐色的二氧化锰沉淀生成，这个反应可用作炔烃的定性鉴定。三键断裂生成羧酸，末端三键碳氧化为 CO_2：

$$RC\equiv CH \xrightarrow{KMnO_4} R-COOH + CO_2$$

实际上三键末端的 CH 氧化先变为 HCOOH，HCOOH 继续被高锰酸钾氧化变为 CO_2。

$$CH_3-C\equiv CH + KMnO_4 \xrightarrow{100℃} CH_3-\overset{O}{\underset{\|}{C}}-OH + HCOOH$$

$$HCOOH + KMnO_4 \longrightarrow CO_2 + H_2O$$

分子中同时存在三键和双键时，用较弱的氧化剂可使双键氧化而三键可以保留。

$$(CH_3)_2C=CH-(CH_2)_7-C\equiv CH \xrightarrow{CrO_3} (CH_3)_2C=O + HC\equiv C-(CH_2)_7-COOH$$

② 臭氧氧化。炔烃经臭氧氧化生成下面的臭氧化物，该物质裂解时从三键处断裂得到羧酸，而烯烃臭氧氧化、锌粉还原得到醛或酮。

$$R-C\equiv C-R' \xrightarrow[CCl_4]{O_3} R-\underset{\underset{O-O}{|}}{\overset{\overset{O}{|}}{C}}\underset{}{\overset{}{-}}C-R' \xrightarrow{H_2O} R-COOH + R'-COOH$$

$$CH_3CH_2CH_2CH_2C\equiv CH \xrightarrow[②H_2O]{①O_3} CH_3CH_2CH_2CH_2COOH + HCOOH$$

（3）末端炔烃的酸性和金属炔化物的生成

① 酸性。杂化方式会影响碳原子的电负性，若碳原子的杂化轨道中含 s 成分比例越大，则电子云离核越近，碳原子电负性就越大。表 4.3 是不同杂化态的碳原子的 s 成分占比、共价

半径和电负性。从 sp^3 到 sp，s 成分越来越多，共价半径越来越小，电负性越来越大。

表 4.3 不同杂化态碳原子 s 成分占比、共价半径和电负性

杂化态	s 成分占比	共价半径/nm	电负性
sp^3	1/4	0.077	2.50
sp^2	1/3	0.067	2.62
sp	1/2	0.060	2.75

由于不同杂化态的碳原子电负性的差异，末端炔烃的≡C—H 键中的电子比烯烃的═C—H、烷烃的—C—H 中的电子更靠近碳原子，C—H 键更容易异裂，氢以正离子形式掉下来，因而末端炔烃具有一定的酸性。

乙炔的 pK_a 值约为 25，而乙烯的 pK_a 值约为 44、乙烷的 pK_a 值约为 55。一般而言，乙炔可以当弱酸来处理，但是酸性还是远远小于水。含活泼氢的不同物质的 pK_a 值如表 4.4 所示。

表 4.4 含活泼氢的不同物质的 pK_a 值

物质	pK_a	物质	pK_a
乙炔	25	水	15.7
乙烯	44	醇	6~19
乙烷	约 55	氨	36

由于炔烃末端 H 原子的活性，具有≡C—H 结构的炔烃能够与强碱、碱金属和某些重金属离子反应形成金属化合物，称之为炔化物。如：乙炔与 $NaNH_2$ 的液氨溶液反应，生成乙炔钠和氨气。

$$HC≡CH + NaNH_2 \longrightarrow HC≡CNa + NH_3$$

乙炔离子是很强的亲核试剂，易与卤代烷发生取代反应，生成碳链更长的炔烃。

$$HC≡CNa + CH_3CH_2Br \longrightarrow HC≡CCH_2CH_3$$

炔烃烷基化反应并不仅限于乙炔。任何末端炔烃都可与碱金属反应生成相应的负离子，然后与卤代烷进行烷基化生成高级的内炔。

$$(CH_3)_2CHCH_2C≡CH \xrightarrow[NH_3]{NaNH_2} (CH_3)_2CHCH_2C≡CNa \xrightarrow{CH_3Br} (CH_3)_2CHCH_2C≡CCH_3$$

该反应的缺点在于需在液氨中进行，操作麻烦。炔负离子与仲卤代烷和叔卤代烷反应时容易发生脱卤化氢反应，如溴代环己烷与乙炔负离子反应主要是产生消除产物，因此炔负离子烷基化采用伯溴代烷和伯碘代烷比较好。

② 金属炔化物沉淀的生成。乙炔与硝酸银的氨溶液或氯化亚铜的氨溶液作用，生成不溶于水的金属炔化物，其中乙炔银为白色沉淀，乙炔亚铜为棕红色沉淀。

$$HC≡CH + 2[Ag(NH_3)_2]^+ \longrightarrow AgC≡CAg\downarrow + 2NH_4^+ + 2NH_3$$
乙炔银（白色）

$$HC≡CH + 2[Cu(NH_3)_2]^+ \longrightarrow CuC≡CCu\downarrow + 2NH_4^+ + 2NH_3$$
乙炔亚铜（棕红色）

含有端基三键 HC≡C—的炔烃都能发生这些反应。

$$RC{\equiv}CH \xrightarrow[\text{Cu(NH}_3)_2^+]{\text{Ag(NH}_3)_2^+} \begin{array}{l} RC{\equiv}CAg \downarrow \\ RC{\equiv}CCu \downarrow \end{array}$$

因此可用这两个反应来鉴定化合物是否为端基炔。干燥的金属炔化物不稳定,受热或震动时易发生爆炸生成金属和碳。

$$AgC{\equiv}CAg \longrightarrow 2Ag + 2C$$

实验后应立即加稀硝酸或稀盐酸把炔化物分解,以免发生危险。

$$RC{\equiv}CAg + HCl \longrightarrow RC{\equiv}CH + AgCl$$
$$RC{\equiv}CCu + HCl \longrightarrow RC{\equiv}CH + CuCl$$

盐酸或硝酸等与金属炔化物作用可使炔化物立即分解为原来的炔烃。因此可用此法来分离、提纯具有 R—C≡C—H 结构的炔烃。

(4) 聚合反应

乙炔在不同催化剂的作用下,能以两种方式分别聚合成环状或链式化合物。与烯烃聚合不同的是,炔烃一般不易聚合成高分子化合物。乙炔在氯化亚铜和氯化铵的催化下聚合,生成二聚物(乙烯基乙炔)和三聚物(二乙烯基乙炔)等。

$$HC{\equiv}CH + HC{\equiv}CH \xrightarrow[\text{NH}_4Cl]{\text{Cu}_2Cl_2} \underset{\substack{\text{乙烯基乙炔}\\(1\text{-丁烯-3-炔})}}{H_2C{=}CH{-}C{\equiv}CH}$$

$$H_2C{=}CH{-}C{\equiv}CH \xrightarrow{HC{\equiv}CH} \underset{\text{二乙烯基乙炔}}{H_2C{=}CH{-}C{\equiv}C{-}CH{=}CH_2}$$

其中,乙烯基乙炔是合成氯丁橡胶单体的重要原料,其在催化下与浓 HCl 反应可制得 2-氯-1,3-丁二烯。

$$H_2C{=}CH{-}C{\equiv}CH + HCl(浓) \xrightarrow[\text{NH}_4Cl]{\text{Cu}_2Cl_2} H_2C{=}CH{-}\underset{Cl}{\overset{}{C}}{=}CH_2$$

乙烯基乙炔　　　　　　　　　　　　　　2-氯-1,3-丁二烯
　　　　　　　　　　　　　　　　　　　氯丁橡胶聚合单体

乙炔在过渡金属催化剂,如三苯基膦羰基镍 Ph$_3$PNi(CO)$_2$ 的催化下,发生三聚得到环状化合物苯。

$$\begin{array}{c} HC{\equiv}CH \\ HC{\equiv}CH \end{array} + \begin{array}{c} CH \\ \mathrel{\vert\vert\vert} \\ CH \end{array} \xrightarrow[60{\sim}70℃, 1.5\text{MPa}]{\text{Ph}_3\text{PNi(CO)}_2} \bigcirc$$

在催化剂 Ni(CN)$_2$、THF 作用下乙炔的四聚生成环辛四烯。

$$\begin{array}{cc} HC{\equiv}CH & HC{\equiv}CH \\ HC{\equiv}CH & HC{\equiv}CH \end{array} \xrightarrow[80{\sim}120℃, 1.5\text{MPa}]{\text{Ni(CN)}_2, \text{THF}} \bigcirc$$

在齐格勒-纳塔催化剂作用下乙炔生成分子量比较大的聚乙炔，聚乙炔具有较好的导电性，其薄膜可用于包装计算机元件以消除静电；经掺杂 I_2、Br_2、BF_3 等物质后，其电导率可达到金属水平。高顺式聚乙炔是太阳能电池、电极、半导体材料的研究热点。

$$n\text{HC}≡\text{CH} \xrightarrow{\text{齐格勒-纳塔催化剂}} +\text{CH}=\text{CH}+_n$$

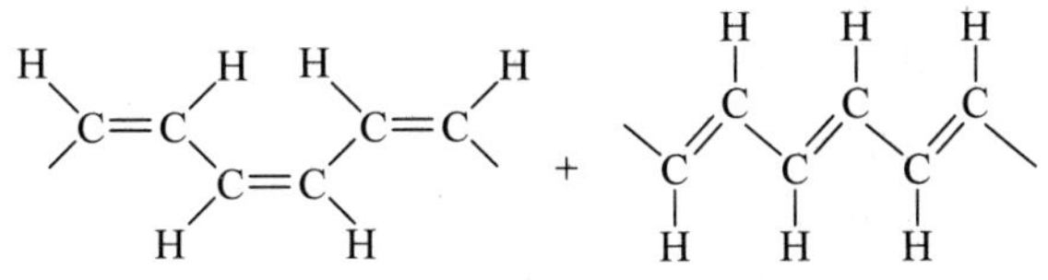

顺聚乙炔   反聚乙炔

4.3.2.2 α-氢原子的反应

炔烃中的α-氢原子与烯烃的α-氢原子一样，比较活泼，在高温和光照条件下可与卤素单质发生取代反应，在这里不再赘述。

习 题

1. 用系统命名法命名下列化合物或写出其结构式。

（1）$CH_3CHC≡CCH_3$
      $|$
     CH_2CH_3

（2）$(CH_3)_3CC≡CC≡CC(CH_3)_3$

（3）$CH_2=CHCH_2CHC≡CH$
        $|$
       CH_3

（4）2,2-二甲基-3-己炔

（5）2-己烯-4-炔

2. 判断题。

（1）烯烃比炔烃更容易进行催化加氢反应。（ ）
（2）分子内同时存在碳碳双键和碳碳三键时，碳碳双键优先进行亲电加成和氧化反应。（ ）
（3）乙炔亚铜是红棕色固体，乙炔银是白色固体。（ ）
（4）$CH_3C≡CCH_3$ 可以与硝酸银的氨溶液发生反应。（ ）
（5）卤化氢与炔烃发生加成反应时，反应活性大小为 HCl＞HBr＞HI。（ ）
（6）乙炔与醋酸反应属于亲核加成。（ ）

3. 写出下列反应的主要产物。

（1）$CH_3C≡CCH_3 + H_2 \xrightarrow[\text{喹啉}]{\text{Pb-BaSO}_4}$（ ）

（2）$CH_3CH_2C≡CNa + CH_3Br \xrightarrow{\text{液氨}}$（ ）

（3）$CH_3CH=CHC≡CH + Br_2(1\text{mol}) \longrightarrow$（ ）

（4）$CH_3CH_2CHC≡CH + H_2O \xrightarrow[\text{稀}H_2SO_4]{\text{HgSO}_4}$（ ）
       $|$
      CH_3

（5）$CH_3CH_2C≡CH + AgNO_3 \longrightarrow$（ ）

（6）$CH_3C\equiv CH + HCN \xrightarrow{Cu_2Cl_2}$ （　　）

（7）$CH\equiv CCH_2CH_3 + CH_3OH \longrightarrow$ （　　）

4. 用简便的化学方法鉴别：2-甲基丁烷、3-甲基-1-丁烯、3-甲基-1-丁炔。

5. 合成题。

① 以丙炔为原料，合成 $H_3C-CHBr-CH_3$ 。

② 以乙炔为原料，合成乙烯基乙炔（$H_2C=CHC\equiv CH$）。

6. 某化合物 A 和 B 含碳 88.89%、氢 11.11%。这两种化合物都能使溴的 CCl_4 溶液褪色。A 与 $AgNO_3$ 的氨溶液作用生成沉淀，氧化 A 得 CO_2 及丙酸 CH_3CH_2COOH。B 不与 $AgNO_3$ 的氨溶液作用，氧化时得 CO_2 及草酸 $HOOC-COOH$。试写出化合物 A 和 B 的结构式。

7. 化合物 C 的分子式为 C_5H_8，与金属钠作用后再与 1-溴丙烷作用，生成分子式为 C_8H_{14} 的化合物 D。用 $KMnO_4$ 氧化 D 得到两种分子式均为 $C_4H_8O_2$ 的酸（E、F），后者彼此互为同分异构体。C 在 $HgSO_4$ 的存在下与稀 H_2SO_4 作用时可得到酮 G。试写出化合物 C、D、E、F、G 的结构式，并用反应式表示上述转变过程。

第5章 脂环烃

脂环烃是一类由碳原子相互连接成环，且具有与开链脂肪烃性质相似的环状碳氢化合物。自然界存在许多含有脂环的化合物，如：

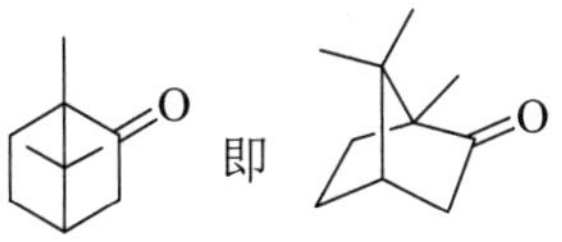

莰酮(樟脑)
双环单萜

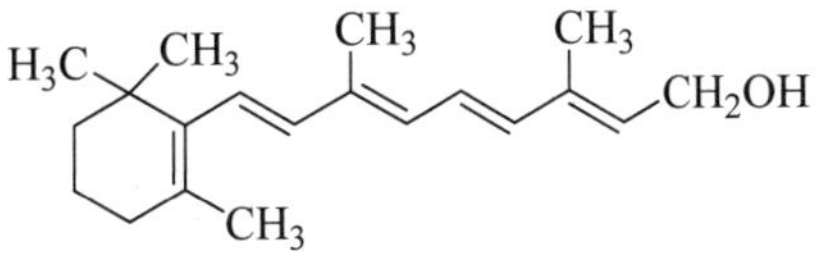

维生素A
单环二萜

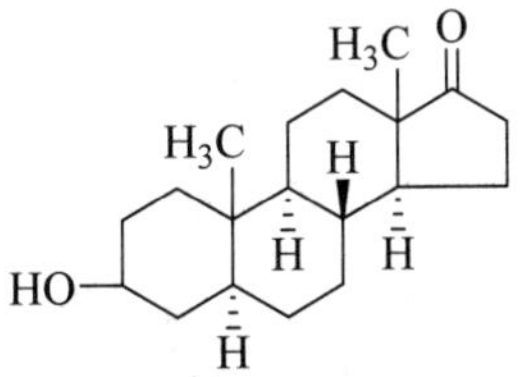

雄甾酮

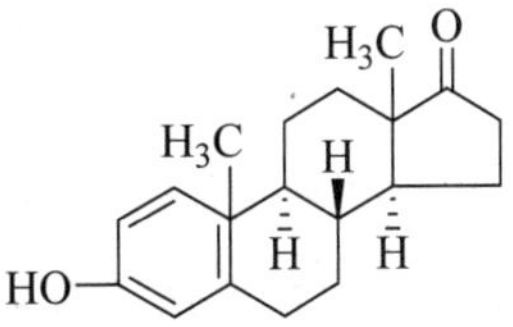

雌甾酮

5.1 脂环烃的分类和命名

5.1.1 脂环烃的分类

按是否含有不饱和键，脂环烃可分为饱和脂环烃和不饱和脂环烃。饱和脂环烃又称为环烷烃，不饱和脂环烃又可分为环烯烃和环炔烃。

按组成环的碳原子的数目可分为：小环（含三到四个碳原子）、普通环（含五到七个碳原子）、中环（含八到十一个碳原子）和大环（含有十二及十二个以上碳原子）。它们分别称为三元环、四元环、……，其中，五元环和六元环的分子结构最稳定。

根据碳环的数目可分为单环脂环烃和多环脂环烃。含有两个或两个以上碳环的化合物称为多环脂环烃，包括螺环烃、稠环烃和桥环烃。

5.1.2 脂环烃的命名

5.1.2.1 单环脂环烃的命名

（1）取代基较简单的单环脂环烃

① 单环脂环烃构造式命名。

a. 饱和的单环脂环烃（环烷烃）命名。碳环母体的命名与烷烃相似，只在烷字的前面加上一个"环"字，称为"环某烷"。给环上的碳原子编号时，应使取代基的位次最小；有多个取代基时，应使多个取代基的位号和最小，若位号和相同，则非较优基团先编号。如：

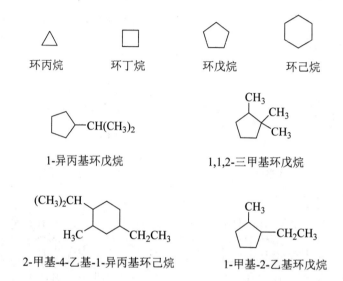

b. 不饱和单环脂环烃的构造式命名。母体称为环某烯（炔）或环某二烯（炔）等。编号从不饱和碳原子开始，并通过不饱和键编号；含有两个以上双键时，编号必须通过两个双键；在满足这两个前提下，使取代基的位次最小。如：

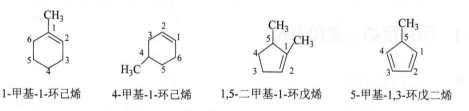

② 单环脂环烃的立体构型命名。在脂环化合物中，由于环不能自由旋转，环上有两个或两个以上的碳原子各自带有两个不同的原子或基团时，便产生立体构型异构（如顺反异构）。这与烯烃两个双键碳上各连有两个不同原子或基团产生立体构型异构类似。可以把环近似地看作平面，根据取代基在环上的同侧或异侧而称作顺式或反式异构体。如：

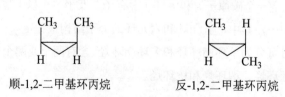

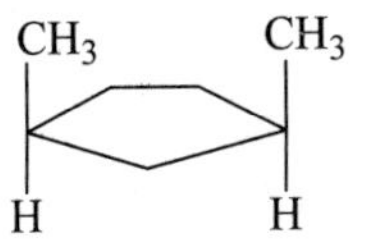

顺-1,3-二甲基环戊烷 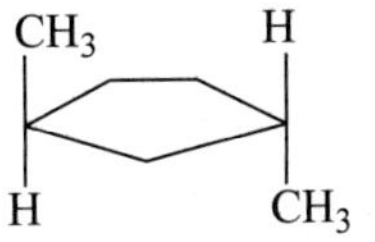　　　　反-1,3-二甲基环戊烷

随着环上取代基的增多，顺反异构体的数目也相应增加。此外，有些脂环化合物不但有顺反异构体，而且还存在对映异构现象（在第6章讲述）。

（2）取代基比较复杂的单环脂环烃

若单环脂环烃的取代基较复杂，则以取代基为母体，环为取代基。其他同烷烃或烯烃（炔烃）的命名规则。

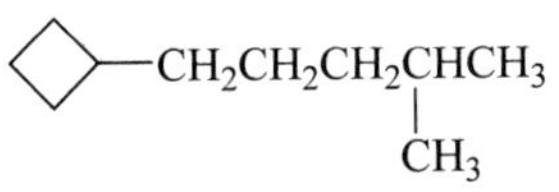

4-甲基-1-环丁基戊烷 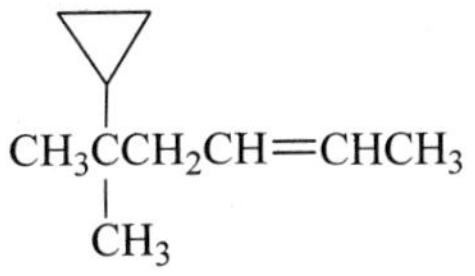　　　　5-甲基-5-环丙基-2-己烯

5.1.2.2 多环脂环烃的命名

含有两个及以上碳环的化合物称为多环脂环烃，其中两个碳环共用一个碳原子的双环化合物称为螺环烃，共用的碳原子称螺原子（或螺碳原子）；两个碳环共用相邻两个碳原子的双环化合物称为稠环烃；当两个碳环共用两个及以上不相邻的碳原子时，其称为桥环烃，两桥环相连接的碳原子叫"桥头"碳原子，其他原子叫"桥"碳原子。

螺环烃的命名根据碳环原子总数称为"螺[m.n]某烷"，m 表示较小碳环上除螺原子外的碳原子数，n 表示较大碳环上除螺原子外的碳原子数，螺原子不在 m、n 的计数内，m 和 n 之间用圆点隔开。环上碳原子的排序从较小环中的与螺原子相邻的碳原子开始编号，经过小环上的碳原子和螺原子，然后再编大环上的碳原子。当环上有取代基或不饱和键时，编号时应尽可能使取代基或不饱和键的编号较小。如：

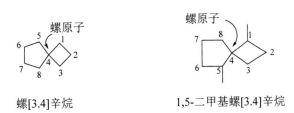

螺[3.4]辛烷　　　　1,5-二甲基螺[3.4]辛烷

桥环烃的命名与螺环烃命名略有不同，命名时可用二环（或双环）、三环等作词头，从一个桥头到另一个桥头的碳链称为"桥"。二环桥环烃的两个桥头碳原子可以看成由三个桥连接起来，二环桥环烃按成环碳原子的总数可称为"二环（或双环）[k.m.n]某烷"。其中 k、m、n 为两桥头碳原子之间的几条碳链上桥碳原子的数目由大到小的次序排列。桥环烃中桥碳原子的编号方式是以两个桥头碳原子中的其中一个为第一位开始编号，先沿最长桥经另一个桥头碳原子，最后再沿短桥回到最初编号的桥头碳原子。当环上存在等长桥时，有支链的桥先编号，并使取代基位次最小。当桥环烃中含有不饱和键或取代基时，编号也应尽可能使不饱和键和取代基编号较小。稠环烃和桥环烃的命名原则相同。如：

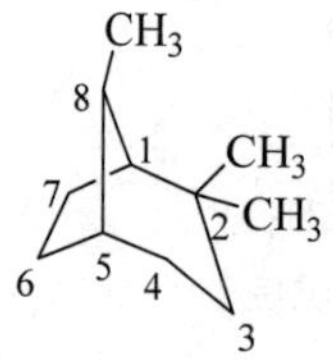

2,2,8-三甲基二环[3.2.1]辛烷 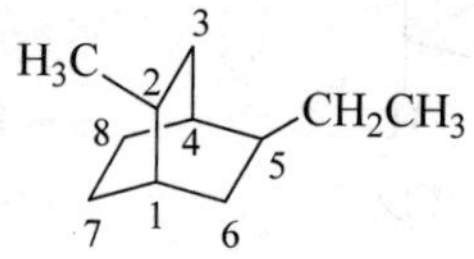　　　2-甲基-5-乙基二环[2.2.2]辛烷 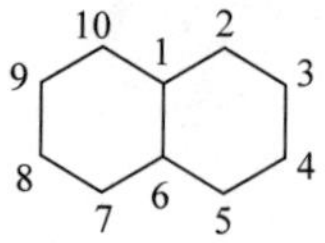　　　二环[4.4.0]癸烷或十氢化萘

5.2 环的稳定性及其结构

5.2.1 环的稳定性

燃烧热可以提供有关有机化合物相对稳定性的信息。环烷烃的燃烧热不仅与分子结构有关，还与分子中碳、氢原子的数目有关，碳、氢原子数目越多，燃烧热越高。因此，常用一个 CH_2 的燃烧热比较分子间能量的高低。表 5.1 列出了实验测得的部分环烷烃的燃烧热。

表 5.1　环烷烃的燃烧热　　　　　　　　　　　　　　　单位：kJ/mol

项目	环丙烷	环丁烷	环戊烷	环己烷	环庚烷
分子燃烧热	2091	2744	3320	3951	4637
每一个 CH_2 的平均燃烧热	697	686	664	659	662

可以看出，从环丙烷到环己烷每个 CH_2 的燃烧热依次降低，环庚烷的燃烧热较环己烷则略有升高。环己烷燃烧热与开链烷烃（约 659kJ/mol）基本相等。燃烧热的大小在一定程度上可以反映分子稳定性，燃烧热越大，内能越高，环越不稳定，反之亦然。说明环丙烷最不稳定，环己烷稳定性最高。

5.2.2 环的结构

（1）环丙烷

在环丙烷分子中，三个碳原子两两连接，形成一个三元环[如图 5.1（a）所示]。环丙烷中的每一个碳原子都是 sp^3 杂化的，以 2 个 sp^3 杂化轨道分别与 2 个相邻碳原子的 sp^3 杂化轨道重叠，形成两个 C—C σ 键，同时还以另外 2 个 sp^3 杂化轨道与氢原子的 1s 轨道重叠生成两个 C—H σ 键，再形成一个平面正三角形。内角是 60°。此时环烷烃分子杂化轨道的重叠程度无法达到正常夹角 109.5°时的重叠程度，为了使 sp^3 杂化轨道达到最大的重叠，只能将 sp^3 杂化轨道进行压缩或扭偏，但 sp^3 杂化轨道只能压缩或扭偏一个极小的角度，该角度约为 4°～5°，两个 sp^3 杂化轨道夹角约为 105.5°。故而杂化轨道的重叠只能在碳碳连线外进行，此种情况下的重叠形成"弯曲键"。这样形成的σ键与一般σ键不同，电子云不是轨道轴对称，而是形成一个曲线形状，如图 5.1（b）所示。

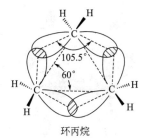

(a) 环丙烷球棍模型图　　(b) 环丙烷 sp³-sp³ 杂化轨道重叠形成的弯曲键

图 5.1　环丙烷的结构

由于两个 sp³ 杂化轨道被压缩到一定角度，偏离了正常的角度，故而有角张力；弯曲键比一般σ键重叠程度小，键较弱，易断裂；另外环丙烷的六个 C—H 键具有"重叠式构象"，氢原子相互排斥，产生重叠张力，导致环丙烷分子不稳定，容易开环。

（2）环丁烷

环丁烷是由四个碳原子组成的环，但四个碳原子并不都处于同一平面上，而是三个碳原子同处于一个平面上，另一个碳原子处于平面外，环丁烷分子构象以"蝶式"构象居多，如图 5.2 所示。环丁烷碳原子也为 sp³ 杂化，碳原子之间形成的 C—C σ键与环丙烷类似，也成弯曲键。但其杂化轨道重叠程度较环丙烷大，故环丁烷张力较环丙烷小，也比环丙烷稳定。

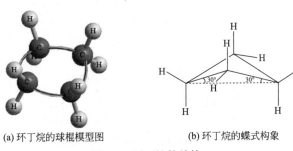

(a) 环丁烷的球棍模型图　　(b) 环丁烷的蝶式构象

图 5.2　环丁烷的结构

（3）环戊烷

环戊烷分子以"半椅式"和"信封式"构象存在（如图 5.3 所示），它的四个碳原子处在同一平面上，剩余的一个碳原子在平面的上方或下方。环戊烷中各个碳原子均为 sp³ 杂化，键角接近自然键角，环戊烷分子结构较稳定。

(a) 半椅式　　　　　　　　(b) 信封式

图 5.3　环戊烷的半椅式构象和信封式构象

（4）环己烷及其衍生物

环己烷以折叠环的形式存在，每个碳原子也都为 sp³ 杂化，所有键角都为 109.5°。环己烷有两种最典型的构象，即船式和椅式构象（如图 5.4 所示）。

第 5 章　脂环烃

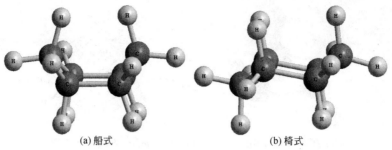

(a) 船式　　　　　　　　　(b) 椅式

图 5.4　环己烷的船式和椅式构象

一般情况下，环己烷分子多数以椅式构象形式存在（99%以上）。椅式构象能量比船式构象低 29.7kJ/mol，椅式构象和船式构象可以通过σ键的旋转互相转变，二者难以分离。

在椅式构象中，相邻的两碳原子所形成的 C—C 键及其分别形成的 C—H 键都是交叉式，而船式构象中形成的 C—C 键、C—H 键既存在交叉式又存在重叠式（如图 5.5 所示）。船式结构的 C2 与 C3 之间及 C5 与 C6 之间的四个 C—H 键和两个 C—C 键都是以重叠式存在，除此之外，船式构象的 C1、C4 形成的 C—H 键由于距离较近，造成空间位阻较大，最终造成船式结构的分子不稳定。

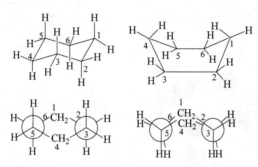

图 5.5　环己烷的椅式和船式构象及其投影式

在环己烷的椅式空间构象中，6 个碳原子分布在两个平面上，C1、C3、C5 在同一平面上，C2、C4、C6 在另一平面上（如图 5.6 所示）。

在环己烷分子的 12 个 C—H 键中，有 6 个与两个平面垂直，称为直立键（或 a 键），其余 6 个与平面成 19°角向上或向下倾斜，称为平伏键（或 e 键）。每一个碳原子连接的两个 C—H 键，一个是 a 键，一个是 e 键（如图 5.7 所示）。

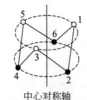
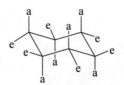

图 5.6　环己烷椅式构象中　　　图 5.7　椅式构象的直立键及平伏键
　　　　碳原子的空间分布

椅式构象的环己烷分子可通过发生转环作用使得 C—C 键旋转变为另一种椅式构象，碳原子上的 a 键和 e 键相互转化，但分子中键的组成及位置并未发生改变，所以两种椅式构象是相同的，如图 5.8 所示。

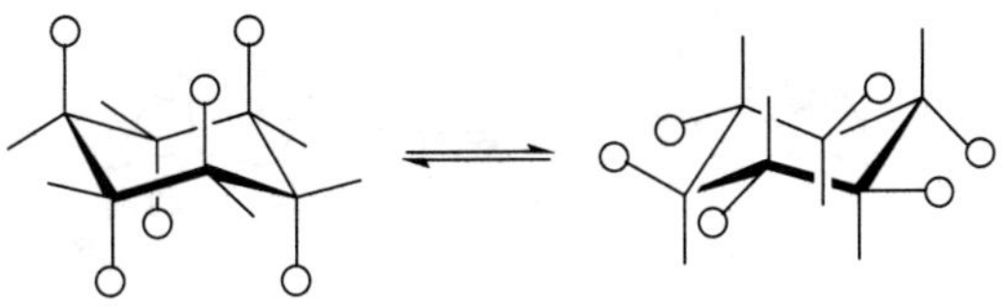

图 5.8　椅式构象的翻转

当取代基连接在 a 键上时，在椅式构象平面同侧的相邻 a 键上连接的氢原子对取代基有较强的排斥力[如图 5.9（a）所示]，连接在 a 键上的取代基与相邻碳原子所连接的碳架处于邻位交叉式位置[如图 5.10（a）所示]，取代基受到的空间位阻较大，分子结构不稳定。而当取代基连接在 e 键上时，由于 e 键与平面向外倾斜延伸[如图 5.9（b）所示]，取代基与相邻碳原子所连接的碳架处于对位交叉式位置[如图 5.10（b）所示]，取代基受到的排斥力较小，分子能量较低，分子结构稳定。

(a) 取代基在 a 键上

(b) 取代基在 e 键

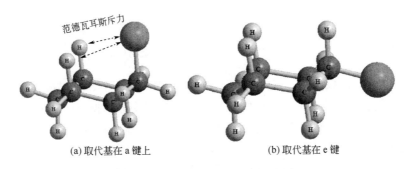

图 5.9　取代环己烷椅式构象球棍模型图

(a) 取代基在a键　　(b) 取代基在e键

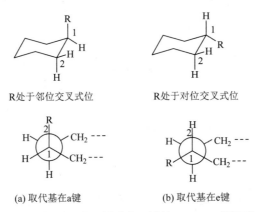

图 5.10　取代基 R 在 a 键或在 e 键的 Newman 投影式

对于环己烷的一元取代物，取代基连接在 e 键比连接在 a 键上，分子结构更稳定，故 e 键一元取代基远多于 a 键一元取代基。环己烷一元取代物的取代基越大，占据 e 键的取代物所占比例越大。

当环己烷分子上有两个相同取代基时，占据 e 键多的结构稳定，占据 a 键多的结构不稳定。

例如，顺-1,2-二甲基环己烷有两种构象，其构象式如图 5.11 所示，构象式（1）、（2）中两个甲基都为一个占据 a 键，一个占据 e 键，所以它们能量都一样。

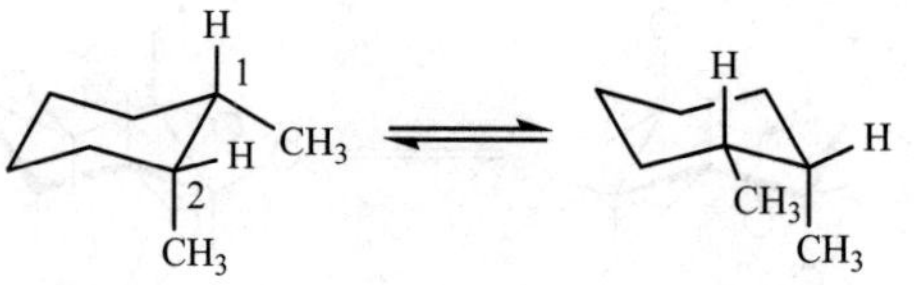

图 5.11 顺-1,2-二甲基环己烷的构象

反-1,2-二甲基环己烷也有两种典型构象,分别为构象(3)、(4)(如图 5.12 所示),构象(3)两个甲基都处于 a 键,构象(4)两个甲基处于 e 键上,显然构象(4)比(3)要稳定得多。

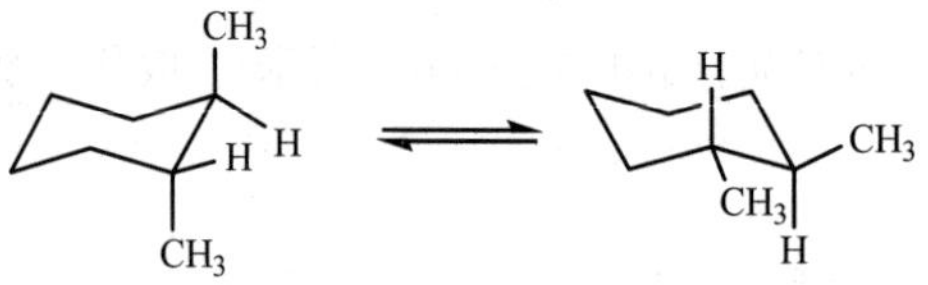

图 5.12 反-1,2-二甲基环己烷的构象

反-1,2-二甲基环己烷(3)式构象分子中的两个甲基占据两个 a 键,故又称 aa 键。在顺-1,2-二甲基环己烷(1)式构象和(2)式构象分子中,两个甲基分别占据在一个 a 键和一个 e 键上,因而又可称为 ae 型。而可称为 ee 型的反-1,2-二甲基环己烷(4)式,其分子构象中两个甲基均占据在 e 键上,基团间排斥力较小,分子能量最低,结构最稳定。

当环己烷上有两个不同的取代基时,通常大的取代基位于 e 键上的构象最稳定。

例如,1-异丙基-4-氟环己烷有顺式异构体和反式异构体两种(如图 5.13 和图 5.14 所示)。

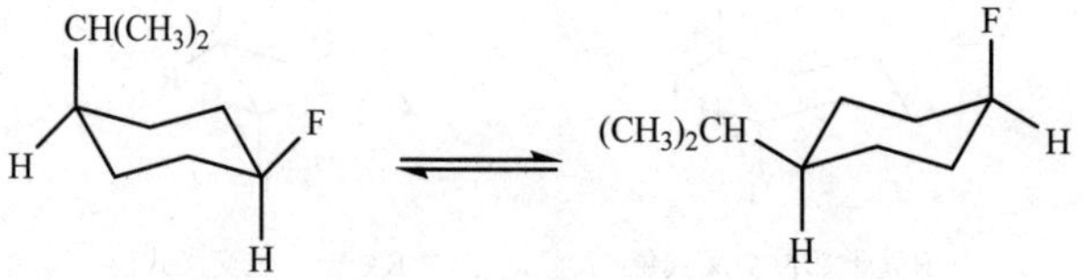

图 5.13 顺-1-异丙基-4-氟环己烷的构象

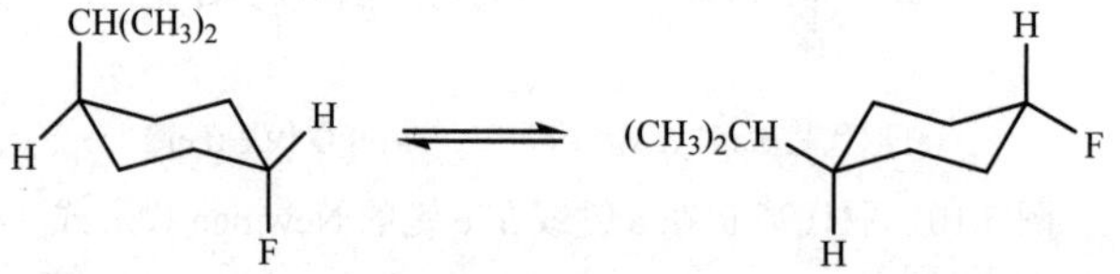

图 5.14 反-1-异丙基-4-氟环己烷的构象

在顺式异构体中,两个取代基分别占据 a 键和 e 键。体积大的异丙基总是优先占据 e 键,能量较低,分子结构较稳定,故(2)式为主要构象。在反式异构体中,两个取代基既可以都占据 a 键,也可以都占据 e 键,显然两个取代基都占据 e 键位置,分子结构稳定,故(4)式为主要构象。

当环己烷分子上有三个以上取代基时，e 键上取代基个数越多，分子越稳定。

5.3 环烷烃的物理性质

同烷烃相似，环烷烃的熔点、沸点等随碳原子数目的增加而增加，密度也有上升趋势，如表 5.2 所示。

表 5.2 部分环烷烃的物理性质

名称	熔点/℃	沸点/℃	相对密度 d_4^{20}
环丙烷	−127.6	−32.9	0.720（−79℃）
环丁烷	−90.7	12	0.703（0℃）
环戊烷	−93	49.3	0.745
环己烷	6.5	80.8	0.779

通常环烷烃的熔点、沸点和相对密度都比相同碳原子数的烷烃和烯烃高，但其仍然比水轻，不溶于水。

5.4 环烷烃的化学性质

5.4.1 化学性质的推导

当环比较稳定（如五、六元环）时，环烷烃的化学性质与饱和烃相似，可以发生卤素原子取代反应；当环比较小（如三、四元环）不稳定时，环烷烃的化学性质与不饱和烃相似，易开环发生加成反应。图 5.15 为环烷烃的化学性质推导示意图。

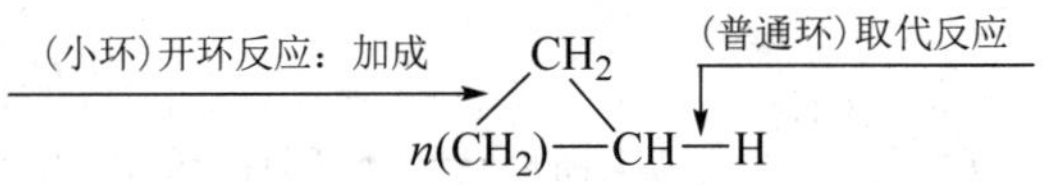

图 5.15 环烷烃的化学性质推导

5.4.2 化学性质

5.4.2.1 取代反应

具有普通环的环烷烃在紫外光或高温的作用下，可与卤素发生取代反应。该反应的机理与烷烃的卤代一样，按自由基反应历程进行。

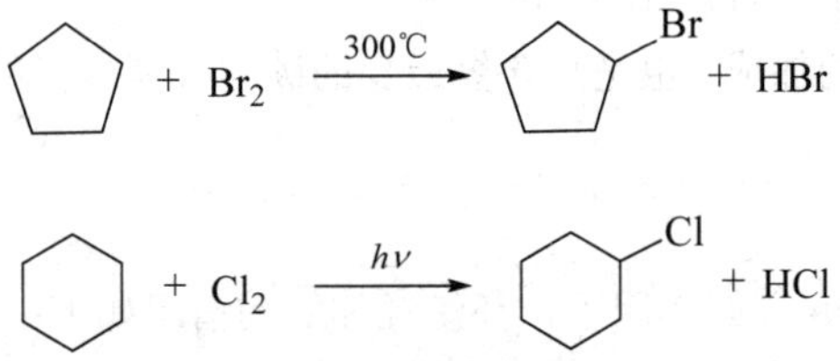

C₄以下环烷烃与卤素易发生开环加成反应。

5.4.2.2 加成反应

小环环烷烃（三元环和四元环）不稳定，容易开环，可与卤素、卤化氢和氢气等发生加成反应。

（1）加卤素

环丙烷在室温下，能与 X_2 发生加成反应，生成开链二卤代烷。环丙烷也能使溴水褪色，因此不能用溴水褪色的方法来区别环丙烷和烯烃。环丁烷与卤素常温下不反应，需加热才能反应。

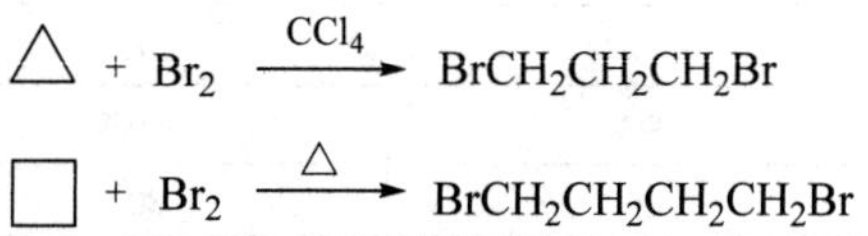

$$\triangle + Br_2 \xrightarrow{CCl_4} BrCH_2CH_2CH_2Br$$

$$\square + Br_2 \xrightarrow{\triangle} BrCH_2CH_2CH_2CH_2Br$$

C₅以上的环烷烃与卤素加热也不反应，温度很高时与卤素发生自由基取代反应。

（2）加卤化氢

与加卤素相似，环丙烷在室温下即可与 HX 反应（开环）生成卤代烷。环丁烷需加热才能反应。

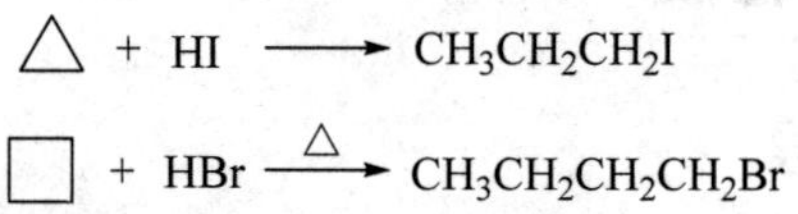

$$\triangle + HI \longrightarrow CH_3CH_2CH_2I$$

$$\square + HBr \xrightarrow{\triangle} CH_3CH_2CH_2CH_2Br$$

C₅以上环烷烃与卤化氢加热也不反应。

取代环烷烃与 HX 加成时，环的断键部位是从含氢最少的碳与含氢最多的碳间断开，产物符合马氏规则（即氢加在含氢多的碳上，卤素加在含氢少的碳上）。如：

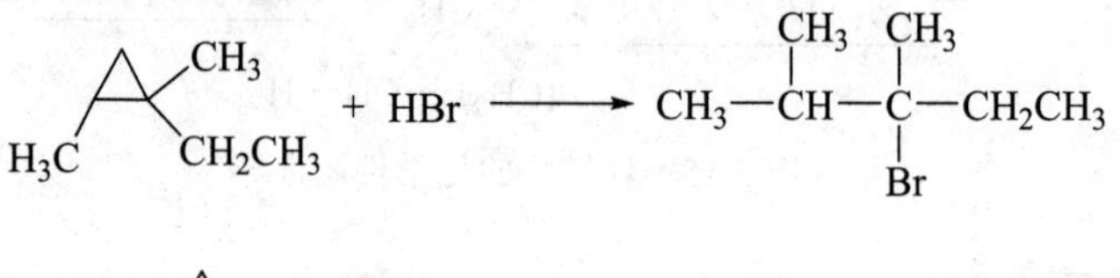

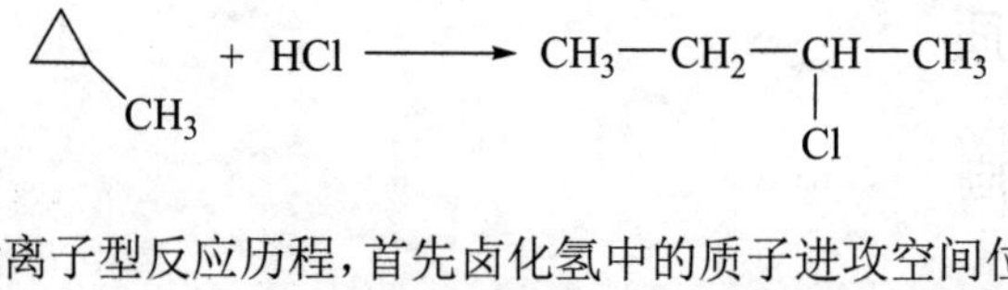

$$\underset{H_3C}{\overset{CH_3}{\underset{CH_2CH_3}{\triangle}}} + HBr \longrightarrow CH_3-CH-\underset{Br}{\overset{CH_3}{\underset{|}{C}}}-CH_2CH_3$$

$$\underset{CH_3}{\triangle} + HCl \longrightarrow CH_3-CH_2-\underset{Cl}{\overset{}{\underset{|}{CH}}}-CH_3$$

环烷烃与卤化氢加成为离子型反应历程，首先卤化氢中的质子进攻空间位阻小的环碳原子，朝生成稳定碳正离子的方向开环（即含氢最多和含氢最少的碳碳键断键），生成碳正离子，然后卤素负离子与碳正离子结合，生成加成产物。

取代环烷烃与卤素的加成，也是从含氢最少的碳与含氢最多的碳原子之间断开，机理与卤化氢加成相似。

（3）加氢

在催化剂 Pt、Pb、Ni 等的作用下，环烷烃加氢的情况如下：

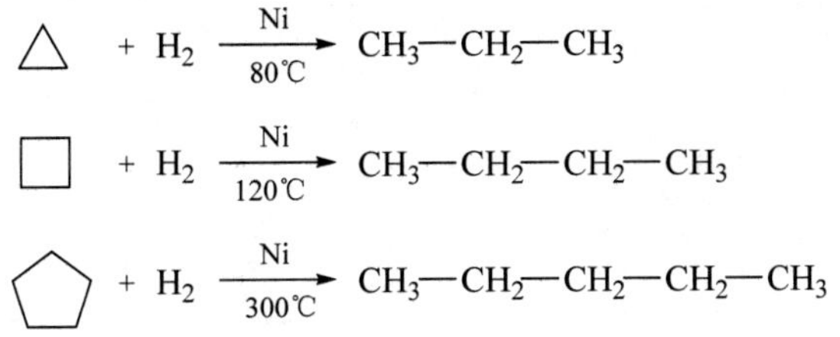

△ + H₂ $\xrightarrow[80℃]{Ni}$ CH₃—CH₂—CH₃

□ + H₂ $\xrightarrow[120℃]{Ni}$ CH₃—CH₂—CH₂—CH₃

⬠ + H₂ $\xrightarrow[300℃]{Ni}$ CH₃—CH₂—CH₂—CH₂—CH₃

  从三元环到五元环催化加氢需要逐渐升高温度,说明环的稳定性是逐渐增加的。环己烷及更高级的环烷烃由于没有张力,加氢更加困难。

  如果环上有支链时,催化加氢,在含氢最多和含氢次多的碳间断开加成。断键部位与加卤素、卤化氢不同,因为反应涉及机理不同。在催化加氢时,环烷烃要吸附在催化剂表面上,取代基少的键被吸附相对容易,因而断开较容易,继而发生开环加成。如:

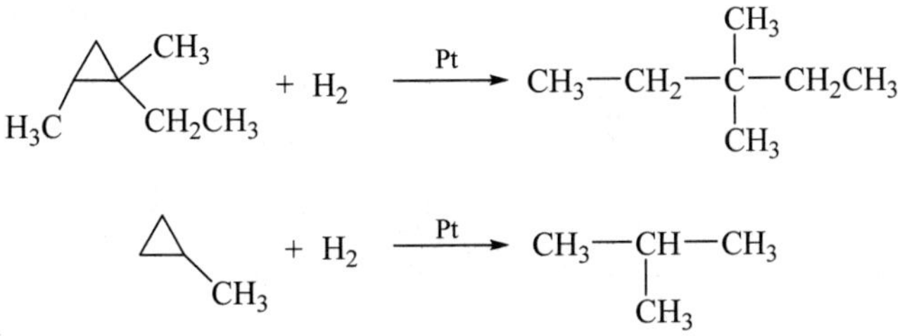

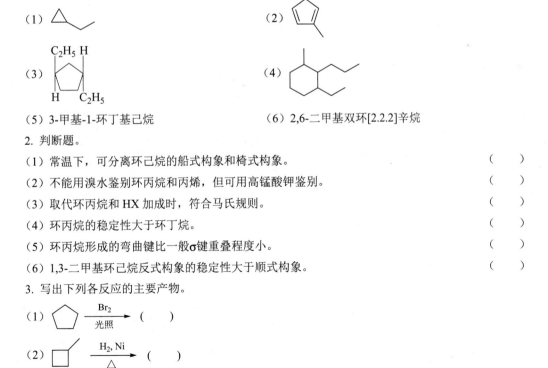

习 题

1. 命名下列化合物或给出化合物的结构式。

(1) [环丙基乙烷结构] (2) [3-甲基环戊二烯结构]

(3) [1,2-二乙基环戊烷结构] (4) [1-甲基-2-丙基-3-乙基环己烷结构]

(5) 3-甲基-1-环丁基己烷 (6) 2,6-二甲基双环[2.2.2]辛烷

2. 判断题。

(1) 常温下,可分离环己烷的船式构象和椅式构象。( )

(2) 不能用溴水鉴别环丙烷和丙烯,但可用高锰酸钾鉴别。( )

(3) 取代环丙烷和HX加成时,符合马氏规则。( )

(4) 环丙烷的稳定性大于环丁烷。( )

(5) 环丙烷形成的弯曲键比一般σ键重叠程度小。( )

(6) 1,3-二甲基环己烷反式构象的稳定性大于顺式构象。( )

3. 写出下列各反应的主要产物。

(1) ⬠ $\xrightarrow[光照]{Br_2}$ ( )

(2) [甲基环丁烷] $\xrightarrow[\triangle]{H_2, Ni}$ ( )

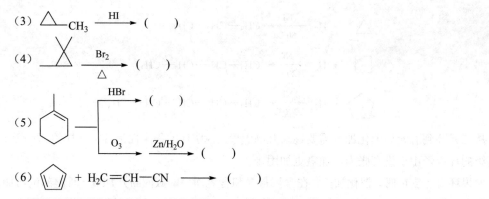

4. 用简便的化学方法区分下列各化合物：丙烷、丙烯、环丙烷。

5. 有一分子式为 C_6H_{12} 的化合物，对其测试结果如下：（1）在室温时不能使 $KMnO_4$ 溶液褪色；（2）与 HI 作用得到 $C_6H_{13}I$；（3）氢化得到的产物仅为 3-甲基戊烷。试写出该化合物的构造式。

第6章 对映异构

　　同分异构现象为化合物分子式相同，而结构不同的现象，在有机化学中极为普遍。在前面几章我们已经学习了构造异构、顺反异构以及构象异构。构造异构是指分子中原子或基团相互连接的方式和次序（即分子的构造）不同而产生的异构，如前面所学的碳链异构、官能团位置异构、官能团异构都属于这一类异构。有些同分异构体分子中原子或基团相互连接的方式和次序相同（即构造相同），但原子或基团在空间的排列不同，这类同分异构称为立体异构。它又可以分为构象异构和构型异构，能够通过碳碳单键的旋转而相互转化的称为构象异构；不能通过碳碳单键的旋转而相互转化的称为构型异构，例如我们前面学过的顺反异构就属于构型异构。构型异构体之间要进行相互转化（如顺式异构体要转变为反式异构体）必须经过化学反应（即必须有化学键的断裂和形成）才能实现。

　　构型异构中除了顺反异构外，还有另一种极为重要的异构现象——对映异构。两个分子互呈实物和镜像关系的立体异构体，称为对映异构体。

　　可以把同分异构归纳如下：

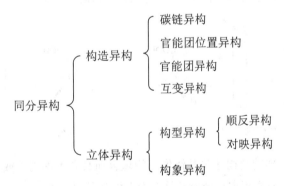

　　本章将讨论立体异构中的对映异构以及与此相关的一些问题。在学习对映异构之前，首先要了解一些基本概念，如手性、对映体、平面偏振光、旋光性等。

6.1　手性和对映体

6.1.1　手性

　　比较一下我们的左手和右手，你会发现它们看起来非常相似，但如果我们把左手的手套戴到右手上就会觉得不合适。同样，我们的左脚和右脚也一样，左脚的鞋子穿到右脚上会很不舒服。那我们的左手和右手到底是什么关系呢？如果让左手照镜子，在镜子里看到的镜像是右手，如果把右手放在镜子前面，我们看到的镜像恰好是左手。但左手和右手是无法完全重合的。这种互为实物和镜像关系，相似而不能相互重合的特性称为手性（如图6.1所示）。所有的物体都有镜像存在，如果一个物体与它的镜像不能重合，就叫做具有手性，反之则称为非手性。

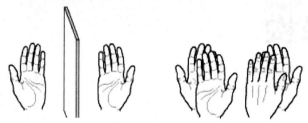

图 6.1　左右手互为镜像，但不能重合

微观世界的分子也一样，有手性和非手性之分。在立体化学中，与其镜像不能重合的分子称为手性分子，而与其镜像能够重合的分子称为非手性分子。

6.1.2　对映体

凡是手性分子，必有一对互为镜像的构型，这一对互为镜像的构型异构体称为对映异构体，简称对映体。只有手性分子才存在对映体，非手性分子不存在对映体。由于饱和碳原子具有四面体结构，如图6.2中的两个乳酸（2-羟基丙酸）分子是不能相互重合的。它们是一对互为实物和镜像关系的立体异构体，即一对对映体。而丙酸分子（如图6.3所示）和它的镜像通过某种操作是可以重合的，它是非手性分子，不具有对映体。

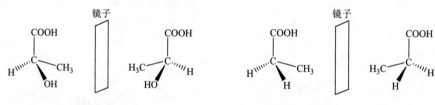

图 6.2　乳酸分子的一对对映体　　　　图 6.3　丙酸分子的实物和镜像

那么分子具有怎样的结构才与其镜像不能重合而具有手性呢？或者分子在结构上具有哪些特点才具有手性？怎样判定一个分子是否为手性分子呢？

要判定一个分子是否具有手性，除了用模型来考察它的实物和镜像是否重合外，也可以通过讨论分子的对称性来实现，这样会更加简便和易于操作。分子的手性与对称因素之间的关系如下。

（1）对称面

设想分子中有一个平面，它可以把分子分成实物和镜像两部分，这个平面就是分子的对称面。如三氯甲烷分子中，通过分子中C、H、Cl三个原子的平面都可以把分子分成实物和镜像两部分，所以三氯甲烷分子有三个对称面。而萘和烯烃这样的平面型分子，通过各原子的平面也是它们的对称面。有对称面的分子都是非手性分子（如图6.4所示）。

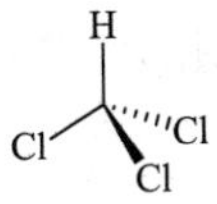

三氯甲烷 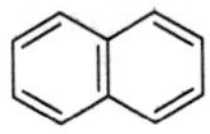　　　　萘 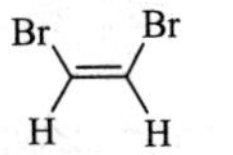　　　　顺-1,2-二溴乙烯

图 6.4　有对称面的分子

（2）对称中心

如图 6.5 所示，设想分子中有一个点，从分子中任何一个原子或基团出发向这个点作一直线，通过这个点后在等距离处都可以遇到相同的原子或基团，这个点就称为分子的对称中心。有对称中心的分子也是非手性分子。

（3）对称轴

设想分子中有一条直线，以此直线为轴将分子旋转 $360°/n$ 后，如果得到与原来完全重合的分子，这条直线就称为该分子的 n 重对称轴。如图 6.6 所示，水分子有一个二重对称轴，氨分子有一个三重对称轴。

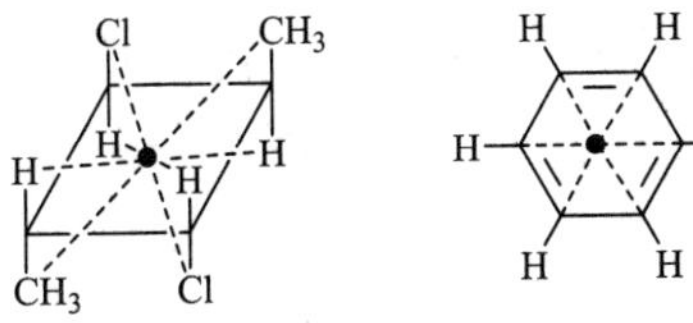

图 6.5　分子的对称中心 　　　　图 6.6　分子的对称轴

有无对称轴不能作为判断分子是否具有手性的依据，如水分子有 C_2 对称轴，它是非手性分子，反-1,2-二甲基环丙烷具有 C_2 对称轴，但是它是手性分子。

6.2　旋光性和比旋光度

一对对映体是互为镜像关系的立体异构体，它们的分子式相同、原子间的连接方式和次序也相同，只有原子和基团在空间的排列不同。对映体结构上的这种微小差异，在性质上会有怎样的体现呢？实验证明，它们的熔点、沸点、相对密度、折射率、在非手性溶剂中的溶解度等都是相同的，也就是说它们的绝大部分物理性质是相同的。它们的化学性质，与非手性试剂作用时也是相同的。如乳酸的一对对映体与氢氧化钠溶液反应时，不会表现出任何差别，反应速率也是相同的。但在手性环境的条件下就会表现出差异，如在手性试剂、手性溶剂、手性催化剂的存在下发生反应时，两个对映体的反应速率就有差异，甚至差异很大。除此之外，一对对映体另一个重要的不同点是两者在生理作用上的巨大差异。如多巴，它的化学名为 2-氨基-3-（3′,4′-二羟基苯基）丙酸，分子中有一个手性碳原子，因此有一对对映体 1 和 2，对映体 1 可以用于治疗帕金森病，而对映体 2 无此生理作用，并且会在体内积聚，不能被代谢。

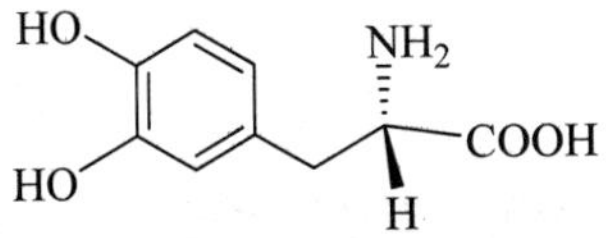

1 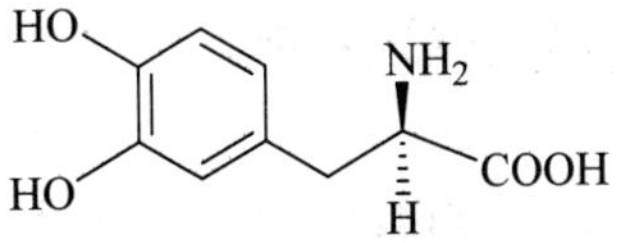　　　　2

另外，一对对映体物理性质上的不同表现在对平面偏振光的作用不同。

6.2.1 平面偏振光和旋光性

光是一种电磁波，它的振动方向与它的前进方向是垂直的，普通光的光波在各个不同的方向上振动。如果让普通光通过一个尼科尔（Nicol）棱镜，则只有与棱镜晶轴平行的平面上振动的光线才能通过。通过棱镜的光只在一个平面上振动，这种光称为平面偏振光，简称偏振光或偏光。偏振光振动的平面习惯称为偏振面。

当偏振光通过某些液体物质或物质的溶液时，偏振面发生了旋转，这种能使偏振光的振动平面发生旋转的性质称为旋光性。具有旋光性的物质称为旋光性物质、旋光活性物质或光学活性物质。如图 6.7 所示，乳酸溶液能使平面偏振光的偏振面发生旋转，而丙酸溶液不能，所以说，丙酸不具有旋光性，乳酸具有旋光性。能使平面偏振光的振动方向向右旋转的物质称为右旋体，通常用"d"或"$+$"表示；能使平面偏振光的振动方向向左旋转的物质称为左旋体，通常用"l"或"$-$"表示。旋光性物质使偏振光振动平面旋转的角度叫做旋光度，用"α"表示。

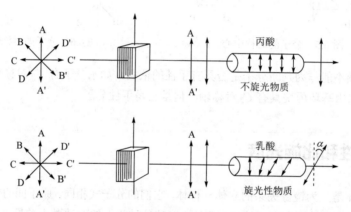

图 6.7 物质的旋光性

凡是手性分子，都具有旋光性（有些分子的旋光性很小，可能无法检出），非手性分子都不具有旋光性。

一对对映体是互为镜像的两个手性分子，所以都具有旋光性。前面提到，一对对映体的绝大部分物理性质是相同的，它们物理性质上的不同只表现在对平面偏振光的作用不同。这种不同就是两者的旋光方向是相反的。如果其中一个对映体是左旋体，那么另一个就是右旋体。但是它们的旋光能力是相同的。也就是说，如果左旋体在某种条件下能使平面偏振光向左旋转多少度，那么在相同条件下，另一个对映体即右旋体就能使平面偏振光向右旋转多少度。

6.2.2 旋光仪和比旋光度

旋光物质的旋光度可以用旋光仪测定。如图 6.8 所示，旋光仪主要由一个光源和两个棱镜组成。第一个棱镜是固定不动的，叫做起偏镜，由光源发出的普通光线经过这个棱镜后变成偏振光。第二个棱镜是可以转动的，叫做检偏镜，检偏镜与刻度盘相连，用来检验通过盛液管的偏振光是否发生了旋转，旋转了多大角度。

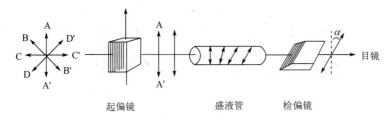

图 6.8　旋光仪示意图

值得注意的是，圆盘旋光仪分辨不出 $\alpha \pm n \times 180°$。在这种情况下，通常用不同浓度或不同盛液管长度进行至少两次测定，才能确定物质最终的旋光度。如：测得一化合物的旋光度是 $+60°$，究竟是 $+60°$ 还是 $-300°$，在旋光仪上是读不出来的。可以改变溶液的浓度再测一次，例如把溶液稀释一倍，再进行测定时，结果就会变成 $+30°$ 或 $-150°$，这样就可以确定究竟是左旋还是右旋了。

由旋光仪测得的旋光度不仅与物质的结构有关系，还与溶液的浓度、盛液管的长度、入射光的波长以及测定时的温度等有关。用波长为 589nm 的钠光灯（D 线）作光源，盛液管的长度为 1dm，待测物的浓度为 1g/mL 时测得的旋光度，称为比旋光度。通常用 $[\alpha]$ 来表示。也就是说，比旋光度是指在特定条件下所测得的旋光度。因为去除了其他的影响因素，所以比旋光度只取决于物质本身的结构，像熔点、沸点、相对密度和折射率一样，是化合物的一种物理常数。

我们可以将实际所测得的旋光度，通过下式换算成比旋光度。

$$[\alpha]_D^T = \frac{\alpha}{lc}$$

式中　D——入射光波长（钠光源 D 线，波长为 589nm）；
　　　T——测定温度，℃；
　　　α——实测的旋光度；
　　　l——样品池的长度，dm；
　　　c——样品的浓度，g/mL（纯液体用密度，g/cm^3）。

6.3　含一个手性碳原子化合物的对映异构

6.3.1　手性碳原子

如果一个碳原子上连有四个互不相同的原子或基团，则这个碳原子没有任何对称因素，叫做不对称碳原子，也叫手性碳原子，在结构式中用"*"加以标记。如图 6.9 所示，由于手性碳原子上的四个原子和基团在空间的排列不同产生了对映异构，所以手性碳原子也称为手性中心。因此含有一个手性碳原子的化合物一定存在一对对映异构体。

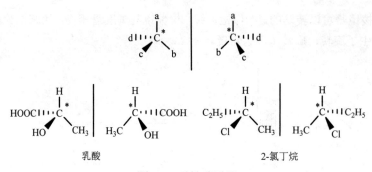

图 6.9 手性碳原子

一对对映体的旋光方向是相反的,旋光能力是相同的。如果把一对对映体等量混合,它们对偏振光的作用正好相互抵消,对外不表现旋光性,所以,一对对映体的等量混合物称为外消旋体,用(±)表示。外消旋体和纯的对映体除旋光性能不同外,其他物理性质也有差异。例如,左旋乳酸和右旋乳酸的熔点都是 53℃,而外消旋乳酸的熔点为 18℃。

6.3.2 构型表示法

一对对映体的构造式相同,只是分子中原子或基团在空间的排列不同,也就是构型不同,所以要用构型式来表示。表示分子构型常用的方法有模型、透视式和费歇尔(Fischer)投影式。

用模型可以比较直观地表示一对对映体的构型。如图 6.10 表示乳酸一对对映体的立体模型。

透视式是化合物分子在纸面上的立体表达式,也是书写立体结构常用的方法之一。通常用实线"—"表示位于纸平面上的键;用虚楔形线"……"表示伸向纸平面后方的键;实楔形线"——"表示伸向纸平面前方的键。如图 6.11 表示乳酸分子一对对映体的透视式。透视式也可以比较直观地表示分子的构型,但书写仍然不方便。

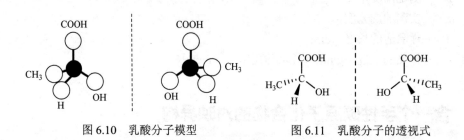

图 6.10 乳酸分子模型　　　　图 6.11 乳酸分子的透视式

为了便于书写和进行比较,1891 年,德国化学家费歇尔提出把四面体构型按照规定投影到纸平面上,得到一个平面投影式,用这个平面投影式来表示分子的立体构型,这个平面投影式被称为费歇尔投影式。费歇尔投影式中,用一个十字交叉点表示手性碳原子,它正好位于纸平面上,两个竖直的键代表模型中伸向纸平面后方的键,两个横键代表模型中伸向纸平面前方的键,如图 6.12 所示。

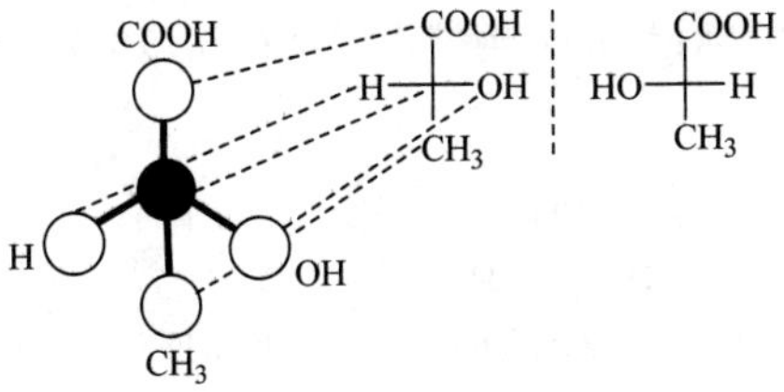

图 6.12　乳酸一对对映体的费歇尔投影式

费歇尔投影式是用一个平面的式子表示化合物的立体构型，在使用时一定要注意投影式不能随意进行操作。如图 6.13 所示，对一个费歇尔投影式，如果在纸面上旋转 180°，表示的构型与原来的构型相同；如果旋转 90°或 270°，表示的构型就发生了变化，变成了原来构型的镜像，也就是它的对映体；同样，费歇尔投影式也不能离开纸面翻转 180°，否则，它所表示的构型会发生改变；费歇尔投影式中的基团两两交换位置偶数次，构型不变，交换奇数次，构型改变；费歇尔投影式中一个基团保持不动，其他三个基团顺时针或逆时针旋转，所表示的构型不变。

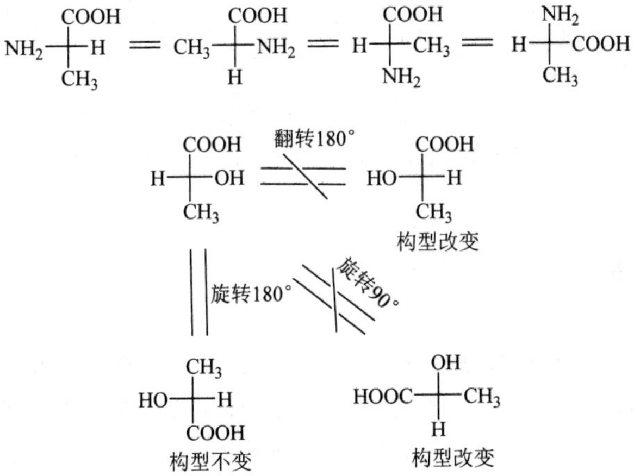

图 6.13　费歇尔投影式表示的立体构型

费歇尔投影式是表示化合物构型最常用的方法。但在表示含有两个或两个以上手性碳原子化合物的构型时，它所表示的立体结构都是重叠式构象，与分子的真实结构是不相符的。

6.3.3　构型标记

6.3.3.1　D、L 标记法

一对对映体是互为实物和镜像的一对立体异构体，其中一个是左旋体，另一个是右旋体，但究竟哪一个立体结构是左旋体，哪一个是右旋体呢？1951 年之前，人们还无法确定化合物的绝对构型。为了便于研究，最早人为规定以（+）-甘油醛为标准来确定对映体的相对构型。规定在甘油醛的费歇尔投影式中，碳链竖直，醛基在上，手性碳原子上羟基在右边的定为右旋

甘油醛，即具有Ⅰ式的构型，标记为 D 构型；羟基在左边的定为左旋甘油醛，即具有Ⅱ式的构型，标记为 L 构型。

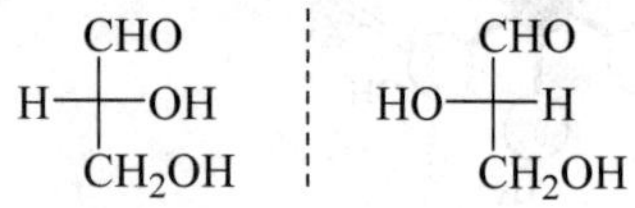

$$
\begin{array}{cc}
\text{CHO} & \text{CHO} \\
\text{H}\!-\!\!-\!\text{OH} & \text{HO}\!-\!\!-\!\text{H} \\
\text{CH}_2\text{OH} & \text{CH}_2\text{OH} \\
\text{D-(+)-甘油醛} & \text{L-(-)-甘油醛} \\
\text{Ⅰ} & \text{Ⅱ}
\end{array}
$$

以甘油醛这种人为指定的构型为标准，通过化学反应把其他旋光性物质和甘油醛相关联或相对照来确定其相对构型。这里所用的化学反应一般不涉及手性碳原子，即反应过程中与手性碳原子直接相连接的键不发生断裂，这样才能保证手性碳原子的构型不发生变化。由 D-甘油醛通过化学反应得到的未知构型的化合物，或是未知构型的化合物通过化学反应转化成 D-甘油醛，那这些化合物都是 D 构型。

通过这种方法确定的化合物构型是相对构型。那么，两种甘油醛的绝对构型究竟是什么样的？是否和最初的人为规定一致呢？直到 1951 年，人们通过 X 射线衍射技术确定化合物的绝对构型时这些问题才得到了解答。X 射线衍射技术证实 D-甘油醛的相对构型与其绝对构型正好是一致的，因此，相对构型也就是它的绝对构型。从而也证明了，以甘油醛为标准通过关联确定的其他化合物的相对构型也就是它们的绝对构型。

D、L 标记法应用比较方便，但有些化合物与甘油醛不易建立联系，因此不易确定其构型。目前，D、L 标记法一般用于糖类和氨基酸的构型标记。其他化合物的构型通常采用的是 R、S 标记法。

6.3.3.2 R、S 标记法

R、S 标记法是根据手性碳原子所连接的四个基团在空间的排列来标记的，也称为绝对构型标记法。首先将手性碳原子上所连的四个原子或基团按次序规则进行排序，把次序最低（最小）的基团放在离观察者最远的位置，然后观察其他三个基团，如果先后次序是顺时针排列为 R 构型，如果先后次序是逆时针排列为 S 构型。如图 6.14 所示，乳酸分子中手性碳原子上所连的四个原子和基团的排列顺序为—OH＞—COOH＞—CH$_3$＞—H，按照上述原则，把 H 原子放在离观察者最远的位置，看—OH、—COOH、—CH$_3$ 的排列，顺时针为 R 构型，逆时针为 S 构型。

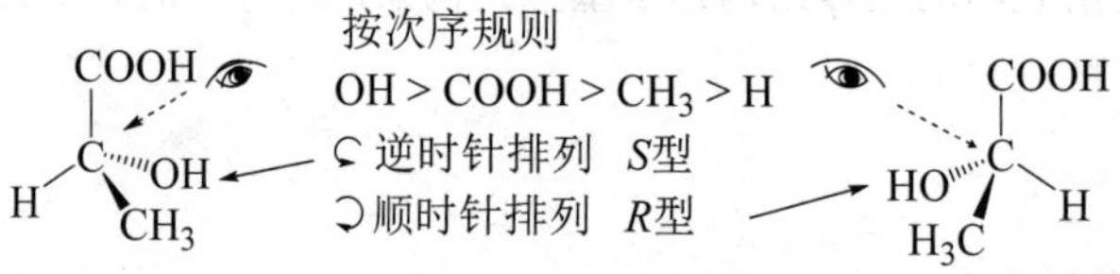

图 6.14 R、S 标记法

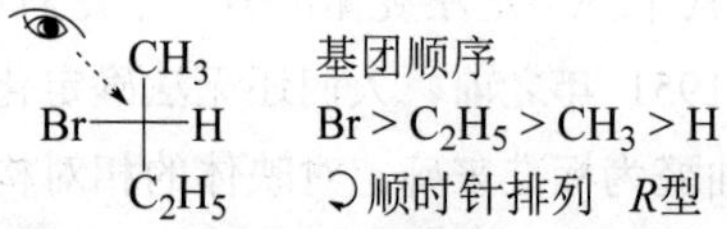

图 6.15 由费歇尔投影式标记构型

对费歇尔投影式进行构型标记时要注意费歇尔投影式投影时是横键在前（离观察者较近），竖键在后（离观察者较远）的。如图 6.15 所示，2-溴丁烷中手性碳原子所连的最小基团（H）在横键上，也就是离观察者较近的位置，我们必须在

后方远离它的位置进行观察，其他三个基团顺时针排列，为 R 构型，但如果我们从费歇尔投影式的前面来看，三个基团的旋转方向是逆时针。

因此，在使用费歇尔投影式进行构型标记时要注意：

① 如果最小的基团在竖键上（在后面，远离观察者），按次序规则观察其他三个基团，顺时针方向排列为 R 构型，逆时针方向排列为 S 构型。如：

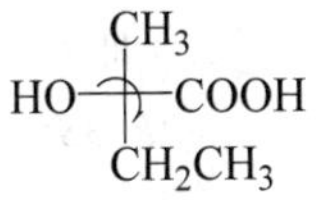

$$\begin{array}{c} CH_3 \\ HO-\!\!\!\!\!\!\!\!\!\!\!-\!\!\!\!\!\!\!\!\!\!\!-COOH \\ CH_2CH_3 \end{array} \qquad \begin{array}{c} H \\ Cl-\!\!\!\!\!\!\!\!\!\!\!-\!\!\!\!\!\!\!\!\!\!\!-Br \\ CH_2CH_3 \end{array}$$

顺时针，R 构型 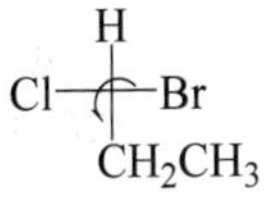　　　逆时针，S 构型

② 如果最小的基团在横键上（在前面，靠近观察者），按次序规则观察其他三个基团，顺时针方向排列为 S 构型，逆时针排列为 R 构型。如：

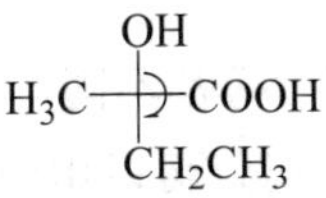

$$\begin{array}{c} OH \\ H_3C-\!\!\!\!\!\!\!\!\!\!\!-\!\!\!\!\!\!\!\!\!\!\!-COOH \\ CH_2CH_3 \end{array} \qquad \begin{array}{c} Cl \\ H-\!\!\!\!\!\!\!\!\!\!\!-\!\!\!\!\!\!\!\!\!\!\!-Br \\ CH_2CH_3 \end{array}$$

顺时针，S 构型 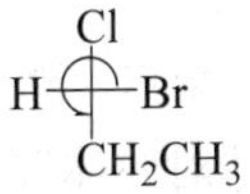　　　逆时针，R 构型

另外还需要注意的是，构型与旋光方向之间没有必然的联系。D 构型的化合物可能是左旋的，也可能是右旋的；同样，有的 R 构型的化合物是左旋体，而有的 R 构型的化合物可能是右旋体。可以肯定的是，一对对映体，如果 R 构型的化合物是左旋体，那它的对映体，即 S 构型的化合物一定是右旋体。

分子中含有多个手性碳原子的化合物，也可用同样方法对每一个手性碳原子进行 R、S 标记：

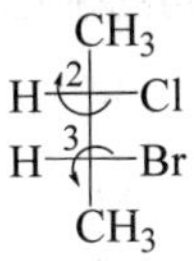

$$\begin{array}{c} CH_3 \\ H-\!\!\!\!\!\!\!\!\!\overset{2}{\!\!\!\!\!\!-}\!\!\!\!\!\!-Cl \\ H-\!\!\!\!\!\!\!\!\!\overset{3}{\!\!\!\!\!\!-}\!\!\!\!\!\!-Br \\ CH_3 \end{array}$$

(2S, 3R)-2-氯-3-溴丁烷

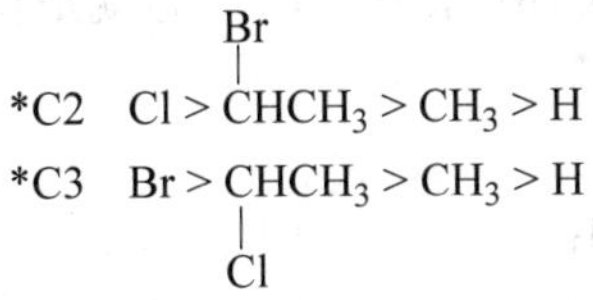

*C2　Cl > CHCH₃ > CH₃ > H
　　　　　　　|
　　　　　　　Br

*C3　Br > CHCH₃ > CH₃ > H
　　　　　　　|
　　　　　　　Cl

6.4　含两个手性碳原子化合物的对映异构

前面我们已经讨论过，含有一个手性碳原子的化合物有一对对映体。因为每含一个手性碳原子可以有两种构型，所以，分子中含有的手性碳原子愈多，立体异构体的数目也愈多。含有 n 个手性碳原子的化合物，最多可以有 2^n 种立体异构体。

6.4.1　含两个不同手性碳原子化合物的对映异构

以 2-氯-3-溴丁烷为例，分子中含有两个手性碳原子，这两个手性碳原子上所连的四个基团不同，是两个不同的手性碳原子。每个手性碳原子有两种不同的构型，所以，2-氯-3-溴丁烷有如下四种立体异构体。

$$
\begin{array}{cccc}
\text{CH}_3 & \text{CH}_3 & \text{CH}_3 & \text{CH}_3 \\
\text{H}\!-\!\text{Cl} & \text{Cl}\!-\!\text{H} & \text{Cl}\!-\!\text{H} & \text{H}\!-\!\text{Cl} \\
\text{Br}\!-\!\text{H} & \text{H}\!-\!\text{Br} & \text{Br}\!-\!\text{H} & \text{H}\!-\!\text{Br} \\
\text{CH}_3 & \text{CH}_3 & \text{CH}_3 & \text{CH}_3 \\
\text{I} & \text{II} & \text{III} & \text{IV} \\
(2S, 3S) & (2R, 3R) & (2R, 3S) & (2S, 3R)
\end{array}
$$

这四种立体异构体中，Ⅰ和Ⅱ呈实物和镜像关系，是一对对映体。同样，Ⅲ和Ⅳ也是一对对映体。再来比较一下Ⅰ和Ⅲ，在这两种立体结构式中，C3 的构型是相同的，而 C2 的构型是相反的。因此，这两者也互为立体异构体，但不呈实物和镜像关系。这种不呈实物和镜像关系的立体异构体称为非对映异构体，简称非对映体。同样，Ⅰ和Ⅳ，以及Ⅱ和Ⅲ、Ⅱ和Ⅳ也都属于非对映体。

非对映体的物理性质，如熔点、沸点、溶解度等都不同，比旋光度也不同。旋光方向可能相同，也可能不同。因此，非对映体混合在一起时，可以用一般的物理方法进行分离。

6.4.2　含两个相同手性碳原子化合物的对映异构

2-氯-3-溴丁烷分子中含有两个手性碳原子，这两个手性碳原子所连接的基团是不同的，即含有两个不同的手性碳原子，它有四种（2^2）立体异构体，如果分子中的两个手性碳原子所连的四个基团是相同的，也就是含有两个相同的手性碳原子，则立体异构体的数目少于 2^2。

以 2,3-二氯丁烷为例，分子中含有两个手性碳原子，但这两个手性碳原子所连的四个基团是相同的[H, CH$_3$, CH(Cl)CH$_3$, Cl]，也就是有两个相同的手性碳原子。写出它可能的四种立体结构：

$$
\begin{array}{cccc}
\text{CH}_3 & \text{CH}_3 & \text{CH}_3 & \text{CH}_3 \\
\text{H}\!-\!\text{Cl} & \text{Cl}\!-\!\text{H} & \text{Cl}\!-\!\text{H} & \text{H}\!-\!\text{Cl} \\
\text{Cl}\!-\!\text{H} & \text{H}\!-\!\text{Cl} & \text{Cl}\!-\!\text{H} & \text{H}\!-\!\text{Cl} \\
\text{CH}_3 & \text{CH}_3 & \text{CH}_3 & \text{CH}_3 \\
\text{I} & \text{II} & \text{III} & \text{IV} \\
(2S, 3S) & (2R, 3R) & (2R, 3S) & (2S, 3R)
\end{array}
\quad \text{对称面}
$$

在这四种立体结构中，Ⅰ和Ⅱ是一对对映体。Ⅲ和Ⅳ看起来好像也是一对对映体，但实际上只要把Ⅲ在纸面上旋转 180°就可以得到Ⅳ，也就是说Ⅲ和Ⅳ，是可以完全重合的，它们代表的是同一种构型。Ⅲ和Ⅳ所代表的分子中存在一个对称面，所以，这个分子是非手性分子，不具有旋光性。分子内含有相同的手性碳原子，两个手性碳原子的构型相反，整个分子没有旋光性，这种分子叫做内消旋体。

内消旋体和外消旋体虽然都没有旋光性，但消旋的原因在本质上是不同的。内消旋体是一个纯的化合物，是非手性分子，本身不具有旋光性，不能分离出具有旋光活性的化合物；而外消旋体是一对对映体等量混合组成的混合物，可以分离出两种旋光方向相反的化合物。

2,3-二氯丁烷分子中含有两个手性碳原子，但只有三种立体异构体（一对对映体和一个内消旋体，对映体与内消旋体互为非对映异构体），立体异构体数目小于 2^2 个。

2,3-二氯丁烷分子中含有手性碳原子，但它的内消旋体是非手性分子。因此，不能说含有手性碳原子的分子都是手性分子。含有一个手性碳原子的分子一定是手性分子，但含有多个手性碳原子的分子却不一定是手性分子。同样，也不能说手性分子都含有手性碳原子，因为有些化合物分子中虽然不含有手性碳原子，但它也可能是手性分子。

6.5 不含手性碳原子化合物的对映异构

在有机化合物中，有些分子并不含手性碳原子，但它是手性分子，具有旋光性。常见的有下列几类。

6.5.1 丙二烯型化合物

在丙二烯型化合物中，累积双键中心的碳原子是 sp 杂化的，两个π键的平面是相互垂直的。如果两端碳原子上都连接两个不同的原子或基团时，分子与其镜像就不能重合，是手性分子，有一对对映体。

2,3-戊二烯已分离出一对对映体，如图 6.16 所示。

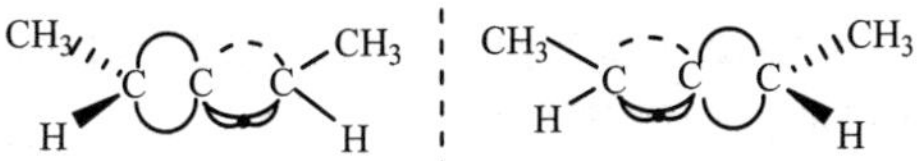

图 6.16　2,3-戊二烯的对映异构体

6.5.2 联苯型化合物

联苯分子中两个苯环通过碳碳单键相连，如果在四个邻位上引入体积较大的取代基时，则碳碳单键的旋转就会受到阻碍，以致两个苯环不能处在同一个平面上，而互成一定角度。

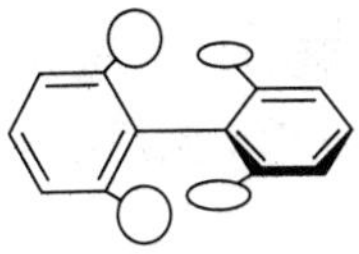

如果这种类型的分子中同一苯环上连着的基团不同，则这种分子是手性分子，实物和镜像不能重合，有两种不同构型的对映体存在。如 6,6'-二硝基联苯-2,2'-二甲酸已经分离出的一对对映体。

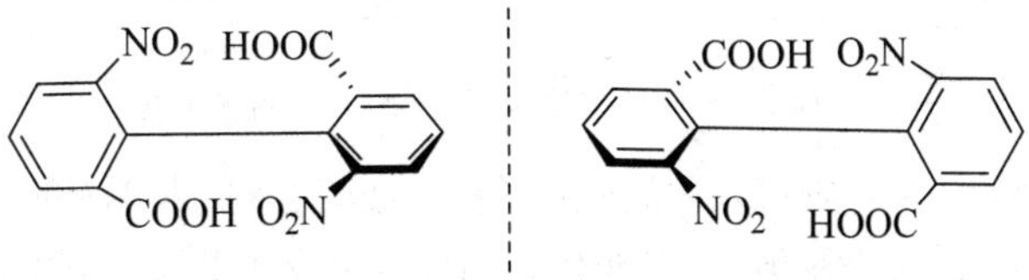

6.5.3 含有其他手性中心的化合物

除了碳以外，还有一些元素如 N、P、S、Si、As 等，当这些原子连有四个不同的原子或基团时，这个原子也就是手性原子，分子也可能是手性分子，存在对映异构体。如：

$$\left[\begin{array}{c} CH_3 \\ | \\ C_6H_5-\overset{+}{N}\cdots CH_2CH=CH_2 \\ | \\ CH_2C_6H_5 \end{array}\right] Cl^- \qquad \left[\begin{array}{c} CH_2CH_3 \\ | \\ H_3C-\overset{+}{P}\cdots C_6H_5 \\ | \\ CH_2C_6H_5 \end{array}\right] I^-$$

它们都是光活性分子，都有对映体存在。

6.6 外消旋体的拆分

外消旋体是一对对映体等量混合组成的混合物。一对对映体除旋光方向相反外，其他物理性质如熔点、沸点、溶解度等都相同，所以不能用常规的物理方法（如蒸馏、分馏、重结晶等）进行分离。

将外消旋体分离成旋光体的过程叫作外消旋体的拆分。常用的拆分方法有酶解法、柱色谱法、诱导结晶法和化学法。

① 酶解法。酶对底物具有极高的立体选择性，利用酶对一对对映体反应速率的不同将对映体分离。

② 柱色谱法。加入某种光活性物质作为吸附剂，利用一对对映体与吸附剂的吸附能力的不同，分别洗脱来达到分离目的。

③ 诱导结晶法。在外消旋体的热饱和溶液中，加入其中某种纯的异构体的晶体作为晶种，冷却时这种异构体会首先结晶析出，滤出晶体后，在母液中加入外消旋体制成热饱和溶液，冷却时，另一种异构体的含量高会先结晶析出。这样反复结晶，就可以实现对映体的拆分。

④ 化学法。通过化学反应把一对对映体与一旋光物质反应转变为非对映体，利用非对映体物理性质的差异，用一般的物理方法进行分离。再分别将非对映体分解，得到两个纯的对映体。

化学拆分法适用于分子中有活性反应基团的外消旋体的拆分。例如要拆分外消旋的酸，通常用一种旋光性的碱（如奎宁、马钱子碱等）与之发生反应，生成的两种互为非对映体的盐，利用非对映体物理性质上的差异将它们分离。然后用强酸处理，就可以分别得到(+)酸和(−)酸了。

$$(\pm)酸 \begin{cases} (+)酸 \\ (-)酸 \end{cases} + (+)碱 \longrightarrow \begin{array}{l}(+)酸(+)碱 \\ (-)酸(+)碱\end{array} \xrightarrow{\text{一般方法分离}}$$

$$\begin{array}{l} \longrightarrow (+)酸(+)碱 \xrightarrow{HCl} (+)酸 + (+)碱*HCl \\ (-)酸(+)碱 \xrightarrow{HCl} (-)酸 + (+)碱*HCl \end{array}$$

如果要拆分外消旋的碱，则可以用旋光性的酸（如酒石酸、樟脑磺酸等）来进行分离。如果外消旋化合物既不是酸也不是碱，可以在化合物分子中设法引入一个羧基，然后再进行拆分。

6.7 手性合成

通过某些化学反应可以在非手性分子中形成手性碳原子。如：

$$CH_3CH_2CH_2CH_3 \xrightarrow{Cl_2/h\nu} CH_3\overset{*}{C}HCH_2CH_3$$
$$\phantom{CH_3CH_2CH_2CH_3 \xrightarrow{Cl_2/h\nu} CH_3}|$$
$$\phantom{CH_3CH_2CH_2CH_3 \xrightarrow{Cl_2/h\nu} CH_3}Cl$$

也就是说，通过化学反应可以由非手性分子得到手性分子。但是在反应过程中生成左旋体和右旋体的机会是均等的，所以，通过上述反应只能得到外消旋体。

由非手性分子在非手性条件下进行反应，不经过拆分不可能得到具有旋光性的产物。如果在反应过程中存在某种手性条件，则两种异构体生成的机会不均等，就可以得到具有旋光活性的产物。这种不经过拆分直接合成出具有旋光活性物质的方法称为手性合成或不对称合成。

常用的手性合成方法是在非手性底物中引入一个旋光性基团，形成一个手性分子，然后再进行反应，在手性基团的影响下，两种构型形成的机会不均等，其中一种异构体的量超过另一种异构体的量，产物具有旋光性。如醛可以和有机金属试剂作用再经过水解得到醇，这样可以把醛基碳转化成手性碳原子，但得到的是外消旋体。

$$\underset{R}{\overset{O}{\underset{\|}{C}}}\underset{H}{} \xrightarrow[\text{干醚}]{R'MgBr} \xrightarrow{H^+/H_2O} \underset{RCHR'}{\overset{OH}{\underset{|}{}}} \text{（外消旋体）}$$

如果先用一个旋光性的二元醇与醛作用形成缩醛，再让缩醛在路易斯酸存在条件下与亲核试剂发生开环，在这个手性基团的影响下，新的手性碳原子两种构型生成的机会不均等，反应就会表现出一定的立体选择性，生成不等量的左旋体和右旋体，产物就有旋光性。

$$\underset{R}{\overset{O}{\underset{\|}{C}}}\underset{H}{} \xrightarrow{\text{手性二醇}} \underset{R}{\overset{\overset{*}{\frown}}{\underset{}{OO}}}\underset{H}{} \xrightarrow[HR']{\text{路易斯酸}} \underset{R}{\overset{HO}{}}\underset{R'}{\overset{H}{}}$$

反应过程中的手性条件除了手性试剂，常用的还有手性溶剂、手性催化剂、生物试剂以及偏振光等等，都是提供一个手性环境，使两种对映体生成的机会不均等，从而得到具有旋光活性的产物。值得注意的是，这样得到的旋光性物质并不是某一种纯的对映体，仍然是左旋体和右旋体的混合物，只不过某种对映体的含量较多而已。一种对映体超过另一种对映体的百分数称为对映体过量百分数，通常用 ee（enantiomeric excess）来表示。

6.8 对映异构在研究反应机理中的应用

立体化学对反应历程的测定和研究具有重要的意义，可以运用立体化学的原理来反证反应历程。下面以顺-2-丁烯与溴的加成反应为例来说明立体化学在研究反应机理中的应用。在学习烯烃与溴的加成反应时，已经介绍了该反应为反式加成，现在用立体化学的原理来验证一下。

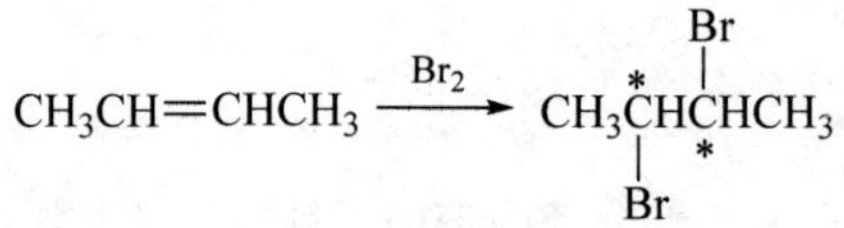

$$CH_3CH=CHCH_3 \xrightarrow{Br_2} CH_3\overset{Br}{\underset{Br}{\overset{*}{C}H\overset{*}{C}HCH_3}}$$

如果顺-2-丁烯与溴的加成反应是顺式加成，加成产物则为内消旋体。如下：

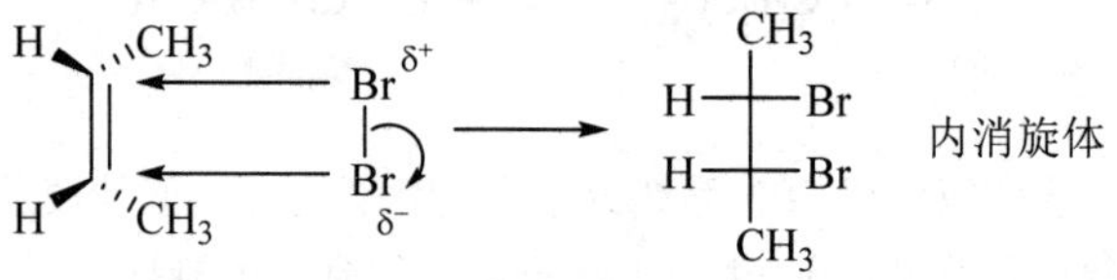

内消旋体

如果是反式加成则得到外消旋体。实验事实是顺-2-丁烯与溴加成的产物是外消旋体，因而排除了顺式加成机理，支持了反式加成。我们在前面学习过，该反应的第一步生成了三元环溴正离子中间体，三元环溴正离子中间体阻止了碳碳单键的自由旋转，溴负离子只能从三元环的反面进攻，而溴负离子进攻两个碳原子的机会是均等的，因此得到外消旋体。这就很好地解释了上述的实验事实。

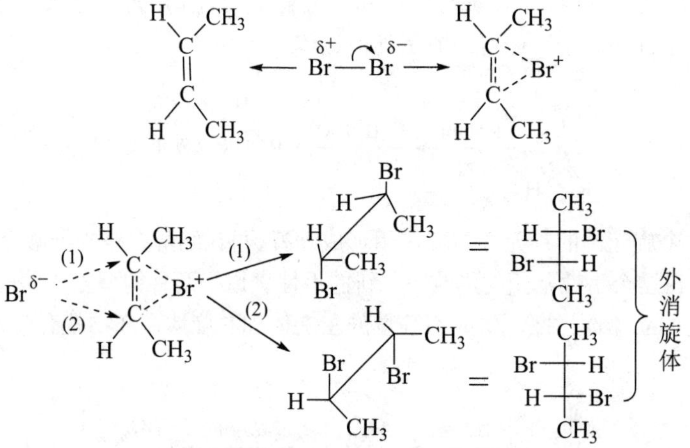

外消旋体

习　题

1. 名词解释。

（1）手性；（2）对映体；（3）手性分子；（4）旋光度；（5）比旋光度；（6）外消旋体；（7）内消旋体。

2. 选择题。

（1）下列化合物中存在内消旋体的是（　　）。

　　A. 2,3-二氯丁酸　　　　B. 2,3-二氯丁二酸　　　C. 2-氯戊酸　　　D. 2,3-二氯己二酸

（2）下列异构不属于立体异构的是（　　）。

　　A. 顺反异构　　　　B. 对映异构　　　　C. 构象异构　　　　D. 碳链异构

（3）下列化合物属于内消旋体的是（　　）。

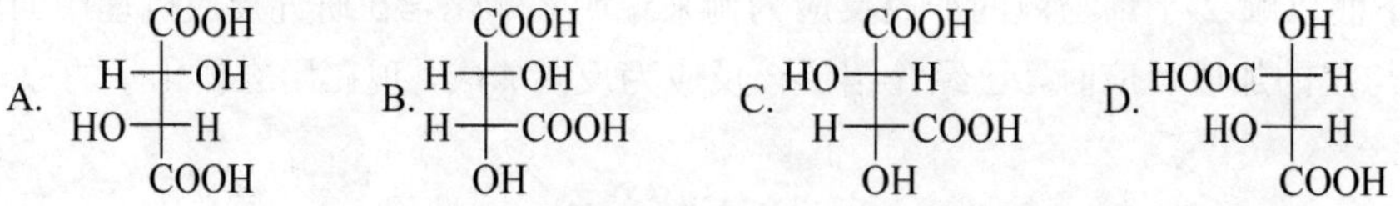

（4）下列化合物中有手性碳原子的是（　　）。

A. 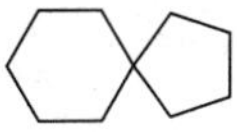 [螺环化合物]　　B. 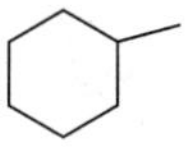 [甲基环己烷]　　C. 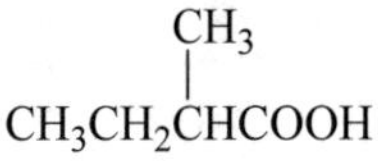 CH₃CH₂CHCOOH（带CH(CH₃)₂）　　D. 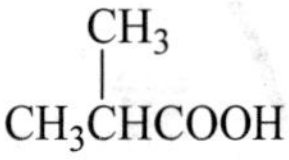 CH₃CHCOOH（带CH(CH₃)₂）

3. 写出下列化合物的费歇尔投影式，并用 R、S 标记手性碳原子的构型。

(1) 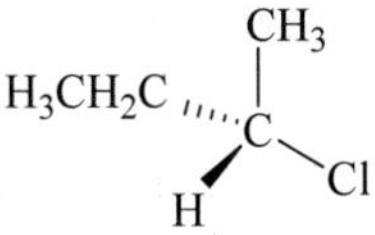 [H₃CH₂C—C(CH₃)(H)(Cl)]　　(2) [H₃C—C(H)(OH)(C₆H₅)]　　(3) [CH₂OH, H, OH, OH, CHO 的透视式]

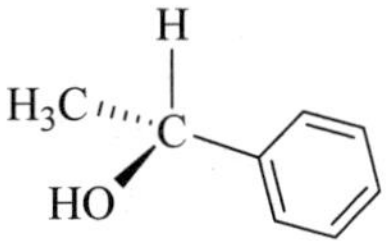

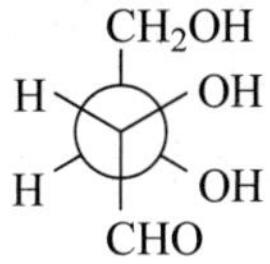

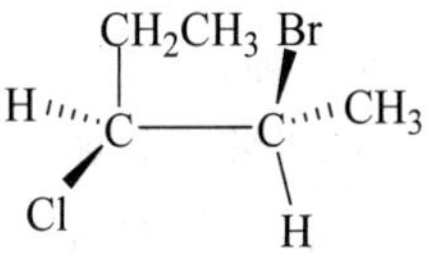

(4) [CH₃CH₂—C(H)(Cl)—C(Br)(CH₃)(H)]　　(5) [COOH, H, HO, OH, H, COOH 的透视式]

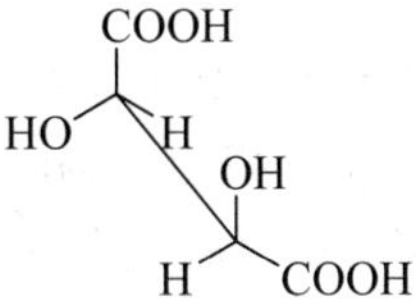

4. 下列各组化合物哪组是相同的？哪组是对映体？哪组是非对映体？

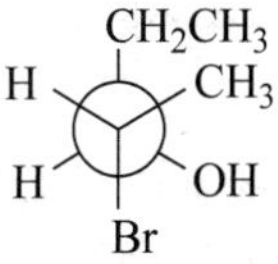

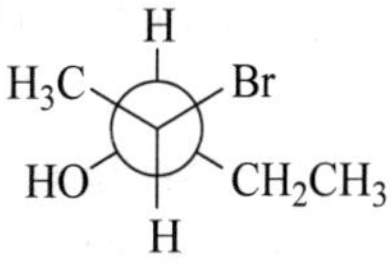

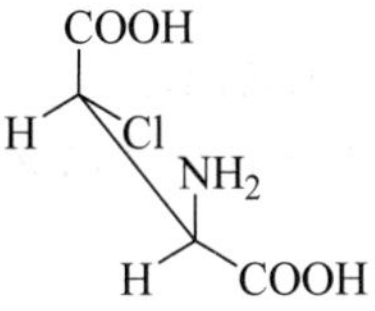

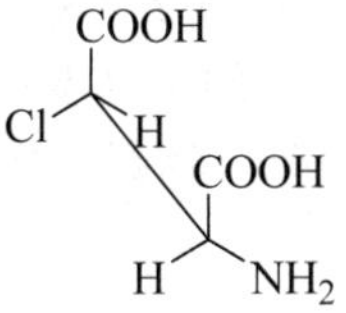

(1) 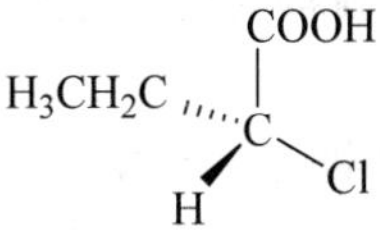 [H₃CH₂C—C(COOH)(H)(Cl)] 与 [Cl—C(H)(COOH)(CH₂CH₃)]

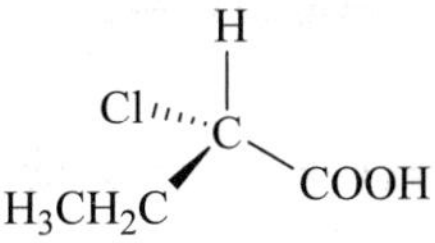

(2) [Newman投影式: CH₂CH₃/CH₃/H/OH/Br] 与 [Newman投影式: H₃C/Br/HO/CH₂CH₃/H]

(3) [费歇尔投影式: COOH, H—Cl, H₂N—H, COOH] 与 [费歇尔投影式: COOH, Cl—H, H—NH₂, COOH]

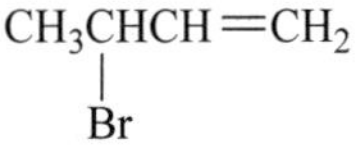

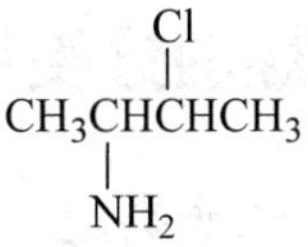

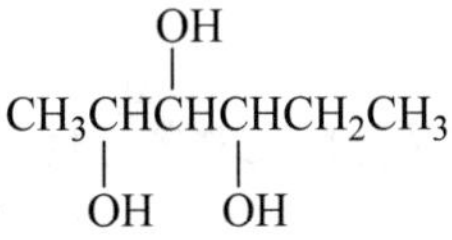

(4) [费歇尔投影式: Br, H—CH₃, HO—H, CH₃] 与 [费歇尔投影式: CH₃, H—Br, H₃C—H, OH]

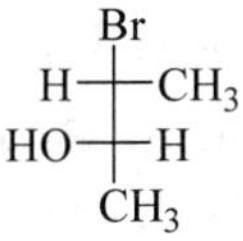

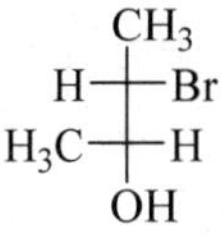

5. 下列化合物有多少种立体异构体？写出其费歇尔投影式，并用 R、S 标记手性碳原子的构型。

(1) 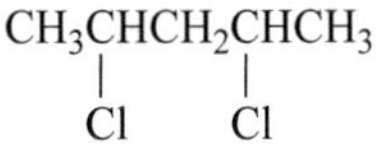 CH₃CHCH₂CHCH₃ （两个Cl）
        | |
        Cl   Cl

(2) CH₃CHCH=CH₂
        |
        Br

(3) CH₃CHCHCH₃
        | |
        Cl   NH₂

(4) CH₃CHCHCH₂CH₃
        | |
        OH OH

(5) CH₃CH=CHCH₂CH₃
                |
                CH₃

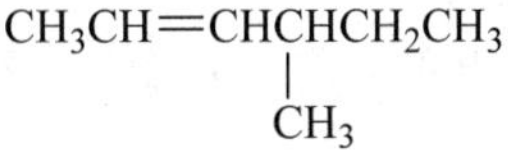

6. 分子式为 C_7H_{14} 的化合物 A 和 B，都是具有旋光性的开链化合物，而且旋光方向相同。A 和 B 经催化氢化后都得到化合物 C，C 也有旋光性，试推测 A、B、C 的结构。

7. 分子式为 C_6H_{10} 的化合物 A，具有旋光性，可与硝酸银的氨溶液反应生成白色沉淀。在 Pt 催化下进行氢化反应生成化合物 B，B 没有旋光性，试推测 A 和 B 的结构式。

第7章 芳烃

芳香族碳氢化合物简称芳烃,也叫芳香烃,是芳香族化合物中的一种。

芳香族化合物起初是指由树脂或香精油中提取得到的一些有香味的物质,如苯甲醛、苯甲醇等。由于这些物质分子中都含有苯环,所以就把含有苯环的一大类化合物叫做芳香族化合物。但实际上,许多含有苯环的化合物不但不香,还有很难闻的气味,所以"芳香"一词并不是很恰当。另外,含有苯环的化合物具有独特的化学性质,这种独特的化学性质称为"芳香性"。

但后来发现,许多不含苯环的化合物,也具有与苯相似的"芳香性"。所以"芳香族化合物""芳香烃"等名称虽然沿用至今,但含义已完全不同,它不再仅指"含有苯环且有香味"的物质,而是指在结构上有某些特点并具"芳香性"的许多化合物。

芳香性是指化合物分子具有稳定的环系,碳氢原子组成高度不饱和,但不易进行加成和氧化,比较容易进行取代反应的这一特性。所谓芳香族化合物则是具有芳香性的碳环化合物及其衍生物的总称,一般是指苯及其衍生物。

7.1 芳烃的分类和命名

7.1.1 芳烃的分类

根据分子中是否含有苯环,可将芳香烃分为如下两类,即苯系芳烃和非苯芳烃:

7.1.1.1 苯系芳烃

苯系芳烃根据芳环的多少又可分为单环芳烃和多环芳烃。

(1) 单环芳烃

分子中只含有一个苯环。如:

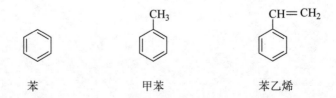

苯　　　　甲苯　　　　苯乙烯

(2) 多环芳烃

多环芳烃分子中含有多个苯环。可分为联苯芳烃、稠环芳烃和多苯代芳烃。如：

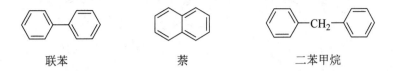

联苯　　　　　　　　萘　　　　　　　　二苯甲烷

7.1.1.2 非苯芳烃

非苯芳烃分子中不含苯环，但结构上具有与苯环相似的芳环，并具有类似芳烃的性质。如：

环丙烯正离子　　　　环戊二烯负离子　　　　䓬

7.1.2 芳烃的命名

7.1.2.1 单环芳烃的命名

当取代基为结构简单的饱和烷基时，以苯环为母体，烷基为取代基，称为某烷基苯，"基"字通常可省略。当苯环上只有一个取代基时，该取代基位置编号为1，书写名称时该取代基的位次也可省去不写。如：

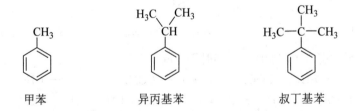

甲苯　　　　　　　　异丙基苯　　　　　　　　叔丁基苯

当苯环上有两个及以上取代基时，所有取代基都要编号，以其中一个取代基为1位，并以各取代基的位次和最小为原则来命名。若位次和相等，则遵循非较优基团先编号原则。如：

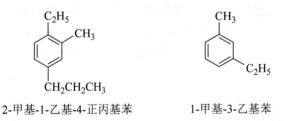

2-甲基-1-乙基-4-正丙基苯　　　　　　　　1-甲基-3-乙基苯

二甲苯中的两个甲基可有三种取代方式，分别为1,2取代、1,3取代和1,4取代。1,2-二甲苯又可叫做邻二甲苯或*o*-二甲苯，1,3-二甲苯又称间二甲苯或*m*-二甲苯，1,4-二甲苯则可以叫做对二甲苯或*p*-二甲苯。如：

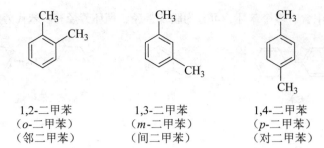

1,2-二甲苯　　　　　1,3-二甲苯　　　　　1,4-二甲苯
(o-二甲苯)　　　　　(m-二甲苯)　　　　　(p-二甲苯)
(邻二甲苯)　　　　　(间二甲苯)　　　　　(对二甲苯)

三甲苯中的三个甲基可有三种取代方式，取代产物分别为：1,2,3-三甲基（又可称为连三甲苯），1,2,4-三甲苯（又可称为偏三甲苯），1,3,5-三甲苯（又可称为均三甲苯）。

1, 2, 3-三甲苯　　　　1, 2, 4-三甲苯　　　　1, 3, 5-三甲苯
(连三甲苯)　　　　　(偏三甲苯)　　　　　(均三甲苯)

当取代基为结构复杂的烷基时，把取代基当作母体、苯环作取代基来命名。取代基为不饱和基团时，也把不饱和基团作为母体、芳环作为取代基命名，偶尔也有把苯环作母体命名的。如：

4-甲基-1-苯基戊烷　　　苯乙烯（乙烯基苯）　　苯乙炔（乙炔基苯）

若芳环上同时有多个官能团，命名时则按以下次序：
—COOH＞—SO₃H＞—COOR＞—COCl＞—CONH₂＞—CN＞—CHO＞—C＝O＞—OH（醇）＞—OH（酚）＞—NH₂＞—C≡C—＞—HC＝CH—＞H＞—OR＞—R＞—X＞—NO₂

排在前面的作为母体名称，其余的作为取代基团，从作为母体的基团开始编号，其他基团的编号规则与烷烃中烷基编号规则类似，即使取代基位次和最小，若位号和一样，非较优基团先编号。

另外芳环上连着硝基、卤素、烃基和烃氧基时，以芳环为母体，硝基、卤素、烃基和烃氧基为取代基；连其他基团时则以芳环为取代基。因而写名称时硝基、卤素、烃基和烃氧基等放在名称前面；羟基、醛基、羧基、磺酸基等放在芳环名称后面。如：

1-甲基-3-氯苯　　　　4-硝基苯甲酸　　　　1-乙基-3-硝基-5-氯苯

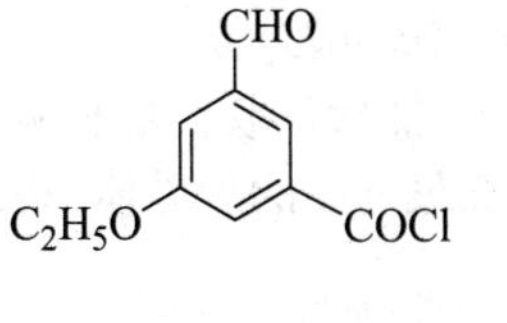

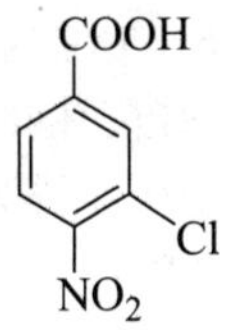

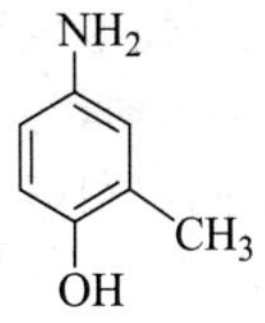

3-甲酰基-5-乙氧基苯甲酰氯　　4-硝基-3-氯苯甲酸　　2-甲基-4-氨基苯酚

需要说明的是，该官能团排序规则也适用于其他所有多官能团有机化合物的命名。

芳烃去掉一个氢原子后剩下的原子团叫芳基（Ar 或 aryl）。苯去掉一个氢称为苯基（C_6H_5—），用 Ph（phenyl）—或Φ表示。甲苯去掉甲基上的氢为 $C_6H_5CH_2$—，称为苄基或苯甲基；去掉苯环上的氢为 $CH_3C_6H_5$—，有三种情形，如下：

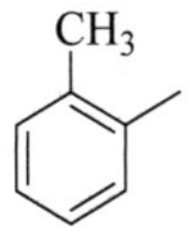

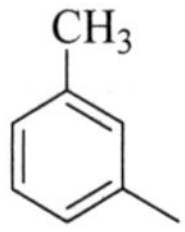

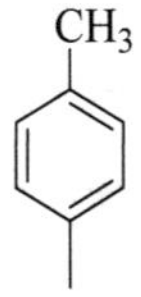

邻甲苯基　　　　　　间甲苯基　　　　　　对甲苯基

7.1.2.2　多环芳烃的命名

多苯代脂肪烃的命名是以脂肪烃为母体，把它看成为脂肪烃的芳基衍生物。如：

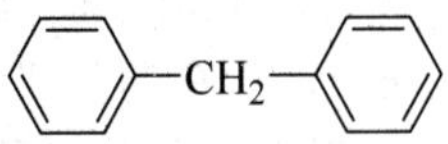

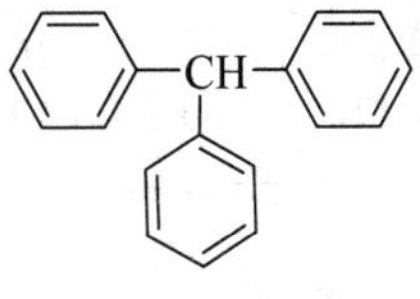

二苯甲烷　　　　　　三苯甲烷

联苯类化合物的命名，两个苯环相连的称为联苯；三个苯环相连，称为联三苯，还要注明两边苯基与中间苯环所连位置，放在名称前。如：

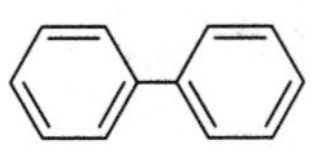

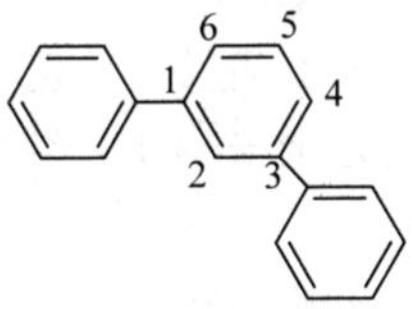

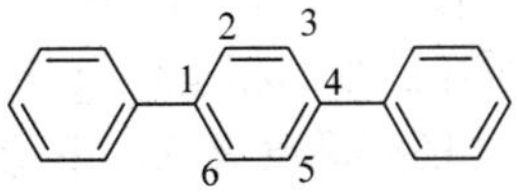

联苯　　　　　　1,3-联三苯　　　　　　1,4-联三苯

稠环芳烃是两个或两个以上的苯环彼此共用相邻的碳原子的芳烃，这类化合物有自己特殊的名称，如萘、蒽、菲等，它们也有自己的编号方式。如：

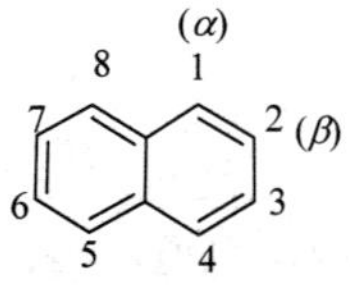

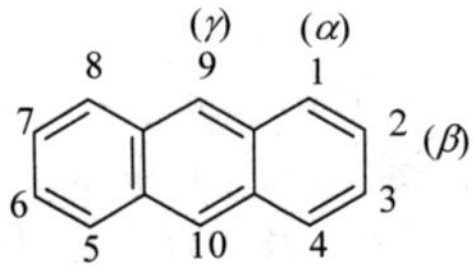

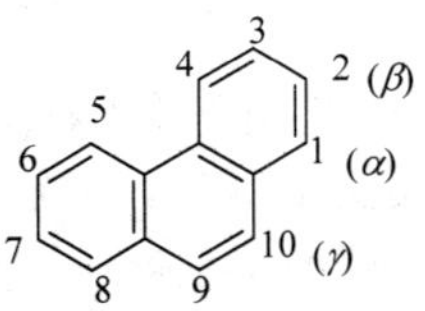

萘　　　　　　蒽　　　　　　菲

其中1、4、5、8位为α位，2、3、6、7位为β位，9、10位为γ位。

如果有取代基时，先遵循稠环化合物自己的编号方法，然后使取代基的编号尽可能最小。如果有多个官能团取代则按照官能团优先次序排列，取排在最前面的为母体，其他都为取代基，编号和命名与多个官能团取代的苯类似。如：

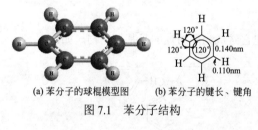

1-硝基萘　　　　9-氯代蒽　　　　1-甲基-4-硝基萘　　　5-羟基萘磺酸
（α-硝基萘）　　（γ-氯代蒽）

7.2　单环芳烃

7.2.1　单环芳烃的结构

苯的分子式是 C_6H_6，苯分子中的六个碳原子和六个氢原子都位于一个平面内，六个碳原子组成一个正六边形，碳碳键长完全相等，均为 0.140nm，每个 C—H 键键长为 0.110nm，所有键角都为 120°（如图 7.1 所示）。苯分子结构及稳定性可用价键理论和分子轨道理论解释。

(a) 苯分子的球棍模型图　　(b) 苯分子的键长、键角

图 7.1　苯分子结构

（1）价键理论解释苯分子结构及稳定性

杂化轨道理论认为，苯分子中的六个碳原子都为 sp^2 杂化，每个碳原子都以 2 个 sp^2 杂化轨道分别与两个相邻碳原子的 sp^2 杂化轨道重叠形成两个 C—C σ键，构成了闭合的碳环结构，剩下的一个 sp^2 杂化轨道与一个氢原子的 s 轨道形成 C—H σ键。苯环上的原子都处于同一平面内，并且 C—C—C 键角、H—C—C 键角都为 120°。每个碳上剩下的 1 个未参加杂化的 p 轨道，与碳环所在的平面相垂直，p 轨道之间相互重叠，形成一个闭合的大π键（如图 7.2 所示）。大π键中π电子能够高度离域，电子云密度完全平均化，结构稳定。

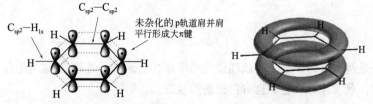

图 7.2　苯分子的成键方式和大π键电子云模型图

（2）分子轨道理论解释苯分子结构的稳定性

分子轨道理论认为，苯分子形成σ键后，六个碳原子中的 p 轨道通过线性组合形成六个分子轨道，分别为ψ_1、ψ_2、ψ_3、ψ_4、ψ_5 和ψ_6。其中ψ_1、ψ_2 和ψ_3 为成键轨道，ψ_4、ψ_5 和ψ_6 是反键轨道。在分子轨道中，节面越多能量越高。三个成键轨道中，ψ_1 轨道没有节面，而ψ_2 和ψ_3 轨道均有一个节面，故而它们的能量高低为：$\psi_2=\psi_3>\psi_1$。三个反键轨道中，ψ_4 和ψ_5 两个分子轨

道均有两个节面，ψ_6 分子轨道有三个节面，它们能量高低顺序为：$\psi_6 > \psi_5 = \psi_4$。

基态时，苯的六个 π 电子两两成对填充在成键轨道 ψ_1、ψ_2 和 ψ_3 上，成键轨道的能量低于原子轨道能量，而反键轨道能量高于原子轨道能量（如图 7.3 所示）。故苯基态下，分子能量较低，结构稳定。

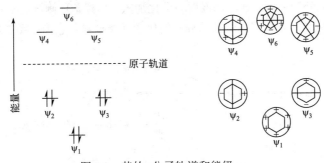

图 7.3 苯的 π 分子轨道和能级

目前很多教材和文献资料中苯的结构表达式采用较多的就是凯库勒结构式 ⌬ 或 ⬡，后者相对准确些。

7.2.2 单环芳烃的物理性质

单环芳烃一般是非极性液体。苯由于具有高度对称性而具有较高熔点，烃基取代后一般熔点降低。苯及其同系物的沸点随分子量的增加而增加，每增加一个 CH_2，沸点平均升高 30℃ 左右。在苯的二取代异构体中，对位异构体的熔点较高，而邻位异构体的沸点较高。单环芳烃相对密度小于 1，但比同碳数分子量相近的脂肪烃相对密度大，一般在 0.8～0.9 之间，不溶于水，溶于有机溶剂。因此苯及其同系物也被用作有机溶剂。表 7.1 列出了部分单环芳烃的物理常数。

表 7.1 一些常见单环芳烃的物理常数

名称	熔点/℃	沸点/℃	密度 n_4^{20}
苯	5.5	80.1	0.879
甲苯	−95	110.6	0.867
乙苯	−95	136.1	0.867
正丙苯	−99.6	159.3	0.862
异丙苯	−96	152.4	0.862
邻二甲苯	−25.2	144.4	0.880
间二甲苯	−47.9	139.1	0.864
对二甲苯	13.2	138.4	0.861

7.2.3 单环芳烃的化学性质

7.2.3.1 化学性质的推导

单环芳烃的化学反应可以发生在苯环上，也可以发生在侧链上。苯环具有 π 电子、带负电，容易受到正电荷的进攻,又由于苯的结构为具有 6 个π电子的闭合的共轭环,具有特殊的稳定性(芳香性),卤素、卤化氢等不能与之加成,因为加成后生成的产物会破坏苯环的这种特殊稳定性,可发生不破坏芳香环结构的亲电取代反应;另外也是由于这种特殊的稳定性,一般的氧化剂(如高锰酸钾)不能氧化开环,激烈条件下(如温度很高和强氧化条件 $V_2O_5+O_2$)才可发生氧化反应;此外苯环可以在较高温度下催化加氢。另外苯环侧链烷基有 α-H 的话,容易发生自由基取代反应和氧化反应。烷基苯分子的化学性质推导示意图如图 7.4 所示。

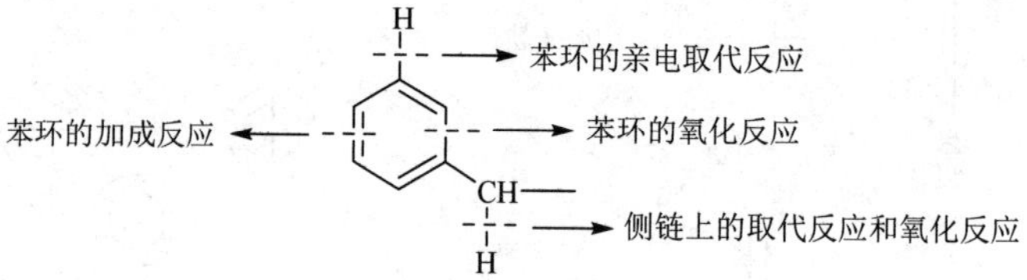

图 7.4 烷基苯分子的化学性质推导

7.2.3.2 化学性质

(1) 苯环上的反应

① 取代反应。苯环上的氢原子在一定的条件下能被其他原子或原子团取代。单环芳烃重要的取代反应有卤化、硝化、磺化、烷基化和酰基化等。

a. 卤化反应。常温下,苯与氯、溴在没有催化剂的条件下一般不发生反应,但在铁粉或卤化铁的催化作用下进行加热,苯环上的氢原子可被氯原子或溴原子取代,生成氯苯或溴苯,此类反应称为卤化反应。反应除生成一卤代物外,还可进一步反应生成少量的邻位和对位二卤代物。工业上常用此法制取氯苯或溴苯。

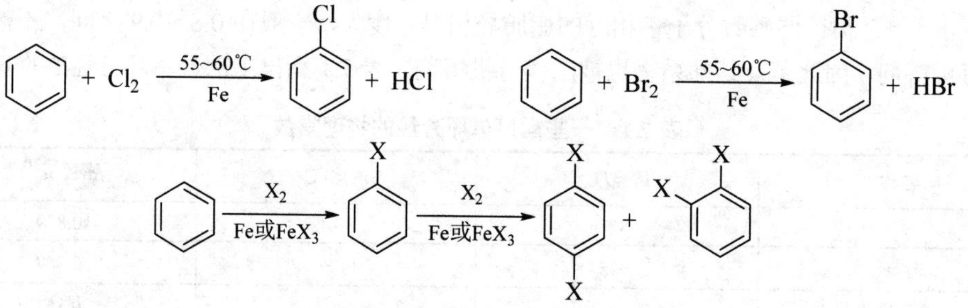

烷基苯在催化剂(铁或三卤化铁)存在的条件下与卤素作用,也会发生环上卤代反应,反应比苯容易,产物以邻位取代物和对位取代物为主。如:

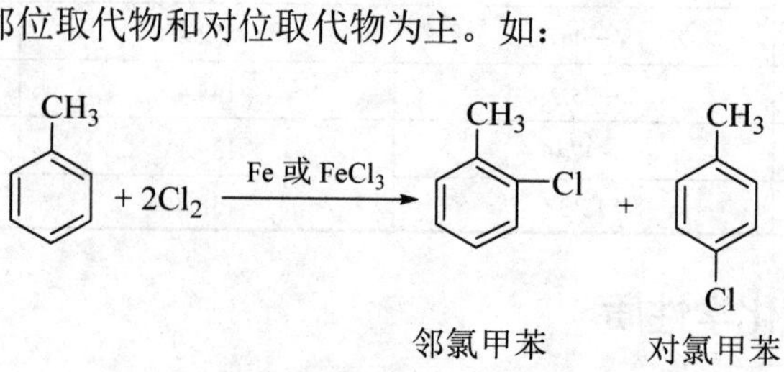

卤素与苯反应的活泼次序是:氟>氯>溴>碘。氟代反应太活泼,不易控制,碘的活性太弱,反应难发生。故发生卤代反应的主要是以氯和溴为主。

b. 硝化反应。苯与浓硝酸和浓硫酸的混合物共热,苯环上的氢原子可被硝基(—NO_2)取代从而引入硝基生成硝基苯,该反应称为硝化反应。

$$\text{C}_6\text{H}_6 + \text{浓HNO}_3 \xrightarrow[50\sim60℃]{\text{浓H}_2\text{SO}_4} \text{C}_6\text{H}_5\text{NO}_2 + \text{H}_2\text{O}$$

硝基苯进一步硝化较困难,需要在较高的温度下与发烟硝酸和浓硫酸的混酸溶液进行反应,产物以间二硝基苯为主。

$$\text{C}_6\text{H}_5\text{NO}_2 + \text{发烟HNO}_3 \xrightarrow[100℃]{\text{浓H}_2\text{SO}_4} \text{间-C}_6\text{H}_4(\text{NO}_2)_2 + \text{H}_2\text{O}$$

浓硫酸的作用为:一是使硝酸转化生成硝酰正离子;二是吸收产物中的水。

烷基苯硝化比苯容易进行。如甲苯在混酸的作用下,加热到30℃左右即可发生硝化反应,产物主要为邻硝基甲苯和对硝基甲苯。

$$\text{C}_6\text{H}_5\text{CH}_3 + \text{浓HNO}_3 \xrightarrow[30℃]{\text{浓H}_2\text{SO}_4} \text{邻-CH}_3\text{C}_6\text{H}_4\text{NO}_2 + \text{对-CH}_3\text{C}_6\text{H}_4\text{NO}_2$$

硝基甲苯再进一步硝化,可得产物 2,4,6-三硝基甲苯(炸药 TNT)。

c. 磺化反应。苯与浓硫酸共热或与发烟硫酸反应,苯环上的氢原子可被磺酸基(—SO_3H)所取代,进而生成苯磺酸。在较高的温度下,苯磺酸可与发烟硫酸反应继续磺化,生成间苯二磺酸。

$$\text{C}_6\text{H}_6 + \text{浓H}_2\text{SO}_4 \xrightarrow{70\sim80℃} \text{C}_6\text{H}_5\text{SO}_3\text{H}$$

$$\text{C}_6\text{H}_5\text{SO}_3\text{H} \xrightarrow[200\sim245℃]{10\%\text{发烟H}_2\text{SO}_4} \text{间-C}_6\text{H}_4(\text{SO}_3\text{H})_2$$

烷基苯也较易发生磺化,常温下甲苯就可以发生磺化,生成邻甲苯磺酸和对甲苯磺酸。磺酸基是一个体积较大的基团,进入甲基邻位时受到的甲基的空间阻力较大,生成的产物不如对位产物稳定。高温时以对位产物为主。

$$\text{C}_6\text{H}_5\text{CH}_3 + \text{浓H}_2\text{SO}_4 \xrightarrow{\text{常温}} \text{邻-CH}_3\text{C}_6\text{H}_4\text{SO}_3\text{H} (53\%) + \text{对-CH}_3\text{C}_6\text{H}_4\text{SO}_3\text{H} (43\%)$$

$$\text{C}_6\text{H}_5\text{CH}_3 + \text{浓H}_2\text{SO}_4 \xrightarrow{100℃} \text{对-CH}_3\text{C}_6\text{H}_4\text{SO}_3\text{H} (79\%)$$

常用的磺化剂除了浓硫酸、发烟硫酸以外,还有三氧化硫和氯磺酸等。例如,苯与氯磺酸在四氯化碳溶液中相互作用，产物同样为苯磺酸。若氯磺酸过量，可发生氯磺酰化反应，得到产物苯磺酰氯。

$$\text{C}_6\text{H}_6 + \text{ClSO}_3\text{H} \xrightarrow{\text{CCl}_4} \text{C}_6\text{H}_5\text{SO}_3\text{H} + \text{HCl}$$

$$\text{C}_6\text{H}_6 + 2\text{ClSO}_3\text{H} \longrightarrow \text{C}_6\text{H}_5\text{SO}_2\text{Cl} + \text{H}_2\text{SO}_4 + \text{HCl}$$

磺化反应是可逆反应。苯磺酸和稀硫酸（或盐酸）在一定压力下加热，或通入过热的水蒸气，可发生水解反应生成苯。

$$\text{C}_6\text{H}_5\text{SO}_3\text{H} + \text{H}_2\text{O} \xrightarrow[150\sim200℃, \text{压力}]{\text{稀硫酸}} \text{C}_6\text{H}_6 + \text{H}_2\text{SO}_4$$

该反应可用于分离、鉴别，也可在有机物合成中用于官能团占位。如合成邻氯甲苯，若直接氯代，则产物必定混有较多对位产物，且不易分离。可先高温磺化，使磺酸基预先占住对位；再进行卤代时，氯只能进入甲基的邻位；然后再酸性水解去掉磺酸基。制备如下：

$$\text{甲苯} \xrightarrow[100℃]{\text{H}_2\text{SO}_4} \text{对-甲苯磺酸} \xrightarrow[\text{Cl}_2]{\text{FeCl}_3} \text{3-氯-4-甲苯磺酸} \xrightarrow[\triangle]{\text{稀H}_2\text{SO}_4} \text{邻氯甲苯}$$

d. 烷基化和酰基化反应。芳烃与烷基化试剂反应，芳环上的氢原子被烷基取代的反应称为烷基化反应。酰基化反应是指芳烃与酰卤（$\text{R}-\overset{\text{O}}{\underset{\|}{\text{C}}}-\text{X}$）等酰基化试剂作用，环上的氢原子被酰基（$\text{R}-\overset{\text{O}}{\underset{\|}{\text{C}}}-$）所取代的反应。烷基化反应和酰基化反应统称为弗里德-克拉夫茨（Friedel-Crafts）反应，简称弗-克反应。

弗-克反应均需要在催化剂作用下进行。弗-克反应中常用的催化剂有无水三氯化铝、三氯化铁、三氟化硼、氯化锌、硫酸、磷酸、氟化氢、四氯化锡等质子酸或路易斯酸等，其中无水三氯化铝的活性最强。

Ⅰ. 烷基化反应。在溴化铝等催化剂的作用下，苯与卤代烷、醇、烯烃等烷基化试剂作用，生成烷基苯的反应称为弗-克烷基化反应。如：

$$\text{C}_6\text{H}_6 + \text{CH}_3\text{CH}_2\text{Br} \xrightarrow[\triangle]{\text{AlBr}_3} \text{C}_6\text{H}_5\text{C}_2\text{H}_5 + \text{HBr}$$

$$\text{C}_6\text{H}_6 + \text{C}_6\text{H}_5\text{CH}_2\text{OH} \underset{}{\overset{\text{H}_2\text{SO}_4}{\rightleftharpoons}} \text{C}_6\text{H}_5\text{CH}_2\text{C}_6\text{H}_5$$

工业上用乙烯和丙烯来制取乙苯和异丙苯。

$$\text{C}_6\text{H}_6 + \text{H}_2\text{C}=\text{CH}_2 \xrightarrow{\text{AlCl}_3} \text{C}_6\text{H}_5\text{C}_2\text{H}_5$$

$$\text{C}_6\text{H}_6 + \text{CH}_3-\text{CH}=\text{CH}_2 \xrightarrow{\text{AlCl}_3} \text{C}_6\text{H}_5\text{CH(CH}_3\text{)}_2$$

烷基化反应有如下特点：

i. 容易异构化。当引入的烷基中碳数大于 3 时，反应易发生重排，加到苯环上的烷基往往发生异构化。

$$\text{C}_6\text{H}_6 + \text{CH}_3\text{CH}_2\text{CH}_2\text{Cl} \xrightarrow[\triangle]{\text{无水AlCl}_3} \text{C}_6\text{H}_5\text{CH(CH}_3\text{)}_2\ (70\%) + \text{C}_6\text{H}_5\text{CH}_2\text{CH}_2\text{CH}_3\ (30\%)$$

$$\text{C}_6\text{H}_6 + (\text{CH}_3)_2\text{CHCH}_2\text{Br} \xrightarrow{\text{无水AlCl}_3} \text{C}_6\text{H}_5\text{C(CH}_3\text{)}_3\ (100\%)$$

这是由于反应中涉及碳正离子中间体，碳正离子中间体会重排生成更稳定的碳正离子的缘故。

ii. 多烷基化。生成的烷基苯比苯活性强，故还容易继续发生烷基化反应，而生成多取代苯。

iii. 烷基化反应也是可逆反应，并且常伴有歧化反应。使苯过量可避免多烷基化生成单取代基。

$$2\ \text{C}_6\text{H}_5\text{CH}_3 \xrightarrow{\text{AlCl}_3} \text{C}_6\text{H}_4(\text{CH}_3)_2\ (o\text{-、}m\text{-、}p\text{-}) + \text{C}_6\text{H}_6$$

iv. 苯环上有强吸电子基（如—CHO、—COOH、—NO$_2$、—SO$_3$H 等）时，不能发生烷基化反应，因为烷基化反应是亲电取代反应，强吸电子基钝化苯环。

当苯环上连有氨基等碱性基团时，因其易与三氯化铝等路易斯酸性催化剂反应生成盐，而使苯环上的烷基化很难进行。

Ⅱ. 酰基化反应。在无水三氯化铝等催化剂的作用下，芳烃与酰氯或酸酐等酰基化试剂进行反应生成芳酮。

$$\text{C}_6\text{H}_6 + \text{CH}_3\text{COCl} \xrightarrow{\text{AlCl}_3} \text{C}_6\text{H}_5\text{COCH}_3 + \text{HCl}$$

$$\text{C}_6\text{H}_6 + (\text{CH}_3\text{CO})_2\text{O} \longrightarrow \text{C}_6\text{H}_5\text{COCH}_3 + \text{CH}_3\text{COOH}$$

酰基化反应也有自己的特点，总结如下：

ⅰ.无异构化。

ⅱ.无多酰基化（由于引入的酰基是强吸电子基，使苯环钝化，所以不会发生多酰基化反应）。

ⅲ.非可逆反应，无歧化反应。

ⅳ.酰基化反应所需催化剂的量多。

可利用酰基化反应产物无异构化的特点，合成三个碳以上的正烷基取代芳烃。例如，要合成正丙基苯，如果用苯与卤代正丙烷在三氯化铝催化作用下进行烷基化反应则正丙基苯不是主产物。可以先用直链酰基卤试剂对苯进行酰基化，然后用克莱门森（Clemmensen）还原去掉酰基中的氧即可得到正烷基苯。如：

$$\text{C}_6\text{H}_6 \xrightarrow[\text{丙酰氯}]{\text{AlCl}_3} \text{C}_6\text{H}_5\text{COCH}_2\text{CH}_3 \xrightarrow{\text{Zn-Hg/浓HCl}} \text{C}_6\text{H}_5\text{CH}_2\text{CH}_2\text{CH}_3$$

② 氧化反应。苯在特殊催化剂（如 V_2O_5）的作用下被氧化，破裂而生成顺丁烯二酸酐。

$$\text{C}_6\text{H}_6 + \text{O}_2 \xrightarrow[400\sim500\text{℃}]{V_2O_5} \text{顺丁烯二酸酐} + CO_2 + H_2O$$

顺丁烯二酸酐是重要的化工原料，主要用于不饱和聚酯树脂等的合成。

③ 加成反应（催化加氢）。与烯烃、炔烃相比，苯及其同系物较难进行加成，在较高温度、压力和催化剂存在条件下也可与氢气加成。例如，苯可加氢生成环己烷。

$$\text{C}_6\text{H}_6 + 3H_2 \xrightarrow[180\sim250\text{℃}]{\text{Ni,18MPa}} \text{环己烷}$$

（2）苯环侧链上的反应

① α-H 卤化。烷基苯在日光照射或加热条件下与氯或溴反应，卤素原子主要取代α氢原子（通常称苄基氢）。如将氯气与甲苯反应，甲苯上甲基的氢原子被氯原子逐个取代。

$$\text{PhCH}_3 \xrightarrow[h\nu/\triangle]{Cl_2} \text{PhCH}_2\text{Cl} \xrightarrow[h\nu/\triangle]{Cl_2} \text{PhCHCl}_2 \xrightarrow[h\nu/\triangle]{Cl_2} \text{PhCCl}_3$$

苯侧链卤代反应与烷烃的卤代反应机理相同，均为自由基取代反应。在上述反应过程中，产生苄基自由基中间体，如下：

$$\text{Ph—CH}_3 + \cdot Cl \longrightarrow \text{Ph—CH}_2\cdot + HCl$$

苄基自由基结构为：

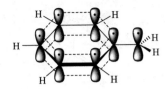

苄基自由基亚甲基上 p 轨道与苯环碳原子的 p 轨道肩并肩平行排列，形成 p-π 共轭体系，故而稳定。该自由基容易生成，卤代产物就多，所以苯环侧链有多种氢原子的话，α-氢原子卤代产物最多。如：

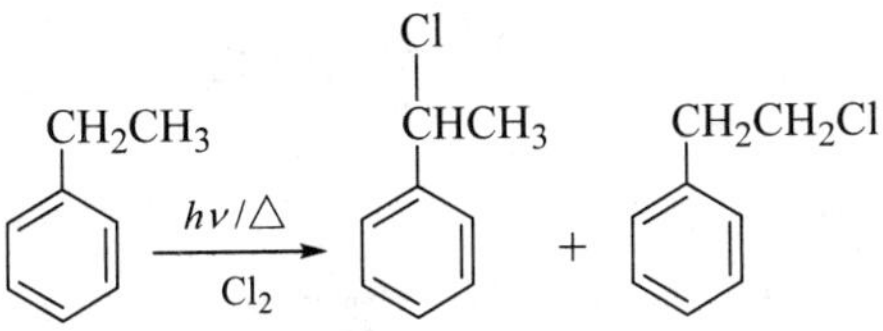

$$\text{PhCH}_2\text{CH}_3 \xrightarrow[\text{Cl}_2]{h\nu/\triangle} \text{PhCHClCH}_3 \text{ (主产物)} + \text{PhCH}_2\text{CH}_2\text{Cl}$$

如果在铁或三氯化铁催化下，氯气与甲苯作用，取代反应发生在苯环上，生成邻氯甲苯或对氯甲苯。可见甲苯与氯反应的条件不同，产物也不同。原因在于两者反应历程不同。

② 侧链（α-H）氧化。苯环不易被氧化。但苯环上若连有侧链，不论侧链是甲基还是其他烷基，只要含有 α-氢原子，最后都被氧化成为羧基（—COOH），生成苯甲酸。

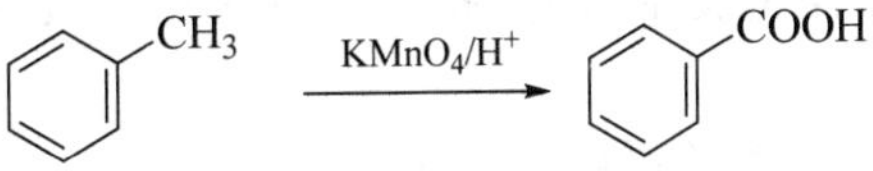

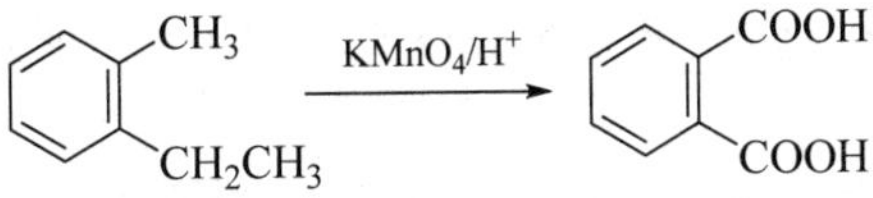

$$\text{PhCH}_3 \xrightarrow{\text{KMnO}_4/\text{H}^+} \text{PhCOOH}$$

$$\text{邻-CH}_3\text{C}_6\text{H}_4\text{CH}_2\text{CH}_3 \xrightarrow{\text{KMnO}_4/\text{H}^+} \text{邻苯二甲酸}$$

但若与苯环相连的碳原子不含 α-氢原子时，则该侧链不会被氧化剂氧化。如：

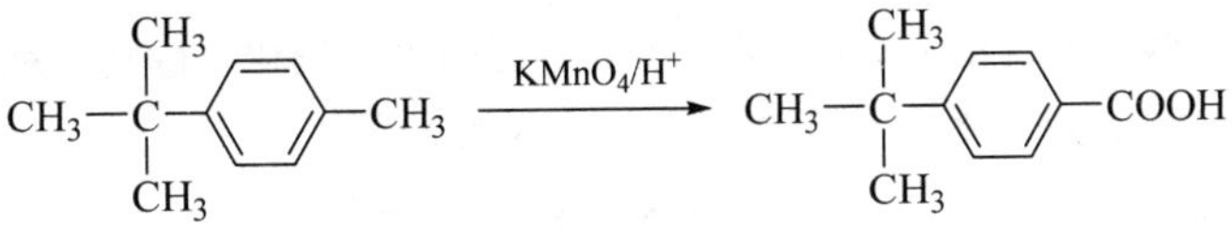

$$(\text{CH}_3)_3\text{C}-\text{C}_6\text{H}_4-\text{CH}_3 \xrightarrow{\text{KMnO}_4/\text{H}^+} (\text{CH}_3)_3\text{C}-\text{C}_6\text{H}_4-\text{COOH}$$

7.3 亲电取代反应的机理及定位规律

7.3.1 亲电取代反应的机理

苯的卤化、硝化、磺化和烷基化及酰基化反应的反应式如下：

卤化反应：$\text{C}_6\text{H}_6 + \text{X}_2 \xrightarrow{\text{FeX}_3} \text{C}_6\text{H}_5\text{X} + \text{HX}$ （X=Cl 或 Br）

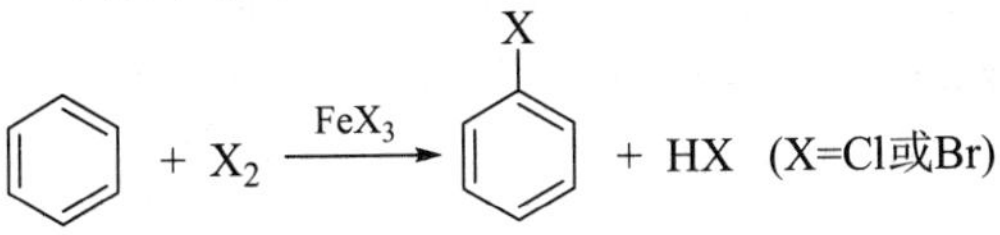

硝化反应：$\text{C}_6\text{H}_6 + \text{HNO}_3 \xrightarrow{\text{H}_2\text{SO}_4} \text{C}_6\text{H}_5\text{NO}_2 + \text{H}_2\text{O}$

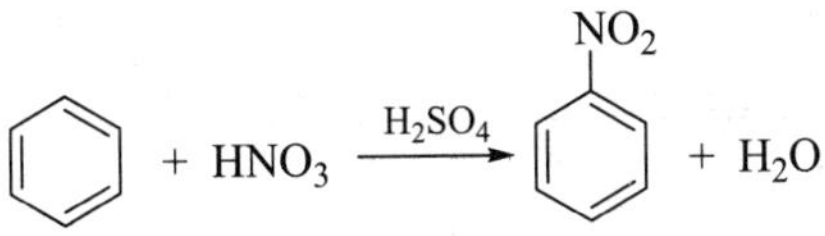

磺化反应：　　 + H_2SO_4 ⟶ Ph-SO_3H + H_2O

烷基化反应： + RX $\xrightarrow{AlX_3}$ Ph-R + HX

酰基化反应： + R-CO-X $\xrightarrow{AlX_3}$ Ph-CO-R + HX

仔细分析上述反应，它们有一个共同特点，就是苯环上的氢原子以质子的形式被试剂的带正电荷部分取代，故而苯环上亲电取代反应可以用下面通式表示：

Ph-H + E-Nu ⟶ Ph-E + H-Nu

E-Nu 为 Cl_2（Br_2）、HNO_3、H_2SO_4、RX、RCOX 等，其中 E 相当于 Cl（Br）、NO_2、SO_3H、R、COR 等。

研究表明，苯环上的亲电取代历程有两步。

第一步，亲电试剂在催化剂作用下生成带正电荷的 E^+，然后 E^+进攻苯环生成σ络合物。具体过程如下：

在催化剂的作用下，亲电试剂分子（E-Nu）可解离出亲电的正离子 E^+和负离子 Nu^-。

$$E\text{-}Nu \xrightarrow{催化剂} E^+ + Nu^-$$

E^+为 X^+、NO_2^+、R^+、RCO^+等。在苯环上进行卤化、硝化、磺化和弗-克反应时，亲电试剂在催化剂的作用下，按下列反应生成相应的亲电性的正离子。

卤化反应：　　$X_2 + FeX_3 \rightleftharpoons X^+ + FeX_4^-$

硝化反应：　　$HNO_3 + 2H_2SO_4 \rightleftharpoons NO_2^+ + H_3O^+ + 2HSO_4^-$

磺化反应：　　$H_2SO_4 + H_2SO_4 \rightleftharpoons H_3O^+ + HSO_4^- + SO_3$

烷基化反应：　$RX + AlX_3 \rightleftharpoons R^+ + AlX_4^-$

酰基化反应：　$R\text{-CO-}X + AlX_3 \rightleftharpoons R\text{-CO}^+ + AlX_4^-$

苯的闭合的大π键，有利于亲电试剂的进攻。苯环上的六个π电子（负电荷）首先对正离子 E^+产生吸引力，正离子 E^+进攻苯环的π电子云时，先形成π络合物；然后正离子从苯环中获得两个电子，与碳原子形成σ键，剩余四个π电子分布在环上五个碳原子之间，形成σ络合物。形成π络合物的速率远大于σ络合物的生成速率。

$$\text{Ph} + E^+ \xrightarrow{快} \text{π络合物} \rightleftharpoons \xrightarrow{慢} \text{σ络合物}$$

π络合物　　　σ络合物

在σ络合物中，与亲电试剂 E⁺相连的碳原子由原来的 sp² 杂化变成 sp³ 杂化，这时闭合的环状共轭体系不复存在，芳香性消失。

第二步，质子离去，生成取代产物。

σ络合物形成后，失去一个质子，生成取代产物。此时的碳原子杂化形式由 sp³ 杂化瞬变为 sp² 杂化，芳香结构恢复，体系能量降低，产物稳定。

苯亲电取代的反应路径如图 7.5 所示。

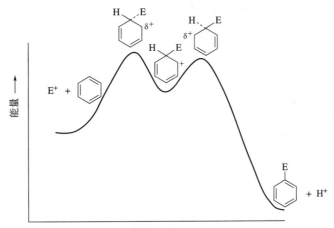

图 7.5　苯亲电取代的反应路径

反应进行的同时被消除的质子与负离子 Nu⁻进行结合。

$$H^+ + Nu^- \longrightarrow HNu$$

苯环上的亲电取代历程与烯烃的亲电加成反应的共同之处在于：E⁺进攻π电子都形成碳正离子中间体（第一步）。区别在于：芳环亲电取代的中间体正离子σ络合物形成后迅速消除质子恢复闭合的稳定的芳香环体系，如果继续与卤素负离子结合的话，生成的加成产物不具备芳香环，能量高、不稳定；而在烯烃亲电加成时形成的中间体碳正离子，与试剂的负离子结合，生成较稳定的加成物（第二步）。

7.3.2　定位规律介绍

7.3.2.1　邻、对位定位基和间位定位基

一元取代苯在进行亲电取代反应时可以得到邻、间、对位 3 种二元取代物。在任何一个具体反应中，这些位置上的氢原子被取代的机会是不相等的。如：甲苯的硝化比苯容易，硝基主要进入甲基的邻、对位；氯苯的硝化比苯困难，硝基也主要进入氯原子的邻、对位；硝基苯进一步硝化比苯困难，第二个硝基主要进入间位。

大量的实验事实表明，第二个取代基进入的位置通常决定于第一个取代基，也就是第一个

取代基对第二个取代基有定位作用。

常见的定位取代基可以大致分为以下两类：

（1）邻、对位定位基（第一类定位基）

邻、对位定位基，使新引入的基团主要进入其邻、对位，又称第一类定位基。即苯环上的取代基为邻、对位定位基时，再进行取代反应，产物主要是邻和对位两种二元取代物。

第一类定位基的定位效应强弱顺序为：—O⁻、—N(CH₃)₂、—NH₂、—OH、—OCH₃、—NHCOCH₃、—CH₃、—OCOCH₃、—C₆H₅、—Cl、—Br、—I 等。

这类定位基的结构特点是取代基与苯环相连的原子上一般只有单键或负电荷。同时，此类取代基一般使苯环电子云密度增大（卤素除外），比苯更易发生亲电取代反应，即对苯环具有一定活化作用，故这些定位基又称为活化基团，但在此类定位基中，卤素对苯环有钝化作用。

（2）间位定位基（第二类定位基）

间位定位基，使新引入的取代基主要进入它的间位，又称第二类定位基。

第二类定位基按定位强弱顺序排列如下：—N⁺(CH₃)₃＞—NO₂＞—CN＞—SO₃H＞—CHO＞—COCH₃＞—COOH＞—CONH₂ 等。

这类定位基的结构特点是取代基与苯环相连的原子上一般带有不饱和键或正电荷。且此类取代基会降低苯环的电子云密度，对苯环有一定钝化作用，使其比苯更难发生亲电取代反应，反应速率比苯慢，故这些取代基又称为钝化基团。

实际上取代基的定位效应不是完全绝对的。第一类定位基使生成邻、对位产物的同时也会生成少量间位产物；同理，第二类定位基使生成间位产物的同时也会生成少量邻、对位产物。

7.3.2.2　定位规律

当苯环上只有一个取代基时，新取代基进入苯环的位置取决于原有的取代基的类别，若原取代基为第一类定位基则主要生成邻、对位产物；若取代基为第二类定位基则主要生成间位产物。

当苯环上有两个取代基时，第三个取代基进入苯环的位置符合以下规律：两取代基为同类定位基时，则第三个取代基进入原两个取代基中定位作用较强的定位基指向的位置；两取代基为不同类定位基时，则第三个取代基进入原两个取代基中第一类定位基指向的位置。

两取代基为同类定位基时：

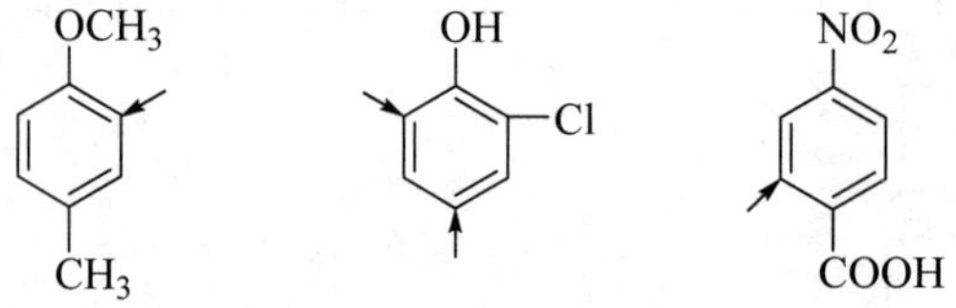

定位基强弱：—OCH₃＞—CH₃，—OH＞—Cl，—NO₂＞—COOH。

两取代基为不同类定位基时：

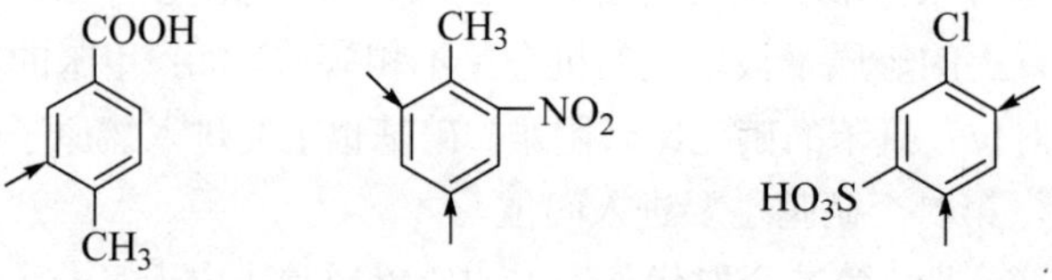

定位基强弱：—CH₃＞—COOH，—CH₃＞—NO₂，—Cl＞—SO₃H。

7.3.3 定位规律的解释和应用

7.3.3.1 定位规律的解释

苯环上亲电取代反应定位规律，可从电子效应来解释。苯环上有不同的取代基时，取代基对苯环产生致活或致钝作用，且苯环上的电子云密度分布发生一定程度的改变，这种改变对物质的化学性质的影响称为电子效应。电子效应可根据作用方式的不同分为诱导效应和共轭效应两种类型。诱导效应又分为给电子诱导效应（+I）和吸电子诱导效应（-I），共轭效应可继续分为给电子共轭效应（+C）和吸电子共轭效应（-C）。根据诱导效应和共轭效应作用的方向理论上有四种情形：ⓐ+I、+C；ⓑ+I、-C；ⓒ-I、+C；ⓓ-I、-C。但第二种（+I、-C）情形不存在。下面分别讨论情形ⓐ、ⓒ、ⓓ。

（1）+I、+C

烷基苯中存在有给电子诱导效应和给电子共轭效应。下面以甲苯为例讨论。

苯环中的碳是 sp² 杂化的，甲基中的碳是 sp³ 杂化的，电负性比苯环碳小，甲基与苯环存在给电子诱导效应（+I）和给电子超共轭效应（+C）。给电子诱导效应（+I）使得苯环六个碳上的电子云密度增大，给电子超共轭效应（+C）使得甲基电子主要给邻位和对位，即邻、对位上的电子云密度升高较多。两种效应叠加，最终使邻、对位上的电子云密度较高。苯环上的电子云密度变化如下：

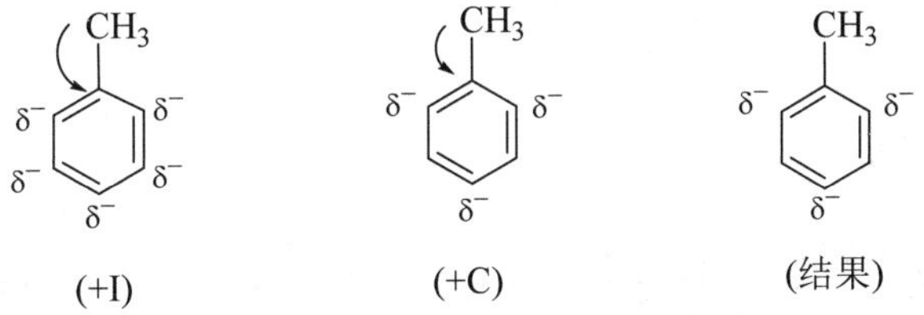

因此，甲苯的亲电取代主要发生在邻、对位上，生成邻位和对位的取代产物，并且反应比苯容易。

（2）-I、+C

由于诱导效应跟共轭效应作用方向不一致，所以又可以分为两种情形，即吸电子诱导效应小于给电子共轭效应-I＜+C，吸电子诱导效应大于给电子共轭效应-I＞+C。

① -I＜+C。苯酚和苯胺分子等存在吸电子诱导和给电子共轭效应，且前者小于后者。在苯酚分子中，由于氧原子的电负性（3.5）比苯环碳原子的电负性（2.62）大，吸引电子能力强，因而羟基对苯环有吸电子诱导效应（-I）。同时，又由于羟基上存在未共用电子对，可与苯环形成给电子的 p-π 共轭效应（+C），使苯环上电子云密度升高。但总体而言共轭效应大于诱导效应，结果使得苯环上的电子云密度升高，同样由于共轭效应对邻对位影响大，故而邻位和对位上的电子云密度升高更为显著。苯环上的电子云密度将发生如下变化：

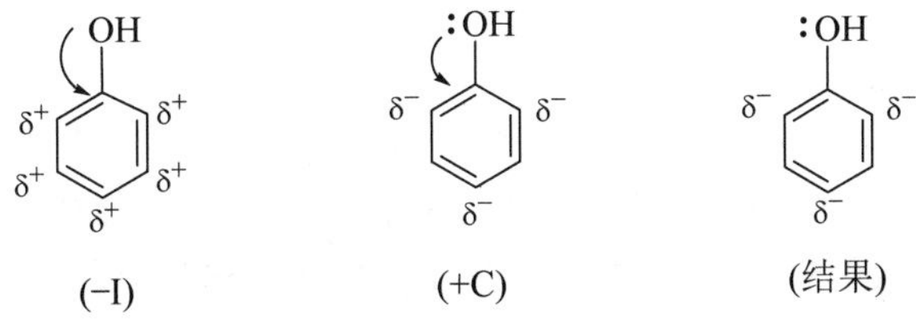

第 7 章 芳烃

因此，苯酚的亲电取代也主要发生在邻位和对位上，反应活性也比苯大。

② –I > +C。卤代苯与苯酚相似，也存在吸电子诱导效应和给电子共轭效应。但是诱导效应比共轭效应大，两者作用结果是使苯环电子云密度降低，但邻、对位由于共轭给电子效应，电子云密度降低不如间位大。总体上邻对位电子云密度相对较高，故而卤素钝化苯环，但它们也是邻对位定位基。

（3）–I、–C

以硝基苯为例。当硝基与苯环相连时，由于硝基中氮和氧的电负性都比碳大，使得硝基具有较强的吸电子诱导效应（–I），苯环上电子密度也由此降低。同时，硝基对苯环存在吸电子的π-π共轭效应（–C），也使苯环上的电子密度降低。这两种效应的共同作用使苯环上整体的电子云密度降低，不利于亲电取代的进行。硝基的吸电子共轭效应使邻位和对位碳原子上的电子云密度降低得更多一些，即相对而言邻、对位电子云密度低，间位电子云密度则相对高些。苯环上的电子云密度将发生如下变化：

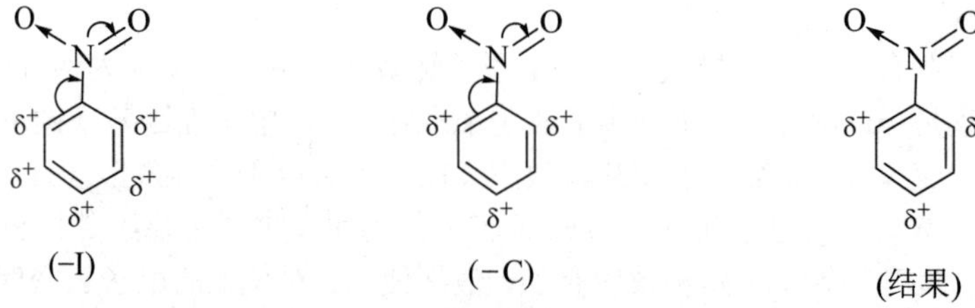

（–I） （–C） （结果）

因此，硝基苯的亲电取代反应比苯困难，并且主要发生在电子云密度较高的间位上，生成间位取代产物。

7.3.3.2 定位规律的应用

对于多取代苯类化合物的合成，常根据取代基的定位规律来预测反应的主要产物，确定反应进行的先后步骤，帮助人们在有机合成中选择最优的合成路线。

（1）预测反应的主要产物

根据定位基的类别和性质，可以判断新引入基团进入苯环的位置。苯环上有一个取代基时，新引入基团的位置由该基团的类别决定。苯环上有两个取代基时，新引入的取代基进入的位置则由原有两个取代基决定，遵循定位规律。

在考虑定位基类型和性质时，还要充分考虑原有两个取代基的空间位阻的影响。由于取代基或定位基的体积较大，使下一个取代基进入其邻位时受到的空间阻力较大，这种效应称为空间位阻效应，简称空阻或位阻。例如间二甲苯的亲电取代，两个甲基之间的位置虽然都为邻位，但是由于两个甲基距离近，空间位阻导致新引入基团不能进入该位置。

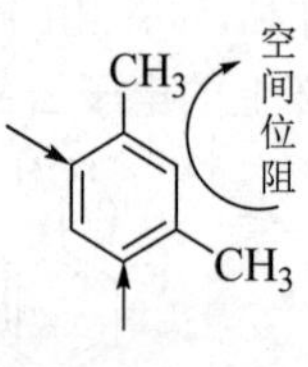

如甲苯硝化，邻位、对位产物比例分别为58%、38%。但若磺化，则生成空间位阻小的对位产物要多些，约为62%，邻位产物约为32%，因为磺酸基是大基团。若将底物甲苯中的甲

基换成体积较大的异丙基后进行硝化,同样空间位阻小的对位产物占比提高,约占 68%,邻位产物仅为 30%,也是因为异丙基体积大,阻碍了硝基对邻位的进攻。

一般认为:体积较小的基团有:甲基、氨基、硝基、卤原子等;体积较大的基团有:叔丁基、异丙基、磺酸基、酰氨基等。

(2)选择合理的合成路线

对于多取代苯类化合物的合成,可利用定位规律确定反应进行的先后步骤,以便得到产率更高、纯度更好的产物。

例如,由苯合成邻硝基氯苯和对硝基氯苯时,由于硝基是间位定位基,而氯原子是邻对位定位基,则应先氯化再硝化。

同理,由苯合成间硝基氯苯则应先硝化再氯化。

7.4 稠环芳烃

7.4.1 萘

萘为白色片状晶体,熔点 80.5℃,沸点 218℃,有特殊的气味,有相当大的蒸气压,在室温下易升华。不溶于水,易溶于热的乙醇、乙醚和苯等有机溶剂。萘是煤焦油中含量最多的化合物,可从煤焦油中提炼得到。它是重要的化工原料,也是常用的防蛀剂,是市售卫生球的原料,在染料合成领域有大量应用,大部分用于邻苯二甲酸酐的制造。

7.4.1.1 萘的结构

萘是最简单的稠环芳烃,分子式为 $C_{10}H_8$,由两个苯环共用两个相邻的碳原子并联而成的。萘的结构和苯类似,是一个平面状分子,所有的原子都在一个平面上,如图 7.6 所示。

萘中各个碳原子的位置不完全等同,其中 C1、C4、C5、C8 四个碳原子是等同的,称为 α-碳原子;C2、C3、C6、C7 四个碳原子是等同的,称为 β-碳原子。萘的碳碳键长既不等于碳碳单键键长,又不等于碳碳双键键长,它也与苯分子中的碳碳键长不同,既有平均化趋势,但又不完全相等,如图 7.7 所示。

按照价键理论,萘分子中每个碳原子都以 sp^2 杂化轨道与相邻的碳原子及氢原子的原子轨道相互交盖而形成 C—C σ键、

图 7.6 萘分子的球棍模型图

C—H σ键，每个碳原子中剩下的一个 p 轨道从侧面互相重叠形成一个 π_{10}^{10} 的闭合的大π键，如图 7.8 所示。

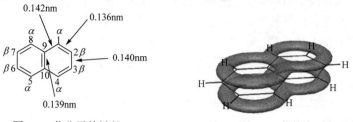

图 7.7 萘分子的键长　　　　图 7.8 萘的大π键

因此，萘与苯不完全相同，萘分子不仅各键的键长不同，各个碳原子的位置也不完全相同，萘分子中的π电子云不是均匀地分布在 10 个碳原子上。这种差异在化学性质上表现为萘的芳香性比苯差，比苯更容易发生化学反应。

7.4.1.2 萘的化学性质

萘的化学性质与苯相似，可发生亲电取代反应，在激烈条件下也可发生氧化和加成反应等。反应活性比苯高。

（1）取代反应

萘可以发生卤化、硝化、磺化及弗-克烷基化和酰基化等亲电取代反应。由于萘环中各个碳原子的位置并不完全等同，π电子云不均匀分布，α-碳原子上的电子云密度较大，其次是β-碳原子，最后是中间共用的两个碳原子。电子云密度越大越容易发生亲电取代反应，因此，萘环上的亲电取代反应一般是α位比β位容易，亲电取代反应中一般主要得到α取代产物。

① 无取代基时。

a. 卤化。萘很容易卤化。在催化剂的作用下，氯气可与萘反应，主要产物为α-氯萘。萘与溴在四氯化碳溶液中加热回流，反应在不加催化剂的情况下就可以进行，生成α-溴萘。

b. 硝化。萘硝化比苯容易得多，其α位的硝化比苯的硝化快 750 倍，β位比苯的硝化快 50 倍。在常温下萘与混酸就能发生反应，主要生成α-硝基萘。

c. 磺化。萘的磺化反应与苯相似，也是可逆反应，磺酸基进入的位置与反应温度有关。在60℃下反应时，主要生成α-萘磺酸；当温度升高到165℃时，β-萘磺酸为主要产物。

萘的α位比β位更活泼，在低温时磺化主要生成α-萘磺酸，但由于磺酸基的体积较大，与异环相邻的碳原子上的氢原子之间存在较大空间位阻，故而α-萘磺酸稳定性较差。高温下，β-萘磺酸分子的空间位阻较小，稳定性高。如果把α-萘磺酸与硫酸共热至165℃，也能转变成β-萘磺酸：

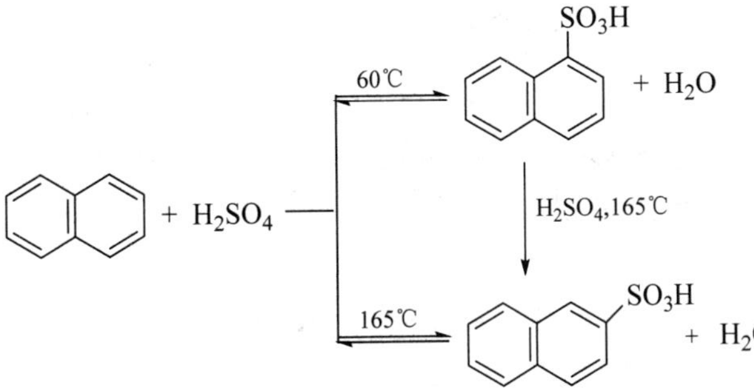

$$\text{萘} + H_2SO_4 \underset{165℃}{\overset{60℃}{\rightleftharpoons}} \begin{cases} \alpha\text{-萘磺酸} + H_2O \\ \beta\text{-萘磺酸} + H_2O \end{cases}$$

α-萘磺酸和β-萘磺酸均含一分子结晶水，都是重要的化工原料，前者为白色晶体，熔点为90℃；后者为白色片状晶体，熔点为124～125℃。在建材工业上，常用萘或萘的烷基衍生物制作萘系减水剂，将减水剂运用到实际生产生活中，可产生很好的效益。

d. 弗里德-克拉夫茨反应。萘的烷基化反应极易生成多烷基苯，萘环中的化学键很容易断裂，因此所得一元取代物产率较低。

萘在催化剂三氯化铁等的作用下，与氯乙酸反应生成α-萘乙酸。

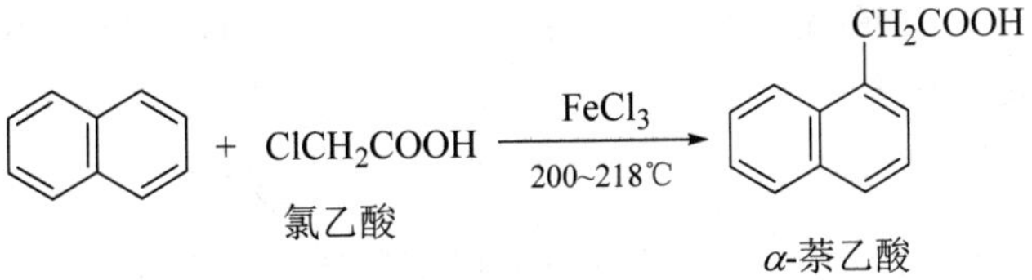

$$\text{萘} + ClCH_2COOH \xrightarrow[200\sim218℃]{FeCl_3} \alpha\text{-萘乙酸}$$

实际生产生活中，α-萘乙酸是一种植物生长激素，可促使植物生根、开花、早熟、多产；也可以防止果树和棉花落花、落果，但因成本过高，未能得以推广使用。

萘在三氯化铝催化作用下，在非极性溶剂二硫化碳中、-15℃下生成α-酰基萘和β-酰基萘，前者占75%，后者占25%。在25℃下主要得到β-酰基萘（99%）。

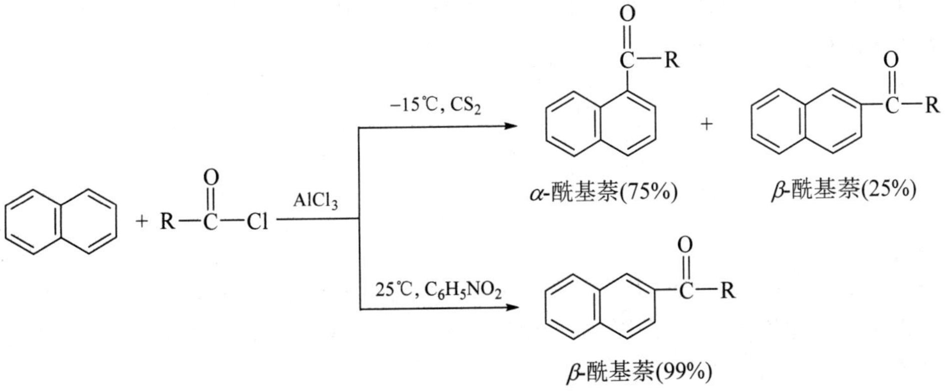

$$\text{萘} + R-\overset{O}{\underset{\|}{C}}-Cl \xrightarrow{AlCl_3} \begin{cases} -15℃, CS_2: \alpha\text{-酰基萘}(75\%) + \beta\text{-酰基萘}(25\%) \\ 25℃, C_6H_5NO_2: \beta\text{-酰基萘}(99\%) \end{cases}$$

② 有取代基时。一元取代萘在进行亲电取代时，产物取决于原有取代基的性质。如果原有的取代基是邻、对位定位基，那么由于它的致活作用，主要发生同环取代反应。若原有取代基在 1 位上，则新引入取代基优先进入 4 位；若原有取代基在 2 位上，则新引入取代基优先进入 1 位。如：

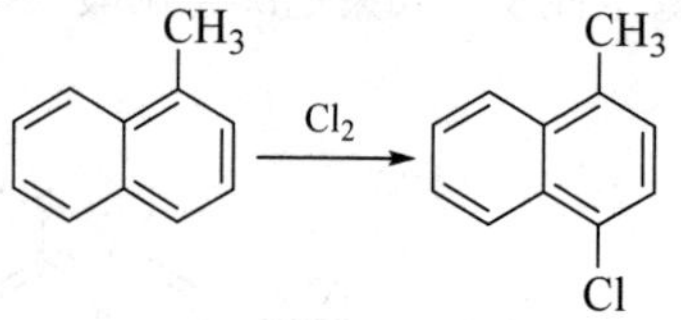

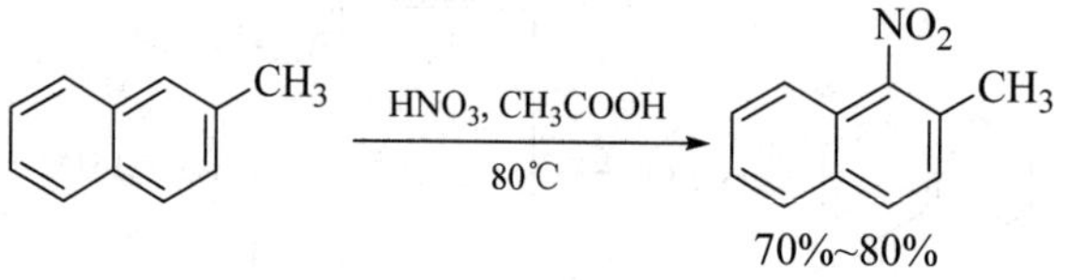

若原有取代基是间位定位基，那么由于它的致钝作用，亲电取代反应主要发生在异环 α 位，即 5 位或 8 位。如：

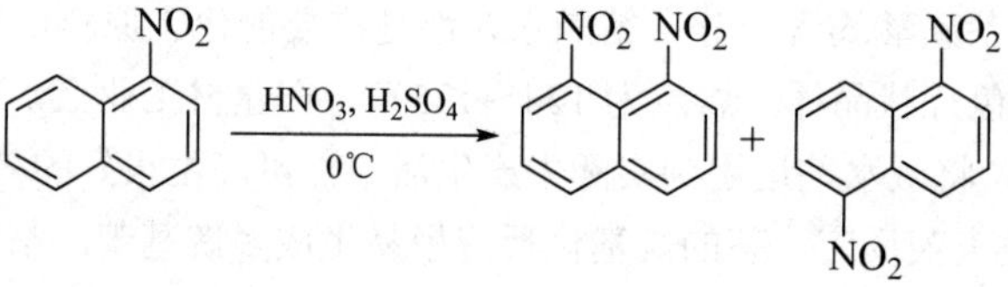

（2）氧化反应

萘比苯更容易被氧化，萘在 V_2O_5 和硫酸钾的催化作用下便可被空气氧化成邻苯二甲酸酐（简称苯酐）。邻苯二甲酸酐是重要的化工原料，用于合成树脂、增塑剂和染料等，工业上主要通过萘的高温氧化来制备。

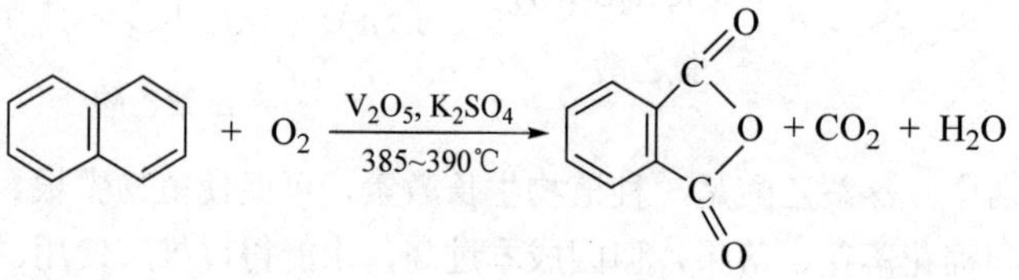

当萘的衍生物发生氧化反应时，开环部位主要取决于环上取代基的性质。当取代基是活化基团时，则氧化破坏同环，因为取代基对其所连接的苯环有活化作用，使同环电子云密度比异环高；当取代基为钝化基团时，氧化反应破坏异环，因为取代基使同环电子云密度降低，异环电子云密度相对高些。如下：

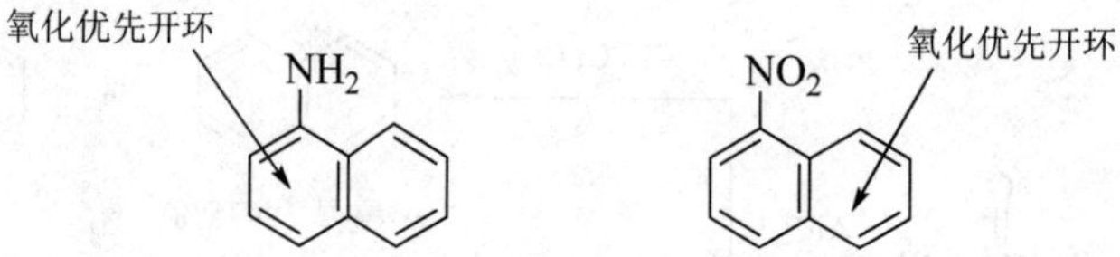

（3）加成反应

萘比苯容易发生加成反应，用金属钠与醇作用就可使萘部分还原成四氢化萘，而相同条件下苯不能被还原。四氢化萘分子中还有一个完整的苯环，用催化加氢的方法可使其一步还原成十氢化萘。

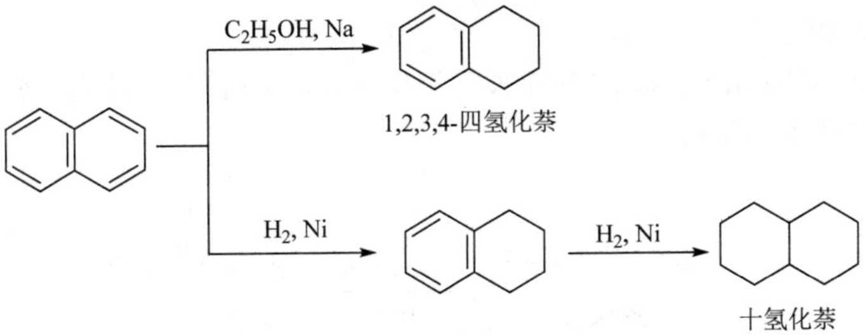

1,2,3,4-四氢化萘和十氢化萘都为无色液体,也都是良好的高沸点溶剂,前者沸点为270.2℃,后者沸点为191.7℃。

7.4.2 蒽

7.4.2.1 蒽的结构

蒽分子式为$C_{14}H_{10}$,由物理方法测得,蒽分子中三个苯环处于同一直线上,环上碳原子都是sp^2杂化。相邻碳原子的p轨道从侧面相互重叠,形成包括14个碳原子的大π键分子轨道。蒽具有较弱芳香性,芳香性不及萘,其构造式常表示如下:

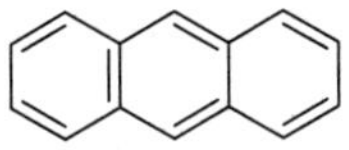

与萘相似,蒽分子上的碳原子并不全处于相同位置,其中,C1、C4、C5、C8处于同一位置,是α-碳原子,C2、C3、C6、C7处于同一位置,是β-碳原子;C9、C10处于同一位置,是γ-碳原子。分子上的电子云密度分布也非平均化,各个碳碳键的键长是不相等的,如图7.9所示。

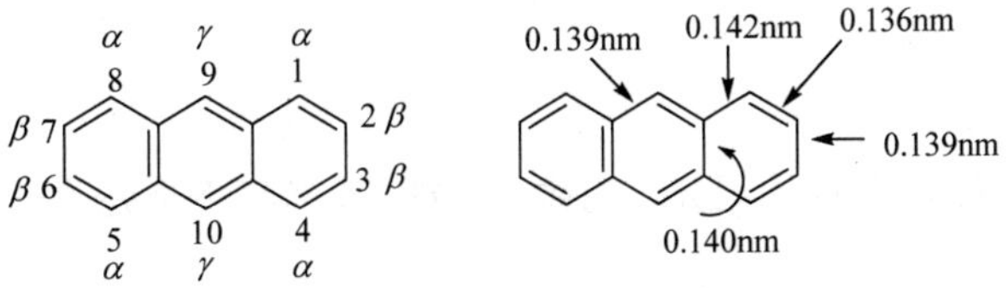

图7.9 蒽的碳原子编号和部分键长

蒽也是从煤焦油中分离出来的稠环芳烃,纯净的蒽为无色的单斜片状晶体,具有蓝紫色的荧光。熔点216℃,沸点340℃,不溶于水,难溶于乙醇和乙醚,能溶于苯。

7.4.2.2 蒽的化学性质

蒽的γ-碳原子极为活泼,多数反应都发生在γ位上,如蒽的取代、氧化和加成反应大都是在γ-碳原子上发生的。

(1) 取代反应

蒽的γ-碳原子电子云密度最高,卤代、硝化多是以γ位为主,但磺化和萘相似,多发生在α位或β位,低温磺化时产物以α位磺化为主,高温磺化时产物以β位磺化为主。

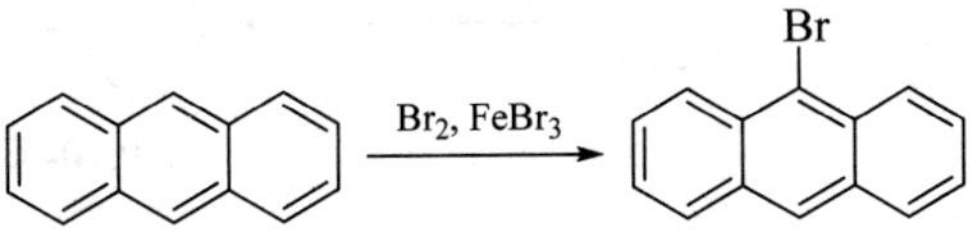

（2）氧化反应

蒽可在重铬酸钾和浓硫酸的作用下发生氧化反应，生成 9,10-蒽醌。蒽醌和它的衍生物是许多蒽醌类染料的重要原料。

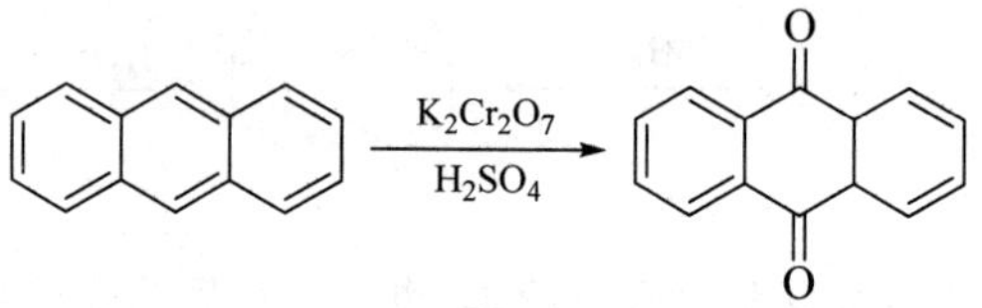

（3）加成反应

在一定条件下，蒽可与氢气、卤素等发生加成反应。例如，蒽与氢气加成（铂为催化剂）生成 9,10-二氢化蒽，与溴的四氯化碳溶液在 0℃时便可发生加成反应，生成 9,10-二溴-9,10-二氢化蒽。

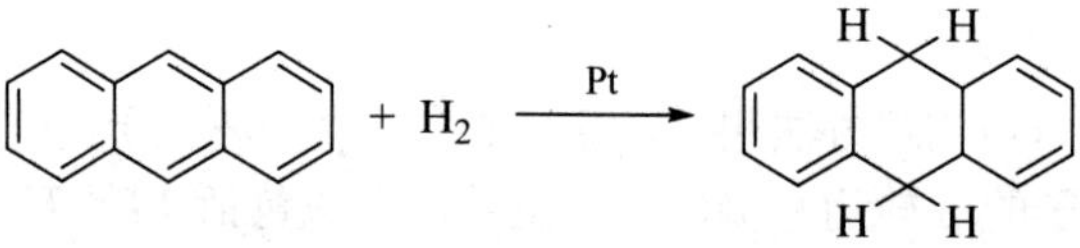

9,10-二氢化蒽

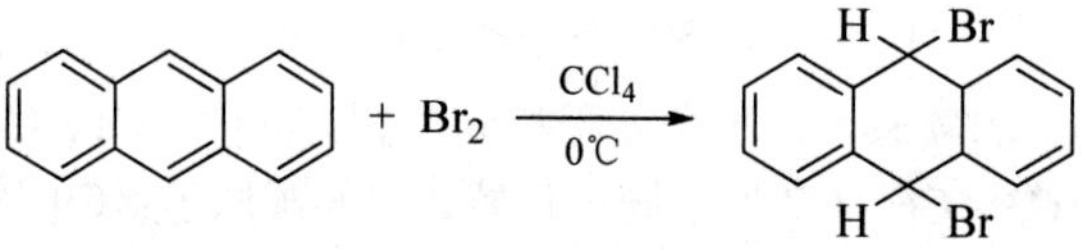

9,10-二溴-9,10-二氢化蒽

7.4.3 菲

菲分子式为 $C_{14}H_{10}$，是蒽的同分异构体，它的三个苯环不是处在一条直线上，其构造式通常表示如下：

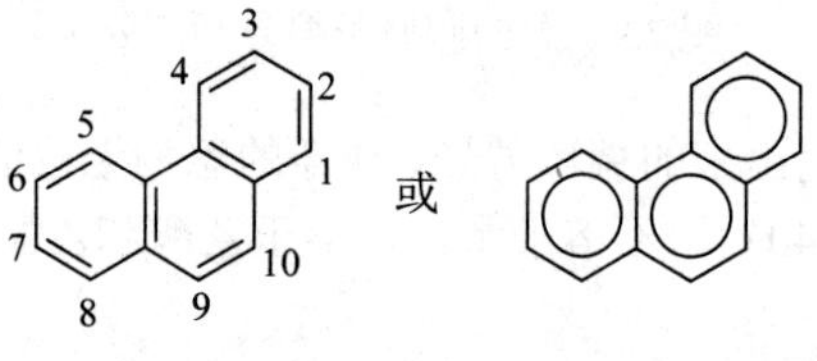

菲存在于煤焦油的蒽油中，纯净的菲是无色有荧光的单斜片状晶体，熔点 100℃，沸点 340℃，不溶于水，溶于乙醇、乙醚和苯等有机溶剂中。

菲具有芳香性，化学性质与萘相似，但菲的不饱和性更强，极易体现出较大的活泼性，极易在 C9、C10 位发生加成反应。菲氧化得到的菲醌是一种农药。

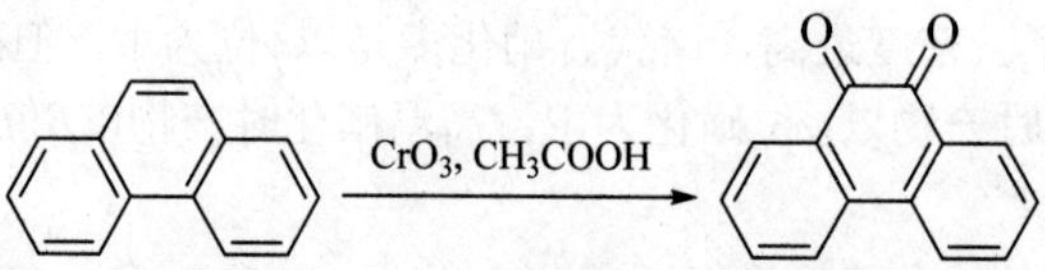

9,10-菲醌

若菲的 C1、C10 原子被氮原子取代时，则为杂环化合物——1,10-二氮杂菲，俗称邻菲罗林。

    1,10-二氮杂菲   2,9-二甲基-1,10-二氮杂菲

2,9-二甲基-1,10-二氮杂菲俗称新亚铜灵，它是选择性高、稳定性好、具有一定灵敏度的优良显色剂之一，广泛用于水中铜的比色测定。

7.4.4　其他稠环芳烃

事实表明，由于芳香烃分子结构、性质的差异，部分多环芳烃，例如联苯类和稠环芳烃类化合物，对人体、动物体具有致癌作用。例如煤焦油中含有的 3,4-苯并芘使得从事煤焦油生产的工作人员较易患上皮肤癌，动物体长期涂抹煤焦油亦会催生癌状毒瘤。无独有偶，煤、石油、烟草燃烧和车辆排放的烟雾中以及某些变质的食物中也含有一些致癌物质影响人类的健康。由放射性元素标记实验已证实，致癌烃可与肌体中的核酸、脱氧核糖核酸以及蛋白质结合，但至于它们是如何进一步引起细胞癌变的，目前还不清楚。图 7.10 为部分致癌性强的芳烃。

    3,4-苯并芘   6-甲基-1,2-苯并-5,10-亚乙基蒽   1,2,3,4-二苯并菲

图 7.10　部分致癌活性较强的化合物

7.5　芳香性和非苯芳烃

7.5.1　芳香性

芳香性最早与某些具有芳香气味的物质相联系，后来又与苯及其衍生物的特殊性质相联系。随着化学科学的发展，芳香性的概念不断地演进、深化。芳香性化合物的范围也日益增多，由苯系化合物扩充到非苯系化合物；由中性分子扩充到芳香离子；由碳环化合物扩充到杂环化合物，甚至扩充到不含碳原子的无机芳环化合物。

苯分子的 6 个碳原子都是以 sp^2 杂化相互交盖成环状，每个碳上剩下一个未杂化的 p 轨道从侧面相互重叠形成闭合共轭体系，具有芳香性。进一步研究其他环状共轭多烯，发现其中部分分子如萘、蒽、菲等也具有芳香性；也有部分分子如环丁二烯和环辛四烯等不具有芳香性。

对于一个单环共轭多烯体系而言，若成环的所有原子共平面并形成一个离域大π键，当它的π电子数为 $4n+2$ 时（$n=0,1,2,3$ 等正整数），此类结构具有芳香性，这个规则叫 Hückel（休

克尔）规则，或叫 $4n+2$ 规则。由休克尔规则可以判断某个具体的化合物是否具有芳香性。对一个多环共轭多烯体系而言，要判断其是否具有芳香性，则需就单环进行研究，在同一体系中只要有一个环符合休克尔规则，具有芳香性，则整个分子具有芳香性。

例如，苯分子共含有 6 个 π 电子，满足 $4n+2$ 规则，有芳香性；而环丁二烯和环辛四烯的 π 电子数目分别为 4 和 8，不满足 $4n+2$ 规则，故无芳香性。芘分子共含有四个环，每个环都是 6 个 π 电子，满足 $4n+2$ 规则，所以具有芳香性。

由图 7.11 的环丁二烯、环辛四烯和苯分子的轨道能级图可知，环丁二烯和环辛四烯的分子各有 2 个 π 电子处在能量较高的未成键的两个轨道上，体系能量较高，分子不稳定，所以环丁二烯和环辛四烯不具有芳香性，而苯分子的 6 个 π 电子都处在能量最低的成键轨道上，体系能量降低，分子稳定，因而具有芳香性。

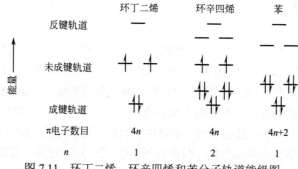

图 7.11 环丁二烯、环辛四烯和苯分子轨道能级图

7.5.2 非苯芳烃

有些单环共轭多烯化合物尽管不含苯环，其分子结构中单、双键相互交替，同时组成环的所有碳原子都在同一平面上或接近同一平面，分子 π 电子数符合 $4n+2$ 规则，因而也会具有芳香性。非苯芳烃是指在分子中不含苯环结构，却具有芳香性的环状化合物。典型的非苯芳烃有轮烯和芳香离子等。

例如，[18]轮烯、[22]轮烯分子成环的所有碳原子接近同一平面，π 电子数目分别为 18 和 22，都符合休克尔规则，所以都具有芳香性。

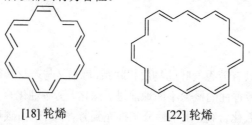

[18] 轮烯　　　　[22] 轮烯

芳香离子是非苯芳烃中重要的一类，以下对部分芳香离子作简要介绍。

（1）环丙烯正离子

环丙烯失去一个氢原子和一个电子后变为环丙烯正离子，其中含有的 2 个 π 电子完全离域，分布在 3 个碳原子上，同时它的 π 电子数目符合休克尔规则，所以环丙烯正离子具有芳香性。

（2）环戊二烯负离子

环戊二烯分子与钠、镁等金属反应，生成环戊二烯金属化合物，在液态氨中环戊二烯金属化合物具有一定导电性，这说明有环戊二烯负离子的存在。环戊二烯负离子的π电子数为6，含有一个π_5^6键，符合休克尔规则，因此具有芳香性。

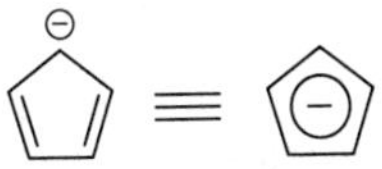

（3）环辛四烯负离子

环辛四烯分子在四氢呋喃中与金属钾作用后，变为2价的环辛四烯负离子，共有10个π电子，分子构型发生变化，由船形变为平面八边形，形成一个π_8^{10}键，符合休克尔规则，具有芳香性。

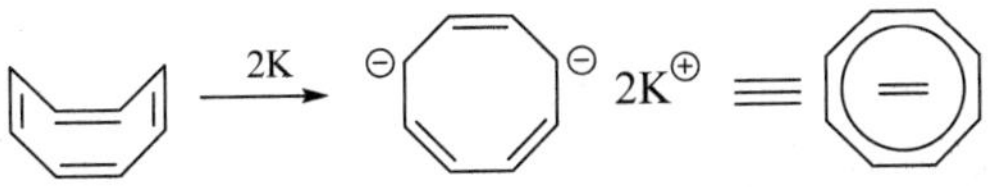

（4）环庚三烯正离子

环庚三烯正离子（又称䓬正离子）含有的6个π电子，离域分布在7个碳原子上，形成一个π_7^6键，因此环庚三烯正离子具有芳香性。

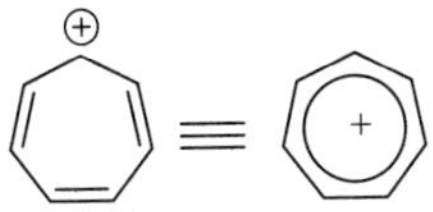

（5）薁

薁是萘的异构体，分子式为$C_{10}H_8$，由一个五元环和一个七元环稠合而成，可以看作是环庚三烯正离子和环戊二烯负离子并环形成，每个环上包括6个离域电子。成环的碳原子在同一平面上，π电子数目为10个，符合休克尔规则，具有芳香性。其构造式表示如下：

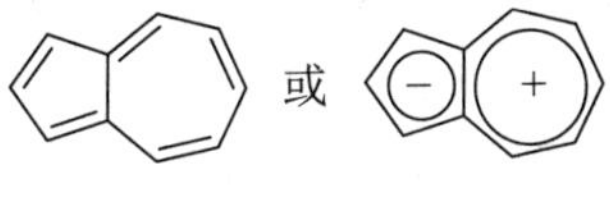

习 题

1. 用系统命名法命名下列化合物或写出其结构式。

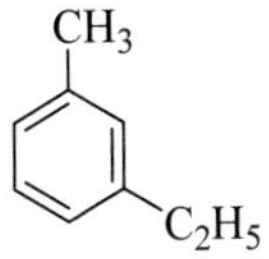

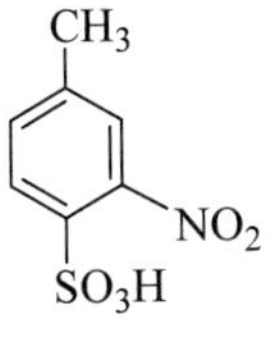

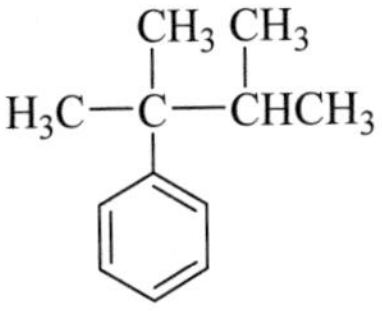

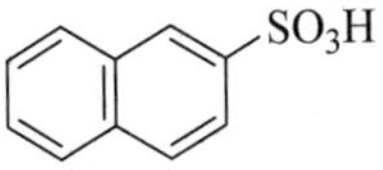

(5) [H₃C-取代的萘-NO₂结构]　　　(6) [NO₂和COOH取代的蒽结构]

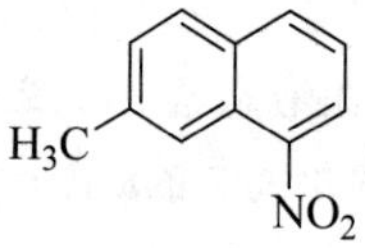

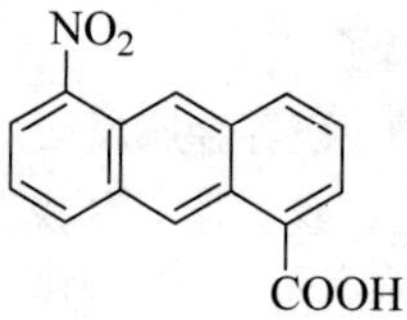

(7) 对羟基苯甲酸　　　(8) 2,6-二硝基-3-甲氧基甲苯

2. 选择题。

(1) 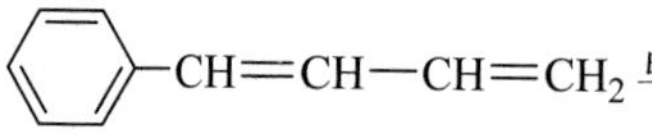 C₆H₅—CH=CH—CH=CH₂ 与 HCl 在 100℃下加成得到的主要产物是（　　）。

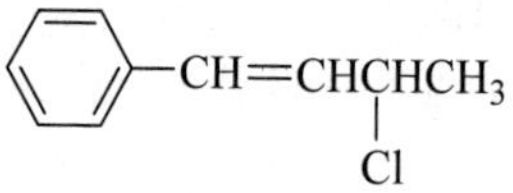

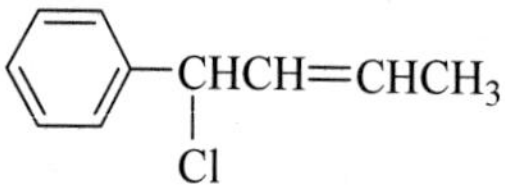

　　A. 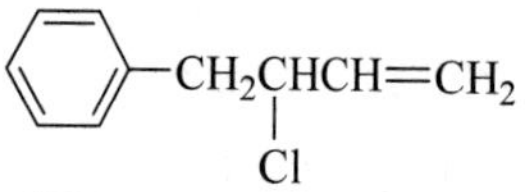 C₆H₅—CH₂CHCH=CH₂ （Cl在第二个C上）
　　B. C₆H₅—CH=CHCHCH₃ （Cl在第三个C上）
　　C. C₆H₅—CHCH=CHCH₃ （Cl在第一个C上）
　　D. 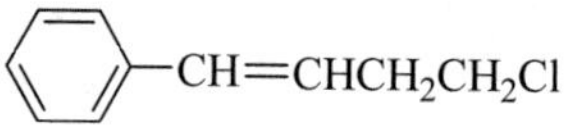 C₆H₅—CH=CHCH₂CH₂Cl

(2) 根据定位规律，下列（　　）是间位定位基。
　　A. 带有未共享电子对的基团　　　B. 负离子
　　C. 致活基团　　　D. 带正电荷的基团或吸电子基团

(3) 化合物 [O₂N-苯-COO-苯 标①②③④] 在 FeCl₃ 催化下发生氯代反应时，①、②、③和④位置上的氢原子反应活性的相对大小为（　　）。

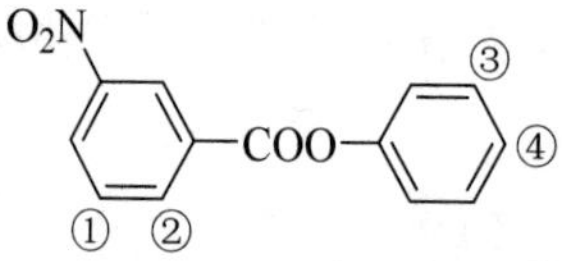

　　A. ①＞②＞③＞④　　　B. ②＞①＞③＞④
　　C. ③＞④＞②＞①　　　D. ④＞③＞①＞②

(4) 以下说法中，错误的是（　　）。
　　A. 萘的一元取代物有两种异构体
　　B. 蒽和菲互为同分异构体
　　C. 萘与浓硫酸反应为不可逆反应，温度不同，产物也不同
　　D. 苯、萘、蒽和菲都是由苯环组成的，都满足 Huickel 4n+2 规则，都具有芳香性

(5) 下列芳香族化合物进行亲电取代反应时速度最慢的是（　　）。

　　A. 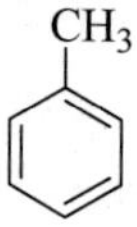 甲苯　　B. 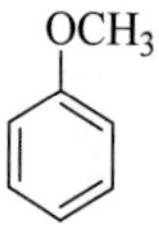 苯甲醚　　C. 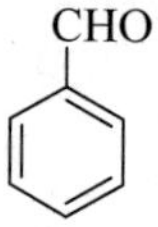 苯甲醛　　D. 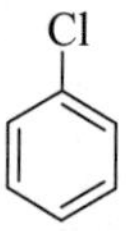 氯苯

(6) 下列化合物进行芳环一元氯代反应时相对反应速率最快的为（　　）。
　　A. 苯甲酸　　B. 溴苯　　C. 硝基苯　　D. 甲苯

3. 判断题。

(1) 苯用异丁烯和浓硫酸处理，只得到叔丁基苯。　　　（　　）

(2) 如果一个单环共轭体系，成环的所有原子共平面并形成一个离域大 π 键，当它的 π 电子数为 4n+2 时，此类结构具有芳香性。　　　（　　）

(3) 苯的多元取代基的定位效应中，钝化基团的作用超过活化基团。　　　（　　）

(4) 当苯用 1mol CH₃Cl 和 AlCl₃ 处理时，生成苯、甲苯、二甲苯的混合物，而当用 CH₃COCl 和 AlCl₃ 处理时，只生成苯乙酮。　　　（　　）

(5) 卤素引入苯环的活泼次序是：碘＞溴＞氯＞氟。　　　　　　　　　　（　　）

(6) 蒽和菲的芳香性都比萘差，所以蒽和菲的化学性质比萘更活泼。　　　（　　）

(7) 萘、蒽和菲平均每个苯环的离域能都比单独的一个苯环小，即它们环的稳定性比苯差。（　　）

(8) 苯环上已有的两个取代基定位效应不一致，但属于不同类的定位基时，由第一类定位基来确定第三个基团进入的位置。　　　　　　　　　　　　　　　　　（　　）

(9) 休克尔规则可以将几个单环的电子加到一起来考虑。　　　　　　　（　　）

4. 完成下列各反应式。

(1) 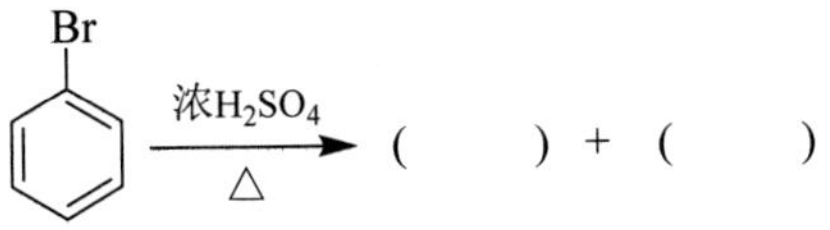 C₆H₅Br + 浓H₂SO₄ —Δ→ (　　) + (　　)

(2) C₆H₅CH₃ + Cl₂/hν → (　　)

(3) 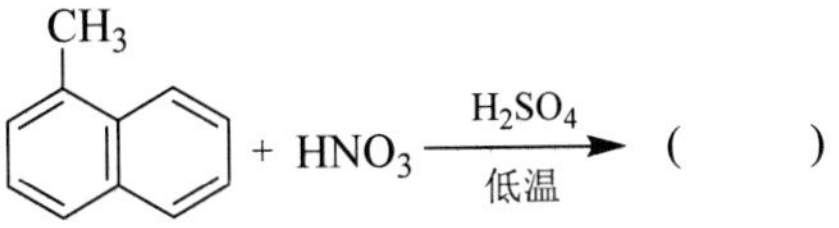 1-甲基萘 + HNO₃ —H₂SO₄/低温→ (　　)

(4) 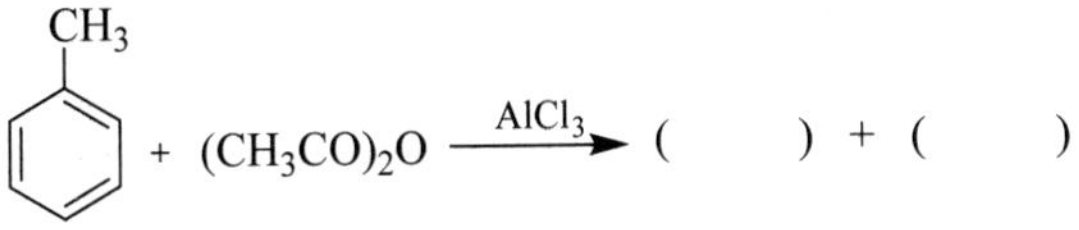 C₆H₅CH₃ + (CH₃CO)₂O —AlCl₃→ (　　) + (　　)

(5) 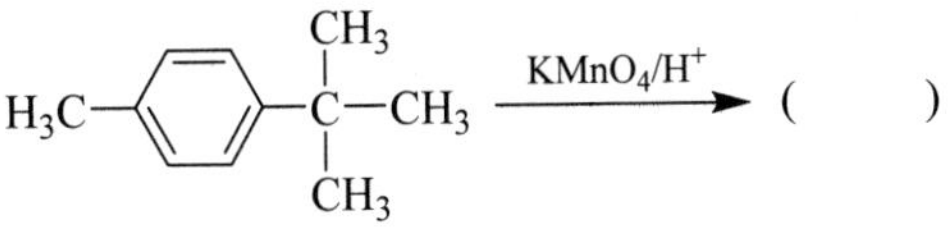 p-CH₃-C₆H₄-C(CH₃)₃ —KMnO₄/H⁺→ (　　)

(6) 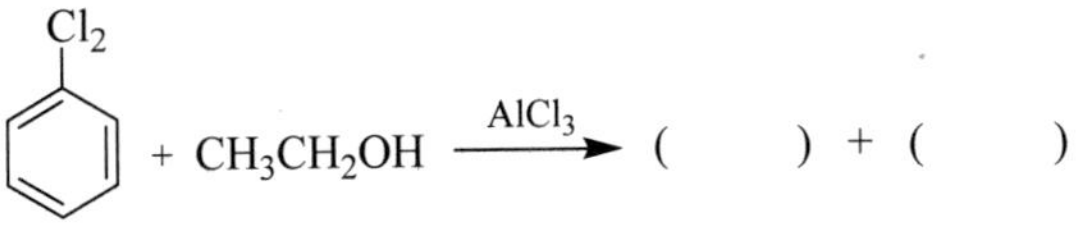 C₆H₅Cl + CH₃CH₂OH —AlCl₃→ (　　) + (　　)

(7) 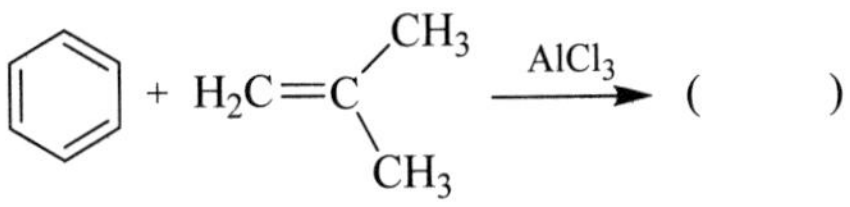 C₆H₆ + H₂C=C(CH₃)₂ —AlCl₃→ (　　)

(8) 1-甲基萘 + CH₃COCl —AlCl₃/CS₂→ (　　)

(9) 蒽 —K₂Cr₂O₇/H₂SO₄→ (　　)

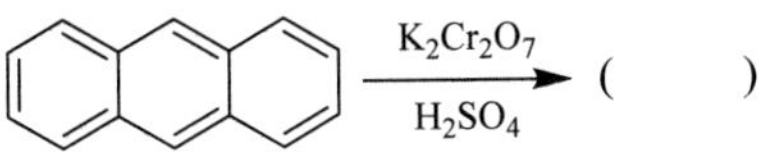

5. 比较下列化合物进行溴化反应的难易程度：C₆H₅Cl、C₆H₅CH₃、C₆H₆、C₆H₅OH、C₆H₅NO₂。

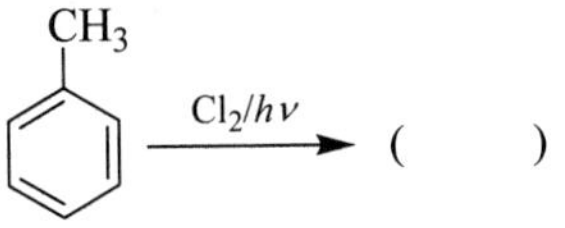

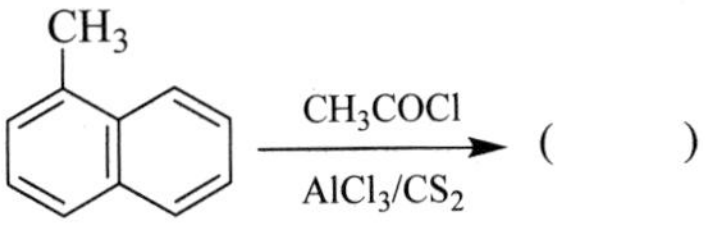

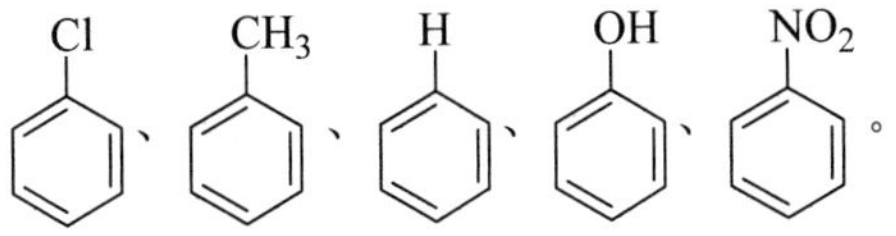

6. 用苯及其他必要的试剂合成以下物质。

(1) 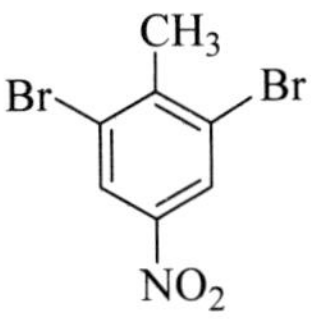 2,6-二溴-4-硝基甲苯

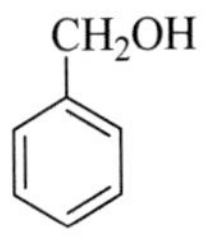

(2) 苯甲醇（C₆H₅CH₂OH）

7. 用化学方法区别：环己烯、苯、甲苯。

8. 分子式为 $C_{10}H_{10}$ 的化合物 A，能使 Br_2-CCl_4 溶液褪色，但与氯化亚铜的氨溶液反应不生成沉淀。它在硫酸汞存在下同稀硫酸共热，则生成分子式为 $C_{10}H_{12}O$ 的化合物 B。如果将 A 与高锰酸钾的硫酸溶液作用便生成间苯二甲酸。试推测 A、B 的构造式，并写出有关反应式。

9. 指出下列化合物中哪些具有芳香性。

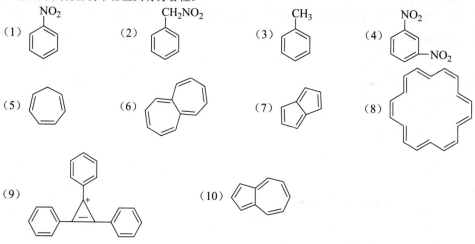

第8章
卤代烃

烃分子中的氢原子被卤原子取代后的化合物称为卤代烃，通常用 R—X 表示。通常所说的卤代烃指氯代烃、溴代烃和碘代烃，而不包括氟代烃。这是由于氟代烃的性质和制法比较特殊，所以经常单独讨论。

卤代烃是非常重要的一类化合物。卤代烃（特别是一些多卤代烃，如二氯甲烷、三氯甲烷、四氯化碳等）可用作溶剂、农药[如第一个含氯杀虫剂 DDT，即 1,1,1-三氯-2,2-二（对氯苯基）乙烷]、灭火剂（如四氯化碳）、麻醉剂（如三氯甲烷）、制冷剂（如氟利昂）等。另外，卤代烃通过化学反应可以转变为很多其他类型的化合物，在有机合成中起着桥梁的作用。

8.1 卤代烃的分类、命名和结构

8.1.1 卤代烃的分类

根据分子中卤原子种类的不同，卤代烃可以分为氟代烃、氯代烃、溴代烃和碘代烃。
根据分子中卤原子数目的不同，卤代烃可分为一元卤代烃、二元卤代烃、三元卤代烃等。
根据分子中烃基种类的不同，卤代烃可分为卤代烷烃、卤代烯烃和卤代芳烃等。
根据分子中卤原子所连的碳原子类型的不同，卤代烃可以分为伯卤代烃、仲卤代烃和叔卤代烃，也称为一级（1°）、二级（2°）、三级（3°）卤代烃。

$$\underset{\substack{\text{伯卤代烃} \\ \text{一级卤代烃（1°）}}}{CH_3CH_2CH_2Br} \qquad \underset{\substack{\text{仲卤代烃} \\ \text{二级卤代烃（2°）}}}{\underset{\underset{Cl}{|}}{CH_3CHCH_3}} \qquad \underset{\substack{\text{叔卤代烃} \\ \text{三级卤代烃（3°）}}}{(CH_3)_3CCl}$$

8.1.2 卤代烃的命名

8.1.2.1 习惯命名法

结构比较简单的卤代烃可用习惯命名法命名。根据卤原子所连烃基的名称来命名，称为某烃基卤或卤（代）某烃。

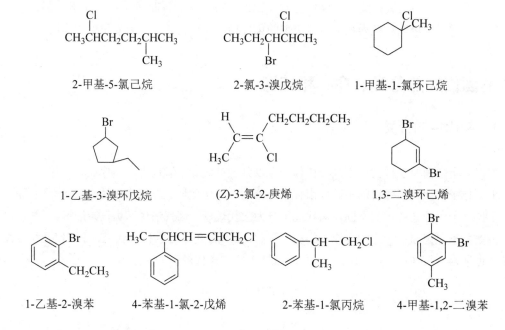

8.1.2.2 系统命名法

结构比较复杂的卤代烃用系统命名法进行命名。以烃为母体，卤原子作为取代基，按照相应的烃的命名规则进行命名。如：

2-甲基-5-氯己烷　　2-氯-3-溴戊烷　　1-甲基-1-氯环己烷

1-乙基-3-溴环戊烷　　(Z)-3-氯-2-庚烯　　1,3-二溴环己烯

1-乙基-2-溴苯　　4-苯基-1-氯-2-戊烯　　2-苯基-1-氯丙烷　　4-甲基-1,2-二溴苯

8.1.3 卤代烃的结构

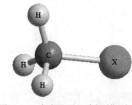

图 8.1 卤代甲烷球棍模型

卤代烷分子中，卤原子取代烷烃分子中的氢原子，结构与烷烃相似（如图 8.1 所示）。烷基碳原子为 sp^3 杂化，卤原子也为 sp^3 杂化，碳原子与卤原子以 sp^3-sp^3 杂化轨道头碰头重叠形成碳卤 σ 键，卤原子的其他三个 sp^3 杂化轨道分别被孤电子对占据。

卤代乙烯和卤代苯都为平面结构（如图 8.2 所示），与卤原子相连的碳原子是 sp^2 杂化的，此时卤原子也是 sp^2 杂化的，卤原子以 sp^2 杂化轨道与碳原子的 sp^2 杂化轨道重叠形成 C—X σ 键。在卤

代乙烯中，卤原子未杂化的 p 轨道与乙烯基的 π 键形成 3 个轨道 4 个电子的 p-π 共轭体系；在卤代苯中，形成 7 个轨道 8 个电子的富电子的共轭体系（如图 8.3 所示）。这两个体系中卤原子呈现给电子共轭效应（+C），但在诱导效应中，卤原子电负性较大，为吸电子诱导效应（−I），吸电子诱导效应大于给电子共轭效应，总体上卤素钝化碳碳双键和苯环。

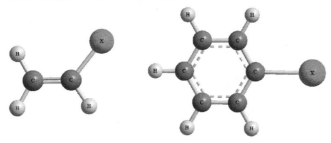

图 8.2　卤代乙烯和卤代苯的球棍模型图

 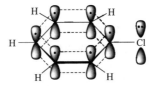

图 8.3　卤代乙烯和卤代苯的 p-π 共轭

8.2　卤代烃的物理性质

室温下，除氯甲烷、氯乙烷、溴甲烷、氯乙烯和溴乙烯是气体外，其余一卤代烃多数为液体，15 个以上碳原子的为固体。卤代烃的沸点一般较相应的烃高。卤原子相同的卤代烃，随烃基碳原子数的增加沸点升高。烃基相同的卤代烃，沸点顺序为：R—I ＞ R—Br ＞ R—Cl。碳原子数相同的卤代烃的碳链异构体，支链越多沸点越低。

一氯代烃比水的密度小，溴代烃、碘代烃和多氯代烃都比水的密度大。相同烃基的卤代烃，其密度顺序为：R—I ＞ R—Br ＞ R—Cl。

纯净的卤代烃都是无色的，但碘代烃长期放置后因分解产生游离的碘而有颜色。大多数卤代烃具有特殊气味，其蒸气有毒，使用时应注意必要的防护。

卤代烃均不溶于水，但能溶于大多数有机溶剂。某些卤代烃（如二氯甲烷、三氯甲烷、四氯化碳等）本身即是很好的有机溶剂。分子中卤原子数目增多，卤代烃的可燃性降低，如氯甲烷是可燃物，二氯甲烷不可燃，四氯化碳则可作为灭火剂使用。一些卤代烃的物理常数见表 8.1。

表 8.1　一些卤代烃的物理常数

卤代烃	氯化物		溴化物		碘化物	
	沸点/℃	相对密度（20℃）	沸点/℃	相对密度（20℃）	沸点/℃	相对密度（20℃）
CH_3—X	−24	0.92	4	1.68	42	2.28
CH_3CH_2—X	12	0.90	38	1.46	72	1.94
$CH_3CH_2CH_2$—X	47	0.89	71	1.35	102	1.75
CH_2=CH—X	−14	0.91	16	1.51	56	2.04
C_6H_5—X	132	1.11	155	1.50	189	1.82

8.3 卤代烷的化学性质

8.3.1 化学性质的推导

在卤代烷分子中，由于卤原子的电负性大于碳原子，所以 C—X 键是极性共价键，共用电子对偏向卤原子一端，导致碳原子带部分正电荷，卤原子带部分负电荷，所以 C—X 键容易异裂而发生各种化学反应，如图 8.4 所示。

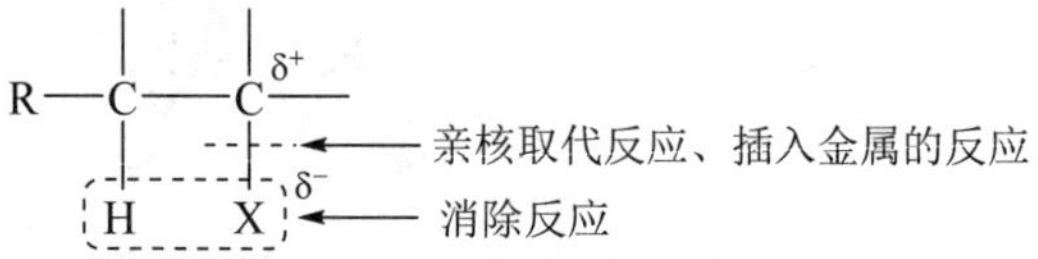

$$R-\underset{\underset{H}{|}}{C}-\underset{\underset{X}{|}}{\overset{\delta+}{C}} \quad \begin{array}{l}\leftarrow \text{亲核取代反应、插入金属的反应}\\ \leftarrow \text{消除反应}\end{array}$$

图 8.4 卤代烷的化学性质推导

带正电荷的碳易受到亲核试剂（带负电荷的离子如 OH^-、CN^-、RO^- 等或带孤电子对的物质如 NH_3、H_2O 等）进攻而发生亲核取代反应；在卤原子的吸电子诱导效应影响下，与之相邻的 β-C 上也带有部分正电荷，进而使 β-H 上也带有部分正电荷，带正电荷的 β-H 受到碱的进攻发生 β-消除反应，脱去小分子卤化氢，生成烯烃；此外，卤代烷还可以与某些金属反应生成有机金属化合物。

8.3.2 化学性质

8.3.2.1 亲核取代反应

在卤代烷分子中，与卤原子相连的碳原子（即 α-C）带部分正电荷，容易受到带负电荷或含有孤电子对的试剂的进攻。这些试剂具有向带部分正电荷的原子进攻的性质，因此称为亲核试剂（常用 Nu 或 Nu^- 表示）。反应中，卤代烷称为底物，卤原子带电子对以卤负离子的形式离开中心碳原子，称为离去基团（用 L 或 L^- 表示），而亲核试剂提供电子对与中心碳原子结合形成新的共价键。反应结果是卤代烷分子中的卤原子被其他基团取代。这类由亲核试剂进攻而引起的取代反应称为亲核取代反应（nucleophilic substitution），用 S_N 表示。可用通式表示为：

$$\underset{\text{底物}}{RL} + \underset{\text{亲核试剂}}{Nu^-} \longrightarrow \underset{\text{产物}}{RNu} + \underset{\text{离去基团}}{L^-}$$

（1）水解反应

卤代烷与强碱（氢氧化钠或氢氧化钾）的水溶液共热，卤原子被羟基（—OH）取代生成醇，这称为卤代烷的水解反应。

$$R-X + NaOH \longrightarrow R-OH + NaX$$

工业上利用这个反应来制备戊醇。将一氯戊烷的各种异构体混合物经过水解制得混合戊醇。混合戊醇可作为工业溶剂使用。

$$C_5H_{11}Cl + NaOH \xrightarrow[\triangle]{H_2O} C_5H_{11}OH + NaCl$$

一般卤代烷由醇制得，因此通常不用该反应制备醇。但在引入羟基比较困难时，通过先在分子中引入卤原子，然后再水解的方法引入羟基形成醇。

（2）醇解反应（醚的生成）

卤代烷与醇钠（或醇钾）在相应的醇溶液中作用，卤原子被烷氧基（—OR）取代生成醚，这称为卤代烷的醇解反应。

$$R-X + R'ONa \longrightarrow R-O-R' + NaX$$

这是制备混醚的常用方法，称为威廉姆逊（Williamson）合成法。该反应中的卤代烷主要使用伯卤代烷，因为仲卤代烷、叔卤代烷在碱性条件下易发生消除反应生成烯烃。如：

$$CH_3CH_2CH_2Br + CH_3CH_2ONa \xrightarrow[\triangle]{CH_3CH_2OH} CH_3CH_2CH_2-O-CH_2CH_3 + NaBr$$

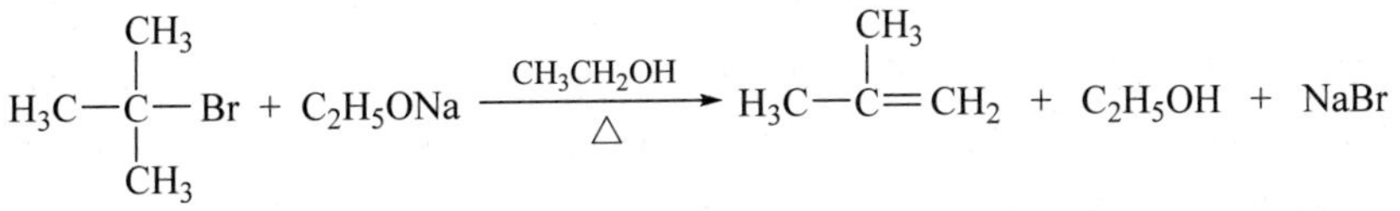

$$(CH_3)_3C-Br + C_2H_5ONa \xrightarrow[\triangle]{CH_3CH_2OH} H_3C-C(CH_3)=CH_2 + C_2H_5OH + NaBr$$

（3）氰解反应

卤代烷与氰化钠（钾）在乙醇-水溶液（或二甲亚砜 DMSO）中作用，卤原子被氰基（—CN）取代生成腈，这称为卤代烷的氰解反应。

$$RX + NaCN \longrightarrow RCN + NaX$$

引入氰基后分子中增加了一个碳原子，因此，该反应是有机合成中增长碳链的方法之一。此外，—CN 还可以进一步转化为其他的官能团，如—COOH、—CONH$_2$、—CH$_2$NH$_2$ 等，因此该反应还可用于羧酸、酰胺、胺的合成。如：

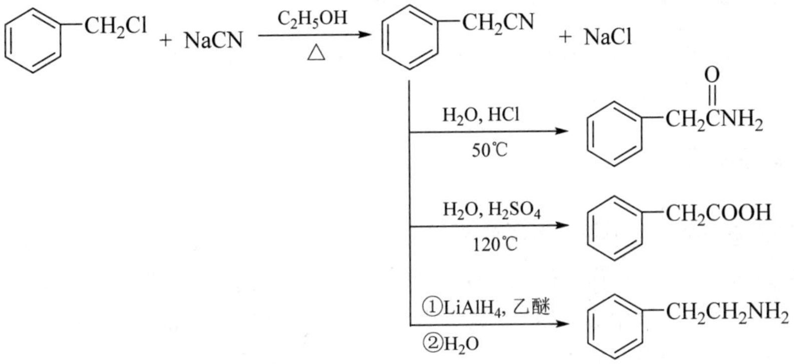

$$PhCH_2Cl + NaCN \xrightarrow[\triangle]{C_2H_5OH} PhCH_2CN + NaCl$$

$$PhCH_2CN \xrightarrow[50℃]{H_2O, HCl} PhCH_2CONH_2$$

$$PhCH_2CN \xrightarrow[120℃]{H_2O, H_2SO_4} PhCH_2COOH$$

$$PhCH_2CN \xrightarrow[②H_2O]{①LiAlH_4, 乙醚} PhCH_2CH_2NH_2$$

（4）氨解反应

卤代烷与胺反应，卤原子被氨基（—NH$_2$）取代生成胺，这称为卤代烷的氨解反应。

$$RX + 2NH_3 \longrightarrow RNH_2 + NH_4X$$

如：

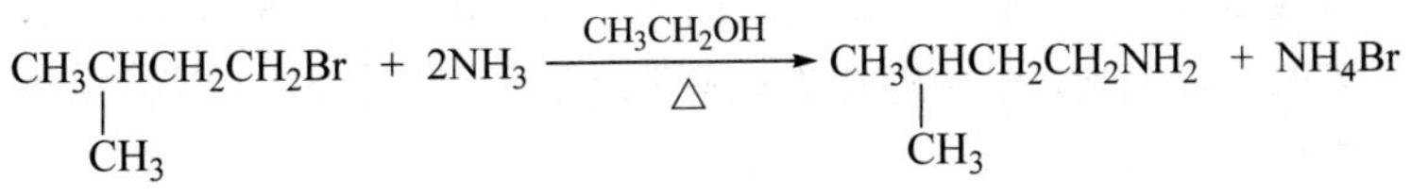

$$CH_3CH(CH_3)CH_2CH_2Br + 2NH_3 \xrightarrow[\triangle]{CH_3CH_2OH} CH_3CH(CH_3)CH_2CH_2NH_2 + NH_4Br$$

如果卤代烷过量，生成的胺也可以与卤代烷进一步反应，直到生成季铵盐。

$$R-X + RNH_2 \longrightarrow R_2NH_2^+X^- \xrightarrow{OH^-} R_2NH + H_2O + X^-$$

$$R-X + R_2NH \longrightarrow R_3NH^+X^- \xrightarrow{OH^-} R_3N + H_2O + X^-$$

$$R-X + R_3N \longrightarrow R_4N^+X^-$$

（5）与硝酸银反应

卤代烷与硝酸银的醇溶液反应生成硝酸酯，同时生成卤化银沉淀。

$$R-X + AgNO_3 \xrightarrow{醇} \underset{硝酸酯}{R-ONO_2} + AgX\downarrow$$

烃基结构相同，卤原子不同时，反应活性次序为RI>RBr>RCl。其中1-碘丙烷与硝酸银作用，室温下就可以生成黄色沉淀；1-溴丙烷和1-氯丙烷都需要加热，前者生成淡黄色沉淀，后者生成白色沉淀。卤原子相同，而烃基结构不同时，反应的活性顺序为：叔卤代烷>仲卤代烷>伯卤代烷>甲基卤代烷，根据生成卤化银的颜色和速度的快慢，可以进行卤代烷的鉴别。叔卤代烷反应最快，室温下即产生沉淀，仲卤代烷反应较慢，几分钟之后产生沉淀，而伯卤代烷通常要在加热条件下才能与硝酸银的醇溶液产生沉淀。

（6）卤离子交换反应

$$R-X + X'^- \rightleftharpoons R-X' + X^-$$

卤代烷中的卤素可以被另一种卤素置换，可以从一种卤代烷制备出另一种卤代烷。将氯代烷或溴代烷与碘化钠的丙酮溶液共热，氯或溴可以被碘取代制得碘代烷。因为碘化钠在丙酮中的溶解度比较大，而生成的氯化钠或溴化钠在丙酮中的溶解度很小，会沉淀析出，这样就使反应向生成碘代烷的方向进行。这种方法制备碘代烷产率比较高。如：

$$\underset{\underset{Br}{|}}{CH_3CHCH_2CH_2CH_3} + NaI \xrightarrow[\triangle]{丙酮} \underset{\underset{I}{|}}{CH_3CHCH_2CH_2CH_3} + NaBr\downarrow$$

8.3.2.2 消除反应

在卤代烷分子中，由于卤原子的吸电子诱导效应会沿碳链传递，所以 β-碳原子上也会带部分正电荷，导致 β-H 带正电荷而表现出一定的酸性，会被强碱进攻。因此，卤代烷与强碱的醇溶液共热，脱去一分子卤化氢生成烯烃。这称为卤代烷的消除反应（elimination reaction），用 E 表示。消除卤素的同时，也消除 β 位 H，称为1,2-消除，也叫 β-消除。这是制备烯烃的重要方法。

$$\underset{\underset{H}{|}\ \underset{X}{|}}{R-CH-CH_2} + NaOH \xrightarrow[\triangle]{醇} R-CH=CH_2 + NaX + H_2O$$

仲卤烷和叔卤烷发生消除反应时，可以在碳链的不同方向上进行，究竟从哪个方向上发生消除呢？实验证明，卤代烷消除卤化氢时，氢原子主要从含氢较少的 β-碳原子上消除，生成双键碳原子上连有较多取代基的烯烃。这是俄国化学家扎依采夫（A.M.Saytzeff）根据大量的实验事实总结出来的经验规则，称为扎依采夫规则。按照扎依采夫规则消除所生成的烯烃，也常称之为扎依采夫烯烃。如：

$$CH_3CH_2CHCH_3 \xrightarrow{KOH/乙醇} CH_3CH_2CH=CHCH_3 + CH_3CH_2CH_2CH=CH_2$$
$$\underset{Br}{|} \qquad\qquad 69\% \qquad\qquad 31\%$$

$$CH_3CH_2\underset{Br}{\overset{CH_3}{\underset{|}{\overset{|}{C}}}}CH_3 \xrightarrow{KOH/乙醇} CH_3CH=\underset{CH_3}{\overset{CH_3}{C}} + CH_3CH_2\underset{}{\overset{CH_3}{C}}=CH_2$$
$$71\% \qquad\qquad 29\%$$

除了最常见的 β-消除反应，还有 α-位氢的消除（也叫 α-消除），即 1,1-消除反应，在 α-碳上同时消除卤素和氢原子。从反应物同一个碳原子上消除两个原子或基团生成一个只有 6 个电子的活泼中间体卡宾的反应，叫 α-消除。卡宾是亚甲基（CH_2）及其衍生物的总称，又称为碳烯。如三氯甲烷用强碱处理，会发生 α-消除失去氯化氢，形成二氯卡宾。

$$HCCl_3 + (CH_3)_3COK \longrightarrow :CCl_2 + (CH_3)_3COH + KCl$$

8.3.2.3 与金属的反应

卤代烷能与某些金属发生反应生成金属原子与碳原子直接相连的化合物，称为有机金属化合物，通常用 R—M 表示，M 表示金属。

（1）与金属镁反应

卤代烷与金属镁在无水乙醚中反应生成烷基卤化镁，烷基卤化镁又称为格利雅（Grignard）试剂，简称格氏试剂，用 RMgX 表示。格氏试剂不需分离即可用于有机合成反应。

$$R—X + Mg \xrightarrow{无水乙醚} RMgX$$

一般认为乙醚的作用是与格氏试剂生成稳定的溶剂化物，除乙醚外，四氢呋喃和其他醚类都可以作为溶剂。

$$\begin{matrix} C_2H_5 & & C_2H_5 \\ & \ddot{O} & \\ R—&Mg&—X \\ & \ddot{O} & \\ C_2H_5 & & C_2H_5 \end{matrix}$$

格氏试剂能与含有活泼氢的化合物（如水、醇、酸等）作用，生成相应的烃，因此，在制备和使用格氏试剂时，所用的仪器、试剂、溶剂都需要严格处理，保证绝对无水，而且要避免混入其他含有活泼氢的化合物。

$$RMgX + \begin{cases} HOH \longrightarrow R—H + Mg\begin{matrix}OH\\X\end{matrix} \\ R'—OH \longrightarrow R—H + Mg\begin{matrix}OR'\\X\end{matrix} \\ R'COOH \longrightarrow R—H + Mg\begin{matrix}OCOR'\\X\end{matrix} \\ HX \longrightarrow R—H + Mg\begin{matrix}X\\X\end{matrix} \\ R'C\equiv CH \longrightarrow R—H + Mg\begin{matrix}X\\C\equiv CR'\end{matrix} \end{cases}$$

另外格氏试剂也能被空气中的氧气缓慢氧化,氧化产物水解生成醇。因此,制备和使用格氏试剂时应避免与空气接触,通常是在惰性气体保护下进行,并在制得后立即使用。

$$RMgX + 1/2\ O_2 \longrightarrow ROMgX \xrightarrow{H_2O} ROH$$

格氏试剂在有机合成上有很广泛的应用,能与二氧化碳、醛、酮及羧酸衍生物等发生反应生成一系列化合物,这将在后面章节中分别进行讨论。

(2) 与金属锂反应

卤代烷与金属锂作用可生成烷基锂。

$$RX + 2Li \longrightarrow RLi + LiX$$

如:

$$CH_3CH_2CH_2CH_2Br + 2Li \xrightarrow[-10℃]{无水乙醚} CH_3CH_2CH_2CH_2Li + LiBr$$

烷基锂与格氏试剂的性质非常相似,且比格氏试剂更活泼。遇水、醇、酸等即分解为烃。烷基锂与卤化亚铜反应生成二烃基铜锂。

$$2RLi + CuI \longrightarrow R_2CuLi + LiI$$

二烃基铜锂称为铜锂试剂,其活性比格氏试剂和有机锂试剂低,是一个很好的烷基化试剂,它与卤代烷反应生成烷烃,可用于合成一些结构复杂的烷烃。

$$R_2CuLi + R'X \longrightarrow RR' + RCu + LiX$$

如:

$$CH_3CH_2CH_2CHCl(CH_3) \xrightarrow{Li} \xrightarrow{CuI} (CH_3CH_2CH_2CH(CH_3))_2CuLi \xrightarrow{CH_3CH_2CH_2Br} CH_3CH_2CH_2CH(CH_3)CH_2CH_2CH_3$$

(3) 与金属钠反应

卤代烷与金属钠反应可生成有机钠化合物,该化合物可进一步和卤代烷反应生成烷烃。该反应称为武慈(Wurtz)反应,适用于由伯卤代烷制备结构对称的、含偶数碳原子的烷烃。若用两种不同的卤代烷,则生成性质相似的交叉产物,分离困难。

$$RX + 2Na \longrightarrow RNa + NaX$$

$$RNa + RX \longrightarrow R-R + NaX$$

如:

$$2CH_3CH_2CH_2Cl + 2Na \longrightarrow CH_3CH_2CH_2CH_2CH_2CH_3 + 2NaCl$$

8.4 亲核取代反应历程

卤代烷的亲核取代反应可在分子中引入其他多种官能团,实现官能团的转变和碳碳键的形成,在有机合成上有着广泛的应用。因此,对其反应历程的研究也比较多。以水解反应为例,在研究反应速率与反应物浓度的关系时发现:有些卤代烷的水解反应速率不仅与卤代烷的浓度有关,而且与亲核试剂的浓度也有关,而有些卤代烷的水解反应速率仅与卤代烷的浓度有关。这表明卤代烷的亲核取代反应是按照两种不同的反应历程进行的。

8.4.1 双分子亲核取代(S_N2)反应历程

实验表明,溴甲烷在碱性条件下的水解反应速率不仅与溴甲烷的浓度成正比,与碱(亲核试剂)的浓度也成正比。

$$CH_3Br + OH^- \longrightarrow CH_3OH + Br^-$$

$$v = k[CH_3Br][OH^-]$$

亲核取代反应中有两种分子参与了决定反应速率的关键步骤(决速步骤、速控步骤),这种反应称为双分子亲核取代反应,用 S_N2 表示(S 代表取代,N 代表亲核,2 代表双分子)。

从溴甲烷的水解反应速率公式可以看出,CH_3Br 和 OH^- 同时参与了速控步骤的反应,亲核试剂进攻和离去基团离去是同时发生的。反应历程(S_N2)如图 8.5 所示。

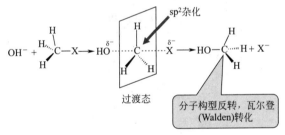

图 8.5 S_N2 反应历程

由于溴甲烷 C—Br 键的背面为三个体积小的氢原子,亲核试剂 OH^- 从该方向上进攻空间位阻最小,因而亲核试剂 OH^- 从 C—Br 键的反面进攻碳原子(如图 8.6 所示),亲核试剂、离去基团与中心碳原子,三者在一条直线上,亲核试剂 OH^- 逐渐接近碳原子,C—O 键逐渐形成,离去基团逐渐远离碳原子,C—Br 键逐渐伸长变弱。同时,碳原子上的 3 个 C—H 键逐渐向溴原子一方偏转。在此过程中,体系的能量逐渐升高。当碳原子上的 3 个 C—H 键处于同一平面上时,OH^- 与 Br 位于平面两侧,此时,碳原子由原来的 sp^3 杂化转变成了 sp^2 杂化,达到能量最高状态即过渡态(如图 8.7 所示)。反应继续进行,最后,亲核试剂 OH^- 与碳原子之间的 C—O 键完全形成,离去基团与碳原子之间的 C—Br 键完全断开,离去基团带一对电子成为负离子离开碳原子,碳原子上的 3 个 C—H 键也完全偏转到了另一边。碳原子又恢复 sp^3 杂化状态。整个过程好像大风将雨伞吹得向外翻转过来一样,称为瓦尔登(Walden)反转或瓦尔登转化(如图 8.8 所示)。

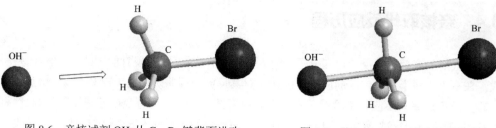

图 8.6　亲核试剂 OH⁻ 从 C—Br 键背面进攻　　图 8.7　OH⁻ 与 CH₃Br 反应的过渡态

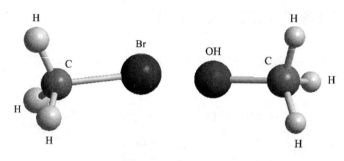

图 8.8　瓦尔登转化

溴甲烷水解反应过程能量变化如图 8.9 所示。

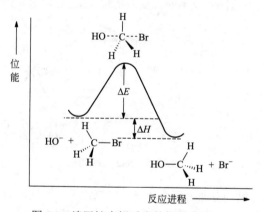

图 8.9　溴甲烷水解反应的能量曲线

如果取代反应发生在连有卤素的手性碳原子上，就可以比较容易地观察到这种构型的反转。如：

$$\underset{H_3C}{\underset{H}{\overset{C_6H_{13}}{C}}}-Br + NaOH \longrightarrow HO-\underset{CH_3}{\underset{H}{\overset{C_6H_{13}}{C}}} + NaBr$$

双分子亲核取代反应，S_N2 历程的特征是：反应一步完成，即旧键的断裂和新键的形成同时进行，无中间体生成；反应的速控步骤中，有两种分子参与反应；在立体化学上，通常发生构型的反转。

8.4.2 单分子亲核取代（S_N1）反应历程

与溴甲烷的水解反应不同，叔丁基溴在碱性条件下的水解速率仅与叔丁基溴的浓度成正比，而与亲核试剂 OH^- 的浓度无关。

$$H_3C-\underset{\underset{CH_3}{|}}{\overset{\overset{CH_3}{|}}{C}}-Br + OH^- \longrightarrow H_3C-\underset{\underset{CH_3}{|}}{\overset{\overset{CH_3}{|}}{C}}-OH + Br^-$$

$$v = k[(CH_3)_3CBr]$$

这说明，在速控步骤中只有一种分子参与反应，因此，该反应历程称为单分子亲核取代反应历程，用 S_N1 表示（1 代表单分子）。

反应中，碱 OH^- 从叔丁基溴分子的 C—Br 键背面进攻变得非常困难，因为叔丁基的三个甲基的体积比溴甲烷分子中的氢原子大很多。该反应一般认为按照以下两步进行。

第一步是叔丁基溴中的 C—Br 键异裂生成碳正离子和溴负离子。C—Br 键断裂过程经过一个能量的最高状态，为过渡态 I。

$$H_3C-\underset{\underset{CH_3}{|}}{\overset{\overset{CH_3}{|}}{C}}-Br \xrightarrow{慢} \left[H_3C-\underset{\underset{CH_3}{|}}{\overset{\overset{CH_3}{|}}{C}}\cdots Br \right] \longrightarrow H_3C-\underset{\underset{CH_3}{|}}{\overset{\overset{CH_3}{|}}{C^+}} + Br^-$$

过渡态 I

第二步是亲核试剂 OH^- 与碳正离子结合生成产物。此过程中也经历一个能量的最高状态，为过渡态 II。

$$H_3C-\underset{\underset{CH_3}{|}}{\overset{\overset{CH_3}{|}}{C^+}} + OH^- \xrightarrow{快} \left[H_3C-\underset{\underset{CH_3}{|}}{\overset{\overset{CH_3}{|}}{C}}\cdots OH \right] \longrightarrow H_3C-\underset{\underset{CH_3}{|}}{\overset{\overset{CH_3}{|}}{C}}-OH$$

过渡态 II

整个反应过程的能量变化如图 8.10 所示。对叔丁基溴的水解反应，由图可知，第一步反应所需的活化能 E_1 比第二步所需的活化能 E_2 高很多，所以，第一步 C—Br 键解离成离子的反应，是慢反应，是整个反应的速控步骤。在这一步反应中，碱没有参与，因此整个反应速率仅与卤代烷的浓度有关。因此称为单分子亲核取代反应。

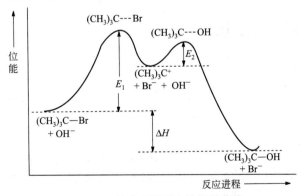

图 8.10 叔丁基溴水解反应的能量曲线

在 S_N1 反应中，生成了活性中间体碳正离子，中心碳原子由原来的 sp^3 杂化四面体结构转变为 sp^2 杂化的平面结构。由于碳正离子是一个平面三角形的结构，三个基团在一个平面上，互成 120°角，所以，亲核试剂从平面两侧都可以进攻，而且机会是均等的。因此，可以得到等量的"构型保持"和"构型反转"的产物。如果反应的中心碳原子是手性碳原子，则生成的产物理论上应该是外消旋体。

$$R^2\overset{R^1}{\underset{R^3}{C}}-Br \longrightarrow \overset{R^1}{\underset{R^2\ \ R^3}{C^+}} \xrightarrow{OH^-} HO-\overset{R^1}{\underset{R^3}{C}}R^2 + R^2\overset{R^1}{\underset{R^3}{C}}-OH$$

构型反转　　构型保持

外消旋体

由于 S_N1 反应生成了活性中间体碳正离子，而越稳定的碳正离子越容易生成。因此，按 S_N1 历程进行亲核取代反应时，常发生碳正离子的重排，有时重排产物可能是主要产物。如：

$$H_3C-\underset{\underset{CH_3}{|}}{\overset{\overset{CH_3}{|}}{C}}-CH_2Br \xrightarrow[S_N1]{C_2H_5O^-} H_3C-\underset{\underset{CH_3}{|}}{\overset{\overset{CH_3}{|}}{C}}-\overset{+}{C}H_2$$

$$H_3C-\underset{\underset{CH_3}{|}}{\overset{\overset{CH_3}{|}}{C}}-\overset{+}{C}H_2 \begin{cases} \xrightarrow{C_2H_5O^-} H_3C-\underset{\underset{CH_3}{|}}{\overset{\overset{CH_3}{|}}{C}}-CH_2OC_2H_5 \\ \xrightarrow{重排} H_3C-\underset{\underset{CH_3}{|}}{\overset{\overset{CH_3}{|}}{\overset{+}{C}}}-CH_2CH_3 \xrightarrow{C_2H_5O^-} H_3C-\underset{\underset{OC_2H_5}{|}}{\overset{\overset{CH_3}{|}}{C}}-CH_2CH_3 \end{cases}$$

1°碳正离子　　　　　　　　3°碳正离子

综上所述，S_N1 反应的特征是：反应分两步完成，有活性中间体碳正离子生成；反应的速控步骤中，只有一种分子参与反应；在立体化学上，产物通常为外消旋体（产物构型一半保持一半翻转）；常伴有重排反应发生。

8.4.3 影响亲核取代反应历程的因素

卤代烷的亲核取代反应，有 S_N1 和 S_N2 两种不同的反应历程。一个反应究竟是按哪种历程进行，这与多种因素有关，例如，烷基的结构、离去基团的离去能力、试剂的亲核性能、溶剂的极性等。

（1）烷基结构的影响

卤代烷的烷基结构对反应速率的影响主要体现在电子效应和空间效应两个方面。

① 烷基结构对 S_N2 反应的影响。如溴代烷在丙酮溶液中与碘化钾反应生成碘代烷，是按 S_N2 历程进行反应，其反应速率如下：

$$R-Br + KI \xrightarrow{\text{丙酮}} R-I + KBr$$

反应物	CH_3Br	CH_3CH_2Br	$(CH_3)_2CHBr$	$(CH_3)_3CBr$
相对速率	150	1	0.01	0.001

在 S_N2 反应中，反应是一步完成的。反应速率取决于亲核试剂是否容易进攻中心碳原子，过渡态是否容易形成。从空间效应来看，如果中心碳原子上连接的烷基越多（或基团体积越大），空间位阻越大，亲核试剂进攻中心碳原子越困难，反应速率越低。因此，对于 S_N2 反应，卤代烷的反应活性次序为：

甲基卤代烷 > 伯卤代烷 > 仲卤代烷 > 叔卤代烷

② 烷基结构对 S_N1 反应的影响。在 S_N1 反应中，速控步骤是碳卤键异裂形成碳正离子，因此，碳正离子中间体越稳定，生成时的活化能越低，反应速率就越快。而连有的烷基给电子基越多，正电荷越分散，碳正离子越稳定。所以，烷基碳正离子的稳定性顺序为：

$$R_3C^+ > R_2CH^+ > RCH_2^+ > CH_3^+$$

对于 S_N1 反应，不同卤代烷烃的反应活性次序为：

叔卤代烷 > 仲卤代烷 > 伯卤代烷 > 甲基卤代烷

由上可见，烷基结构不同，对 S_N1、S_N2 反应的影响是不同的。

S_N1 速率增大 →

甲基卤代烷、伯卤代烷、仲卤代烷、叔卤代烷

← S_N2 速率增大

叔卤代烷容易按 S_N1 历程进行反应，甲基卤代烷和伯卤代烷容易按 S_N2 历程进行反应，仲卤代烷根据具体的反应条件，既可能按 S_N1 历程进行反应，也可能按 S_N2 历程进行反应，或者同时按 S_N1 和 S_N2 两种历程进行反应。

（2）离去基团的影响

无论是 S_N1 历程还是 S_N2 历程，在反应的速控步骤，卤原子都要带一对电子以负离子形式离开中心碳原子。因此，离去基团的离去能力对 S_N1 反应和 S_N2 反应都有影响，而且对这两种反应反应速率的影响是一致的。

碳卤键越容易异裂，亲核取代反应活性越高。这里碳卤键异裂由难到易的次序为：C—Cl、C—Br、C—I，是因为共价键的可极化度随原子半径的增大而增大，氯原子半径小，极化度程度小，溴原子半径大些，可极化程度较大，碘原子体积最大，极化程度最高，极化程度越大键越容易断裂；另外，离去基团也可以看成是酸的共轭碱。通常，离去基团的碱性越弱越容易离去。X^- 的碱性次序为：$Cl^- > Br^- > I^-$，因此，其离去倾向为：$I^- > Br^- > Cl^-$。故而卤代烷进行亲核取代反应时，不论是按 S_N1 还是按 S_N2 历程进行反应，其反应活性次序都是：

R—I > R—Br > R—Cl

（3）亲核试剂的影响

在 S_N1 反应中，速控步骤是碳卤键异裂形成碳正离子中间体，亲核试剂没有参与这一

步反应，因此，亲核试剂的亲核性能和浓度的改变对 S_N1 反应速率没有影响。在 S_N2 反应中，速控步骤之一是亲核试剂进攻底物中心碳原子，所以试剂的亲核性越强，浓度越大，反应速率越快。

（4）溶剂的影响

在 S_N1 反应中，速控步骤是碳卤键异裂，过渡态极性比反应物高，增加溶剂的极性能使极性较高的过渡态能量降低，也有利于稳定碳卤键异裂后的正负电荷。因此，增加溶剂的极性对 S_N1 反应是有利的。在 S_N2 反应中，速控步骤有亲核试剂参与，由于反应物中亲核试剂的极性比过渡态极性大，增加溶剂的极性，亲核试剂容易溶剂化，活性降低，因此，增加溶剂的极性对 S_N2 反应是不利的。

8.5 消除反应历程

OH^- 与卤代烷作用时，既可以作为亲核试剂进攻 α-碳原子发生取代反应，也可以作为碱进攻 β-氢原子发生消除反应。卤代烷的 β-消除反应也有两种历程：双分子消除反应历程和单分子消除反应历程。分别用 E2（E 代表 elimination，消除，2 表示双分子）和 E1（1 表示单分子）表示。

8.5.1 双分子消除（E2）反应历程

在 E2 反应中，碱性试剂进攻 β-氢原子，使这个氢原子以质子形式离去，同时卤原子带一对电子离开中心碳原子，在 α-碳原子和 β-碳原子之间形成碳碳双键生成烯烃。C—H 键和 C—X 键的断裂与 C=C 的形成是同时发生，一步完成的。反应经过一个能量较高的过渡态。

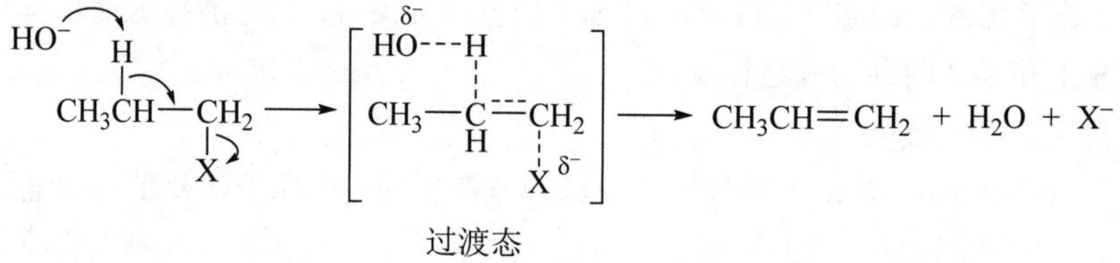

E2 反应的速控步骤有两种试剂参与反应，因此，反应速率与卤代烷的浓度和碱的浓度都成正比。

E2 反应和 S_N2 反应非常相似，反应都是一步完成，即新键的形成和旧键的断裂同时发生。所不同的是，S_N2 反应中试剂进攻的是 α-碳原子，而在 E2 反应中，试剂进攻的是 β-氢原子。因此，S_N2 反应和 E2 是相互竞争的反应，经常同时发生。如：

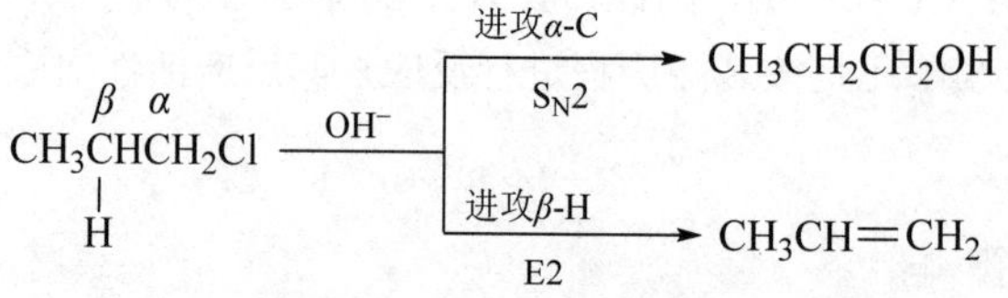

8.5.2 单分子消除（E1）反应历程

同样，E1 反应和 S_N1 反应也非常相似，反应分两步进行：速控步骤是第一步，卤代烷分子发生 C—X 键的异裂形成碳正离子中间体，随后，若亲核试剂进攻碳正离子则生成取代产物，为 S_N1 反应；若进攻 β-氢原子则生成消除产物，为 E1 反应。

以叔丁基溴的消除反应为例表示 E1 消除反应历程如下：

$$H_3C-\underset{\underset{CH_3}{|}}{\overset{\overset{CH_3}{|}}{C}}-Br \xrightarrow{慢} \left[H_3C-\underset{\underset{CH_3}{|}}{\overset{\overset{CH_3}{|}}{C}}\cdots Br \right] \longrightarrow H_3C-\underset{\underset{CH_3}{|}}{\overset{\overset{CH_3}{|}}{C^+}} + Br^-$$

过渡态 I

$$H_3C-\underset{\underset{CH_3}{|}}{\overset{\overset{CH_3}{|}}{C^+}} + OH^- \xrightarrow{快} \left[H_3C-\underset{\underset{CH_3\cdots OH}{|}}{\overset{\overset{CH_3}{|}}{C}}{}^{\delta+}_{\delta-} \right] \longrightarrow H_3C-\underset{\underset{CH_2}{\|}}{\overset{\overset{CH_3}{|}}{C}}$$

过渡态 II

反应的速控步骤 C—X 键异裂，只有卤代烷参与反应，碱没有参与，因此反应速率仅与卤代烷的浓度成正比，而与碱的浓度无关，称为单分子消除反应。

E1 反应和 S_N1 反应也是相互竞争的，经常同时发生。如：

$$H_3C-\underset{\underset{CH_3}{|}}{\overset{\overset{CH_3}{|}}{C}}-Br \xrightarrow{慢} H_3C-\underset{\underset{CH_3}{|}}{\overset{\overset{CH_3}{|}}{C^+}} + Br^-$$

$$H_3C-\underset{\underset{CH_2-H}{|}}{\overset{\overset{CH_3}{|}}{C^+}} + OH^- \xrightarrow{快} \begin{array}{l} \xrightarrow{进攻\alpha\text{-}C}_{S_N1} H_3C-\underset{\underset{CH_3}{|}}{\overset{\overset{CH_3}{|}}{C}}-OH \\ \xrightarrow{进攻\beta\text{-}H}_{E1} H_3C-\underset{\underset{CH_3}{|}}{\overset{}{C}}=CH_2 + H_2O \end{array}$$

E1 消除反应也形成了碳正离子中间体，因此也常发生重排反应。例如，2,2-二甲基-1-溴丙烷消除产物主要是 2-甲基-2-丁烯，这是由于生成的 1° 碳正离子重排成了更稳定的 3° 碳正离子。

$$H_3C-\underset{\underset{CH_3}{|}}{\overset{\overset{CH_3}{|}}{C}}-CH_2Br \xrightarrow{C_2H_5O^-} H_3C-\underset{\underset{CH_3}{|}}{\overset{\overset{CH_3}{|}}{C}}-\overset{+}{C}H_2$$

$$H_3C-\underset{\underset{CH_3}{|}}{\overset{\overset{CH_3}{|}}{C}}-\overset{+}{C}H_2 \xrightarrow{重排} H_3C-\underset{\underset{+}{|}}{\overset{\overset{CH_3}{|}}{C}}-CH_2CH_3 \xrightarrow{-H} H_3C-\underset{}{\overset{\overset{CH_3}{|}}{C}}=CHCH_3$$

1° 碳正离子　　　　　3° 碳正离子

值得注意的是，无论是 E1 消除还是 E2 消除，不同的卤代烷消除反应活性次序是一致的：叔卤代烷>仲卤代烷>伯卤代烷。

8.5.3 取代反应和消除反应的竞争

从反应历程的讨论中可以看出，卤代烷的亲核取代反应和消除反应经常同时发生，而且是相互竞争的反应。因此，在实际反应中常常同时得到亲核取代产物和消除产物，究竟是以亲核取代反应为主还是以消除反应为主，受多种因素的影响，如烃基结构、亲核试剂的性质、溶剂的性质和反应温度等。通过选择合适的反应物和适当控制反应条件，可使某种产物成为主产物。

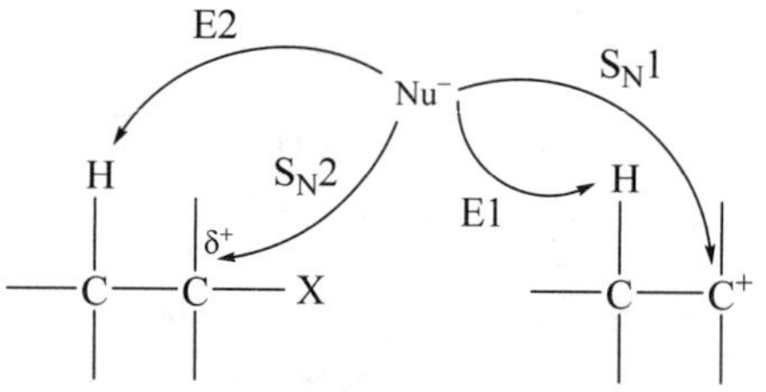

伯卤代烷与亲核试剂发生 S_N2 反应的速率快，因此以取代反应为主，消除反应占比很少。而叔卤代烷有强碱存在时以消除反应为主。仲卤代烷介于二者之间。

进攻试剂的性质对反应取向也有很大影响。试剂碱性越强、体积越大，越有利于消除反应，而试剂亲核性越强、体积越小，越有利于亲核取代反应。

溶剂的极性增大通常有利于取代反应，不利于消除反应。

消除反应的活化能通常比亲核取代反应的活化能高，因此，升高反应温度有利于消除反应。

8.6 卤代烯烃和卤代芳烃

卤原子取代烯烃或芳烃分子中的氢原子分别生成卤代烯烃和卤代芳烃。卤原子的活性取决于卤原子与双键或芳环的相对位置，相对位置不同，它们之间的相互影响也不同。

对于卤代烯烃，根据分子中卤原子与双键的相对位置可分为三类：乙烯型卤代烯烃（卤原子直接与双键碳原子相连）、烯丙型卤代烯烃（卤原子与双键的 α-碳原子相连）和孤立型卤代烯烃（卤原子与双键相隔两个或两个以上的饱和碳原子）。

$$CH_2=CHCl \qquad CH_3CH=CHCH_2Br \qquad CH_2=CHCH_2CH_2Cl$$

乙烯型　　　　　　烯丙型　　　　　　　　孤立型（隔离型）

对于卤代芳烃，与卤代烯烃相似，根据分子中卤原子与芳环相对位置的不同，也可以分为苯基型卤代烃（卤原子直接与苯环相连）、苄基型卤代烃（卤原子与芳烃侧链 α-碳原子相连）和孤立型卤代芳烃（卤原子取代在芳环侧链上与芳环相隔两个或两个以上的饱和碳原子上）。

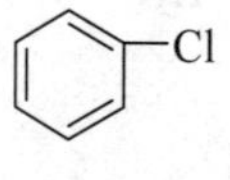

苯基型 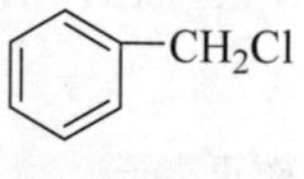　　　　　　苄基型 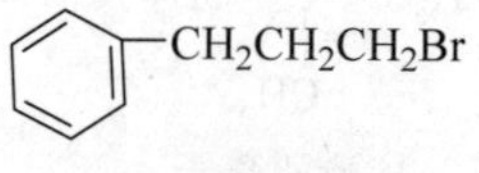　　　　　　　　孤立型（隔离型）

（1）乙烯型和苯基型卤代烃

这两类卤代烃的共同特点是：卤原子都与 sp^2 杂化的不饱和碳原子相连，首先，sp^2 杂化的碳原子比 sp^3 杂化碳原子电负性大，C—X 键的极性比卤代烷烃中 C—X 键的极性弱，卤原子不容易带一对电子离去；其次，卤原子的未共用电子对与碳碳双键或苯环的π轨道形成 p-π共轭体系，使 C—X 键结合得更加牢固，键不易断裂。因此，与卤代烷分子中的卤原子相比，乙烯型卤代烯烃和苯基型卤代芳烃中的卤原子是极不活泼的。

$$\text{CH}_3\text{CH}_2\text{—Cl} \qquad \text{CH}_2\text{=CH—Cl} \qquad \text{C}_6\text{H}_5\text{—Cl}$$

C—Cl 键键长/nm　　　0.178　　　　　　0.172　　　　　　　0.169

乙烯型和苯基型卤代烃一般条件下不发生亲核取代反应，如溴乙烯和溴苯与硝酸银的醇溶液即使在加热条件下，也不会产生沉淀。苯基型卤代烃在强烈的条件下，可以发生亲核取代反应。如：

$$\text{C}_6\text{H}_5\text{Cl} \xrightarrow[\text{液氨}]{\text{NaNH}_2} \text{C}_6\text{H}_5\text{NH}_2$$

乙烯型和苯基型卤代烃消除反应活性也很低，一般条件下不发生消除反应。乙烯型卤代烃在强烈条件下可以发生消除反应生成炔烃。如：

$$\text{CH}_3\text{CH=CHBr} \xrightarrow[\text{液氨}]{\text{NaNH}_2} \text{CH}_3\text{C}\equiv\text{CH}$$

乙烯型和苯基型卤代烃都可以生成相应的格氏试剂，但活性比较低，需要在一定的温度和压力条件下，用四氢呋喃作溶剂来制得。乙烯型和苯基型卤代烃也可与金属锂作用生成相应的烃基锂，而且也能与二烃基铜锂发生偶联反应生成相应的烃。

卤原子与碳碳双键形成了 p-π 共轭体系，也会影响双键的反应，如氯乙烯与卤化氢的亲电加成反应，加成方向符合马氏规则，但加成反应活性比乙烯低。

$$\text{CH}_2\text{=CH—Cl} + \text{HCl} \longrightarrow \text{CH}_3\text{CHCl}_2$$

（2）烯丙型和苄基型卤代烃

烯丙型和苄基型卤代烃的卤原子与双键和芳环之间隔了一个饱和碳原子，因此，卤原子与双键和芳环之间不存在共轭效应。但 C—X 键解离之后形成的碳正离子是烯丙基碳正离子或苄基碳正离子，碳正离子的空的 p 轨道与相邻的双键或芳环形成 p-π 共轭体系，使碳正离子的正电荷得以分散，碳正离子更加稳定。所以，烯丙型和苄基型卤代烃的卤原子非常活泼，比卤代烷中的卤原子反应活性更高。

烯丙型和苄基型卤代烃很容易发生亲核取代反应，与 OH⁻、OR⁻、CN⁻、NH₃ 等试剂都可以发生反应。

$$CH_2=CH-CH_2-Cl \xrightarrow[40℃]{NaCN,\ ZnCl_2} CH_2=CH-CH_2-CN$$

$$C_6H_5-CH_2-Cl \xrightarrow[95℃]{Na_2CO_3,\ H_2O} C_6H_5-CH_2-OH$$

烯丙型和苄基型卤代烃也比较容易发生消除反应。原因是消除反应生成的 C=C 双键与芳环或烯烃的不饱和键可以形成共轭体系，使产物稳定性增加而更容易生成。

$$\text{环戊基溴} \xrightarrow{KOH,\ C_2H_5OH} \text{环戊二烯}$$

$$C_6H_5-CHCl-CH_2CH_3 \xrightarrow{KOH,\ C_2H_5OH} C_6H_5-CH=CHCH_3$$

烯丙型和苄基型卤代烃也可以与金属镁反应生成格氏试剂。因为卤原子比较活泼，所以常发生偶联反应，可以利用该反应来制备高级烃。

$$C_6H_5-CH_2-Cl + Mg \xrightarrow{\text{乙醚}} C_6H_5-CH_2-MgCl$$

$$C_6H_5-CH_2-MgCl + C_6H_5-CH_2-Cl \longrightarrow C_6H_5-CH_2-CH_2-C_6H_5$$

烯丙型和苄基型卤代烃也可以与铜锂试剂反应生成烯烃和芳烃。

$$C_6H_{11}-Br + (CH_3CH_2)_2CuLi \xrightarrow{\text{乙醚}} C_6H_{11}-CH_2CH_3 + CH_3CH_2Cu + LiBr$$

值得注意的是，烯丙型碳正离子中间体是一个共轭体系，可发生烯丙位重排。因此，某些烯丙型卤化物在按 S_N1 历程进行亲核取代反应时，不仅可以得到正常的取代产物，也可以得到重排产物。如 1-氯-2-丁烯在碱性条件下的水解反应：

$$CH_3CH=CHCH_2Cl \longrightarrow CH_3CH=CH\overset{+}{C}H_2$$

$$\updownarrow$$

$$CH_3\underset{OH}{CH}CH=CH_2 \longleftarrow CH_3\overset{\delta^+}{CH}=\!=\!=CH\overset{\delta^+}{=\!=\!=}CH_2 \longrightarrow CH_3CH=CHCH_2OH$$

$$\quad\quad\quad\quad\quad\quad\quad\quad\quad OH^-$$

重排产物　　　　　　　　　　　　　　　　　正常产物

烯丙型卤代烃卤原子和双键之间没有形成共轭体系，由于双键π电子云的流动性，受卤原子的吸电子诱导作用，使得离卤原子较近（即含氢较少）的双键碳电子云密度较高，质子氢容易加到该碳原子上，加成方向符合反马氏规则。如：

$$CH_2=CHCH_2Cl + HX \longrightarrow \underset{X}{CH_2CH_2CH_2Cl}$$

（3）孤立型卤代烃

孤立型卤代烯烃和卤代芳烃的卤原子与双键和芳环相距较远，相互影响很小，卤原子的活泼性与卤代烷相似。

三种卤代烃亲核取代反应活性（即卤原子的活泼性）顺序为：烯丙型（苄基型）>孤立型>乙烯型（苯基型）。如：在 $AgNO_3$ 的乙醇溶液中，$CH_2=CHCH_2Cl$ 立即产生白色沉淀；$CH_2=CHCH_2CH_2Cl$ 室温时不产生沉淀，加热后产生白色沉淀；$CH_2=CHCl$ 加热也无沉淀生成。

习　题

1. 用系统命名法命名下列化合物。

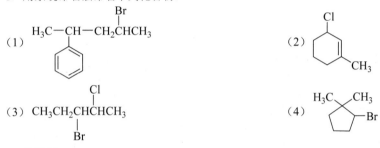

2. 选择题。

（1）下列卤代烃按 S_N1 历程进行水解反应，速度最快的是（　　）。

（2）下面对 S_N2 反应历程的描述不正确的是（　　）。

　　A.反应一步完成　　　B.构型转化　　　　C.极性溶剂使反应加快　　D.无中间体生成

（3）下列卤代烃与 $AgNO_3/EtOH$ 溶液反应，最快产生沉淀的是（　　）。

　　A. $CH_3CH=CHBr$　　B. $\underset{Br}{CH_3CHCH}=CH_2$　　C. $\underset{Br}{CH_2CH}CH=CH_2$　　D. $CH_3CH_2CH_2Br$

（4）下列卤代烃在碱性条件下最易发生消除反应的是（　　）。

3. 判断题。

（1）叔卤代烃比较容易发生消除反应，而伯卤代烃更容易发生取代反应。　　　　（　　）
（2）离去基团越容易离去，亲核取代反应越容易进行。　　　　　　　　　　　　（　　）
（3）极性溶剂可以增加碳正离子的稳定性。　　　　　　　　　　　　　　　　　（　　）
（4）溴甲烷在碱性水溶液中进行水解反应时,反应速率和溴甲烷与碱的浓度乘积成反比关系。（　　）

(5) 卤代芳烃中卤原子的活泼顺序为：苄基型卤原子>苯基型卤原子。　　　　　(　　)

4. 完成下列反应式。

(1) $CH_3CH=CH_2 + HBr \xrightarrow{ROOR}$ (　　　) $\xrightarrow{NaOH/H_2O}$ (　　　)

(2) 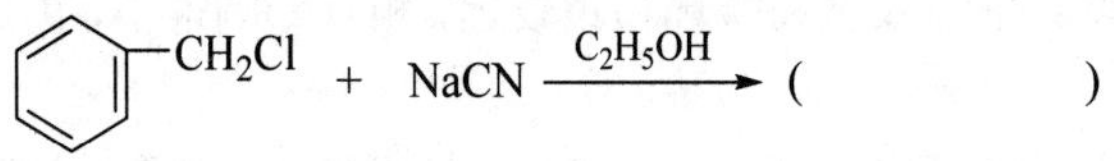 $C_6H_5-CH_2Cl + NaCN \xrightarrow{C_2H_5OH}$ (　　　)

(3) $(CH_3)_2CHCH_2CH_2Br + 2NH_3 \xrightarrow{乙醇/\triangle}$ (　　　)

(4) $C_6H_5-CH_2CHClCH_3 (CH_3) \xrightarrow[\triangle]{NaOH/C_2H_5OH}$ (　　　)

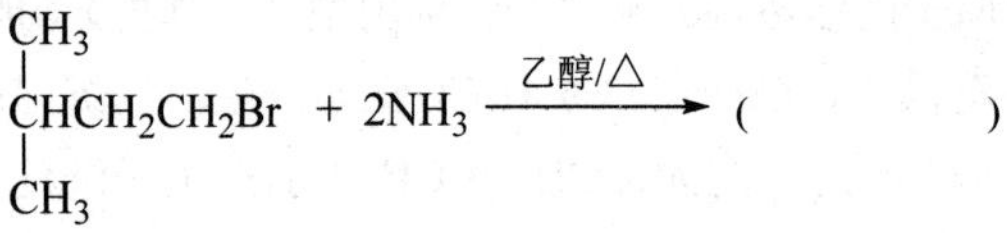

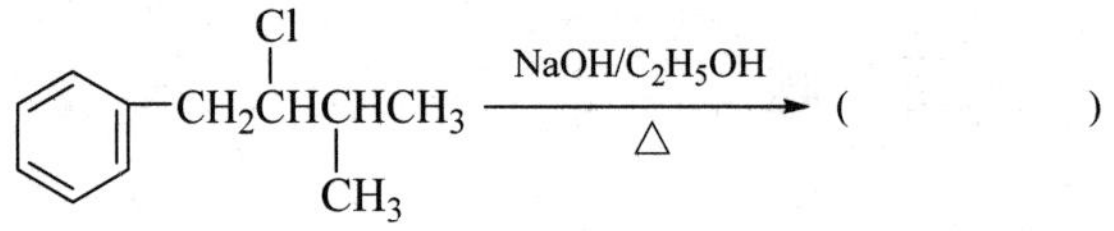

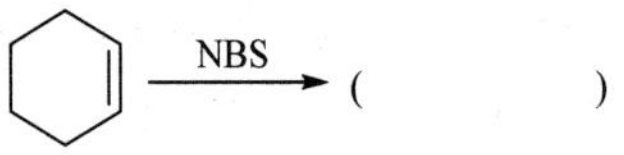

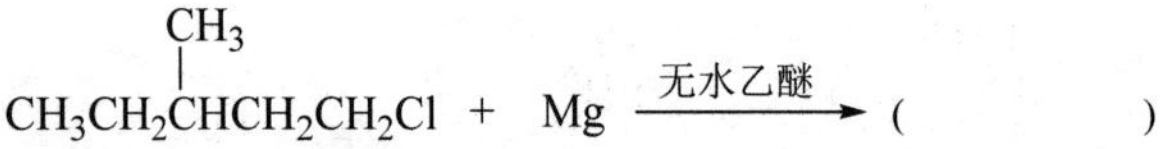

(5) 环己烯 $\xrightarrow{NBS}$ (　　　)

(6) $CH_3CH_2CH(CH_3)CH_2CH_2Cl + Mg \xrightarrow{无水乙醚}$ (　　　)

(7) 对溴苄基溴 $\xrightarrow{NaI/丙酮}$ (　　　)

(8) 氯代环戊烷 $\xrightarrow{AgNO_3/C_2H_5OH}$ (　　　)

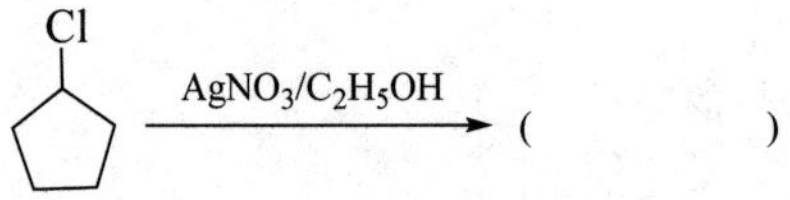

5. 卤代烷与氢氧化钠在水与乙醇混合液中进行反应，指出下列哪些属于 S_N1 历程，哪些属于 S_N2 历程。

(1) 增加氢氧化钠的浓度，反应速率加快。
(2) 亲核试剂的亲核性和浓度的改变，对反应无明显影响。
(3) 有重排产物生成。
(4) 伯卤代烷的速率大于仲卤代烷。
(5) 试剂亲核性越强反应速率越快。
(6) 反应一步完成。

6. 反应活性排序：

(1) S_N2: 环己基-CH_2Br　　环己基-$CHBrCH_3$　　环己基-$C(CH_3)_2Br$

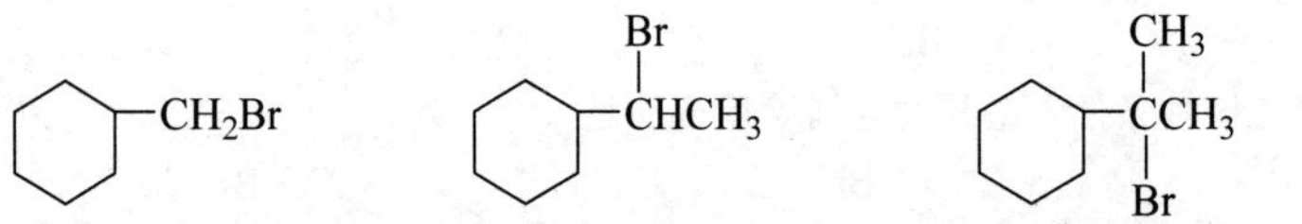

(2) S_N1: $CH_2CH_2CH=CH_2$ / Cl　　$CH_3CHCH=CH_2$ / Cl　　$CH_3CH_2CH=CH$ / Cl（含 CH_3, Br）

(3) $E1$: $CH_3CH_2CHBrCH_3$　　$CH_3CH_2CH_2CH_2Br$　　$H_3C-C(CH_3)(Br)-CH_2CH_3$

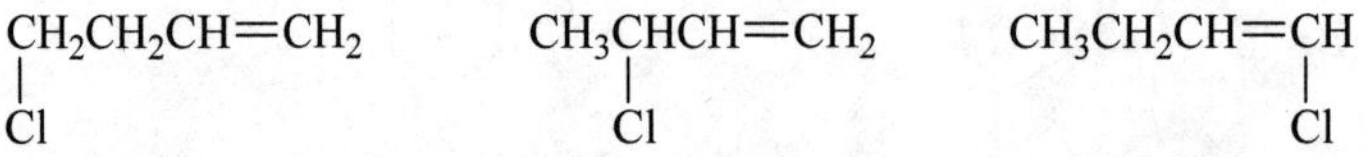

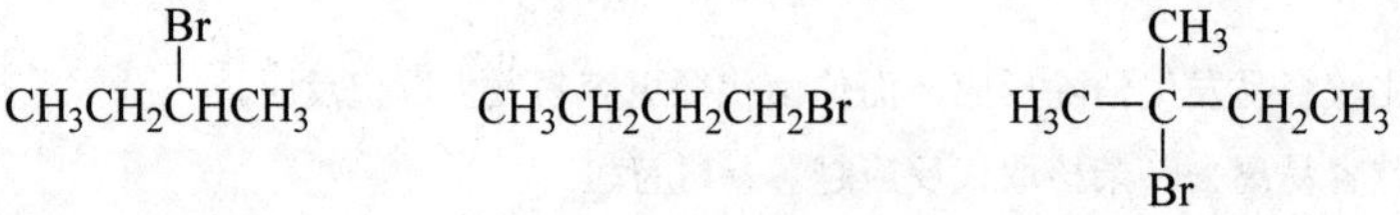

7. 合成题。

(1) 由 1-溴丙烷合成 2-氯丙烷。
(2) 由丁二烯合成己二酸。

8. 用合理的反应机理解释以下反应。

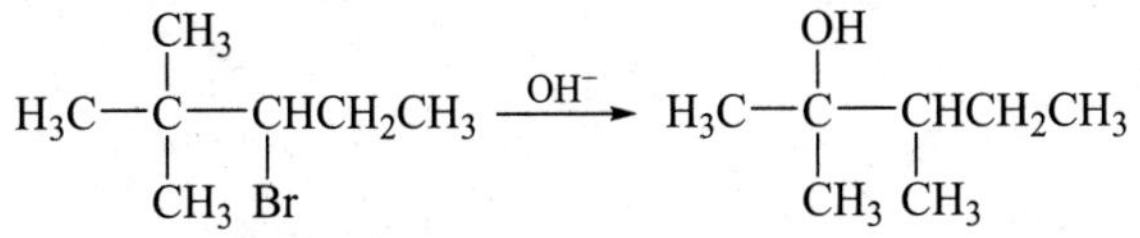

$$\underset{\underset{Br}{\overset{CH_3}{|}}}{\overset{\overset{CH_3}{|}}{H_3C-C-CHCH_2CH_3}} \xrightarrow{OH^-} \underset{\underset{CH_3}{\overset{OH}{|}}}{\overset{\overset{}{}}{H_3C-\underset{|}{\overset{|}{C}}-CHCH_2CH_3}}$$

9. 分子式为 $C_5H_{11}Br$ 的卤代烃 A，与氢氧化钠的乙醇溶液作用，生成分子式为 C_5H_{10} 的化合物 B。B 用高锰酸钾的酸性水溶液氧化可得到酮 C 和羧酸 D。而 B 与溴化氢作用得到的产物是 A 的异构体 E。试写出 A、B、C、D、E 的构造式。

10. 分子式为 $C_7H_{11}Br$ 的卤代烃 A，与溴的四氯化碳溶液作用，生成三溴化合物 B。A 很容易与稀碱溶液作用生成同分异构体醇 C 和醇 D。A 与氢氧化钠的醇溶液共热，生成共轭二烯烃 E。E 经臭氧化并在锌粉存在下水解生成丁二醛和 2-氧代丙醛（CH_3COCHO）。试写出 A、B、C、D、E 的构造式及各步反应式。

第9章 醇、酚、醚

醇、酚、醚都可以看成是水分子中的氢原子被烃基取代后得到的化合物。

$$H-O-H \quad R-O-H \quad \text{Ph}-O-H \quad R-O-R'$$
$$\text{水} \qquad \text{醇} \qquad \text{酚} \qquad \text{醚}$$

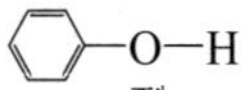

9.1 醇

9.1.1 醇的分类、命名

9.1.1.1 醇的分类

醇的官能团是羟基，醇也可以看作是烃分子中的氢原子被羟基取代后的生成物。可根据醇分子中烃基的结构类型、羟基所连碳原子种类和羟基的数目不同来进行分类。

按羟基所连烃基的结构，可分为饱和醇、不饱和醇、芳香醇和脂环醇等。

$$\underset{\text{饱和醇}}{CH_3CH_2CH_2OH} \quad \underset{\text{不饱和醇}}{CH_2=CHCH_2OH} \quad \underset{\text{芳香醇}}{\text{Ph}-CH_2OH} \quad \underset{\text{脂环醇}}{\text{环戊基}-OH}$$

按羟基所连碳原子的类型可分为伯醇（一级醇、1°醇）、仲醇（二级醇、2°醇）、叔醇（三级醇、3°醇）等。

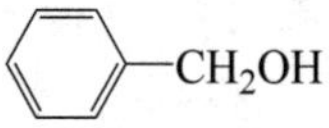

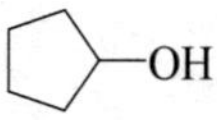

$$\underset{\text{伯醇}}{CH_3CH_2CH_2OH} \quad \underset{\text{仲醇}}{\underset{OH}{CH_3CHCH_3}} \quad \underset{\text{叔醇}}{\underset{CH_3}{\overset{CH_3}{H_3C-C-OH}}}$$

按分子中羟基的数目，可分为一元醇、二元醇、多元醇等。

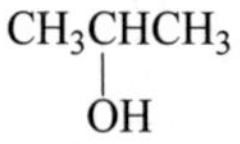

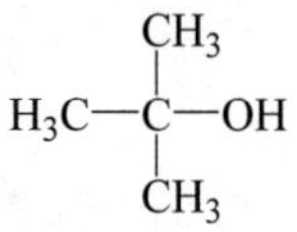

$$\underset{\text{一元醇}}{CH_3CH_2CH_2OH} \quad \underset{\text{二元醇}}{\underset{OH\ OH}{CH_2-CH-CH_3}} \quad \underset{\text{多元醇}}{\underset{OH\ OH\ OH}{CH_2-CH-CH_2}}$$

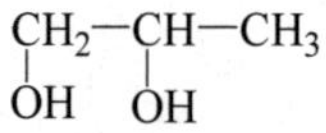

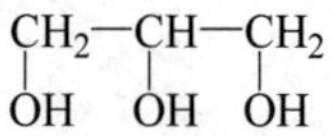

9.1.1.2 醇的命名

（1）习惯命名法

醇的习惯命名法是在烃基名称后加"醇"字，"基"字一般可以省略。该命名方法适用于简单的一元醇的命名。如：

$$CH_3CH_2OH \qquad CH_3CH_2CH_2CH_2OH \qquad CH_3\underset{OH}{\overset{\ }{C}H}CH_3$$

乙醇　　　　　正丁醇　　　　　仲丁醇

（2）衍生物命名法

对于结构不是很复杂的醇，可以把它看成是甲醇的衍生物。如：

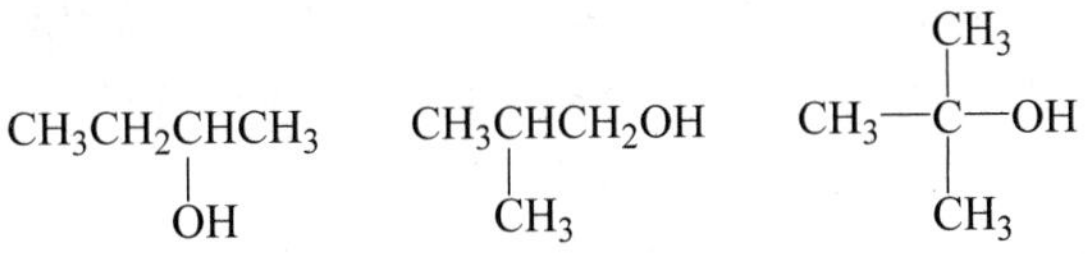

甲基乙基甲醇　　　异丙基甲醇　　　三甲基甲醇

（3）系统命名法

① 选包括羟基在内的最长碳链为主链，按碳原子的数目称为某醇。分子中含不饱和键时，则选含不饱和键并连有羟基的最长碳链为主链。

② 从靠近羟基一端开始编号，羟基的位号写在"某醇"的前面；分子中含不饱和键时，羟基优先编号，"烯"或"炔"名称排在醇前，并注明位号，且主链碳原子数写在"烯"或"炔"字前面。

③ 若有取代基，把取代基位号、数目、名称写在醇前面。

④ 若含有芳基，一般将芳基看作取代基。

⑤ 若为多元醇，主链应包括尽可能多的羟基，羟基数目用中文二、三、四表示，位置用1,2,3…表示，位次间用逗号隔开。如：

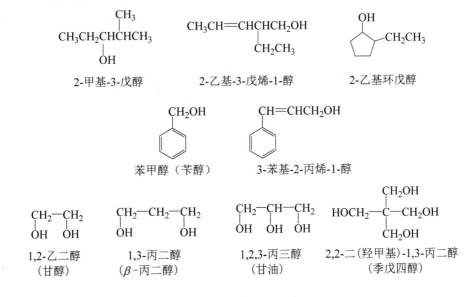

9.1.2 醇的结构

醇分子中的氧是 sp^3 不等性杂化，具有四面体结构。氧原子轨道杂化前后的电子排列如图 9.1 所示。

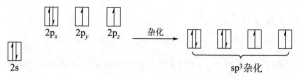

图 9.1 氧原子的 sp³ 杂化电子分布图

结构最简单的醇为甲醇,其中 C—O—H 键角为 108.9°[如图 9.2(a)所示]。甲醇中的甲基碳也是 sp³ 杂化。氧原子的两个 sp³ 杂化轨道分别与碳原子的一个 sp³ 杂化轨道和一个氢原子的 1s 轨道重叠形成 C—O σ 键和 O—H σ 键,剩余的两个 sp³ 杂化轨道分别被两对未共用电子对所占据[如图 9.2(b)所示]。由于 O 的电负性大,C—O 键和 O—H 键的极性较强。其他醇可以看成是甲醇的烃基衍生物。

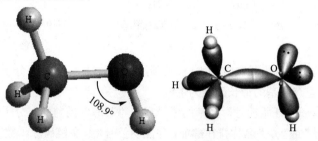

(a) 甲醇的球棍模型　　(b) 甲醇的成键轨道电子云模型图

图 9.2　甲醇的结构

9.1.3　醇的物理性质

$C_1 \sim C_4$ 的一元醇为无色液体,有刺激性气味;$C_5 \sim C_{11}$ 的醇为油状液体,黏度大;C_{12} 以上的正构醇为固体,无臭无味。由于低级醇的分子极性很强,经常作为极性溶剂使用。表 9.1 是一些常见醇的物理常数。

表 9.1　一些常见醇的物理常数

名称	熔点/℃	沸点/℃	相对密度 d	在水中溶解度/(g/100g)
甲醇	−97	64.7	0.792	∞
乙醇	−114	78.3	0.789	∞
丙醇	−126	97.2	0.804	∞
正丁醇	−90	117.7	0.810	7.9
正戊醇	−78.5	138.0	0.817	2.4
正己醇	−52	156.5	0.819	0.6
正庚醇	−34	176	0.822	0.2
正辛醇	−15	195	0.825	0.05
异丙醇	−88	82.3	0.786	∞
异丁醇	−108	108.0	0.802	10.0
仲丁醇	−114	99.5	0.808	12.5
叔丁醇	25	82.5	0.789	∞
环己醇	24	161.5	0.962	3.6
苯甲醇	−15	205	1.046	4
1,2-乙二醇	−16	197	1.113	∞
丙三醇	18	290	1.261	∞

从表9.1可以看出，直链醇的沸点随着碳原子数的增加而升高，每增加一个CH_2，沸点升高约18～20℃。对于分子量相同的醇，支链越多，沸点越低。多元醇沸点比一元醇高。醇分子含有羟基，分子之间可以通过氢键缔合，当醇分子由液相转变成气相时，除了要克服分子间的范德瓦耳斯力外，还必须克服分子间较强的氢键（16～33kJ/mol），所以醇的沸点比分子量相近的醚、卤代烃及醛、酮都要高。

相对于其他有机化合物，醇在水中的溶解度较高，如含3个以下碳原子的一元醇可以与水互溶，是因为醇与水分子间也可以形成氢键（如图9.3所示），容易进入水相。

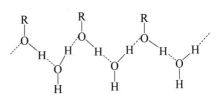

图9.3 醇与水分子间的氢键

随着烃基的增大，非极性的烃基对羟基遮蔽作用增大，阻碍醇羟基与水形成氢键，溶解度逐渐降低以至不溶于水（癸醇以上的高级醇不溶于水，溶于有机溶剂）。

另外，由于醇分子中的氧原子有孤电子对显碱性，低级醇能和一些无机盐类（氯化镁、氯化钙、硫酸铜等）形成络合物，络合物呈结晶状，称为结晶醇（$CaCl_2 \cdot 3C_2H_5OH$、$MgCl_2 \cdot 6CH_3OH$ 等）。结晶醇溶于水，不溶于有机溶剂。

9.1.4 醇的化学性质

9.1.4.1 化学性质的推导

醇分子中的O—H键极性大，发生异裂可以生成质子氢，故而显酸性，可以与活泼的金属反应；羟基氧上的孤电子对具有亲核性，可以进攻羧酸中碳氧双键的带部分正电荷的碳，发生亲核加成，然后消除一个水分子生成酯；C—O单键也是极性键，亲核试剂（带负电荷或带孤电子对的物质）可进攻带部分正电荷的碳，发生亲核取代反应（取代羟基）；另外在氧原子的吸电子诱导效应影响下，使β-C吸电子能力增强，进而使β-H上也带有部分正电荷，带正电荷的β-H受到碱的进攻发生β-消除反应脱去水分子，生成烯烃；此外，醇还可以受氧化剂作用脱去α-H生成酮，如图9.4所示。

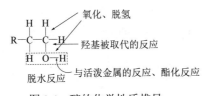

图9.4 醇的化学性质推导

9.1.4.2 化学性质

（1）与活泼金属的反应（酸性）

醇分子中含有羟基，可与活泼金属（K、Na、Mg、铝汞齐等）反应生成氢气，显示一定的酸性。

$$C_2H_5OH + Na \longrightarrow C_2H_5ONa + H_2\uparrow$$

$$(CH_3)_2CHOH + Al \longrightarrow [(CH_3)_2CHO]_3Al + H_2\uparrow$$

烃基不同，反应速率不同，醇的反应活性顺序为：$CH_3OH > RCH_2OH > R_2CHOH > R_3COH$。反应速率与空间位阻有关，烃基越大，空间位阻越大，反应越慢；也可能与各物质的酸性有关，酸性越弱，反应越慢。pK_a 值较好地反映了物质酸性，甲醇、乙醇、异丙醇、叔丁醇的 pK_a 值如下。

	CH_3OH	CH_3CH_2OH	CH_3CHCH_3 | OH	$CH_3\underset{OH}{\overset{CH_3}{\underset{\|}{C}}}CH_3$
pK_a	15.5	15.9	约18	19

具有活泼氢的各物质的相对酸性强弱顺序为：$H_2O > ROH > HC\equiv CH > NH_3 > RH$。水的酸性比醇强，因而醇钠遇水立即水解为原来的醇和氢氧化钠。

$$RONa + H_2O \rightleftharpoons NaOH + ROH$$

工业上制醇钠，不使用昂贵的金属钠，而是利用上述平衡，将氢氧化钠与醇反应，不断地从体系中蒸出水，使反应向左进行。

（2）酯的生成

醇与酸作用，脱去一分子水生成酯的反应叫酯化反应。如乙醇和乙酸反应生成乙酸乙酯：

$$CH_3CH_2OH + CH_3COOH \xrightleftharpoons{H^+} CH_3COOCH_2CH_3 + H_2O$$

醇不仅可以与有机酸作用生成酯，还可以与含氧无机酸作用生成无机酸酯。如：

$$\underset{\underset{OH}{\|}}{CH_2}-\underset{\underset{OH}{\|}}{CH}-\underset{\underset{OH}{\|}}{CH_2} + 3HNO_3 \xrightleftharpoons{H_2SO_4,10℃} \begin{matrix} CH_2O-NO_2 \\ CHO-NO_2 \\ CH_2O-NO_2 \end{matrix} + 3H_2O$$

该反应的产物甘油三硝酸酯既是一种烈性炸药，也是一种缓解心绞痛的药物。醇与硫酸、磷酸等反应也可以生成酯。甲醇与硫酸反应的产物是硫酸氢甲酯，硫酸氢甲酯减压蒸馏可以得硫酸二甲酯。硫酸二乙酯等可作烷基化试剂。醇与磷酸反应生成的磷酸三丁酯可以用作稀土萃取剂、增塑剂、溶剂等。

$$CH_3O-H + HO-SO_2OH \xrightleftharpoons{RT} CH_3O-SO_2OH + H_2O$$

$$CH_3O\boxed{-SO_2OH + HO-}SO_2OCH_3 \xrightarrow{减压蒸馏} CH_3OSO_2OCH_3 + H_2SO_4$$

$$3C_4H_9OH + H_3PO_4 \longrightarrow (C_4H_9O)_3PO + 3H_2O$$

（3）卤代烃的生成（醇羟基的反应）

① 与氢卤酸作用。醇中的羟基被卤原子取代生成卤代烃和水，可通过醇与氢卤酸作用实现，反应式为：

$$ROH + HX \rightleftharpoons RX + H_2O \quad (S_N反应)$$

该反应可逆，为了有利于卤代烷的生成，可使一种反应物（如氢卤酸）过量，或从反应体系中不断去除产物水。

该反应的速度与 ROH 的结构和 HX 的类型有关。HX 相同时，ROH 的活泼性次序为：烯丙型醇 > 叔醇 > 仲醇 > 伯醇（因为碳正离子的稳定性次序为：烯丙基碳正离子 > 3° C^+ > 2° C^+ > 1° C^+ > CH_3^+）。烯丙醇、叔醇在室温下与浓盐酸一起振荡就有氯化物生成，但是仲醇和伯醇在该条件下不反应。醇相同时，HX 的活泼性次序为：HI > HBr > HCl（因为酸性 HI > HBr > HCl）。譬如，与正丁醇反应，HI（47%）加热就可以反应，HBr（48%）需加热加硫酸催化反应，而 HCl（37%～38%）则需加热加氯化锌才能反应。

注意：

a. 由伯醇制备相应的溴代烃和碘代烃，常用比较便宜的溴化钠加硫酸或碘化钠加磷酸作试剂。

b. 一般情况下，醇与氢碘酸、氢溴酸的反应能顺利进行，但盐酸与不同类型的醇反应，速度差别较大。

② 与卢卡斯(Lucas)试剂作用。浓盐酸和无水氯化锌所配制的溶液称为卢卡斯(Lucas)试剂。卢卡斯试剂分别与伯、仲、叔醇作用，反应生成的产物卤代烷不溶于水，出现浑浊或分层现象，观察分层或浑浊的快慢，就可区别伯、仲、叔醇。叔醇 1min 变浑浊，仲醇需要一段时间，大约 10min 变浑浊，伯醇需要加热才出现浑浊现象。该反应适用于低级醇的鉴别，低级醇（C_6 以下）能溶于卢卡斯试剂，相应的卤代烷不溶于此溶液。如：

$$(CH_3)_3C-OH + HCl \xrightarrow[20℃, 1min]{ZnCl_2} (CH_3)_3C-Cl + H_2O$$

$$CH_3CH_2\underset{OH}{C}HCH_3 + HCl \xrightarrow[20℃, 10min]{ZnCl_2} CH_3CH_2\underset{Cl}{C}HCH_3 + H_2O$$

$$CH_3CH_2CH_2CH_2OH + HCl \xrightarrow[\triangle]{ZnCl_2} CH_3CH_2CH_2CH_2Cl + H_2O$$

另外，苄醇、烯丙醇的反应速度比叔醇快，甲醇的反应速度比伯醇慢。各种醇和卢卡斯试剂反应的活泼次序为：苄醇、烯丙醇 > 叔醇 > 仲醇 > 伯醇 > 甲醇。

注意，除大多数伯醇外，许多醇与氢卤酸反应时常伴随氢迁移或甲基迁移等，有重排产物生成。如：

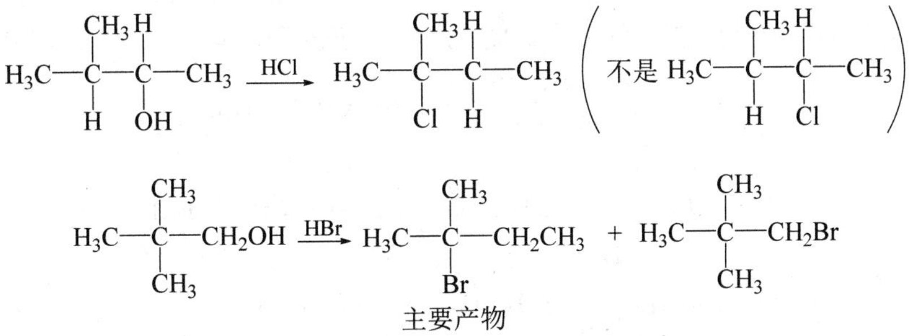

它们的机理分别为：

a.

$$H_3C-\underset{\underset{OH}{|}}{\overset{\overset{CH_3}{|}}{C}}-\underset{\underset{H}{|}}{\overset{H}{C}}-CH_3 + H^+ \rightleftharpoons H_3C-\underset{\underset{^+OH_2}{|}}{\overset{\overset{CH_3}{|}}{C}}-\underset{\underset{H}{|}}{\overset{H}{C}}-CH_3 \xrightarrow{H_2O} H_3C-\overset{\overset{CH_3}{|}}{C}=\underset{\underset{H}{|}}{\overset{H}{\overset{+}{C}}}-CH_3$$

$$\xrightarrow[H\text{迁移}]{\text{重排}} H_3C-\underset{\underset{H}{|}}{\overset{\overset{CH_3}{|}}{\overset{+}{C}}}-\underset{\underset{H}{|}}{\overset{H}{C}}-CH_3 \xrightarrow{Cl^-} H_3C-\underset{\underset{Cl}{|}}{\overset{\overset{CH_3}{|}}{C}}-\underset{\underset{H}{|}}{\overset{H}{C}}-CH_3$$

b.

（反应历程图，包括新戊醇与H⁺反应形成极不稳定的伯碳正离子，经重排CH₃迁移后形成较稳定的叔碳正离子，最后与Br⁻反应生成主要产物）

③ 与三卤化磷或亚硫酰氯作用。用三卤化磷（五卤化磷）或亚硫酰氯等与醇反应，也可制备卤代烃，该反应不发生重排。如：

$$3H_3C-\underset{\underset{CH_3}{|}}{\overset{\overset{CH_3}{|}}{C}}-CH_2OH + PBr_3 \longrightarrow 3H_3C-\underset{\underset{CH_3}{|}}{\overset{\overset{CH_3}{|}}{C}}-CH_2Br + P(OH)_3$$

$$CH_3CH_2CH_2CH_2OH + SOCl_2 \longrightarrow CH_3CH_2CH_2CH_2Cl + SO_2\uparrow + HCl\uparrow$$

其中亚硫酰氯与醇反应的速度快、产率高（90%左右）、产物纯度高。

（4）脱水反应

醇在浓硫酸或三氧化二铝催化下，在温度较高时发生分子内脱水，生成烯烃；温度较低时发生分子间脱水，生成醚。

① 分子内脱水。醇脱水活性次序为：叔醇 > 仲醇 > 伯醇。醇在酸催化下分子内脱水的历程为：质子氢与醇羟基结合，然后脱去一个水分子生成碳正离子，再消除一个 β-氢生成烯烃。

$$\underset{\underset{H}{|}\;\underset{OH}{|}}{CH_2-CH_2} \xrightarrow[\text{或}Al_2O_3,360℃]{\text{浓}H_2SO_4,170℃} CH_2=CH_2 + H_2O$$

$$CH_3-\underset{\underset{OH}{|}}{CH}-\underset{\underset{H}{|}}{CH}-CH_3 \xrightarrow[100℃]{60\%H_2SO_4} CH_3CH=CHCH_3 + H_2O$$

历程：

$$\underset{\underset{H}{|}\;\underset{OH}{|}}{\underset{\beta\;\;\;\alpha}{C-C}} \xrightarrow[\text{快}]{+H^+} \underset{\underset{H}{|}\;\underset{^+OH_2}{|}}{C-C} \xrightarrow[\text{慢}]{-H_2O} \underset{\underset{H}{|}\;\underset{+}{|}}{C-C} \xrightarrow[\text{快}]{-H^+} \underset{H}{\overset{}{C}}=\underset{H}{\overset{}{C}}$$

仲醇、叔醇有两种 β-氢原子，主产物的生成遵循扎依采夫（Saytzeff）规则，即优先脱去数量较少的 β-氢原子，生成稳定性高的、具有较多烃基取代的烯烃。如：

$$CH_3CH_2CH_2CHCH_3 \xrightarrow[87℃]{62\%H_2SO_4} CH_3CH_2CH=CHCH_3 + H_2O$$
$$\quad\quad\quad |\quad\quad\quad\quad\quad\quad\quad\quad\quad (80\%)$$
$$\quad\quad\quad OH$$

$$CH_3CH_2C(CH_3)_2OH \xrightarrow[87℃]{46\%H_2SO_4} CH_3CH=C(CH_3)_2 + H_2O$$
$$\quad\quad\quad\quad\quad\quad\quad\quad\quad\quad (84\%)$$

如果生成的产物具有较强的共轭效应，则反应向该方向进行。如：

$$PhCH_2CH(OH)CH(CH_3)_2 \xrightarrow[\Delta]{H_2SO_4} PhCH=CHCH(CH_3)_2$$

用硫酸等质子酸作催化剂常常有重排产物生成；用三氧化二铝作催化剂则无重排产物，且三氧化二铝可重复使用，但缺点就是反应温度较高。

$$CH_3CH_2CH_2CH_2OH \xrightarrow[140℃]{75\%H_2SO_4} CH_3CH=CHCH_3 + H_2O$$

$$CH_3CH_2CH_2CH_2OH \xrightarrow[350\sim400℃]{Al_2O_3} CH_3CH_2CH=CH_2$$

在质子酸作催化剂的消除反应中，也往往发生 1,2-氢迁移或 1,2-烷基迁移重排。1,2-迁移是指重排反应中迁移的基团从一个原子移向相邻的另一个原子。

1,2-氢迁移：

$$(CH_3)_2CHCH_2OH \xrightarrow{H^+} (CH_3)_2CHCH_2\overset{+}{O}H_2 \xrightarrow{-H_2O} (CH_3)_2CH\overset{+}{C}H_2$$

$(CH_3)_2CH\overset{+}{C}H_2$ （极不稳定） $\xrightarrow{1,2\text{-氢迁移}}$ $CH_3CH_2\overset{+}{C}(CH_3)_2$（重排成稳定的碳正离子）

↓ $-H^+$ ↓ $-H^+$

$CH_3CH_2C(CH_3)=CH_2$　　$CH_3CH=C(CH_3)_2$　主要产物

1,2-烷基迁移：

$$(CH_3)_3C-CH(OH)-CH_3 \xrightleftharpoons{H^+} (CH_3)_3C-CH(\overset{+}{O}H_2)-CH_3 \xrightleftharpoons{-H_2O} (CH_3)_3C-\overset{+}{C}H-CH_3$$

（仲碳正离子）

$$\xrightarrow{1,2\text{-烷基迁移}} (CH_3)_2\overset{+}{C}-CH(CH_3)-CH_3 \xrightarrow[-H^+]{\beta\text{-消除}} (CH_3)_2C=C(CH_3)_2$$

（重排成更稳定的叔碳正离子）　　主要产物

② 分子间脱水。醇与浓硫酸在较低温度下共热，分子间脱水生成醚，该反应为亲核取代反应历程。

$$CH_3CH_2-OH + H-OCH_2CH_3 \xrightarrow[\text{或}Al_2O_3, 240℃]{\text{浓}H_2SO_4, 140℃} CH_3CH_2-O-CH_2CH_3 + H_2O$$

机理：

$$CH_3CH_2-OH \xrightarrow{H^+} CH_3CH_2-\overset{+}{O}H_2 \xrightarrow[S_N2]{HO-CH_2CH_3} CH_3CH_2-\overset{+}{O}-CH_2CH_3 + H_2O$$
$$\xrightarrow{-H^+} CH_3CH_2-O-CH_2CH_3 + H_2O$$

醇可发生 β-氢原子消除反应生成烯烃，也可发生分子间脱水的亲核取代反应生成醚，二者竞争。高温前者占优，低温后者占优。叔醇通常是分子内脱水生成烯烃。

（5）氧化与脱氢反应

伯醇、仲醇中的 α-H 较活泼，易被氧化，可由加氧和去氢来实现。

① 氧化反应。伯醇在酸性溶液中用高锰酸钾氧化，生成酸，反应难以停留在醛的阶段，若要得到醛，则要及时蒸出反应生成的醛；仲醇氧化则生成酮；叔醇没有 α-H，不能被氧化。

$$H_3C-\underset{H}{\overset{H}{C}}-OH + KMnO_4 \xrightarrow{\triangle} CH_3CHO$$

$$CH_3CHO \xrightarrow{KMnO_4} CH_3COOH$$

在伯醇、仲醇的氧化中，高锰酸钾生成棕色二氧化锰沉淀，所以可用高锰酸钾氧化醇溶液的颜色由紫红色变棕色沉淀，来区别伯醇、仲醇和叔醇。重铬酸钾也可以发生类似的氧化反应，反应液由原来的橙红色变为绿色，也可用来区别伯醇、仲醇和叔醇。

$$H_3C-\underset{OH}{\overset{}{CH}}-(CH_2)_4-CH_3 \xrightarrow[100℃, H_2O]{K_2Cr_2O_7+H_2SO_4} H_3C-\underset{O}{\overset{}{C}}-(CH_2)_4-CH_3$$

叔醇无 α-H，在上述条件下不被氧化，但是在剧烈条件（硝酸、高锰酸钾+硫酸回流、重铬酸钾+硫酸回流等）下氧化，碳链断裂生成小分子产物，如羧酸等。

$$H_3C-\underset{CH_3}{\overset{CH_3}{C}}-OH \xrightarrow{[O]} CH_3COCH_3 + HCHO$$
$$\downarrow \qquad\qquad \downarrow$$
$$CH_3COOH+CO_2 \quad CO_2+H_2O$$

② 脱氢。伯醇、仲醇的蒸气在高温下通过催化剂（Cu、Ni、Ag 等），伯醇脱 α-H 生成醛，仲醇脱氢生成酮。叔醇无 α-H，只能脱 β-H 成烯（脱水消除反应）。

$$CH_3CH_2OH \xrightarrow[260\sim290℃]{Cu} CH_3CHO + H_2$$

$$CH_3\underset{OH}{\overset{}{CH}}CH_3 \xrightleftharpoons[400\sim500℃]{Cu} CH_3-\underset{O}{\overset{}{C}}-CH_3 + H_2$$

9.2 酚

9.2.1 酚的分类、命名

9.2.1.1 酚的分类

羟基直接和芳环相连的化合物叫酚。根据芳烃基的不同可分为苯酚和萘酚等。如：

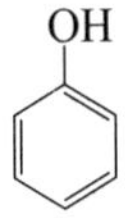

苯酚 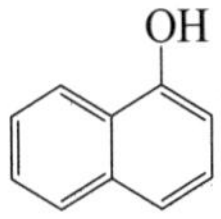　　　　　　萘酚 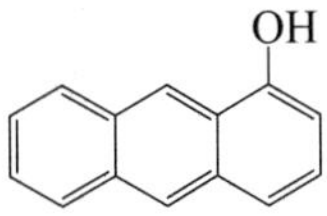　　　　　　蒽酚

根据芳环上所连羟基的数目不同可分为一元酚和多元酚。如：

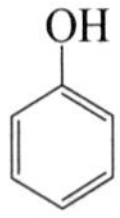

一元酚 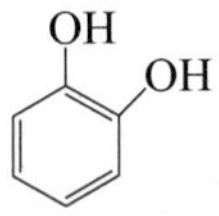　　　　　　二元酚 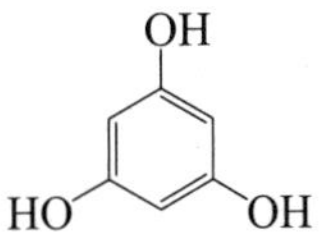　　　　　　三元酚

9.2.1.2 酚的命名（系统命名法）

没有取代基的酚的系统命名是在芳环名称后面加上"酚"字，如苯酚、萘酚等，注意萘酚、蒽酚还需要注明羟基在芳环上的位号。

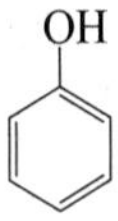

苯酚 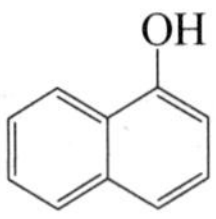　　　　　　1-萘酚 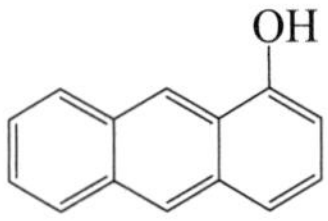　　　　　　1-蒽酚

芳环上还有其他基团时，则需比较其他基团与酚羟基的优先次序。如果酚羟基次序优于其他基团（见芳烃命名部分），则其他基团作为取代基，位置和名称写在母体名称前面。

邻甲苯酚　　　对硝基苯酚　　　8-溴-1-萘酚　　　2,4,6-三硝基苯酚

如果其他基团的次序优于羟基，则其他基团为母体，羟基作为取代基。如：

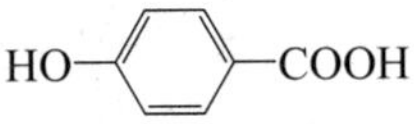

对羟基苯甲酸 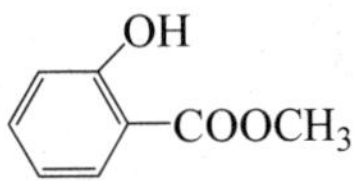　　　　　　邻羟基苯甲酸甲酯

如果芳环上有多个基团,则按照基团优先次序排列,最优基团为母体,其他所有基团都为取代基,使取代基位次和最小给这些取代基编号。

4-羟基-3-甲氧基苯甲醛　　　　　3-甲基-4-羟基苯乙酮

多元酚的命名,称某二酚或某三酚等,酚羟基的位置要注明。

1,4-苯二酚(对苯二酚)　　　　　1,3,5-苯三酚(均苯三酚)

9.2.2　酚的结构

以苯酚为例说明酚的结构。苯酚羟基直接和苯环相连,羟基和苯环共平面,如图9.5所示。

图9.5　苯酚的球棍模型图

苯酚中,苯环上的碳原子和氧原子都是 sp^2 杂化的,其中氧原子的 2p 轨道被一对电子占据,3 个 sp^2 杂化轨道上分别有 1 个、1 个、2 个电子。

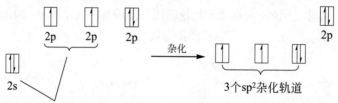

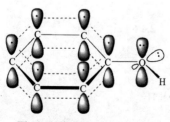

图9.6　苯酚的 p-π 共轭

氧原子的 2 个 sp^2 杂化轨道分别与碳原子的 sp^2 杂化轨道和氢原子的 1s 轨道重叠,形成 C—O σ键和 O—H σ键,剩下一个 sp^2 杂化轨道被一对电子占据。氧原子的未杂化 p 轨道与苯环的大 π 键形成 p-π 共轭(如图 9.6 所示)。氧原子未杂化的 p 轨道上有两个电子,苯环 6 个碳原子的未杂化 p 轨道上各有一个电子,形成了 8 个电子 7 个轨道的富电子共轭体系,酚羟基氧原子具有给电子共轭效应(+C),给邻、对位碳上的电子多些，同时由于氧原子的电负性大，羟基具有吸电子诱导效应(–I)，给电子共轭效应大于吸电子诱导效应，故而酚羟基能活化苯环，且苯环邻、对位电子云密度相对较大。

9.2.3 酚的物理性质

大多数酚为固体，少数烷基酚为高沸点液体，相对密度都大于 1。酚分子间可以形成氢键，酚类化合物的熔点和沸点高于分子量相近的芳烃、卤代芳烃。酚在水中的溶解度也高于卤代芳烃等。随着羟基数目增多，多元酚在水中的溶解度增大。部分常见酚的物理常数见表 9.2。

表 9.2 部分常见酚的物理常数

名称	熔点/℃	沸点/℃	在水中的溶解度/(g/100g)	pK_a
苯酚	43	181	8	9.89
邻甲苯酚	30	191	2.5	10.20
间甲苯酚	11	201	2.5	10.01
对甲苯酚	35.5	201	2.3	10.17
邻氯苯酚	8	176	2.8	8.11
间氯苯酚	29	214	2.6	8.80
对氯苯酚	37	217	2.8	9.20
邻硝基苯酚	44.5	214	0.2	7.17
间硝基苯酚	96	分解	1.4	8.28
对硝基苯酚	114	279(分解)	1.7	7.15
2,4-二硝基苯酚	113	分解	0.56	3.96
2,4,6-三硝基苯酚	122	分解(300℃爆炸)	1.4	0.38
对苯二酚	172	287	8	
邻苯二酚	105	245	45.1	

纯净的酚是无色的，但酚羟基容易被空气中的氧缓慢氧化而带有不同程度的黄色或暗红色。低级酚有特殊的刺激性气味，尤其是对眼睛、呼吸道黏膜、皮肤有刺激和腐蚀作用。

9.2.4 酚的化学性质

9.2.4.1 化学性质的推导

以苯酚为例加以说明，羟基直接和苯环相连，氧原子以 sp^2 杂化轨道与碳原子、氢原子成 σ 键，氧原子的未杂化 p 轨道与苯环的大 π 键形成 p-π 共轭，这样使酚羟基和醇羟基有明显的不同，具有明显的酸性。酚羟基中氧的一个 sp^2 杂化轨道上有孤电子对，可进攻带正电荷的 R^+、RCO^+ 形成酚醚或酯等，与缺电子的金属离子（如 Fe^{3+}）等形成络合物，但由于氧原子连着苯环，导致酚中氧的电子云密度低于醇中的氧，对正电荷的进攻能力弱于醇氧。C—O 键也因为氧原子与苯环共轭，难以发生断裂。此外苯环也因为羟基的活化，易于发生亲电取代反应，比苯活泼，如图 9.7 所示。

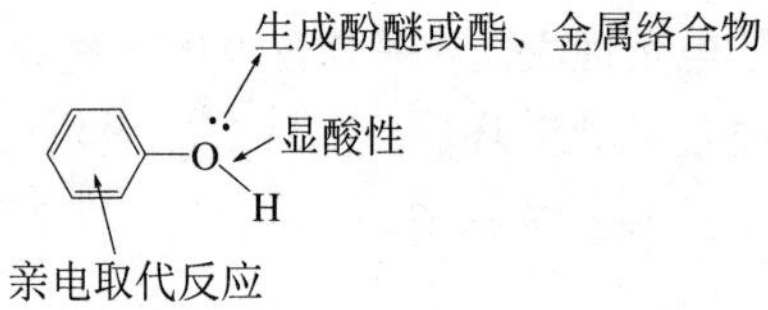

图 9.7 苯酚的化学性质推导

9.2.4.2 化学性质

（1）酚羟基的反应

① 酸性。由于酚羟基氧原子为 sp^2 杂化，与芳环存在给电子 p-π 共轭效应，酚的酸性比醇和水都强。如苯酚的酸性（pK_a=9.89）比环己醇（pK_a=18）强很多，苯酚可以和氢氧化钠的水溶液反应生成酚钠。

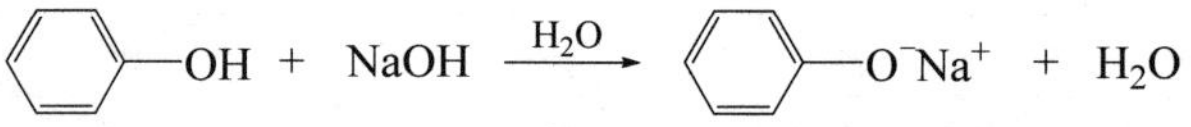

$$C_6H_5-OH + NaOH \xrightarrow{H_2O} C_6H_5-O^-Na^+ + H_2O$$

苯酚的酸性比碳酸（pK_a=6.38）弱，将二氧化碳通入酚钠溶液中，酚可以游离出来。工业上利用酚溶于碱液又可用酸游离出来的性质，回收和处理含酚的污水。

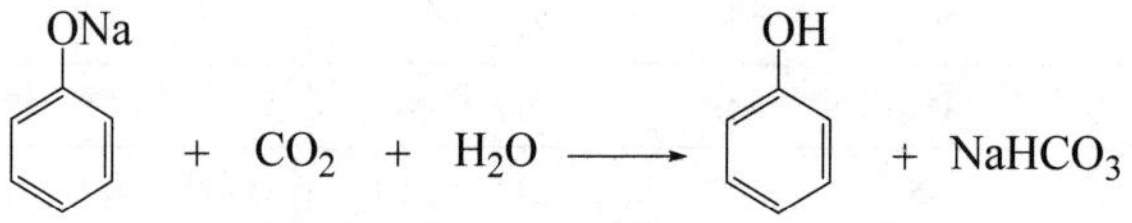

$$C_6H_5-ONa + CO_2 + H_2O \longrightarrow C_6H_5-OH + NaHCO_3$$

酚芳环上的取代基不同时，酸性也不同，给电子基使酚的酸性减弱，吸电子基使酚的酸性增强。

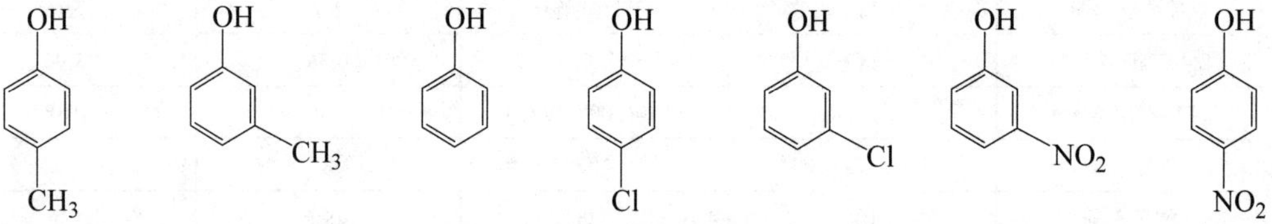

	对甲苯酚	间甲苯酚	苯酚	对氯苯酚	间氯苯酚	间硝基苯酚	对硝基苯酚
pK_a	10.17	10.01	9.89	9.20	8.80	8.28	7.15

② 与三氯化铁的显色反应。酚能和三氯化铁溶液发生显色反应，不同的酚显示不同的颜色。如：

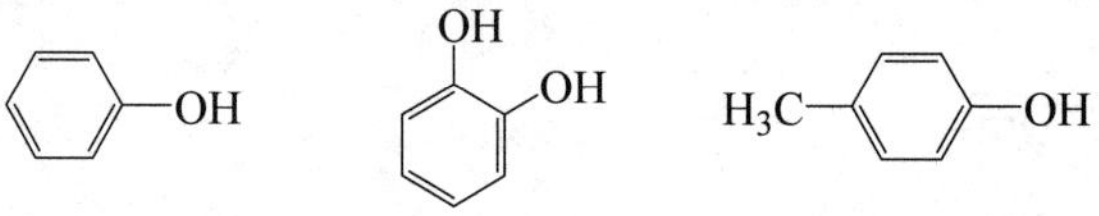

苯酚 蓝紫色　　邻苯二酚 深绿色　　对甲苯酚 蓝色

一般认为，显色反应是因酚与三氯化铁形成了络合物，如：

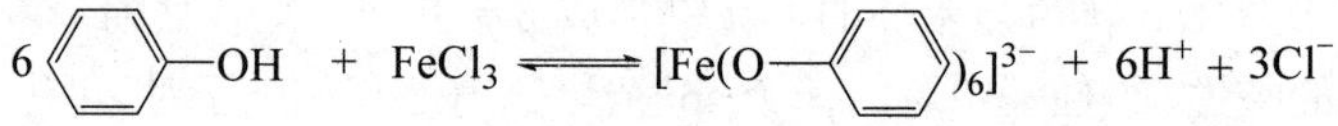

$$6C_6H_5-OH + FeCl_3 \rightleftharpoons [Fe(O-C_6H_5)_6]^{3-} + 6H^+ + 3Cl^-$$

烯醇式结构（ $\diagup$C=C$\diagdown^{OH}$ ）与酚结构相似，氧原子也是 sp^2 杂化的，与相连的碳碳双键也能形成 p-π 共轭（给电子），这些化合物也能与三氯化铁溶液发生显色反应。

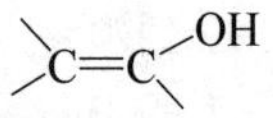

③ 酚醚的生成。酚也能生成醚，但由于 p-π 共轭效应使得酚分子中 C—O 键比较牢固，且氧原子给出电子，亲核性较差，难以通过分子间脱水来制备酚醚。通常是先把酚转变成酚

盐，然后进行烷基化制得相应的醚。

$$\text{C}_6\text{H}_5\text{OK} + \text{C}_2\text{H}_5\text{I} \longrightarrow \text{C}_6\text{H}_5\text{OC}_2\text{H}_5$$

二芳基醚可以由酚盐与卤代芳烃反应得到，但反应比较困难，通常需在铜催化下加热才能完成。

$$\text{C}_6\text{H}_5\text{ONa} + \text{BrC}_6\text{H}_5 \xrightarrow[210℃]{\text{Cu}} \text{C}_6\text{H}_5\text{-O-C}_6\text{H}_5$$

若芳环上卤原子的邻位或对位连有强吸电子基团时，反应比较容易进行。如：

$$\text{C}_6\text{H}_5\text{OK} + \text{Br-C}_6\text{H}_3(\text{NO}_2)_2 \longrightarrow \text{C}_6\text{H}_5\text{-O-C}_6\text{H}_3(\text{NO}_2)_2$$

④ 酯的生成。酚与羧酸作用生成酯的反应要比醇困难得多，产率也不高。采用活性高的酸酐或酰氯制备酚酯则相对比较容易。如：

$$\text{C}_6\text{H}_5\text{OH} + \text{CH}_3\text{COCl} \longrightarrow \text{C}_6\text{H}_5\text{-O-COCH}_3 + \text{HCl}$$

$$\text{C}_6\text{H}_5\text{OH} + (\text{CH}_3\text{CO})_2\text{O} \longrightarrow \text{C}_6\text{H}_5\text{-O-COCH}_3 + \text{CH}_3\text{COOH}$$

（2）芳环上的反应

羟基是很强的邻对位定位基，使苯环活化，酚比苯易发生卤化、硝化、磺化等亲电取代反应。

① 卤化反应。苯酚的卤化比苯容易得多，苯酚与溴水在常温下即可反应生成 2,4,6-三溴苯酚（白色沉淀）。此反应非常灵敏，常用于苯酚的鉴别和定量测定。

$$\text{C}_6\text{H}_5\text{OH} + \text{Br}_2 \xrightarrow{\text{H}_2\text{O}} 2,4,6\text{-三溴苯酚} \downarrow + \text{HBr}$$

若继续加溴水，则三溴苯酚进一步反应生成黄色的四溴化物沉淀。

$$2,4,6\text{-三溴苯酚} + \text{Br}_2 \underset{\text{NaHSO}_3}{\overset{\text{H}_2\text{O}}{\rightleftharpoons}} \text{2,4,4,6-四溴环己二烯酮} \downarrow \text{（黄色）}$$

通过降低反应温度和降低溶剂极性，可得到卤原子取代较少的产物。如，在低温（0℃）和非极性溶剂（CCl_4、CS_2）中，苯酚与溴反应可得一溴代苯酚，且以对位产物为主。

$$\text{C}_6\text{H}_5\text{OH} + \text{Br}_2 \xrightarrow[0℃]{\text{CCl}_4} \text{对-BrC}_6\text{H}_4\text{OH} + \text{邻-BrC}_6\text{H}_4\text{OH}$$

② 硝化反应。苯酚在浓硝酸作用下会被氧化，苯酚在室温下与稀硝酸作用可生成邻硝基苯酚和对硝基苯酚的混合物。

$$\text{C}_6\text{H}_5\text{OH} \xrightarrow[25℃]{20\%\text{HNO}_3} \text{邻-}O_2N\text{C}_6\text{H}_4\text{OH}\ (30\%\sim40\%) + \text{对-}O_2N\text{C}_6\text{H}_4\text{OH}\ (15\%)$$

邻硝基苯酚在分子内形成氢键，可随水蒸气一起挥发，冷却后不溶于水。对硝基苯酚不能形成分子内氢键，但可以形成分子间氢键，其沸点较高，一般不能随水蒸气挥发。故而这两种产物可以用水蒸气蒸馏的方法分离。

分子内氢键　　　　　　　　　分子间氢键

沸点：216℃　在水中的溶解度：0.2g/100g　　沸点：279℃　在水中的溶解度：1.7g/100g

③ 磺化反应。酚与浓硫酸作用，生成邻羟基苯磺酸和对羟基苯磺酸。室温下反应主要产物为邻羟基苯磺酸；在100℃下进行时，主要产物为对羟基苯磺酸。该反应也是可逆的，在100℃下将邻羟基苯磺酸与硫酸一起共热，也可以得到对羟基苯磺酸。

$$\text{C}_6\text{H}_5\text{OH} \xrightleftharpoons[\text{室温}]{\text{浓H}_2\text{SO}_4} \text{对-HOC}_6\text{H}_4\text{SO}_3\text{H（主要产物）} + \text{邻-HOC}_6\text{H}_4\text{SO}_3\text{H}$$

$$\text{邻-HOC}_6\text{H}_4\text{SO}_3\text{H} \xrightarrow[100℃]{\text{浓H}_2\text{SO}_4} \text{对-HOC}_6\text{H}_4\text{SO}_3\text{H}$$

④ 弗里德-克拉夫茨反应。酚易进行烷基化反应，但苯酚与三氯化铝等会形成盐，阻碍反应进行，故而常用 HF、H_2SO_4 等催化。酰基化反应中，酰基化试剂通常与酚羟基优先生成酯。

$$\text{C}_6\text{H}_5\text{OH} + (\text{CH}_3)_3\text{CCl} \xrightarrow{\text{HF}} \text{HO-C}_6\text{H}_4\text{-C}(\text{CH}_3)_3$$

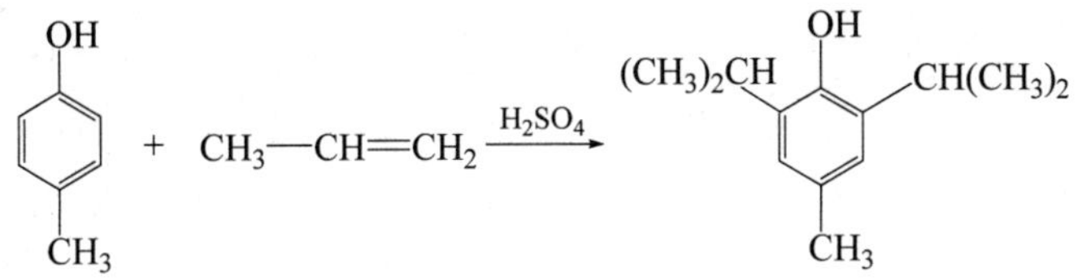

$$\underset{\mathrm{CH_3}}{\underset{|}{\bigcirc}}\text{OH} + \mathrm{CH_3-CH=CH_2} \xrightarrow{\mathrm{H_2SO_4}} \underset{\mathrm{CH_3}}{\underset{|}{\bigcirc}}\overset{\mathrm{OH}}{\underset{(CH_3)_2CH\;\;\;\;CH(CH_3)_2}{}}$$

（3）酚的氧化反应

酚容易氧化，空气中的氧气能使苯酚氧化，颜色逐渐变深，生成醌等物质。在重铬酸钾的硫酸溶液作用下，酚变成对苯醌。

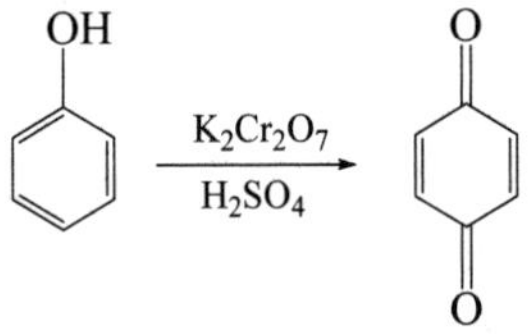

$$\bigcirc\text{-OH} \xrightarrow[\mathrm{H_2SO_4}]{\mathrm{K_2Cr_2O_7}} \text{对苯醌}$$

多元酚更易氧化，特别是两个或两个以上羟基互为邻、对位时。邻苯二酚和对苯二酚在室温时即可被弱氧化剂（如 AgBr、Ag_2O 等）氧化成邻苯醌和对苯醌。

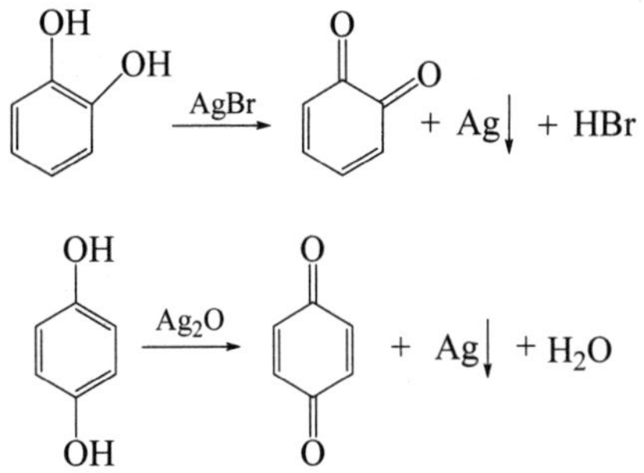

$$\bigcirc\text{(OH)}_2 \xrightarrow{\mathrm{AgBr}} \bigcirc\text{(=O)}_2 + \mathrm{Ag}\downarrow + \mathrm{HBr}$$

$$\bigcirc\text{(OH)}_2 \xrightarrow{\mathrm{Ag_2O}} \bigcirc\text{(=O)}_2 + \mathrm{Ag}\downarrow + \mathrm{H_2O}$$

9.3 醚

9.3.1 醚的分类、命名

9.3.1.1 醚的分类

醚可以看成是水分子中的两个氢原子被烃基取代后的生成物，也可以看作是醇羟基或酚羟基上的氢原子被烃基取代后所形成的化合物。醚的通式为：R—O—R′、Ar—O—R、Ar—O—Ar′。

与氧相连的两个烃基相同时，称作单醚，如 C_2H_5—O—C_2H_5；与氧相连的两个烃基不同时，称作混醚，如 CH_3—O—C_2H_5。

根据醚分子中氧原子所连烃基结构及方式不同分为：饱和醚、不饱和醚、芳醚、环醚、冠醚等。如：

$CH_3CH_2OCH_2CH_3$　　　　　　　　　　　$CH_3OCH=CH_2$
乙醚（饱和醚）　　　　　　　　　　　甲基乙烯基醚（不饱和醚）

第9章　醇、酚、醚　　153

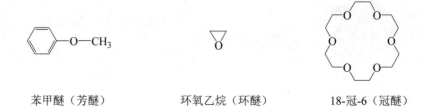

苯甲醚（芳醚）

环氧乙烷（环醚）

18-冠-6（冠醚）

9.3.1.2 醚的命名

简单的醚，一般用习惯命名法（普通命名法）命名；复杂的醚，用系统命名法命名。

（1）习惯命名法

先写出与氧相连的两个烃基的名称，再加上“醚”字。单醚命名时，烃基可省去“二”。命名混醚时，非较优基团名称置于较优基团前面。多元醚（多元醇的烃衍生物）命名时，首先写出多元醇的名称，再写出烃基的数目和名称，最后写上“醚”字。如：

$CH_3{-}O{-}CH_3$

（二）甲醚

（二）苯醚

$CH_3OC(CH_3)_3$

甲基叔丁基醚

$CH_3CH_2{-}O{-}CH{=}CH_2$

乙基乙烯基醚

CH_2OCH_3
|
CH_2OCH_3

乙二醇二甲醚

$CH_2OCH_2CH_3$
|
$CHOH$
|
CH_2OH

丙三醇一乙醚

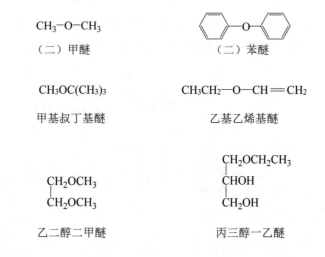

（2）系统命名法

系统命名法把醚看作烃的烃氧基衍生物，将碳链最长的烃基看作母体，把烃氧基作为取代基，称为“某”烃氧基“某”烃。如：

$CH_3CH_2CH_2CH(OCH_3)CH_2CH_3$

3-甲氧基己烷

$CH_3CH_2OCH{=}CH_2$

乙氧基乙烯

$CH_3CH{=}CHCH(OCH_2CH_3)CH_2CH_3$

4-乙氧基-2-己烯

环醚一般叫环氧“某”烃或按杂环化合物的命名方法命名。如：

环氧乙烷

1,3-环氧丙烷

1,4-环氧丁烷（四氢呋喃）

3-溴-1,2-环氧丙烷

1,4-二氧六环

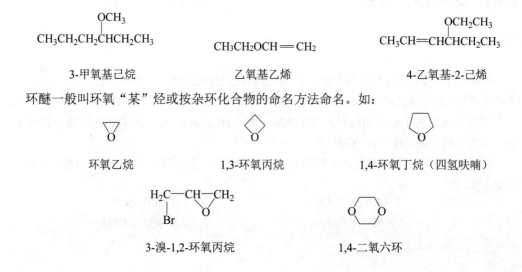

9.3.2 醚的结构

脂肪醚中氧原子杂化方式与醇相似，是 sp³ 杂化的，用两个 sp³ 杂化轨道与两个烃基碳原子的 sp³ 杂化轨道结合，形成σ键，剩下的两个 sp³ 杂化轨道被两对孤电子对占据。图 9.8 为甲醚的结构图。

(a) 甲醚的球棍模型　　　　　　　　(b) 甲醚的键角和醚键上的孤电子对

图 9.8　甲醚分子的结构

芳香醚中的氧原子杂化方式则与酚相似，为 sp² 杂化，两个 sp² 杂化轨道分别与芳基碳原子 sp² 杂化轨道结合和另一个烃基的 sp³ 轨道（如果该烃基也是芳基则为 sp² 杂化轨道）结合形成两个σ键，另外一个 sp² 杂化轨道和未杂化的 p 轨道分别被孤电子对所占据。脂肪醚和芳香醚分子构型都为 V 形，只是醚键 C—O—C 键角不同，前者与 109.5°接近，后者接近 120°。

9.3.3 醚的物理性质

醚分子间不能形成氢键，沸点比醇低得多，与分子量相近的烷烃相似。低级醚为易挥发的液体，容易燃烧。高级的醚在水中的溶解度很低，但低级醚因可与水形成氢键，在水中有一定的溶解度，如甲醚与水混溶；100g 水中可以溶解 8g 的乙醚，四氢呋喃和 1,4-二氧六环等环醚也易和水形成氢键，它们也可与水部分混溶。乙醚是常见的溶剂，易挥发和着火，与空气可形成爆炸性混合气，爆炸体积分数极限为 1.85%～36.5%，使用时要注意安全。表 9.3 为一些常见醚的熔点、沸点和相对密度。

表 9.3　常见醚的物理常数

名称	熔点/℃	沸点/℃	相对密度 d_4^{20}
甲醚	−140	−24.9	0.661
甲乙醚	−139.2	7.9	0.725
乙醚	−116	34.5	0.714
正丙醚	−122	90.5	0.736
异丙醚	−86	68	0.735
正丁醚	−98	141	0.768
乙烯基醚	—	29	0.773
环氧乙烷	−112.2	10.7	0.8969（d_4^9）
四氢呋喃	−108	65.4	0.888
1,4-二氧六环	11.8	101	1.034
苯甲醚	−37.3	154	0.994
二苯醚	27	259	1.072

9.3.4 醚的化学性质

9.3.4.1 化学性质的推导

以饱和醚为例，推导化学性质。醚分子中的氧原子与两个烃基相连，分子极性小（乙醚：1.18D），一般情况下，饱和醚化学性质不活泼，对碱、氧化剂、还原剂都很稳定，其稳定性稍次于烷烃。不过，醚可以发生一些醚键特有的反应：由于饱和醚中的氧有孤电子对，显碱性，带正电荷或具有空轨道的物质能与之形成络合物；另外 C—O 键可以发生异裂，带部分负电荷的氧原子可以与正电荷（如 H⁺）结合生成醇，带部分正电荷的碳原子受带负电荷的亲核试剂进攻（如卤素负离子）生成相应的化合物（如卤代烃）等。另外醚在光作用下可以与空气中的氧气反应，C—H 键插入 O—O 形成过氧化物，如图 9.9 所示。

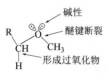

图 9.9 醚的化学性质推导

9.3.4.2 化学性质

（1）弱碱性

醚键上的氧原子具有未共用电子对，能接受酸中的氢离子而生成𬭩盐，低级的醚能溶解于强酸中，该盐仅在浓酸中才稳定，遇水即分解成原来的醚。利用这个性质可将醚从有机混合物中分离出来。

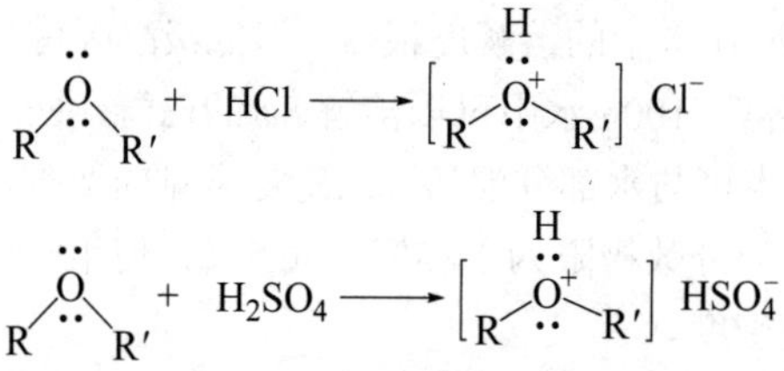

醚还可以和 BF₃、AlCl₃、RMgX 等缺电子的化合物生成络合物。这也是格氏试剂等溶于醚的重要原因。

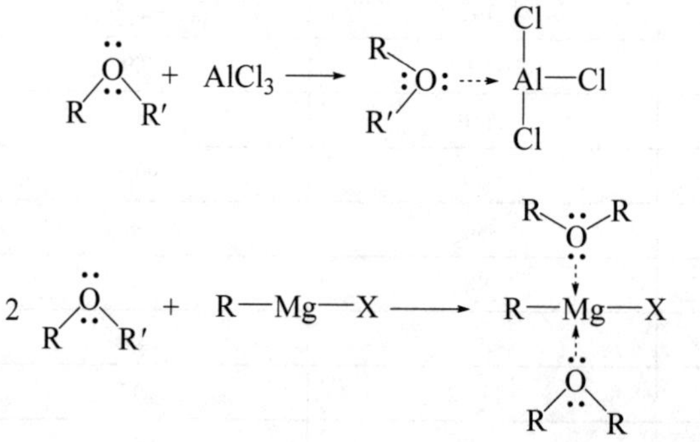

（2）醚键的断裂

强酸与醚作用，加热可使醚键断裂。烷基单醚与氢卤酸（一般用 HI 或 HBr）作用，醚键断裂后生成一分子的卤代烃和一分子的醇；如果氢卤酸过量，则生成的醇继续与氢卤酸反应生成卤代烃。混醚与氢卤酸作用，较小的烃基变成卤代烷（S_N2 历程），较大烃基变为醇。芳基烃基醚与氢卤酸作用总是烷氧键断裂，生成酚和卤代烷。

$$CH_3CH_2OCH_2CH_3 + HI \xrightarrow{\triangle} CH_3CH_2I + HOCH_2CH_3$$
$$\qquad\qquad\qquad\qquad\qquad\qquad\qquad\qquad \downarrow HI$$
$$\qquad\qquad\qquad\qquad\qquad\qquad\qquad\qquad CH_3CH_2I$$

$$CH_3OCH_2CH_3 + HI \xrightarrow{\triangle} CH_3I + CH_3CH_2OH$$

$$C_6H_5-OCH_3 + HI \xrightarrow{120\sim130℃} C_6H_5-OH + CH_3I$$

（3）过氧化物的生成

醚与空气长期接触，可被空气氧化成过氧化物。该过氧化物不稳定，易受热分解而发生爆炸。

$$CH_3CH_2-O-CH_2CH_3 + O_2 \longrightarrow \underset{\underset{OOH}{|}}{CH_3CH}-O-CH_2CH_3$$

（氢过氧化乙醚）

故而蒸馏乙醚时要特别小心。蒸馏乙醚之前应检验有无过氧化物存在，以防意外。可用碘化钾淀粉试纸检验，若有过氧化物则试纸变为蓝紫色。可加还原剂（5%$FeSO_4$溶液、5%$NaHSO_3$、5%NaI）于醚中，摇动，使过氧化物分解除去。为防止乙醚中过氧化物生成，常将乙醚贮存于棕色瓶中，另外在乙醚中加具有还原性的铁丝。

9.3.5 环醚

烃基与氧原子相互连接成环的醚称为环醚。较常见的环醚有三元环、五元环和六元环的环醚以及冠醚（大环多醚）等。

9.3.5.1 环氧乙烷

结构最简单的环醚为环氧乙烷，它是无色的有毒气体，加压可液化，能溶于水、醇、醚中。环氧乙烷在有机合成上是一种重要原料，可以由乙烯催化氧化或乙烯与次卤酸加成然后消除得到。

$$CH_2=CH_2 + O_2 \xrightarrow{Ag,250℃} \triangle O$$

$$CH_2=CH_2 \xrightarrow[70\sim80℃]{HOCl} HOCH_2CH_2Cl \xrightarrow{NaOH} \triangle O + NaCl + H_2O$$

环氧乙烷很活泼，在酸或碱的催化作用下，能与许多试剂发生反应生成一系列重要的化合物。环氧乙烷在酸催化下与水加成开环生成乙二醇。

$$\triangle O \xrightarrow{H^+} \triangle\overset{+}{O}H \xrightarrow{H_2O} HO-CH_2CH_2-\overset{+}{O}H_2 \xrightarrow{-H^+} HO-CH_2CH_2-OH$$

环氧乙烷酸催化下与甲醇反应开环生成乙二醇单甲醚；与氯化氢反应生成氯乙醇。

$$\triangle O + CH_3OH \xrightarrow{H^+} CH_3OCH_2CH_2OH$$

$$\triangle O + HCl \xrightarrow{H^+} HOCH_2CH_2Cl$$

环氧乙烷在碱催化下开环生成各种化合物。如：

$$\text{环氧乙烷} \xrightarrow{NH_3} {}^-O-CH_2CH_2-NH_3^+ \longrightarrow HO-CH_2CH_2-NH_2$$

$$\xrightarrow{\text{环氧乙烷}} (HOCH_2CH_2)_2NH \xrightarrow{\text{环氧乙烷}} (HOCH_2CH_2)_3N$$

$$\text{环氧乙烷} \xrightarrow[OH^-, H_2O]{(n+1)\text{ 环氧乙烷}} HOCH_2-[CH_2CH_2O]_n-CH_2CH_2OH$$

环氧乙烷也可与格氏试剂反应生成醇，反应产物较格氏试剂增加了两个碳原子。

$$\text{环氧乙烷} \xrightarrow{RMgX} RCH_2CH_2OMgX \xrightarrow{H_2O} RCH_2CH_2OH + HOMgX$$

当环氧乙烷上有取代基且为非对称结构时，在酸催化下，亲核试剂主要进攻取代基较多的碳原子；在碱催化下，亲核试剂主要进攻取代基较少（空间位阻小）的碳原子。

$$\text{甲基环氧乙烷} + HCl \longrightarrow HOCH_2CHCH_3 \atop Cl$$

$$\text{甲基环氧乙烷} + CH_3OH \xrightarrow{CH_3ONa} CH_3OCH_2CHCH_3 \atop OH$$

酸催化和碱催化开环有着不同的反应历程。酸催化是 S_N1 反应，酸催化开环反应机理为：

$$\text{甲基环氧乙烷} \xrightarrow{H^+} \text{质子化中间体} \longrightarrow HOCH_2CHCH_3^+ \xrightarrow{Cl^-} HOCH_2CHCH_3 \atop Cl$$

碱催化是 S_N2 反应，碱催化开环反应机理为：

$$\text{甲基环氧乙烷} \xrightarrow{CH_3O^-} CH_3O-CH \atop CH_3 \atop O^- \xrightarrow{CH_3OH} CH_3OCH_2CHCH_3 \atop OH$$

9.3.5.2 冠醚

冠醚分子中含有多个—OCH_2CH_2—结构单元，其空间结构与王冠类似，所以称冠醚。其中15-冠-5、18-冠-6 等最为常见。冠醚名称 15-冠-5 中的 15 代表成环的碳原子和氧原子数目总和，5 则代表氧原子数目。

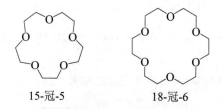

15-冠-5　　　　18-冠-6

冠醚通常用醇盐与卤代烷反应生成，醇通常为二甘醇或三甘醇等。18-冠(醚)-6 就是用二氯三亚乙基二醚与三甘醇反应生成。

冠醚中的氧原子有孤电子对，可以与金属离子配位，大小不同的环（冠醚空穴大小不同）与不同大小的金属离子形成络合物，可较好地识别不同的金属离子，也可以用冠醚来分离不同的金属离子。如 18-冠-6 可以与 K^+ 离子形成稳定的络合物，而环较小的 12-冠-4，可以与锂离子络合而不与钠、钾离子络合。在合成中冠醚用作相转移催化剂，也是因为这种性质。

习　题

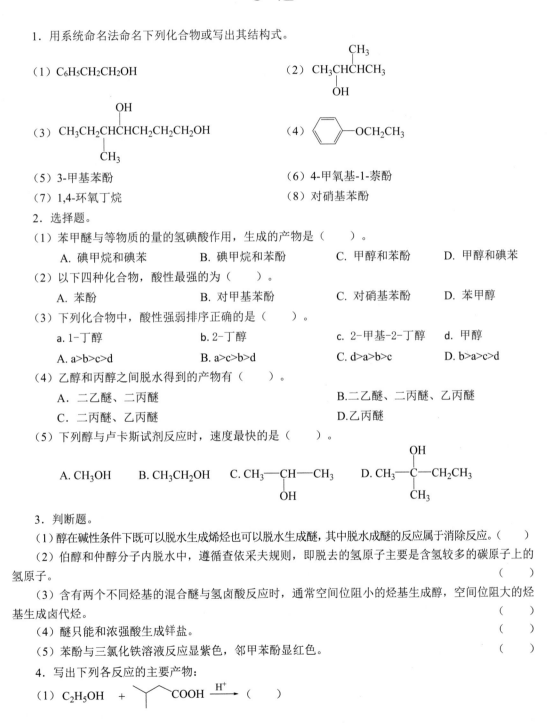

1．用系统命名法命名下列化合物或写出其结构式。

(1) $C_6H_5CH_2CH_2OH$

(2) $CH_3\underset{\underset{OH}{|}}{\overset{\overset{CH_3}{|}}{C}H}CH_3$ （应为 CH₃CH(OH)CH(CH₃)... 见图）

(3) $CH_3CH_2\underset{\underset{CH_3}{|}}{\overset{\overset{OH}{|}}{C}H}CH_2CH_2CH_2OH$

(4) 苯-OCH₂CH₃ （见图）

(5) 3-甲基苯酚

(6) 4-甲氧基-1-萘酚

(7) 1,4-环氧丁烷

(8) 对硝基苯酚

2．选择题。

(1) 苯甲醚与等物质的量的氢碘酸作用，生成的产物是（　　）。
　A. 碘甲烷和碘苯　　B. 碘甲烷和苯酚　　C. 甲醇和苯酚　　D. 甲醇和碘苯

(2) 以下四种化合物，酸性最强的为（　　）。
　A. 苯酚　　　　　B. 对甲基苯酚　　　C. 对硝基苯酚　　D. 苯甲醇

(3) 下列化合物中，酸性强弱排序正确的是（　　）。
　a. 1-丁醇　　　　b. 2-丁醇　　　　　c. 2-甲基-2-丁醇　　d. 甲醇
　A. a>b>c>d　　　B. a>c>b>d　　　　C. d>a>b>c　　　　D. b>a>c>d

(4) 乙醇和丙醇之间脱水得到的产物有（　　）。
　A. 二乙醚、二丙醚　　　　　　　　　B. 二乙醚、二丙醚、乙丙醚
　C. 二丙醚、乙丙醚　　　　　　　　　D. 乙丙醚

(5) 下列醇与卢卡斯试剂反应时，速度最快的是（　　）。
　A. CH_3OH　　B. CH_3CH_2OH　　C. $CH_3\underset{\underset{OH}{|}}{C}HCH_3$　　D. $CH_3\underset{\underset{CH_3}{|}}{\overset{\overset{OH}{|}}{C}}CH_2CH_3$

3．判断题。

(1) 醇在碱性条件下既可以脱水生成烯烃也可以脱水生成醚，其中脱水成醚的反应属于消除反应。（　　）

(2) 伯醇和仲醇分子内脱水中，遵循查依采夫规则，即脱去的氢原子主要是含氢较多的碳原子上的氢原子。（　　）

(3) 含有两个不同烃基的混合醚与氢卤酸反应时，通常空间位阻小的烃基生成醇，空间位阻大的烃基生成卤代烃。（　　）

(4) 醚只能和浓强酸生成𨦡盐。（　　）

(5) 苯酚与三氯化铁溶液反应显紫色，邻甲苯酚显红色。（　　）

4．写出下列各反应的主要产物：

(1) $C_2H_5OH\ +\ $ （异戊酸结构）$COOH\ \xrightarrow{H^+}\ $（　　）

(2) $CH_3CH_2CHCH_3$ + HCl $\xrightarrow[\Delta]{ZnCl_2}$ ( )
        |
        OH

(3) C_2H_5—C(CH_3)_2—OH + $SOCl_2$ ⟶ ( )

(4) 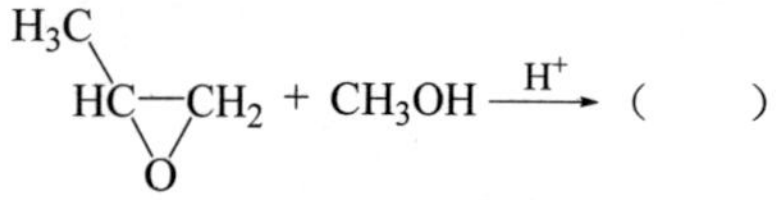 H_3C-HC—CH_2 (环氧) + CH_3OH $\xrightarrow{H^+}$ ( )
         \O/

(5) $(CH_3)_3COH$ $\xrightarrow[87℃]{46\%H_2SO_4}$ ( )

(6) 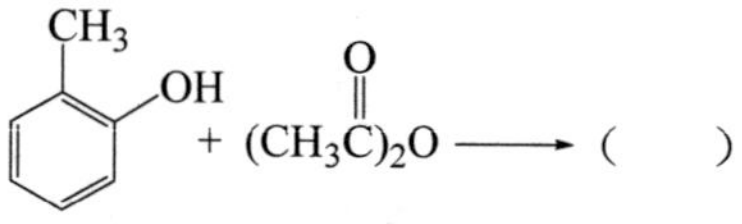 邻甲基苯酚 + $(CH_3C)_2O$ (即$(CH_3CO)_2O$) ⟶ ( )

(7) 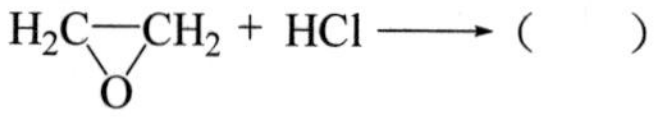 H_2C—CH_2 + HCl ⟶ ( )
       \O/

(8) 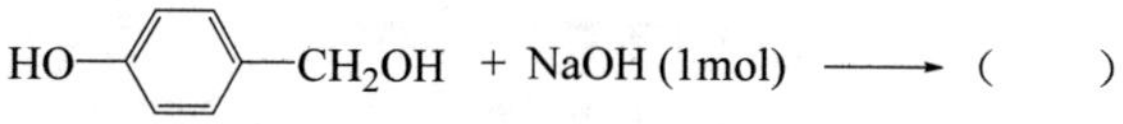 HO—C$_6$H$_4$—CH_2OH + NaOH (1mol) ⟶ ( )

(9) $(CH_3CH_2CH_2)_2O$ + HI(过量) ⟶ ( )

(10) 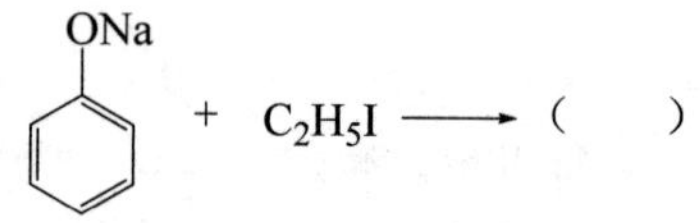 C_6H_5ONa + C_2H_5I ⟶ ( )

(11) 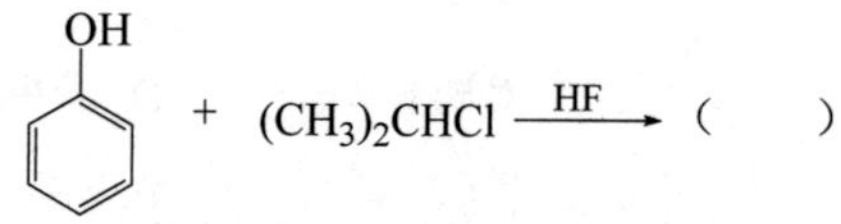 C_6H_5OH + $(CH_3)_2CHCl$ $\xrightarrow{HF}$ ( )

(12) 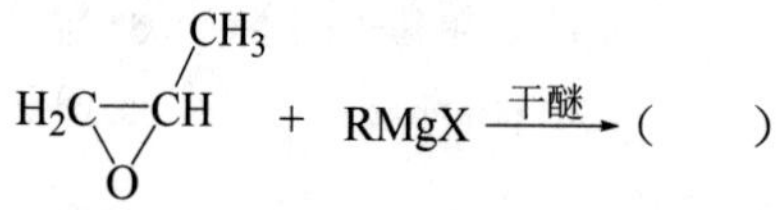 H_2C—CH(CH$_3$) + RMgX $\xrightarrow{干醚}$ ( )
        \O/

(13) 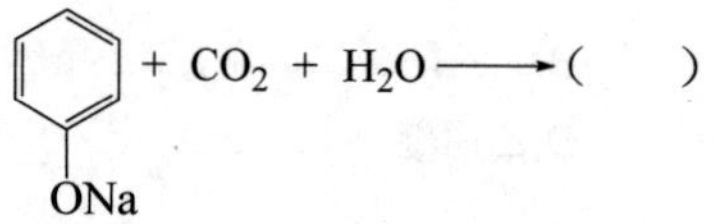 C_6H_5ONa + CO_2 + H_2O ⟶ ( )

5. 合成题。

（1）用格氏试剂与合适的醇、酚、醚合成 3-苯基-1-丙醇。

（2）由乙醇合成丙酸。

（3）由 2-氯丙烷合成 1,2-丙二醇。

6. 用化学方法鉴别：苯甲醇、对甲苯酚、苯甲醚。

7. 两种液体化合物 A 和 B，分子式都是 $C_4H_{10}O$，其中 A 在 100℃时不与 PCl_3 反应，但能同过量的浓 HI 溶液反应生成一种碘代烷 C。另一化合物 B 与 PCl_3 共热生成 2-氯丁烷，写出化合物 A、B、C 的结构式。

8. 化合物 A($C_6H_{10}O$) 能与 Lucas 试剂($ZnCl_2$/HCl)快速作用，可被高锰酸钾氧化，并能吸收 1mol Br_2；A 经催化氢化后得到 B，B 经氧化得到 C($C_6H_{10}O$)，B 在加热情况下与浓硫酸作用所得产物经还原得到环己烷。推测 A、B、C 的构造式。

第10章 醛、酮

碳氧双键（C＝O）官能团称为羰基（carbonyl group）。醛和酮分子中都含有羰基，它们是羰基化合物。羰基碳原子至少连有一个氢原子的化合物称为醛（aldehyde），分子中的—CHO 称为醛基。羰基碳原子与两个烃基相连的化合物称为酮（ketone）。

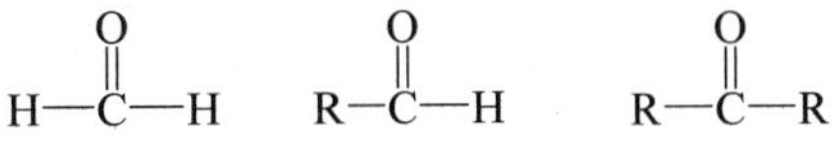

$$\underset{\text{甲醛}}{H-\overset{O}{\underset{\|}{C}}-H} \quad \underset{\text{醛}}{R-\overset{O}{\underset{\|}{C}}-H} \quad \underset{\text{酮}}{R-\overset{O}{\underset{\|}{C}}-R}$$

10.1 醛、酮的分类和命名

10.1.1 醛、酮的分类

根据与羰基相连烃基的不同，醛和酮可分为脂肪族醛、酮和芳香族醛、酮。

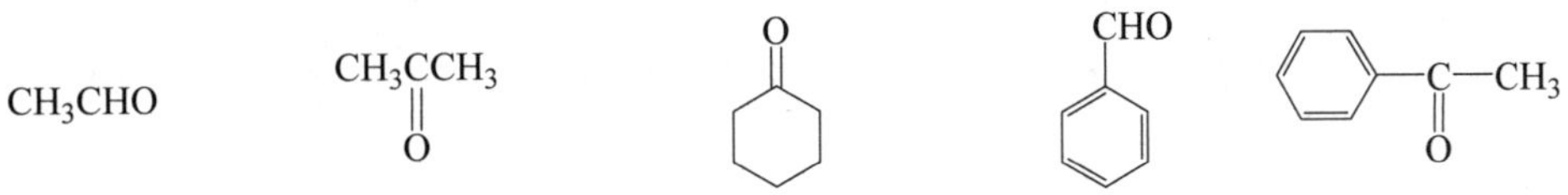

脂肪醛 CH₃CHO　　脂肪酮 CH₃COCH₃　　脂环酮　　芳香醛　　芳香酮

根据烃基中是否含有不饱和键，分为饱和醛、酮和不饱和醛、酮。

饱和醛 CH₃CH₂CHO　　不饱和醛 CH₂=CHCHO　　饱和酮 CH₃CH₂COCH₃　　不饱和酮 CH₂=CHCOCH₃

酮分子中与羰基相连的两个烃基可相同，也可不相同，相同的称为单酮，不同的称为混酮。

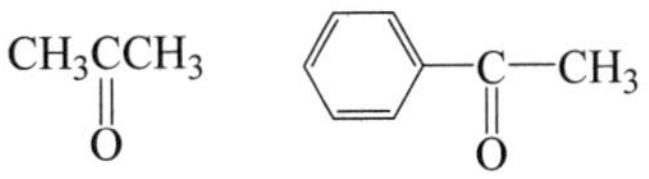

单酮 CH₃COCH₃　　混酮

按分子中羰基数目，分为一元醛、酮，二元醛、酮和多元醛、酮。

一元醛、酮（只含一个羰基）如：

$$\text{CH}_3\text{CH}_2\text{CHO} \qquad \text{CH}_3\overset{\overset{\text{O}}{\|}}{\text{C}}\text{CH}_3$$

丙醛　　　　　　丙酮

二元醛、酮（含两个羰基）如：

$$\text{OHC—CHO} \qquad \text{CH}_3\overset{\overset{\text{O}}{\|}}{\text{C}}\text{CH}_2\overset{\overset{\text{O}}{\|}}{\text{C}}\text{CH}_3$$

乙二醛　　　　　　戊二酮

10.1.2　醛、酮的命名

（1）习惯命名法（普通命名法）

简单醛、酮可采用习惯命名法（普通命名法）命名。醛类命名与醇类相似，按分子中碳原子的数目称为某醛。要注意在醛基（CHO）所连烃基碳原子数目上加一，因为醛基里也含有一个碳。如：

$$\text{HCHO} \qquad \text{CH}_3\text{CHO} \qquad \text{CH}_3\text{CH}_2\text{CHO}$$

甲醛　　　　乙醛　　　　丙醛

酮类命名与醚类相似，按照羰基所连烃基的名称命名，称为某烃(基甲)酮。单酮中，相同基团要合并，称二某烃基甲酮，简称二某酮；混酮中，将简单烃基放在前面，复杂烃基放在后面，最后加上"（甲）酮"。羰基与苯环相连时，也可称为"某酰（基）苯"。如：

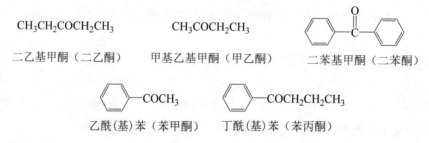

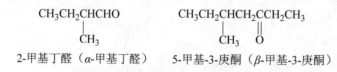

（2）系统命名法

① 选择含有羰基的最长碳链作为主链。

② 主链中碳原子的编号从靠近羰基的一端开始。

③ 羰基碳在醛分子中的编号总是为 1，可以省略；在酮分子中需标出羰基的位次。主链中碳原子的位次还可采用 α、β、γ 和 δ 等表示，与羰基直接相连的碳原子称为 α-碳原子。如：

$$\underset{\text{2-甲基丁醛（}\alpha\text{-甲基丁醛）}}{\text{CH}_3\text{CH}_2\underset{\underset{\text{CH}_3}{|}}{\text{CH}}\text{CHO}} \qquad \underset{\text{5-甲基-3-庚酮（}\beta\text{-甲基-3-庚酮）}}{\text{CH}_3\text{CH}_2\underset{\underset{\text{CH}_3}{|}}{\text{CH}}\text{CH}_2\underset{\underset{\text{O}}{\|}}{\text{C}}\text{CH}_2\text{CH}_3}$$

④ 脂环族醛、酮和芳香族醛、酮命名时，通常把脂环和芳环作为取代基。但是当羰基在脂环上时，命名为"环某酮"，从羰基碳原子开始给碳环编号。如：

苯甲醛　　　　　　3-苯基-2-溴丙醛　　　　4,4-二甲基环己基甲醛

1-环戊基-2-丁酮　　　　1-苯基-1-丙酮　　　　2-甲基环己酮

⑤ 不饱和醛、酮命名时，选择含有不饱和键和羰基碳的脂肪链作为主链，优先保证羰基的编号最小，并同时给出不饱和键和羰基的位次，但醛基的位次省略，主链碳原子个数放在烯或炔前。如：

5-甲基-4-己烯醛　　　　3-戊烯-2-酮　　　　1-苯基-3-丁烯-2-酮

⑥ 多元醛、酮命名与多元醇相似，用二醛、二酮命名。如：

OHCCH₂CH₂CHO　　　　CH₃CHCOCH₂CH₂COCH₃
　　　　　　　　　　　　　　　　　|
　　　　　　　　　　　　　　　CH₂CH₃

丁二醛　　　　　　　　6-甲基-2,5-辛二酮

二元酮命名时，两个羰基的位置除可用数字标明外，也可以用 α, β⋯, 表示（α 表示两个羰基相邻，β 表示两个羰基相隔一个碳原子）。如：

2,3-戊二酮(α-戊二酮)　　　　2,4-戊二酮(β-戊二酮)

10.2　醛、酮的结构

在醛、酮中结构最简单的为甲醛（如图 10.1 所示）。其他醛、酮都可以看成是甲醛的烃基取代物。甲醛分子为平面结构，C—H 键长为 0.110nm，C=O 键长为 0.120nm，H—C—O 和 H—C—H 键角都约为 120°。

醛、酮分子中都含有羰基，羰基的碳原子和氧原子均为 sp^2 杂化，其中氧原子外层有 6 个电子，电子排布式为 $1s^22s^22p^4$，2s 轨道与 2 个 2p 轨道进行杂化形成 3 个 sp^2 杂化轨道，未杂化的 p 轨道上有 1 个电子，3 个 sp^2 杂化轨道分别分配有 1、2、2 个电子。

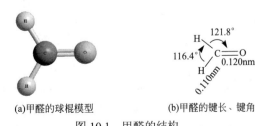

(a) 甲醛的球棍模型　　　　(b) 甲醛的键长、键角

图 10.1　甲醛的结构

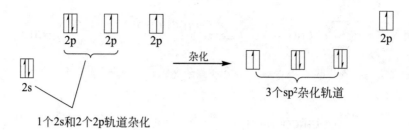

1个2s和2个2p轨道杂化

羰基（C=O）成键方式与碳碳双键相似，由一个σ键和一个π键组成。羰基碳原子有3个 sp^2 杂化轨道，其中一个与氧原子的 sp^2 形成σ键，另外两个分别与其他氢原子（或碳原子）形成σ键，这三个键分布在同一平面上，键角近似于 $120°$，氧原子的另外两个 sp^2 杂化轨道分别被孤电子对占据。所以，羰基为平面三角形结构。碳原子上未杂化的p轨道与氧原子的未杂化p轨道肩并肩平行交盖形成π键，由于碳原子和氧原子未杂化p轨道上各自都为1个电子，氧的电负性比碳原子大很多，使得π电子云倾向于氧原子，氧原子带部分负电荷，碳带部分正电荷，羰基具有极性，羰基化合物是极性分子，偶极矩比较大，约为2.3D，如图10.2所示。

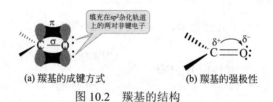

(a) 羰基的成键方式　　(b) 羰基的强极性

图 10.2　羰基的结构

在 α,β-不饱和醛、酮分子中，碳碳双键与羰基共轭，形成了 π-π 共轭，共轭体系中的碳原子和氧原子的杂化方式均为 sp^2 杂化，与1,3-丁二烯的结构相似。分子中的共轭体系如图10.3所示。

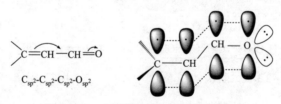

图 10.3　α,β-不饱和醛、酮的结构

10.3　醛、酮的物理性质

室温下除甲醛是气体外，C_{12} 以下的醛、酮都是液体，高级醛、酮是固体。低级醛有刺鼻性气味，但中级醛则有水果香味，常用于香料工业。

由于羰基的偶极矩增加了分子间的吸引力，因此醛、酮的沸点比相应分子量的烷烃高，但比醇低，这是因为醛、酮分子自身之间不能形成氢键。羰基氧原子与水可以形成氢键，因此，低级醛、酮可以与水混溶，如甲醛、乙醛和丙酮均能与水很好混溶。随着分子量的增加，醛、酮在水中的溶解度降低，微溶或不溶于水，但都能溶于有机溶剂。脂肪族醛、酮相对密度小于1，芳香族醛、酮相对密度大于1。表10.1列出了一些常见醛、酮的物理常数（熔点、沸点）。

表 10.1　一些常见醛、酮的物理常数（熔点、沸点）

名称	熔点/℃	沸点/℃
甲醛	−92	−21
乙醛	−121	21
丙醛	−81	49
丁醛	−99	76
2-丁烯醛	−76.5	104
苯甲醛	−26	178
水杨醛	−7	197
丙酮	−95	56
丁酮	−86	80
2-戊酮	−78	102
3-戊酮	−40	102
环己酮	−45	155
苯乙酮	21	202
二苯酮	48	306

10.4　醛、酮的化学性质

10.4.1　化学性质的推导

醛和酮分子中都含有碳氧双键（羰基），羰基和碳碳双键的结构相似，都由一个 σ 键和一个 π 键所形成，所以，醛、酮和烯烃一样，也能发生加成反应，如醛、酮与烯烃都可以与氢气加成（或被还原），与烯烃不同的是，醛、酮中的碳氧双键由于碳和氧的电负性不同，氧原子的电负性比碳原子大得多，电子云偏向氧原子，使得羰基与碳碳双键的加成反应有所不同，羰基碳原子带有正电性，容易受到亲核试剂的进攻而发生亲核加成反应，而烯烃加成是亲电加成。另外羰基为吸电子基团，与羰基相邻 α-碳上的氢原子具有弱酸性，在碱的作用下，易失去氢原子形成碳负离子，成为亲核试剂，可发生亲核加成反应等。

醛具有上述性质外，还容易被氧化，生成羧酸。醛、酮化学性质如图10.4所示。

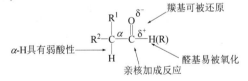

图 10.4　醛、酮的化学性质推导

10.4.2　化学性质

（1）醛、酮亲核加成反应

① 与氢氰酸（HCN）加成。氢氰酸能与醛、脂肪族甲基酮和八个碳以下的环酮等发生亲核加成反应，生成 α-羟基腈。

$$\mathrm{\underset{}{\searrow}C=O + H-CN \rightleftharpoons \underset{}{\searrow}C\underset{CN}{\overset{OH}{-}}}$$

α-羟基腈

如：

$$\mathrm{H_3C-\underset{}{\overset{O}{\overset{\|}{C}}}-CH_3 + H-CN \longrightarrow \underset{H_3C}{\overset{H_3C}{\diagdown}}\underset{CN}{\overset{OH}{C}}}$$

丙酮氰醇（78%）

该反应是可逆反应，酸或碱对醛、酮的亲核加成反应影响很大，加少量碱可以大大提高反应速率，而酸则降低反应速率，这与反应机理有关。氢氰酸是一个弱酸（$pK_a = 9.22$），不易解离出 CN^-，加碱可提高 CN^- 的浓度，有利于亲核加成反应，提高反应的速率。

$$HCN + OH^- \xrightleftharpoons{快} CN^- + H_2O$$

其反应机理表示如下：

$$\mathrm{\underset{}{\searrow}C=O + CN^- \xrightleftharpoons{慢} \underset{}{\searrow}C\underset{CN}{\overset{O^-}{-}}}$$

$$\mathrm{\underset{}{\searrow}C\underset{CN}{\overset{O^-}{-}} + H-OH \xrightleftharpoons{快} \underset{}{\searrow}C\underset{CN}{\overset{OH}{-}} + OH^-}$$

α-羟基腈

在反应机理中，第一步是带负电荷的 CN^- 进攻羰基碳原子，第二步是质子转移反应，第一步是反应的决速步骤。加酸，会降低 CN^- 的浓度，降低了亲核加成反应的速率，不利于反应的发生。因此氢氰酸的反应需在弱碱条件下进行，但若在强碱条件下进行，则将引发另外的反应。

羰基与氢氰酸的加成是增长碳链（增加一个碳）的方法之一，α-羟基腈是重要的有机合成中间体，氰基能水解为羧基，变为 α-羟基酸，α-羟基酸脱水后可进一步得到 α,β-不饱和羧酸；α-羟基腈在硫酸作用下醇解可生成甲基丙烯酸甲酯，它是制备有机玻璃（聚 α-甲基丙烯酸甲酯）的单体。另外氰基也能够被还原为氨基，而制得胺。如：

$$\mathrm{\underset{H_3C}{\overset{H_3C}{\diagdown}}C=O \xrightarrow[OH^-]{HCN} \underset{H_3C}{\overset{CH_3}{\diagdown}}\underset{OH}{\overset{}{C}}-CN} \begin{cases} \xrightarrow{稀H_2SO_4} H_3C-\underset{OH}{\overset{CH_3}{\overset{|}{C}}}-COOH \\ \xrightarrow{浓H_2SO_4} H_2C=\underset{}{\overset{CH_3}{\overset{|}{C}}}-COOH \\ \xrightarrow[CH_3OH]{浓H_2SO_4} H_2C=\underset{}{\overset{CH_3}{\overset{|}{C}}}-COOCH_3 \\ \xrightarrow{[H]} H_3C-\underset{OH}{\overset{CH_3}{\overset{|}{C}}}-CH_2-NH_2 \end{cases}$$

② 与亚硫酸氢钠（NaHSO₃）加成。醛和大多数脂肪族甲基酮能与饱和亚硫酸氢钠溶液（40%NaHSO₃溶液）发生亲核加成反应，生成 α-羟基磺酸钠。α-羟基磺酸钠是白色固体，能溶于水，但不溶于饱和亚硫酸氢钠溶液。由于反应生成白色固体，反应前后出现明显的现象变化，因此可用于一些简单醛、酮的鉴别。

$$\text{C=O} + \text{HO-S(=O)-O}^-\text{Na}^+ \longrightarrow \underset{\alpha\text{-羟基磺酸钠}}{\text{C(OH)(SO}_3\text{Na)}}$$

不同结构的醛、酮能否反应取决于它们的结构。醛、脂肪族甲基酮和八碳以下的环酮都可以与亚硫酸氢钠发生加成反应。表 10.2 列出了不同结构的醛、酮与亚硫酸氢钠反应后生成 α-羟基磺酸钠的收率。

表 10.2　部分醛、酮与亚硫酸氢钠反应后产物的收率

化合物	产物收率/%	化合物	产物收率/%
CH₃COCH₃	56.2	RCHO	70~90
CH₃COCH₂CH₃	36.4	环己酮	35
CH₃CH₂COCH₂CH₃	2	C₆H₅COCH₃	1

HSO_3^- 的亲核性与 CN^- 相似，但由于 S 原子的亲核性强于 C 原子，反应不需要催化剂即可进行。羰基与亚硫酸氢钠加成反应的反应机理如下：

$$\text{C=O} + \text{HO-S(=O)-O}^-\text{Na}^+ \rightleftharpoons \text{C(O}^-\text{Na}^+\text{)(SO}_3\text{H)} \rightleftharpoons \text{C(OH)(SO}_3\text{Na)}$$

以上反应也是一个可逆反应，如果在加成产物中加入稀酸或者稀碱处理，除去亚硫酸氢钠，则加成产物会不断分解再变为原来的醛或酮。因此，该反应常被用来分离和提纯某些醛或酮。

$$\underset{H(CH_3)}{\overset{R}{\text{C=O}}} + NaHSO_3 \rightleftharpoons \underset{H(CH_3)}{\overset{R}{\text{C(OH)(SO}_3Na)}} \xrightarrow[\Delta]{稀Na_2CO_3 / 稀HCl} \underset{H(CH_3)}{\overset{R}{\text{C=O}}}$$

将 α-羟基磺酸钠与等物质的量的 NaCN 作用，则磺酸基可被氰基取代，生成 α-羟基腈，这是由醛、酮间接制备 α-羟基腈的好方法，可避免使用剧毒的 HCN，并且产率也较高。

$$\underset{H_3C}{\overset{H_3C}{\text{C=O}}} \xrightarrow{NaHSO_3} \underset{H_3C}{\overset{H_3C}{\text{C(OH)(SO}_3Na)}} \xrightarrow{NaCN} \underset{H_3C}{\overset{H_3C}{\text{C(OH)(CN)}}}$$

2-甲基-2-羟基丙腈

③ 与水加成。水是亲核试剂，在酸的作用下，可以与醛或酮发生亲核加成反应，形成水合物。

第 10 章　醛、酮　167

$$\diagup_{\diagdown}C=O + H_2O \longrightarrow \diagup_{\diagdown}C\diagup_{\diagdown}^{OH}_{OH}$$

醛或酮的水合物

两个羟基连在同一个碳上的偕二醇在热力学上是不稳定的，很容易失水重新变成醛或酮。甲醛的水合物可以存在于水溶液中，但是不能把它分离出来。只有当强吸电子基与羰基相连时，才可形成稳定的水合物。如：曾用的安眠药水合氯醛就是由三氯乙醛和水发生加成反应形成的三氯乙醛水合物。

$$CCl_3CHO + H_2O \longrightarrow CCl_3CH(OH)_2$$

三氯乙醛水合物

④ 与醇加成。在无水氯化氢的作用下，醇能与醛或酮发生亲核加成反应，形成半缩醛或半缩酮，半缩醛或半缩酮不稳定，一般很难分离出来，它们会与另一分子醇继续反应，生成缩醛或缩酮。

$$\diagup_{\diagdown}C=O \underset{HCl}{\overset{R-OH}{\rightleftharpoons}} \diagup_{\diagdown}C\diagup_{\diagdown}^{OH}_{OR} \underset{HCl}{\overset{R-OH}{\rightleftharpoons}} \diagup_{\diagdown}C\diagup_{\diagdown}^{OR}_{OR}$$

醛或酮　　半缩醛(酮)　　缩醛(酮)

如：

$$CH_3CHO + 2CH_3OH \xrightarrow{HCl} CH_3CH(OCH_3)_2$$

乙醛缩二甲醇

$$C_3H_7CHO + 2C_2H_5OH \xrightarrow{HCl} C_3H_7CH(OC_2H_5)_2$$

丁醛缩二乙醇

$$C_6H_5CHO + HOCH_2CH_2OH \xrightarrow{H^+} \text{苯甲醛缩乙二醇} + H_2O$$

苯甲醛缩乙二醇

该反应的过程为：首先醛或酮的羰基氧原子质子化，增强了羰基碳原子的正电性，以利于亲核试剂醇的进攻，进行亲核加成反应，然后失去质子形成半缩醛或半缩酮；半缩醛或半缩酮在酸的作用下，失去一分子水，再与另外一分子醇发生亲核加成反应，最后生成稳定的缩醛或缩酮。反应机理表示如下：

$$\diagup_{\diagdown}C=\ddot{\ddot{O}} \overset{H^+}{\rightleftharpoons} \diagup_{\diagdown}C=\overset{+}{O}H \overset{ROH}{\rightleftharpoons} \diagup_{\diagdown}C\diagup_{\diagdown}^{OH}_{\overset{+}{O}RH} \overset{-H^+}{\rightleftharpoons} \diagup_{\diagdown}C\diagup_{\diagdown}^{O\ddot{H}}_{OR} \overset{H^+}{\rightleftharpoons} \diagup_{\diagdown}C\diagup_{\diagdown}^{\overset{+}{O}H_2}_{OR}$$

半醛缩(酮)

$$\overset{-H_2O}{\rightleftharpoons} \diagup_{\diagdown}C=\overset{+}{O}R \overset{ROH}{\rightleftharpoons} \diagup_{\diagdown}C\diagup_{\diagdown}^{OR}_{\overset{+}{O}RH} \overset{-H^+}{\rightleftharpoons} \diagup_{\diagdown}C\diagup_{\diagdown}^{OR}_{OR}$$

缩醛(酮)

上述过程是可逆反应，反应所形成的缩醛和缩酮，对酸性水溶液是不稳定的，能被稀酸分解为原来的醛或酮，上述过程的逆反应就是缩醛或缩酮的水解反应机理，所以缩醛或缩酮的合成需要在无水的酸性条件下进行，而缩醛或缩酮对碱性溶液及氧化剂却都很稳定。

酮与醇反应的正向平衡常数要比醛与醇反应的正向平衡常数小得多，缩酮的合成一般较为困难，但是酮与 1,2-二醇或 1,3-二醇比较容易反应，形成环状缩酮。

$$\text{环己酮} + HOCH_2CH_2OH \xrightarrow[\text{苯},\triangle]{\text{TsOH}} \text{环己酮缩乙二醇} + H_2O$$

在有机合成中，该反应常用来保护羰基。如用丙烯醛合成 2,3-二羟基丙醛时，采用冷稀 $KMnO_4$ 溶液氧化体系即可将双键氧化为邻二醇结构，但是由于醛基极易被氧化，在此条件下，醛基也会被氧化为羧基，因此，要将醛基保护起来，反应完成后再脱保护，反应过程如下：

$$CH_2=CHCHO \xrightarrow[H^+]{2C_2H_5OH} CH_2=CHCH(OC_2H_5)_2 \xrightarrow[OH^-]{KMnO_4} \underset{\underset{OH}{|}}{CH_2}-\underset{\underset{OH}{|}}{CH}CH(OC_2H_5)_2 \xrightarrow{H_3O^+} \underset{\underset{OH}{|}}{CH_2}-\underset{\underset{OH}{|}}{CH}CHO$$

丙烯醛 　　　　　　　　　　　　　　　　　　　　　　　　　　　　2,3-二羟基丙醛

⑤ 与金属有机化合物的加成。金属有机化合物如格氏试剂、金属炔化物或有机锂试剂等均可与醛、酮发生亲核加成反应生成醇。在金属有机化合物中，由于金属与碳的电负性不同，碳金属键（C-M）高度极化，金属带正电，碳原子带上负电，带负电的碳原子成为亲核能力很强的亲核试剂。

格氏试剂是最常用的金属有机化合物，它与醛、酮的加成产物用稀酸处理，即水解成醇。

$$\overset{\delta^+}{C}=\overset{\delta^-}{O} + \overset{\delta^-}{R}-\overset{\delta^+}{MgX} \xrightarrow{\text{干醚}} \underset{R}{\overset{OMgX}{|}}C \xrightarrow{H_3O^+} \underset{R}{\overset{OH}{|}}C$$

选用不同结构的醛或酮可分别制备出伯醇、仲醇及叔醇，这是合成醇的重要方法。同一种醇也可用不同的羰基化合物与不同的格氏试剂作用生成。

$$RMgX + HCHO \xrightarrow{\text{干乙醚}} \underset{H}{\overset{H}{|}}\underset{R}{\overset{OMgX}{|}}C \xrightarrow{H_2O} \underset{H}{\overset{H}{|}}\underset{R}{\overset{OH}{|}}C \quad \text{伯醇}$$

$$RMgX + R^1CHO \xrightarrow{\text{干燥乙醚}} R-\underset{R^1}{\overset{|}{C}}HOMgX \xrightarrow[H^+]{H_2O} R-\underset{R^1}{\overset{|}{C}}H-OH \quad \text{仲醇}$$

$$RMgX + \underset{R^2}{\overset{R^1}{|}}C=O \xrightarrow{\text{干燥乙醚}} R-\underset{R^2}{\overset{R^1}{|}}C-OMgX \xrightarrow[H^+]{H_2O} R-\underset{R^2}{\overset{R^1}{|}}C-OH \quad \text{叔醇}$$

与格氏试剂相似，有机锂试剂（R-Li）也能与醛、酮发生亲核加成反应，生成各种结构的醇，其活性比格氏试剂高，能与空间位阻大的酮加成。如：

$$\text{环戊酮} + CH_2=CHLi \xrightarrow{\text{醚}} \xrightarrow{H^+} \text{1-乙烯基环戊醇}$$

金属炔化物与醛、酮的亲核加成反应，除了在分子中引入羟基外，还可引入三键。如：

$$\text{环己酮} \xrightarrow[NH_3, -35℃]{HC\equiv CNa} \text{中间体(ONa)} \xrightarrow{H_3O^+} \text{1-乙炔基环己醇}$$

⑥ 与氨的衍生物加成。在弱酸催化下，醛、酮与一些常见氨衍生物试剂（伯胺、羟胺、肼、苯肼、2,4-二硝基苯肼、氨基脲等）反应的产物如下：

试剂	产物	名称
$H_2N-R(Ar)$	>C=N-R(Ar)	希夫(Schiff)碱
H_2N-OH	>C=N-OH	肟
H_2N-NH_2	>C=N-NH_2	腙
$H_2N-NH-C_6H_5$	>C=N-NH-C_6H_5	苯腙
$H_2N-NH-C_6H_3(NO_2)_2$	$\text{>C=N-NH-C_6H_3(NO_2)_2}$	2,4-二硝基苯腙
$H_2N-NHCONH_2$	>C=N-NHCONH_2	缩氨脲

这些氨衍生物含有 $-NH_2$ 基团，若用 NH_2-G 表示氨衍生物，其反应通式为：

$$\text{>C=O} + NH_2-G \longrightarrow \text{>C=N-G} + H_2O$$

它们与醛、酮进行加成反应所形成的产物希夫碱、肟、缩氨脲、腙以及苯腙等一般都是晶体，且具有一定的熔点，因此，这些试剂可用于鉴别醛、酮，它们专称为羰基试剂。尤其是2,4-二硝基苯肼，它与大多数的醛、酮反应生成黄色沉淀，常用于醛、酮的鉴别。此外，上述加成产物在酸性条件下，又能水解为原来的醛、酮，因此，氨衍生物又常用作分离和提纯醛、酮的重要试剂。

下面以伯胺为例，讲述产物的生成和形成机理。醛、酮与伯胺（RNH_2）反应生成取代亚胺，取代亚胺又称 Schiff 碱，它不太稳定，尤其是脂肪族亚胺，很容易分解，但是芳香醛、酮与伯胺生成的芳香族 Schiff 碱都是稳定的化合物，都可以分离出来。如：

$$C_6H_5-CHO + H_2NCH_3 \longrightarrow C_6H_5-CH=NCH_3$$
N-甲基苯甲亚胺 (70%)

$$C_6H_5-CHO + H_2N-C_6H_5 \longrightarrow C_6H_5-CH=N-C_6H_5$$
N-苯基苯甲亚胺 (84%~87%)

反应需要在弱酸催化下进行，酸的作用是加快反应过程中羟基胺的脱水，但在强酸中，则强酸与伯胺氮上未共用电子对结合，而使氨基失去亲核性。醛、酮与伯胺反应生成亚胺的反应机理为：

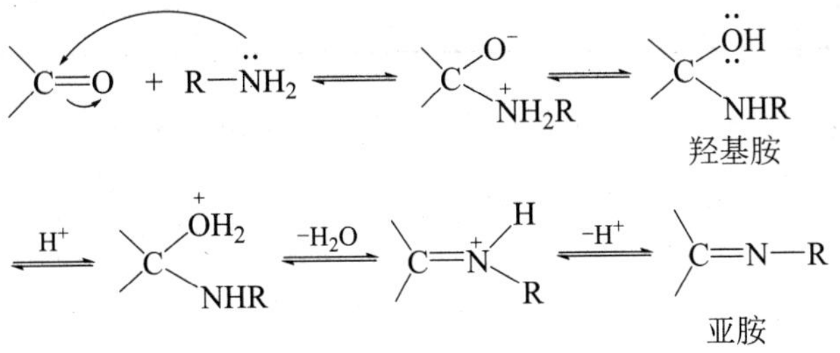

⑦ 与维蒂希（Wittig）试剂加成。醛、酮与膦叶立德（phosphorus ylide）发生亲核加成反应生成烯烃，这个反应称为 Wittig 反应。膦叶立德由德国化学家 Wittig 于 1953 年发现，又称 Wittig 试剂。

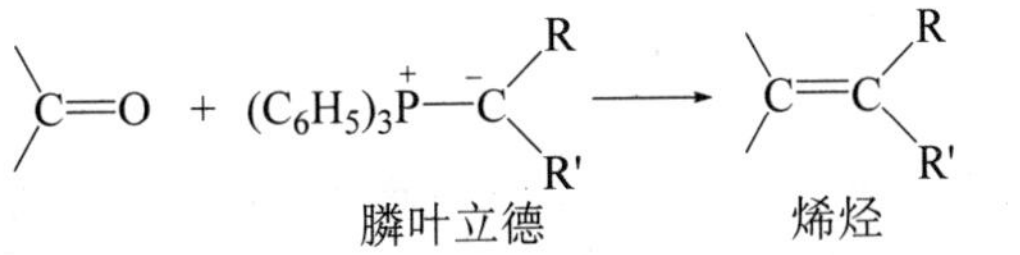

膦叶立德带负电性的碳原子具有很强的亲核性，与醛、酮的羰基发生亲核加成反应的机理如下：

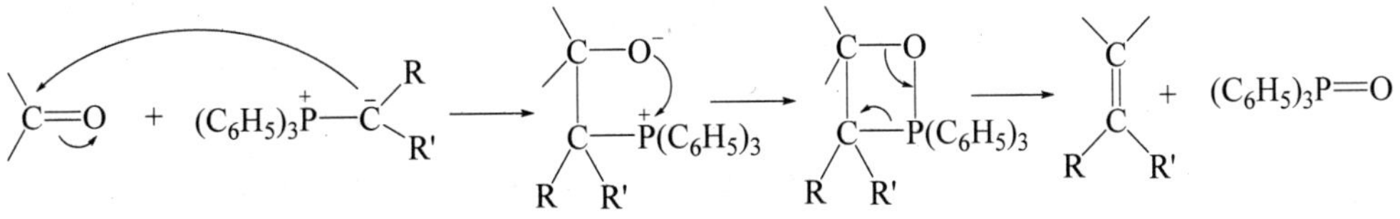

膦叶立德与醛的反应快，酮次之。Wittig 反应条件温和，产率较高，反应中醚、酯、卤素、烯、炔等官能团都不受影响，是在有机分子中引入双键的重要方法，尤其是环外双键的合成。如：

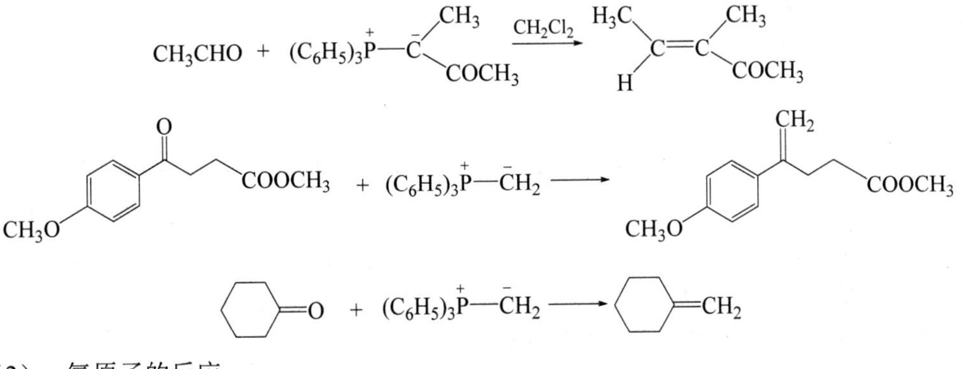

（2）α-氢原子的反应

① α-H 的酸性与互变异构。在醛、酮结构中，由于羰基的吸电子作用，使得与羰基相连的 α-碳上的氢具有一定酸性，典型醛、酮的 pK_a 值约为 17~20，部分醛、酮的 pK_a 值列于表 10.3 中。

表 10.3 部分醛、酮的 pK_a 值

化合物	pK_a	化合物	pK_a
CH₃CHO	17	乙烷	50
CH₃COCH₃	20	乙烯	约 38
CH₃COCH₂COCH₃	9	乙炔	25

醛、酮失去 α-H 后形成一个负离子，负电荷通过离域体系分散到 α-C 和羰基中电负性大的氧原子上而得到稳定。

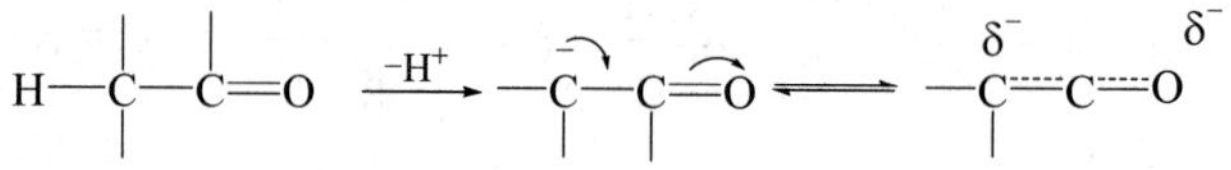

碳原子和氧原子都带有部分负电荷，当结合一个质子时，有两种可能：若是碳原子与质子结合，则重新得到醛、酮；若是氧原子与质子结合，则得到烯醇。这些转化都是可逆的，可表示如下：

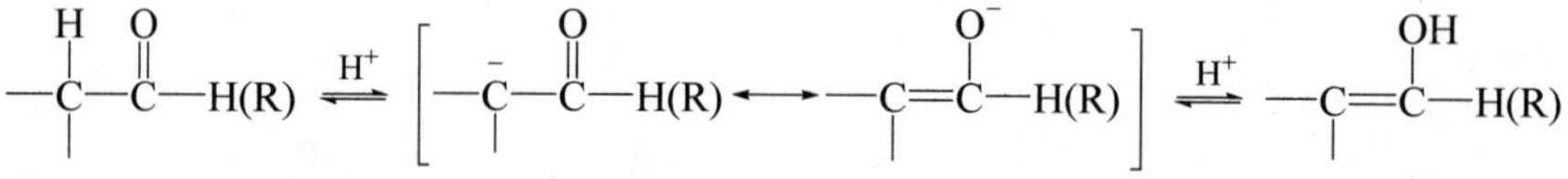

从上式可见，醛、酮与烯醇可以互相转变，并很快达到动态平衡。这种能够互相转变而同时存在的异构体称为互变异构体，醛、酮与烯醇的这种异构现象称为酮式-烯醇式互变异构。

虽然酮式与烯醇式共存于一个平衡体系中，但在大部分情况下，酮式是主要存在形式，这是因为 C=O 键能比 C=C 键能大。随着 α-H 酸性的增强，失去质子后碳负离子的稳定性增强，烯醇式也能成为平衡体系的主要存在形式。如：

乙醛　CH₃CHO ⇌ H₂C=CH(OH)　极少

丙酮　CH₃COCH₃ ⇌ H₂C=C(OH)CH₃　1.5×10^{-4}%

环己酮 ⇌ 环己烯醇　2%

乙酰丙酮　CH₃COCH₂COCH₃ ⇌ CH₃C(OH)=CHCOCH₃　76%

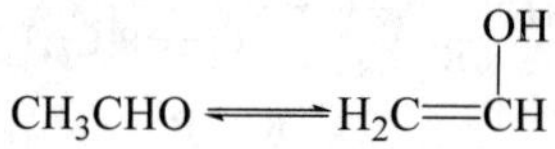

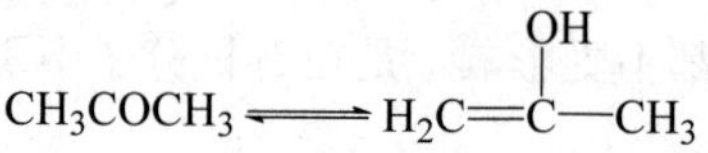

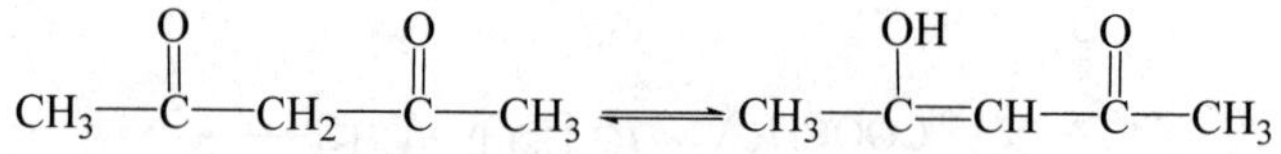

② 羟醛缩合反应。在稀碱作用下，含有 α-H 的醛或酮以其 α-碳对另一分子醛(或酮)的羰基加成，形成 β-羟基醛(或酮)，此反应称为羟醛缩合反应（aldol condensation reaction）。常用的碱有氢氧化钠、氢氧化钾、醇钠和叔丁醇铝等。如：

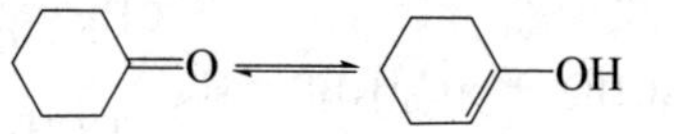

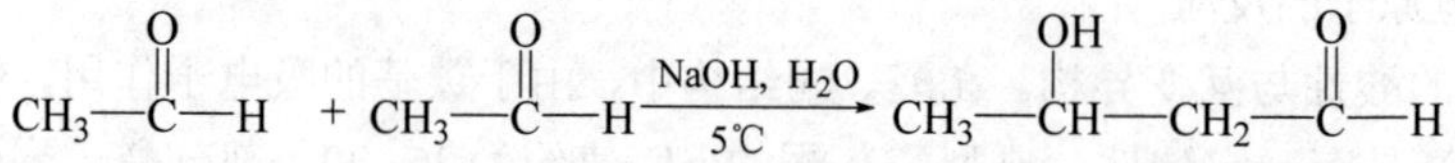

$$CH_3CHO + CH_3CHO \xrightarrow{NaOH, H_2O}_{5℃} CH_3CH(OH)CH_2CHO$$

β-羟基丁醛 (50%)

$$2CH_3-\underset{\underset{O}{\|}}{C}-CH_3 \xrightleftharpoons{\text{稀碱}} H_3C-\underset{\underset{OH}{|}}{\overset{\overset{CH_3}{|}}{C}}-CH_2-\underset{\underset{O}{\|}}{C}-CH_3$$

羟醛缩合反应是分步进行的：第一步，一分子醛、酮在稀碱作用下形成碳负离子；第二步，形成的碳负离子作为亲核试剂进攻另一分子醛、酮的羰基，发生亲核加成反应，此步是决速步骤；第三步，加成产物接受一个质子生成 β-羟基醛或 β-羟基酮。其反应机理如下：

[反应机理示意图：醛、酮 + OH⁻ ⇌（快）碳负离子 + H₂O]

[碳负离子与另一分子羰基化合物发生亲核加成（慢）生成烷氧负离子]

[烷氧负离子 + H—OH ⇌（快）β-羟基醛(酮) + OH⁻]

加热时，具有 α-H 的 β-羟基醛容易失去一分子水，生成 α,β-不饱和醛，这是因为 α,β-不饱和醛的分子结构中具有 π-π 共轭体系而更加稳定。因此，要制备 β-羟基醛只能在尽可能低的温度下进行。如：

$$CH_3-\underset{\underset{OH}{|}}{CH}-CH_2-\underset{\underset{O}{\|}}{C}-H \xrightarrow{\Delta} CH_3-CH=CH-\underset{\underset{O}{\|}}{C}-H + H_2O$$

巴豆醛

$$CH_3CH_2CH_2CHO + CH_3CH_2CH_2CHO \xrightarrow[6\sim 8\ ℃]{KOH} CH_3CH_2CH_2\underset{\underset{OH}{|}}{CH}-\underset{\underset{CH_2CH_3}{|}}{CH}-CHO$$

2-乙基-3-羟基己醛(75%)

$$CH_3CH_2CH_2CHO + CH_3CH_2CH_2CHO \xrightarrow[80\sim 100\ ℃]{NaOH} CH_3CH_2CH_2CH=\underset{\underset{CH_2CH_3}{|}}{C}-CHO$$

2-乙基-2-己烯醛(86%)

具有 α-H 的 β-羟基酮也易失水得到 α,β-不饱和酮。如双丙酮醇在碘催化下，失水变成亚异丙基丙酮。

[双丙酮醇 $\xrightarrow[\Delta]{I_2}$ 亚异丙基丙酮 + H₂O]

具有 α-H 且分子结构不同的两种醛、酮在稀碱作用下，除发生自身羟醛缩合外，还会发生交叉羟醛缩合（crossed aldol condensation reaction），反应后会得到四种复杂的混合物，所以这种交叉羟醛缩合没有实际应用价值。若是参加反应的分子一个有 α-H，而另一个无 α-H，这样反应后产物减少，就成为有实用价值的交叉羟醛缩合反应。在反应中，有 α-H 的醛、酮在稀碱作用下产生的碳负离子作为亲核试剂，进攻无 α-H 的醛、酮而形成产物。如：

$$CCl_3CHO + CH_3CHO \xrightarrow{OH^-} CCl_3CHCH_2CHO$$
$$\quad\quad\quad\quad\quad\quad\quad\quad\quad\quad\quad\quad\quad |$$
$$\quad\quad\quad\quad\quad\quad\quad\quad\quad\quad\quad\quad OH$$

三氯乙醛　　　　　　　　　　　3-三氯甲基-3-羟基丙醛

$$HCHO + CH_3COCH_3 \xrightarrow{OH^-} CH_3COCH_2CH_2OH$$

4-羟基-2-丁酮

由芳香醛与具有 α-H 的脂肪族醛、酮进行交叉羟醛缩合生成芳香族 α,β-不饱和醛、酮的反应称为 Claisen-Schmidt 反应。一般地，所形成的烯烃为 E 构型。如：

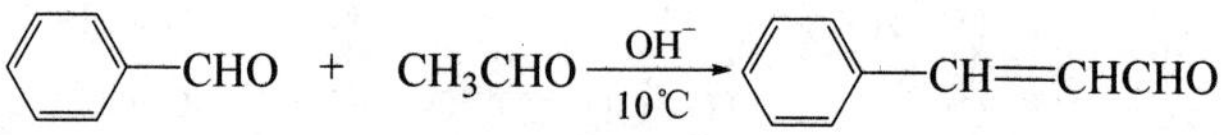

$$C_6H_5CHO + CH_3CHO \xrightarrow[10℃]{OH^-} C_6H_5-CH=CHCHO$$

肉桂醛

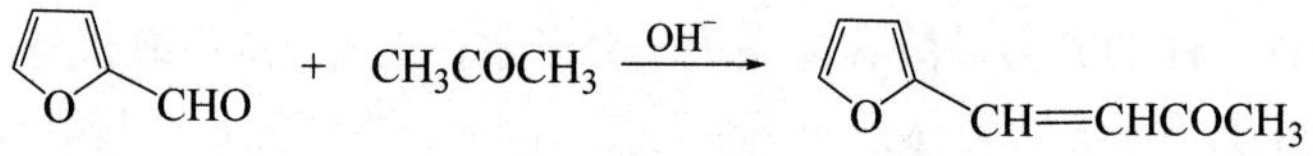

$$\text{呋喃-CHO} + CH_3COCH_3 \xrightarrow{OH^-} \text{呋喃-CH=CHCOCH}_3$$

$$C_6H_5CHO + (CH_3)_3CCOCH_3 \xrightarrow[C_2H_5OH]{OH^-} \underset{H}{\overset{C_6H_5}{\diagdown}}C=C\underset{COC(CH_3)_3}{\overset{H}{\diagup}}$$

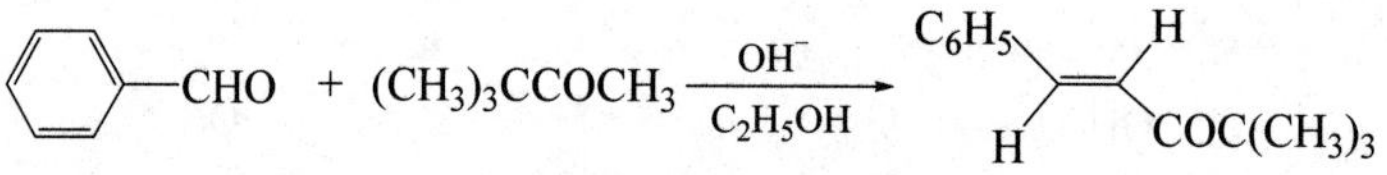

羟醛缩合反应不仅可以在分子间进行，也能在分子内进行。分子内羟醛缩合反应（intramolecular aldol condensation reaction）生成环状化合物，是合成 5~7 元环状化合物的常用方法。如：

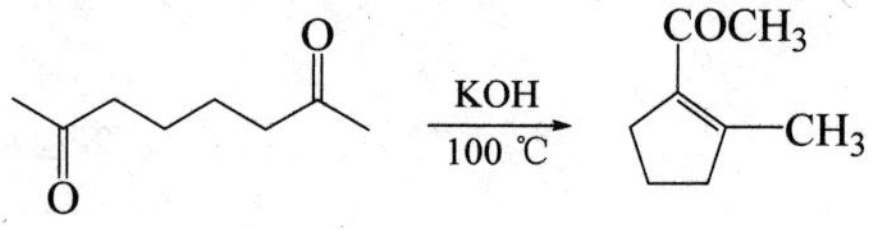

2,7-辛二酮 $\xrightarrow[100℃]{KOH}$ 1-乙酰基-2-甲基环戊烯

环癸-1,6-二酮 $\xrightarrow{Na_2CO_3}$ 双环产物

环己酮衍生物 $\xrightarrow{KOH}$ 十氢萘酮醇 → 八氢萘酮

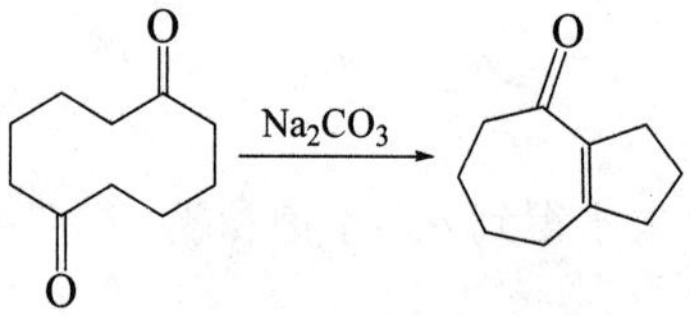

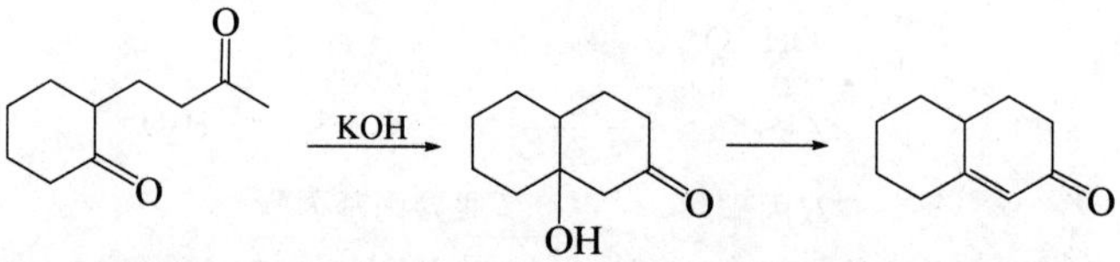

③ α-H 的卤代反应和卤仿反应。卤代反应是指在酸或碱的催化作用下，醛、酮的 α-H 被

卤素取代的反应。

a.碱催化。由于醛、酮的 α-H 具有一定的酸性，在碱的催化作用下，α-H 可被卤素取代，生成 α-卤代醛、酮，反应通式为：

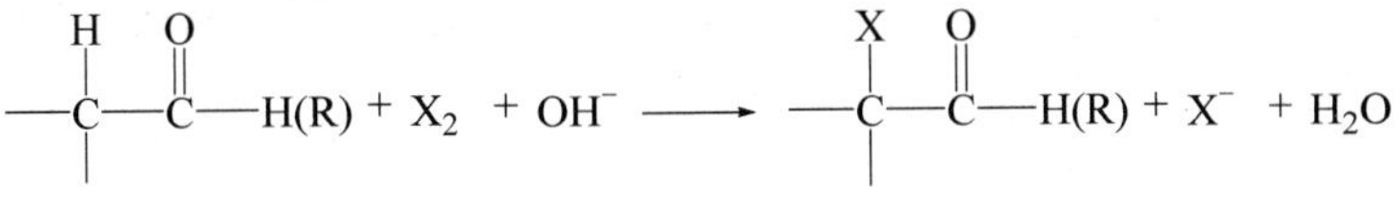

$$\text{醛、酮} + X_2 + OH^- \longrightarrow \alpha\text{-卤代醛(酮)} + X^- + H_2O$$

$$X_2 = Cl_2, Br_2, I_2$$

如：

环己酮 + Cl_2 $\xrightarrow{OH^-}$ 2-氯环己酮

$CH_3CH_2COCH_2CH_3$ + Br_2 $\xrightarrow{OH^-}$ $CH_3CH_2COCHBrCH_3$

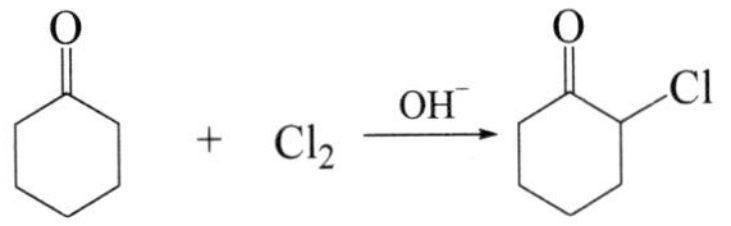

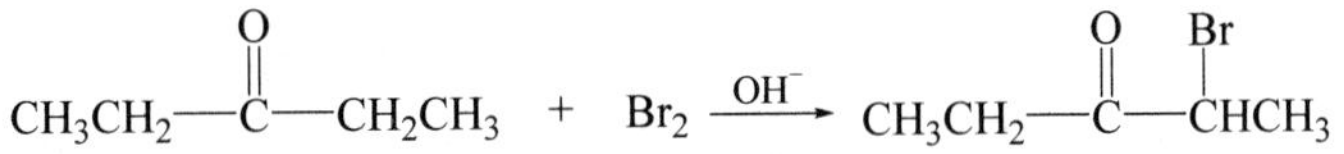

碱催化的卤代反应是通过碳负离子进行的，反应机理如下：

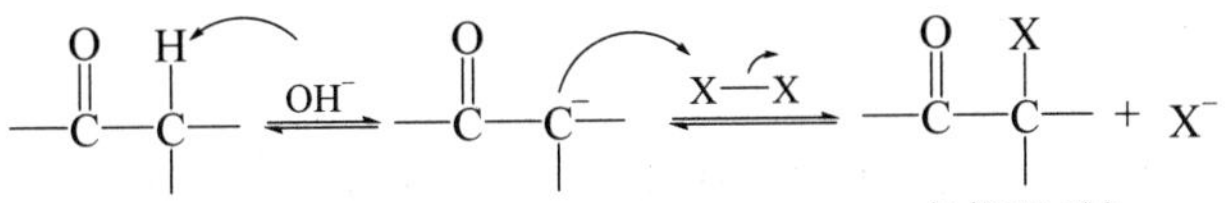

醛、酮 $\xrightarrow{OH^-}$ 烯醇负离子 $\xrightarrow{X-X}$ α-卤代醛(酮) + X^-

卤素的吸电子效应，使得 α-卤代醛、酮上 α-H 的酸性增强，它们更容易被卤素取代，因此，反应难以停留在一卤代阶段，而是形成多卤代产物。

含有 $CH_3C(=O)-$ 结构的醛（乙醛）或酮在碱性条件下与卤素（相当于次卤酸盐）反应时，三个 α-H 都会被卤素取代，在形成的三卤代产物中，由于三个卤素的强吸电子效应，羰基碳原子更易受到 OH^- 的进攻，使三卤甲基和羰基碳之间 C—C 键发生异裂，最后形成羧酸盐和三卤甲烷（又称卤仿）。其反应过程如下：

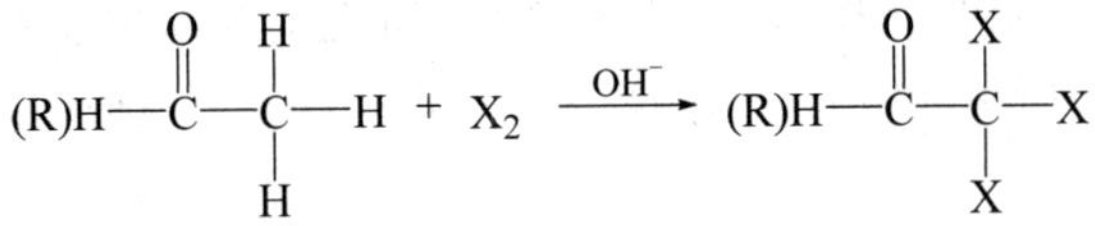

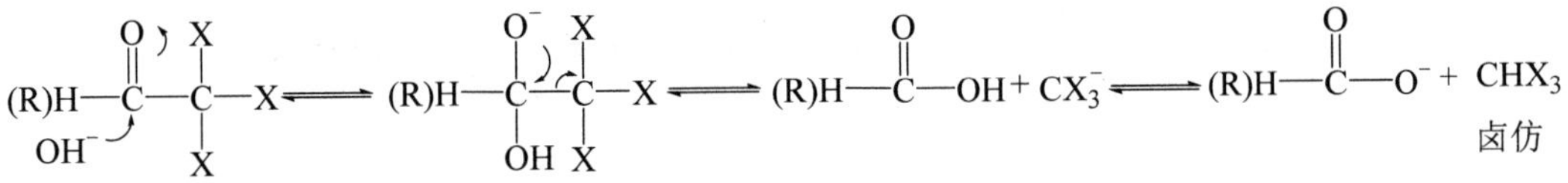

$(R)H-CO-CH_3 + X_2 \xrightarrow{OH^-} (R)H-CO-CX_3$

$(R)H-C(OH^-)(O)-CX_3 \rightleftharpoons (R)H-C(O^-)(OH)-CX_3 \rightleftharpoons (R)H-CO-OH + CX_3^- \longrightarrow (R)H-COO^- + CHX_3$（卤仿）

由于反应中生成了卤仿，故此反应称为卤仿反应。当卤素是碘时，反应溶液中会很快形成黄色固体沉淀碘仿，因此，碘仿反应可用于鉴别乙醛、甲基酮类化合物。卤素与碱共存，形成氧化产物次卤酸盐，可将含有 $CH_3CH(OH)-$ 结构的醇氧化为 $CH_3C(=O)-$ 结构的醛、酮，再发生卤仿反应。因而含有这些结构的醇也能进行卤仿反应。如：

第10章 醛、酮　175

$$CH_3-\underset{OH}{\underset{|}{CH}}-R \xrightarrow{NaOI} CH_3-\underset{O}{\overset{\|}{C}}-R \xrightarrow{NaOI} CHI_3\downarrow + RCOONa$$

卤仿反应也是制备羧酸的一种方法，尤其是羧基处于特殊位置而难以制备的羧酸，此时，可用原料成本较低的氯仿反应。该法可制备比原料少一个碳原子的羧酸。如：

$$\triangleright\!\!-\!\!\underset{O}{\overset{\|}{C}}CH_3 \xrightarrow[\triangle]{NaOCl} \xrightarrow{H^+} \triangleright\!\!-\!\!\underset{O}{\overset{\|}{C}}-OH + CHCl_3$$

$$\text{Naphthyl-}\underset{O}{\overset{\|}{C}}-CH_3 \xrightarrow[\triangle]{NaOCl} \xrightarrow{H^+} \text{Naphthyl-}COOH + CHCl_3$$

b. 酸催化。一般情况下，要得到一卤代物，可用酸进行催化反应，其反应过程与碱催化过程不同。如：

$$CH_3-\underset{O}{\overset{\|}{C}}-CH_3 + Br_2 \xrightarrow{HOAc} CH_3-\underset{O}{\overset{\|}{C}}-\underset{Br}{\overset{|}{CH_2}} + HBr$$

反应机理如下：

$$CH_3-\underset{O}{\overset{\|}{C}}-CH_3 \xrightleftharpoons[\text{快}]{H^+} \left[CH_3-\underset{\overset{+}{O}H}{\overset{|}{C}}-\underset{H}{\overset{|}{CH_2}} \right] \xrightleftharpoons[\text{慢}]{-H^+} CH_3-\underset{OH}{\overset{|}{C}}=CH_2$$

$$CH_3-\underset{OH}{\overset{|}{C}}=CH_2 \xrightarrow{Br-Br} \left[CH_3-\underset{OH}{\overset{|}{\underset{+}{C}}}-CH_2Br \longleftrightarrow CH_3-\underset{\overset{+}{O}H}{\overset{|}{C}}-CH_2Br \right]$$

$$\xrightarrow{-H^+} CH_3-\underset{O}{\overset{\|}{C}}-CH_2Br$$

酸的催化作用是加速形成烯醇。

④ 珀金（Perkin）反应。在碱催化作用下，芳香醛与酸酐进行反应生成芳香族 α,β-不饱和羧酸的反应称为 Perkin 反应。所用催化剂通常为酸酐对应的羧酸盐。反应通式如下：

$$ArCHO + \underset{RCH_2}{\overset{RCH_2}{(}}\!\!\underset{\overset{\|}{O}}{\overset{\overset{\|}{O}}{C}}\!\!-\!\!O\!\!-\!\!\underset{\overset{\|}{O}}{\overset{\overset{\|}{O}}{C}}\!\!) \xrightarrow[\triangle]{RCH_2COO^-} \underset{H}{\overset{Ar}{>}}\!\!C\!\!=\!\!C\!\!\underset{COOH}{\overset{R}{<}} + RCH_2COOH$$

一般情况下所形成的烯烃为 E 构型，即羧基与芳基处于双键的两侧。如：

$$C_6H_5CHO + (CH_3CO)_2O \xrightarrow[180℃]{CH_3COOK} \underset{H}{\overset{C_6H_5}{>}}\!\!C\!\!=\!\!C\!\!\underset{COOH}{\overset{H}{<}}$$
肉桂酸

Perkin 反应类似于羟醛缩合反应，在反应时，酸酐在羧酸盐作用下形成碳负离子，作为亲核试剂进攻芳香醛，发生亲核加成反应，再经一系列反应得到 β-芳基-α,β-不饱和羧酸。Perkin

反应存在反应温度高、产率不高等缺点,但由于原料便宜,在合成上仍有一定的应用价值。如治疗血吸虫病药物呋喃丙胺的原料呋喃丙烯酸和香料香豆素都是采用 Perkin 反应合成的。

$$\text{(furfural)—CHO} + (CH_3CO)_2O \xrightarrow[170\ ℃]{CH_3COONa} \text{(furyl)—CH=CHCOOH}$$
呋喃丙烯酸(74%)

$$\text{(邻羟基苯甲醛)} + (CH_3CO)_2O \xrightarrow{CH_3COONa} \text{香豆素}$$
香豆素

⑤ 曼尼希(Mannich)反应。含有 α-H 的酮与甲醛、胺反应,可以在羰基的 α 位引入胺甲基,这个反应称为 Mannich 反应,又称胺甲基化反应。反应通式表示如下:

$$R-\underset{\underset{}{\parallel}}{C}-CH_2R' + HCHO + HN\underset{R}{\overset{R}{<}} \xrightarrow{H^+} R-\underset{\underset{}{\parallel}}{C}-\underset{\underset{R'}{|}}{CH}-CH_2N\underset{R}{\overset{R}{<}}$$

该反应可以使用三聚、多聚甲醛或甲醛溶液,胺一般用仲胺的盐酸盐,在酸性条件下进行,生成的产物一般以盐的形式存在,因此其产物被称为 Mannich 碱。利用该反应,可以制备出更复杂的胺。

$$\text{环己酮} + HCHO + (CH_3)_2NH·HCl \xrightarrow{H^+} \text{2-(二甲氨基甲基)环己酮}$$

$$C_6H_5COCH_3 + HCHO + \text{HN(吡咯烷)} \xrightarrow{H^+} C_6H_5COCH_2CH_2N\text{(吡咯烷基)}$$

(3) 醛、酮的还原反应

醛、酮中羰基的还原有两种还原方式,一种是将羰基还原为羟基,另一种是将羰基还原为亚甲基。

① 羰基还原为羟基。

a.催化加氢。醛、酮在金属铂、钯或镍等催化剂作用下,进行催化加氢,生成相应的伯醇或仲醇。

$$CH_3(CH_2)_4CHO \xrightarrow{H_2}{Ni} CH_3(CH_2)_4CH_2OH$$
正己醇(100%)

$$(CH_3)_2CHCH_2COCH_3 \xrightarrow{H_2}{Pt} (CH_3)_2CHCH_2\underset{\underset{OH}{|}}{CH}CH_3$$
4-甲基-2-戊醇(95%)

b.化学还原剂还原。醛、酮用金属氢化物如氢化铝锂($LiAlH_4$)和硼氢化钠($NaBH_4$)进行还原生成醇。氢化铝锂的还原能力比硼氢化钠强,氢化铝锂除了还原醛、酮外,还可以还原 —COOH、—COOR、—NO_2、—CN 等,但是分子中的碳碳双键或三键都不会被还原。

$$(CH_3)_2CHCH_2COCH_3 \xrightarrow[\text{LiAlH}_4/\text{Et}_2\text{O}]{} \xrightarrow{H_3O^+} (CH_3)_2CHCH_2CHCH_3$$
$$\hspace{7cm} |$$
$$\hspace{7cm} OH$$
4-甲基-2-戊醇（95%）

$$\text{CH}_3\text{CH=CHCH}_2\text{CHO} \xrightarrow{\text{NaBH}_4} \xrightarrow{H_3O^+} \text{CH}_3\text{CH=CHCH}_2\text{CH}_2\text{OH}$$

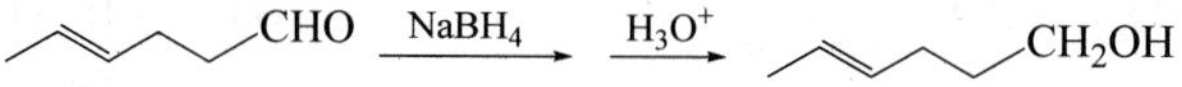

由于氢化铝锂对酸和湿气都非常敏感，在利用氢化铝锂还原时，反应体系必须无水，否则氢化铝锂会水解，它需要在无水乙醚、四氢呋喃或吡啶溶液中使用，而硼氢化钠在水中有一定稳定性。

氢化铝锂可以还原很多含有羰基的化合物，若用烷氧基取代的氢化铝锂，由于降低了反应活性，可以选择性地还原醛、酮的羰基，而酯羰基因不能被还原可以保留下来。叔丁氧基氢化铝锂〔LiAlH(OBu-t)$_3$〕就是常用的还原剂。如：

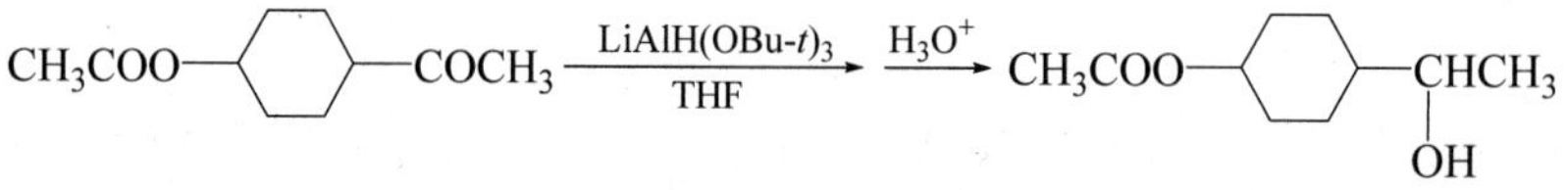

$$\text{CH}_3\text{COO-}\bigcirc\text{-COCH}_3 \xrightarrow[\text{THF}]{\text{LiAlH(OBu-}t)_3} \xrightarrow{H_3O^+} \text{CH}_3\text{COO-}\bigcirc\text{-CHCH}_3$$
$$\hspace{11cm}|$$
$$\hspace{11cm}\text{OH}$$

异丙醇铝/异丙醇也是选择性很高的醛、酮还原剂。将催化量的异丙醇铝、异丙醇与待还原的醛、酮放在苯或甲苯中进行反应，醛、酮被还原为醇，而异丙醇被氧化为丙酮，该反应称为密尔温-彭杜夫（Meerwein-Ponndorf）还原，它是沃氏（Oppenauer）醇氧化的逆反应。醛、酮分子中的其他不饱和键不受影响。

$$\text{C}_6\text{H}_5\text{CH=CHCHO} \xrightarrow[\text{(CH}_3)_2\text{CHOH}]{\text{Al[OCH(CH}_3)_2]_3} \text{C}_6\text{H}_5\text{CH=CHCH}_2\text{OH}$$

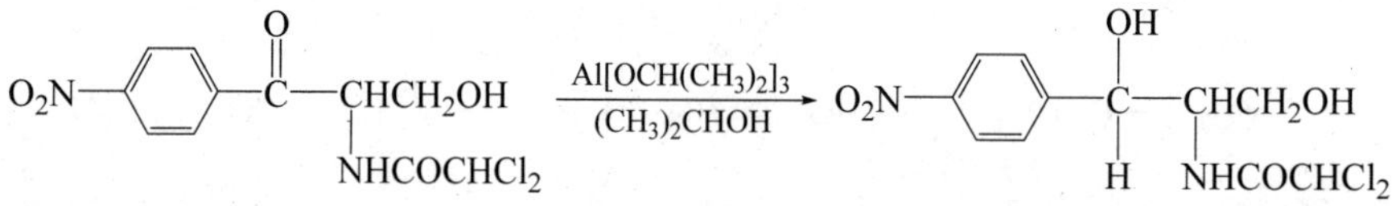

$$O_2N\text{-}\bigcirc\text{-}\underset{\underset{\text{NHCOCHCl}_2}{|}}{\overset{\overset{O}{\|}}{C}}\text{-CHCH}_2\text{OH} \xrightarrow[\text{(CH}_3)_2\text{CHOH}]{\text{Al[OCH(CH}_3)_2]_3} O_2N\text{-}\bigcirc\text{-}\underset{\underset{H}{|}}{\overset{\overset{OH}{|}}{C}}\text{-}\underset{\underset{\text{NHCOCHCl}_2}{|}}{\text{CHCH}_2\text{OH}}$$

乙硼烷也可还原醛、酮，生成相应的醇。不饱和醛、酮还原时，先还原羰基，再还原碳碳双键。如：

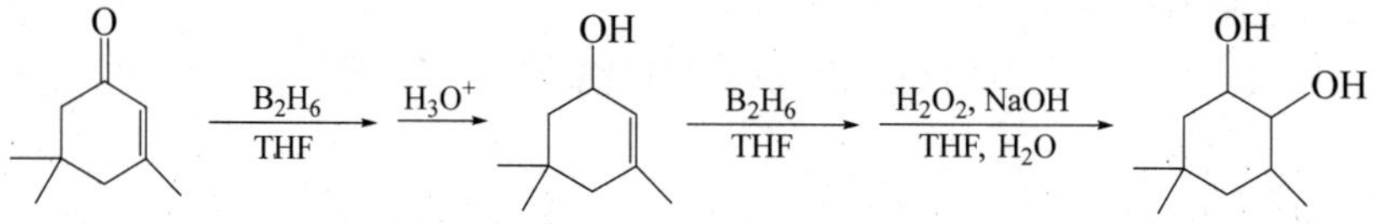

(3,5,5-三甲基环己-2-烯酮) $\xrightarrow[\text{THF}]{B_2H_6} \xrightarrow{H_3O^+}$ (3,5,5-三甲基环己-2-烯-1-醇) $\xrightarrow[\text{THF}]{B_2H_6} \xrightarrow[\text{THF, H}_2\text{O}]{\text{H}_2\text{O}_2, \text{NaOH}}$ (二醇产物)

c. 钠、镁等的还原。活泼金属（如锂、钠、铝、镁）和酸、碱、水、醇等体系可以将醛、酮还原为醇，该反应称为醛、酮的单分子还原，这是一个自由基反应历程。如：

$$\text{CH}_3\text{CHO} \xrightarrow[\text{H}_2\text{O}]{\text{Mg}} \text{CH}_3\text{CH}_2\text{OH}$$

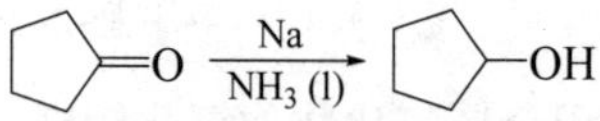

$$\text{环己酮} \xrightarrow[\text{NH}_3(l)]{\text{Na}} \text{环己醇}$$

在钠、铝、镁、铝汞齐或低价钛试剂的催化作用下，酮在非质子性溶剂中发生双分子还原偶联，生成频哪醇。该反应称为酮的双分子还原。这也是一个自由基反应历程，反应通式如下：

$$\underset{R'}{\overset{R}{>}}C=O + O=C\underset{R'}{\overset{R}{<}} \xrightarrow[\text{苯}]{Mg} \xrightarrow{H_2O} \underset{R'\ R'}{\overset{HO\ OH}{\underset{|\ |}{\underset{R\ R}{C-C}}}}$$
频哪醇

如：

$$\underset{H_3C}{\overset{H_3C}{>}}C=O + O=C\underset{CH_3}{\overset{CH_3}{<}} \xrightarrow[\text{苯}]{Mg} \xrightarrow{H_2O} \underset{H_3C\ CH_3}{\overset{HO\ OH}{\underset{H_3C\ CH_3}{C-C}}}$$

环戊酮 + 环戊酮 $\xrightarrow[\text{苯}]{Mg} \xrightarrow{H_2O}$ 双环戊基频哪醇

② 羰基还原为亚甲基。醛或酮与锌汞齐和浓盐酸一起回流，羰基被还原为亚甲基，此反应被称为克莱门森（Clemmensen）还原。反应的通式为：

$$>C=O \xrightarrow[HCl]{Zn-Hg} >CH_2$$

该法只适用于对酸稳定的化合物，芳香酮的还原收率较高，α,β-不饱和醛、酮被还原时双键会同时被还原。如：

$$Ph-COCH_3 \xrightarrow[HCl]{Zn-Hg} Ph-CH_2CH_3$$
乙苯（80%）

$$\text{(3-甲氧基-4-羟基苯甲醛)} \xrightarrow[HCl]{Zn-Hg} \text{(2-甲氧基-4-甲基苯酚)}$$

$$Ph-CH=CHCOCH_3 \xrightarrow[HCl]{Zn-Hg} Ph-CH_2CH_2CH_2CH_3$$

对酸不稳定而对碱稳定的醛、酮，可用沃尔夫-基希纳（Wolff-Kishner）还原反应还原，该法是将无水醛或酮、肼与无水乙醇及乙醇钠在高温约200℃下反应。由于反应需要在高压下或封管中进行，操作非常不便。黄鸣龙对此方法作了改进，使用高沸点溶剂如一缩二乙二醇，用 NaOH（或 KOH）替代醇钠，肼的水溶液替代无水肼，可让反应在常压下进行或避免封管，操作方便。改进后的反应被称为 Wolff-Kishner-Huang Minglong 还原，简称黄鸣龙还原。如：

$$Ph-COCH_2CH_3 \xrightarrow[\triangle]{NH_2NH_2,\ NaOH,\ (HOCH_2CH_2)_2O} Ph-CH_2CH_2CH_3$$
丙苯（82%）

$$\text{环壬酮} \xrightarrow[\triangle]{NH_2NH_2,\ NaOH,\ (HOCH_2CH_2)_2O} [\text{环壬亚基肼}=NNH_2] \xrightarrow{-N_2} \text{环壬烷}$$
环壬烷（47%）

对酸或碱都不稳定的醛、酮，可采用中性条件下的还原方法，即将醛或酮先转变为缩硫醛（酮），再用骨架镍进行催化加氢的间接还原方法可将羰基还原为亚甲基。

$$\text{C=O} + \text{HS-SH} \xrightarrow{H^+} \text{缩硫醛(酮)} \xrightarrow{H_2}{\text{Raney Ni}} \text{CH}_2$$

醛、酮　　乙二硫醇　　　　缩硫醛(酮)

（4）醛的氧化反应和歧化反应

① 氧化反应。醛很容易被氧化剂氧化，脂肪醛比芳香醛更易氧化，产物为羧酸。例如，苯甲醛暴露于空气中会迅速被空气中的氧氧化成苯甲酸。光对氧化反应有催化作用，氧化过程为自由基历程。因此醛类化合物的存放应避光和隔氧，久置的醛在使用时应重新蒸馏。

氧化剂如 $KMnO_4$、$K_2Cr_2O_7$ 和浓硝酸等均可将醛氧化为羧酸。当醛中的侧链连有芳环时，氧化条件不能剧烈，否则芳环侧链断裂成芳香酸。

$$\text{CH}_3(\text{CH}_2)_5\text{CHO} \xrightarrow{KMnO_4/H^+} \text{CH}_3(\text{CH}_2)_5\text{COOH}$$

$$\text{Ph-CH}_2\text{CHO} \xrightarrow{\text{冷稀}KMnO_4} \text{Ph-CH}_2\text{COOH}$$

弱氧化剂如托伦（Tollens）试剂、费林（Fehling）试剂和 Ag_2O 等也能将醛氧化为羧酸。

醛用 Tollens 试剂（硝酸银的氨溶液）氧化时，银离子被还原为金属银，当反应容器内壁很洁净光滑时，银沉淀在壁上形成银镜，该反应又称为银镜反应。工业上用此反应原理来制镜。所有结构的醛均能发生银镜反应，而酮不能被 Tollens 试剂氧化，因此 Tollens 试剂可作为醛、酮的鉴别试剂。

$$\text{RCHO} + \text{Ag(NH}_3)_2\text{OH} \xrightarrow{\triangle} \text{RCOONH}_4 + \text{Ag}\downarrow + \text{NH}_3\uparrow + \text{H}_2\text{O}$$

脂肪醛与 Fehling 试剂（硫酸铜与酒石酸钾钠的碱溶液）反应时，Cu^{2+} 被还原为砖红色的 Cu_2O 沉淀而从溶液中析出。而芳香醛不能与 Fehling 试剂反应，可以利用该反应鉴别脂肪醛和芳香醛。

$$\begin{array}{c}\text{HO—CHCOONa}\\\text{HO—CHCOOK}\end{array} \xrightarrow{Cu^{2+}} \text{Fehling试剂}$$

酒石酸钾钠　　　　　　　　　Fehling试剂

$$\text{RCHO} + \text{Fehling试剂} \xrightarrow{\triangle} \text{RCOONa} + \text{Cu}_2\text{O}\downarrow + \text{H}_2\text{O}$$

使用弱氧化剂如 Tollens 试剂、Fehling 试剂和 Ag_2O 等氧化醛时，分子中的双键不受影响，在有机合成中可用于选择性氧化。

$$\text{Ph-CH=CHCHO} \xrightarrow{Ag_2O/H_2O} \text{Ph-CH=CHCOOH}$$

② 坎尼扎罗（Cannizzaro）反应——歧化反应。无 α-H 的醛在浓碱作用下，能发生自身的氧化还原作用，即一分子醛被氧化为羧酸，一分子醛被还原为醇，这个反应被称为 Cannizzaro 反应，又称歧化反应。如：

$$2\ HCHO \xrightarrow{\text{浓NaOH}} HCOONa + CH_3OH$$

$$2\ C_6H_5\text{—CHO} \xrightarrow{\text{浓NaOH}} C_6H_5\text{—COONa} + C_6H_5\text{—CH}_2\text{OH}$$

两种不同结构的无 α-H 的醛在浓碱作用下，会发生交叉歧化反应，产物复杂，无实用价值。若用甲醛与另一种无 α-H 的醛发生交叉歧化反应，由于甲醛还原能力强，总是被氧化为酸，而另一种无 α-H 的醛被还原为醇。此时，该反应就有较好的实用价值。如：

$$HCHO + \text{呋喃甲醛} \xrightarrow{\text{浓NaOH}} HCOONa + \text{呋喃甲醇}$$

$$HCHO + CH_3O\text{—C}_6H_4\text{—CHO} \xrightarrow{\text{浓NaOH}} HCOONa + CH_3O\text{—C}_6H_4\text{—CH}_2OH$$

10.5 亲核加成反应历程

极性的羰基由于氧原子的电负性比碳原子的大，氧原子带有部分负电荷，碳原子带有部分正电荷，亲核试剂容易进攻带有部分正电荷的碳原子，导致 π 键断裂，形成两个 σ 键，这就是羰基的亲核加成反应（nucleophilic addition reaction）。亲核加成反应可以有酸催化和碱催化两种，酸催化和碱催化机理不同，如下：

碱催化：

$$\underset{\delta^+}{C}=\underset{\delta^-}{O} + Nu^- \xrightleftharpoons[]{\text{慢}} \underset{Nu}{\overset{|}{C}}\text{—}O^- \xrightleftharpoons[]{\text{快}}^{H^+} \underset{Nu}{\overset{|}{C}}\text{—}OH$$

酸催化：

$$C=O + H^+ \longrightarrow \overset{+}{C}\text{—}OH \longrightarrow \overset{+}{C}\text{—}OH \xrightarrow{Nu^-} \underset{Nu}{\overset{OH}{C}}$$

羰基亲核加成反应活性取决于：①羰基碳原子上的电子云密度大小，电子云密度越小，正电性越大，越易加成；②空间位阻，羰基上连接的基团越大越不利于亲核试剂的进攻；③亲核试剂亲核性的强弱，亲核性越强，反应越容易发生。

由于电子效应和空间位阻的原因，不同结构的醛和酮发生亲核加成反应时的活性不同，部分醛、酮的反应活性（R 为碳原子数大于 1 的烷基）排序如下：

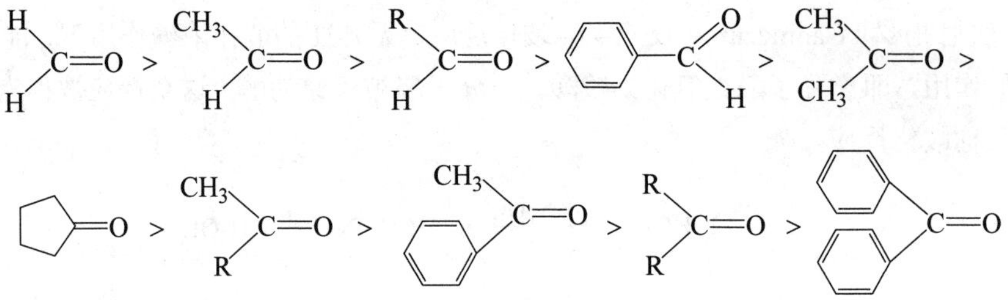

$$\underset{\underset{H}{|}}{\overset{H}{|}}C=O > \underset{\underset{H}{|}}{\overset{CH_3}{|}}C=O > \underset{\underset{H}{|}}{\overset{R}{|}}C=O > \underset{\underset{H}{|}}{\overset{Ph}{|}}C=O > \underset{\underset{CH_3}{|}}{\overset{CH_3}{|}}C=O$$

$$\text{环戊酮} > \underset{\underset{R}{|}}{\overset{CH_3}{|}}C=O > \underset{\underset{R}{|}}{\overset{CH_3}{|}}C=O > \underset{\underset{R}{|}}{\overset{R}{|}}C=O > \underset{\underset{Ph}{|}}{\overset{Ph}{|}}C=O$$

主要原因是：

① 从电子效应角度来看，烷基是给电子基团，降低了羰基碳原子上的正电性，不利于亲核试剂的进攻，而使反应活性降低。

② 从空间位阻角度来看，烷基连接羰基后，增加了羰基碳原子的空间位阻，阻碍了亲核试剂的进攻，不利于亲核加成反应的进行。

亲核加成反应可选用的亲核试剂多种多样，这些试剂主要是氢氰酸（HCN）、亚硫酸氢钠（$NaHSO_3$）、水、醇、金属有机试剂（如RMgX）、氨及其衍生物和有机磷试剂等。发生反应的部位是带负电性的碳原子、硫原子、氧原子、磷原子以及亲核性较弱的具有孤电子对的氮原子等。

10.6　α,β-不饱和醛、酮的化学特性

不饱和醛、酮的结构众多，其中碳碳双键与羰基共轭的 α,β-不饱和醛、酮最常见。在结构中，碳碳双键与羰基共轭，形成一个 π-π 共轭体系，与1,3-丁二烯结构相似。与1,3-丁二烯不同的是，α,β-不饱和醛、酮中既有 C=C 又有 C=O，因此 α,β-不饱和醛、酮既可发生亲电加成反应，又可发生亲核加成反应，而且具有1,2-和1,4-两种加成方式。

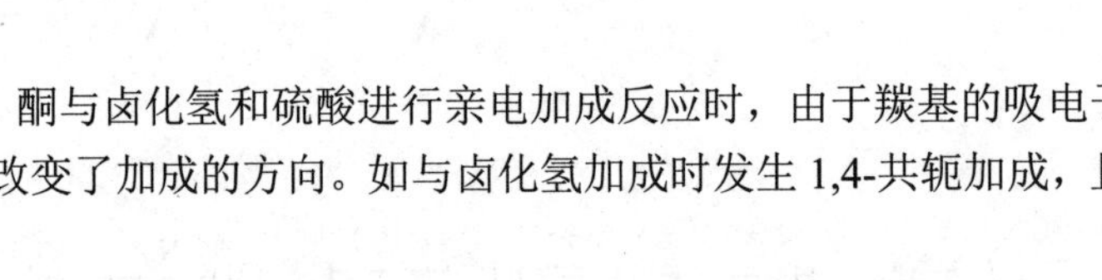

$$\underset{\text{碳碳双键加成}}{\underset{4\ \ 3\ \ 2\ \ 1}{-\overset{|}{C}=\overset{|}{C}-\overset{|}{C}=O}} \quad \underset{\substack{\text{碳氧双键加成}\\\text{1,2-加成}}}{\underset{4\ \ 3\ \ 2\ \ 1}{-\overset{|}{C}=\overset{|}{C}-\overset{|}{C}=O}} \quad \underset{\text{1,4-共轭加成}}{\underset{4\ \ 3\ \ 2\ \ 1}{-\overset{|}{C}=\overset{|}{C}-\overset{|}{C}=O}}$$

10.6.1　亲电加成反应

α,β-不饱和醛、酮与卤化氢和硫酸进行亲电加成反应时，由于羰基的吸电子作用，降低了双键的活性，同时改变了加成的方向。如与卤化氢加成时发生1,4-共轭加成，且氢原子加在含氢少的碳原子上。

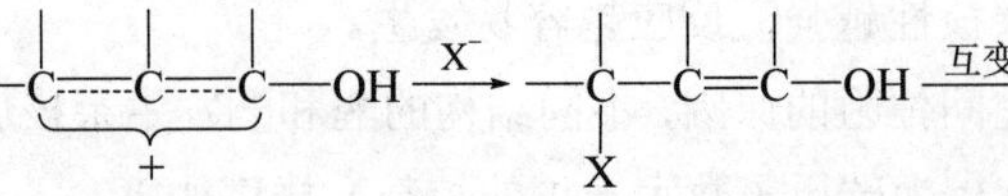

$$CH_2=CHCHO + HCl(g) \xrightarrow{-10℃} \underset{\underset{Cl\ H}{|\ \ |}}{CH_2CHCHO}$$

该反应看似发生碳碳双键的3,4-加成，但其本质为1,4-共轭加成。反应过程如下：

$$-\overset{|}{C}=\overset{|}{C}-\overset{|}{C}=O \xrightarrow{H^+} -\overset{|}{C}\cdots\overset{|}{C}\cdots\overset{|}{C}-OH \xrightarrow{X^-} -\overset{|}{\underset{X}{C}}-\overset{|}{C}=\overset{|}{C}-OH \xrightarrow{\text{互变异构}} -\overset{|}{\underset{X}{C}}-\overset{|}{\underset{H}{C}}-\overset{|}{C}=O$$

与卤素和次卤酸进行亲电加成反应时,只是在双键上发生亲电加成,不发生1,4-共轭加成。

$$\text{CH}_3\text{CH=CHCOCH}_3 + \text{Br}_2 \longrightarrow \text{CH}_3\text{CHBrCHBrCOCH}_3$$

$$\text{CH}_3\text{CH=CHCOCH}_3 + \text{HOCl} \longrightarrow \text{CH}_3\text{CH(OH)CHClCOCH}_3$$

10.6.2 亲核加成反应

α,β-不饱和醛、酮的亲核加成也有1,2-和1,4-两种加成方式。进行1,4-加成后,当 E 为 H 时,发生互变异构现象,得到看似为双键的加成结果,但其实质还是1,4-加成。其反应过程可表示如下:

$$\underset{4\ 3\ 2\ 1}{\text{C=C-C=O}} + \text{Nu}^- \xrightarrow{\begin{array}{c}1,2\text{-加成}\\1,4\text{-加成}\end{array}} \begin{array}{c} -\text{C=C-C-O}^- \\ \quad\quad\quad\text{Nu} \\ -\text{C-C=C-O}^- \\ \text{Nu} \end{array} \xrightarrow{\text{E}^+} \begin{array}{c} -\text{C=C-C-OE} \\ \quad\quad\quad\text{Nu} \\ -\text{C-C=C-OE} \\ \text{Nu} \end{array}$$

E⁺为H⁺时,互变异构

$$\longrightarrow \underset{\text{Nu H}}{-\text{C-C-C=O}}$$

α,β-不饱和醛、酮与氢氰酸、亚硫酸氢钠、水、醇和氨及氨衍生物等亲核试剂反应通常发生1,4-加成。

$$\text{CH}_3\text{CH=CHCOCH}_3 + \text{HCN} \longrightarrow \text{CH}_3\text{CH(CN)CH}_2\text{COCH}_3$$

$$\text{CH}_3\text{CH=CHCOCH}_3 + \text{H}_2\text{NR} \longrightarrow \text{CH}_3\text{CH(NHR)CH}_2\text{COCH}_3$$

α,β-不饱和醛、酮与炔化钠和有机锂试剂等亲核试剂反应通常发生1,2-加成。

$$\text{CH}_3\text{CH=CHCOCH}_3 + \text{HC≡CNa} \xrightarrow{\text{H}^+} \text{CH}_3\text{CH=CHC(OH)(CH}_3\text{)C≡CH}$$

α,β-不饱和醛、酮与格氏试剂反应时,与反应物的空间位阻有关,空间位阻小的以1,2-加成为主,空间位阻大的以1,4-加成为主。如:

$$\text{Ph}\diagup\!\!\!\diagdown\!\!\text{CHO} \xrightarrow[\text{(2) H}_3\text{O}^+]{\text{(1) C}_6\text{H}_5\text{MgBr}/\text{醚}} \text{Ph-CH=CH-CH(OH)-Ph}$$

100%
1,2-加成

$$\text{Ph-CH=CH-CO-Ph} \xrightarrow[\text{(2) H}_3\text{O}^+]{\text{(1) C}_6\text{H}_5\text{MgBr}/\text{醚}} \text{Ph-CH(Ph)-CH}_2\text{-CO-Ph}$$

94%
1,4-加成

10.6.3 还原反应

α,β-不饱和醛、酮分子中含有碳碳双键和碳氧双键两个不饱和官能团，不同的还原方法其选择性也不同。

在金属铂、钯或镍等催化剂作用下，进行催化加氢还原不饱和醛、酮时有如下规律：当碳碳双键与羰基不共轭时，优先还原醛羰基，其次是碳碳双键，最后是酮羰基；当碳碳双键与羰基共轭时，通常先还原碳碳双键，然后再还原醛、酮的羰基。若不控制还原条件，分子中的所有不饱和键都将会被还原。

$$\text{环己烯-CHO} \xrightarrow[\text{Pt}]{\text{1mol H}_2} \text{环己烯-CH}_2\text{OH}$$

$$\text{环己烯-COCH}_3 \xrightarrow[\text{Pt}]{\text{1mol H}_2} \text{环己烷-COCH}_3$$

$$\text{3-甲基环己烯酮} \xrightarrow[\text{Pt}]{\text{1mol H}_2} \text{3-甲基环己酮}$$

用金属氢化物如氢化铝锂（LiAlH$_4$）和硼氢化钠（NaBH$_4$）还原α,β-不饱和醛、酮时，可选择性还原分子中的羰基，碳碳双键或三键都不会被还原。

$$\text{CH}_3\text{-CH=CH-CH}_2\text{-CHO} \xrightarrow[]{\text{NaBH}_4} \xrightarrow[]{\text{H}_3\text{O}^+} \text{CH}_3\text{-CH=CH-CH}_2\text{-CH}_2\text{OH}$$

Meerwein-Ponndorf 还原可以选择性地还原α,β-不饱和醛、酮中的羰基，分子中其他的不饱和键不受影响。

$$\text{C}_6\text{H}_5\text{CH=CHCHO} \xrightarrow[\text{(CH}_3\text{)}_2\text{CHOH}]{\text{Al[OCH(CH}_3\text{)}_2]_3} \text{C}_6\text{H}_5\text{CH=CHCH}_2\text{OH}$$

活泼金属 Li、Na、Mg 和 Al 等酸、碱、水、醇体系不能还原孤立的碳碳双键，但是可以还原α,β-不饱和醛、酮中的碳碳双键。若试剂过量，共轭体系中的碳碳双键被还原后，羰基会继续被还原。

$$\xrightarrow[\text{NH}_3(l)]{\text{Li}} \xrightarrow[]{\text{H}_3\text{O}^+} \xrightarrow[\text{NH}_3(l)]{\text{Li}} \xrightarrow[]{\text{H}_3\text{O}^+}$$

习 题

1. 命名下列化合物或写出结构式。

(1)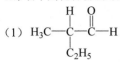

(2) 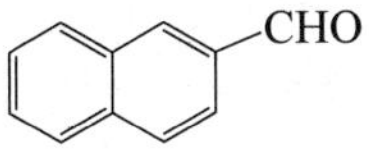 萘-2-甲醛 (结构式如图)

(3) $CH_3COCH_2CHCH_3$ 中带 CH_3 支链

(4) C_6H_5-CH_2COCH-Br

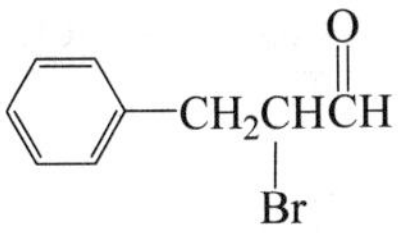

(5) 2-丁烯醛 (6) 邻羟基苯甲醛
(7) 2,2-二甲基环戊酮 (8) 环己基乙酮

2. 选择题。

(1) 下列化合物不能发生碘仿反应的是（　　）。
　A.丙醛　　　B.丙酮　　　C.乙醛　　　D.乙醇

(2) 醛、酮的羰基与氢氰酸加成生成 α-羟基腈的反应属于（　　）。
　A.亲电加成　B.亲电取代　C.亲核加成　D.亲核取代

(3) 下列化合物能够与 Fehling 试剂反应产生砖红色沉淀的是（　　）。
　A. 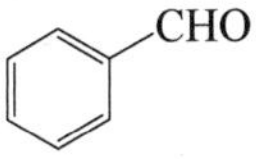 C_6H_5CHO　B. 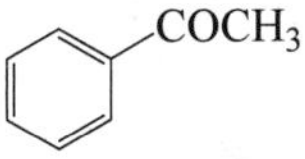 $C_6H_5COCH_3$　C. CH_3CH_2CHO　D. $CH_3COCH_2CH_3$

(4) 下列还原剂中，只对羰基起还原作用的是（　　）
　A.氢化铝锂　B.硼氢化钠　C.Tollens 试剂　D.Lindlar 试剂

(5) 下列羰基化合物中，羰基活性最高的是（　　）
　A.$(C_6H_5)_2CO$　B.$C_6H_5COCH_3$　C.$ClCH_2CHO$　D.CH_3CHO

3. 判断题。

(1) 羟醛缩合反应的第一步是，碱夺取醛/酮分子的 α-H，使其成为碳负离子。（　　）
(2) 硼氢化钠和氢化铝锂只对羰基起作用，不影响醛、酮分子中的其他不饱和键。（　　）
(3) 影响羰基亲核加成反应活性的因素是羰基碳的正电性，羰基碳正电性越大，羰基越活泼。（　　）
(4) 醛、酮中烃基越大，空间位阻越大，羰基越不活泼。（　　）
(5) 羰基试剂的亲核加成反应是一个酸催化反应，但不能用强酸。（　　）
(6) Tollens 试剂能将脂肪醛和芳香醛氧化成酸，但 Fehling 试剂只能氧化脂肪醛。（　　）

4. 写出下列反应的主要产物：

(1) $CH_3CHCH_2CHO + HCN \longrightarrow (\quad)$，其中 CH 带 CH_3 支链

(2) $HCHO + CH_3CH_2MgBr \xrightarrow{\text{干乙醚}} (\quad) \xrightarrow{H_2O} (\quad)$

(3) $CH_3CH_2CHO \xrightarrow{\text{稀碱}} (\quad) \xrightarrow{\Delta} (\quad)$

(4) $CH_3COCH_2CH_3 + NH_2OH \xrightarrow{HOAc} (\quad)$

(5) 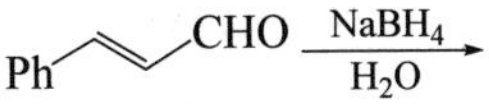 $PhCH{=}CHCHO \xrightarrow[H_2O]{NaBH_4} (\quad)$

(6) 环己酮 $+ CH_2{=}P(C_6H_5)_3 \longrightarrow (\quad)$

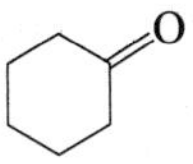

(7) CH$_3$CHO + 2[Ag(NH$_3$)$_2$]OH $\xrightarrow{\triangle}$ (   )

(8) 邻苯二甲醛 + HCHO(过量) $\xrightarrow{浓OH^-}$ (   )

(9) 2-甲基-1,3-丁二烯 + 对苯醌 $\xrightarrow{加热}$ (   )

(10) RCH=O + NH$_2$NH$_2$ $\xrightarrow[\triangle]{NaOH, (HOCH_2CH_2)_2O}$ (   )

(11) CH$_3$CHO + Cl$_2$ $\xrightarrow{NaOH}$ (   )

(12) ArCHO + (CH$_3$CH$_2$CO)$_2$O $\xrightarrow[\triangle]{NaOH}$ (   )

(13) CH$_3$COCH$_2$CH$_2$CH$_3$ + HCHO + HN(CH$_3$)$_2$ $\xrightarrow{H^+}$ (   )

(14) CH$_3$COC$_2$H$_5$ $\xrightarrow[HCl]{Zn/Hg}$ (   )

5. 用化学方法鉴别：
(1) 丙醛、丙酮、丙醇和异丙醇。
(2) 戊醛、2-戊酮、苯甲醛。

6. 由指定原料合成所要求的化合物：
(1) 由环己酮制备己二醛。
(2) 由乙醛合成 2-氯丁烷。

7. 某化合物分子式为 A(C$_5$H$_{12}$O)，氧化后得 B(C$_5$H$_{10}$O)，B 能和苯肼反应，也能发生碘仿反应，A 和浓硫酸共热得 C(C$_5$H$_{10}$)，C 经氧化后得丙酮和乙酸，推测 A、B、C 的结构。

8. 某未知化合物 A，与 Tollens 试剂无反应，与 2,4-二硝基苯肼反应可得一黄色固体。A 与氢氰酸反应得具有手性的化合物 B，B 的分子式为 C$_5$H$_9$ON，A 与硼氢化钠在甲醇中反应可得手性化合物 C，C 经浓硫酸脱水得 2-丁烯。试分别写出化合物 A、B、C 的结构式。

9. 某一化合物分子式为 A（C$_{10}$H$_{14}$O$_2$），它不与 Tollens 试剂、Fehling 溶液、热的 NaOH 及金属起作用，但稀 HCl 能将其转变成分子式为 B（C$_8$H$_8$O）的产物。B 与 Tollens 试剂作用。强烈氧化时能将 A 和 B 转变为邻苯二甲酸，试写出 A 的结构式，并用反应式表示转变过程。

第 11 章 羧酸和羧酸衍生物

羧酸分子中的官能团为羧基（carboxy group），羧基由羰基和羟基连接而成，羧酸分子可用通式 RCOOH 或 ArCOOH 表示。除去羧酸中羧基上的氢原子后剩下的部分称为羧酸根，除去羧基中的羟基后余下的部分称为酰基（acyl）。

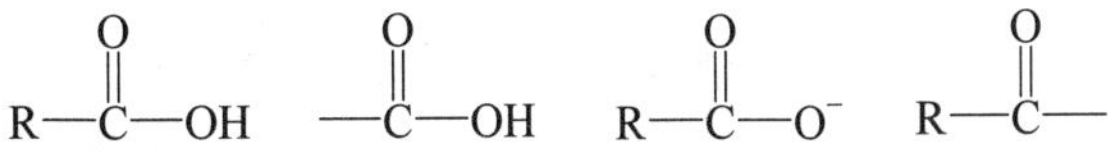

$$\underset{\text{羧酸}}{R-\underset{\underset{O}{\parallel}}{C}-OH} \quad \underset{\text{羧基}}{-\underset{\underset{O}{\parallel}}{C}-OH} \quad \underset{\text{羧酸根离子}}{R-\underset{\underset{O}{\parallel}}{C}-O^-} \quad \underset{\text{酰基}}{R-\underset{\underset{O}{\parallel}}{C}-}$$

羧酸分子中，羧基上的羟基被其他基团取代后所形成的化合物称为羧酸衍生物。常见的羧酸衍生物有酰卤（acylhalide）、酸酐（anhyride）、酯（ester）和酰胺（amide）。它们分别是羟基被卤素、酰氧基、烷氧基和氨（胺）基取代后所形成的化合物。

11.1 羧酸与取代羧酸

11.1.1 羧酸

11.1.1.1 羧酸的分类和命名

（1）羧酸的分类

根据分子中与羧基相连烃基的类型，羧酸分为脂肪羧酸和芳香羧酸。脂肪羧酸又可根据烃基中是否含有不饱和键分为饱和脂肪羧酸和不饱和脂肪羧酸。如：

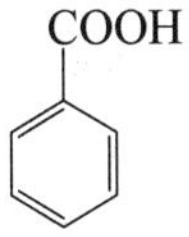

$$\underset{\text{饱和脂肪羧酸}}{CH_3CH_2CH_2COOH} \quad \underset{\text{不饱和脂肪羧酸}}{CH_2=CHCOOH} \quad \underset{\text{芳香羧酸}}{C_6H_5COOH}$$

根据烃基中取代基的类型分为卤代羧酸、羟基酸（醇酸）、氨基酸和羰基酸（醛酸和酮酸）等。如：

$$\underset{\text{卤代羧酸}}{CH_3CHClCOOH} \quad \underset{\text{羟基酸}}{CH_3CHOHCOOH} \quad \underset{\text{氨基酸}}{CH_3CHNH_2COOH} \quad \underset{\text{羰基酸}}{CH_3COCH_2COOH}$$

根据分子中含有羧基的个数，羧酸又可分为一元羧酸、二元羧酸和多元羧酸。如：

$$\text{CH}_3\text{COOH} \qquad \text{HOOCCOOH} \qquad \begin{array}{c}\text{H}_2\text{C}-\text{COOH}\\ \text{HO}-\text{C}-\text{COOH}\\ \text{H}_2\text{C}-\text{COOH}\end{array}$$

一元羧酸   二元羧酸   三元羧酸

（2）羧酸的命名

① 俗名。很多羧酸有俗名，俗名通常根据其来源而得，如 HCOOH 是从蚂蚁蒸馏液中分离得到，故称蚁酸。如：

$$\text{HCOOH} \qquad \text{CH}_3\text{COOH} \qquad \begin{array}{c}\text{CH}_3\text{CHCOOH}\\ |\\ \text{OH}\end{array}$$

蚁酸   醋酸   乳酸

$$\begin{array}{c}\text{COOH}\\ \text{HC}-\text{OH}\\ \text{HC}-\text{OH}\\ \text{COOH}\end{array} \qquad \begin{array}{c}\text{COOH}\\ \text{HC}-\text{OH}\\ \text{H}_2\text{C}-\text{COOH}\end{array} \qquad \begin{array}{c}\text{H}_2\text{C}-\text{COOH}\\ \text{HO}-\text{C}-\text{COOH}\\ \text{H}_2\text{C}-\text{COOH}\end{array}$$

酒石酸   苹果酸   柠檬酸

② 系统命名法（IUPAC 法）。

a. 选择含有羧基的最长且支链最多的碳链作为主链。如有不饱和键，则应包含不饱和键。

b. 从羧基端编号；也可采用希腊字母标明位次，与羧基直接相连的碳称为 α 位碳，依次为 β、γ、δ、…，主链上离羧基最远端（碳的）位置用 ω 表示。

c. 分子中含有脂肪环或芳香环时通常把脂肪环或芳香环作为取代基。

d. 二元羧酸选择含两个羧基的碳链作为主链，按碳原子数目称为"某二酸"。

$$\begin{array}{c}\gamma\ \ \beta\ \ \alpha\\ \text{CH}_3\text{CHCH}_2\text{COOH}\\ |\\ \text{CH}_3\end{array} \qquad \text{CH}_3\text{CH}=\text{CHCOOH} \qquad \text{C}_6\text{H}_{11}-\text{COOH}$$

4-甲基戊酸   2-丁烯酸（巴豆酸）   环己基甲酸
γ-甲基戊酸

$$\text{C}_6\text{H}_5-\text{COOH} \qquad \begin{array}{c}\text{COOH}\\ \text{C}_2\text{H}_5\end{array} \qquad \begin{array}{c}\alpha\ \ \beta\\ \text{CH}_2\text{COOH}\end{array}$$

苯甲酸（安息香酸）   2-乙基苯甲酸   2-萘乙酸
                   β-萘乙酸

$$\begin{array}{c}\text{CH}_3\text{CHCOOH}\\ |\\ \text{Cl}\end{array} \qquad \begin{array}{c}\text{CH}_3\text{CH}_2\text{CHCH}_2\text{COOH}\\ |\\ \text{OH}\end{array} \qquad \begin{array}{c}\text{C}_6\text{H}_5\text{CH}_2\text{CHCOOH}\\ |\\ \text{NH}_2\end{array}$$

2-氯丙酸   3-羟基戊酸   3-苯基-2-氨基丙酸
α-氯丙酸 β-羟基戊酸   苯丙氨酸

$$\begin{array}{c}\text{O}\\\|\\\text{CH}_3\text{CCH}_2\text{COOH}\end{array}$$

3-氧代丁酸
乙酰乙酸

邻羟基苯甲酸（水杨酸）

3,4,5-三羟基苯甲酸（没食子酸）

COOH
|
COOH

乙二酸（草酸）

反丁烯二酸（富马酸）

3-羟基-3-羧基戊二酸（枸橼酸或柠檬酸）

11.1.1.2 羧酸的结构

羧酸分子中的官能团为羧基—COOH。最简单的羧酸分子为甲酸，其他的羧酸可以看成是羧基旁边的氢被其他烷基所取代的化合物。甲酸分子为平面结构，其中 C=O 键长为 0.123nm，比醛、酮中的 C=O 双键（如甲醛 C=O 键长为 0.120nm）长；C—O 键长为 0.136nm，比醇中的 C—O 单键（0.143nm）短，如图 11.1 所示。

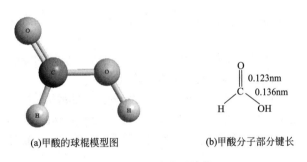

(a)甲酸的球棍模型图　　(b)甲酸分子部分键长

图 11.1　甲酸分子结构

羧酸分子中羧基由羰基和羟基连接而成，羧基碳原子和两个氧原子均为 sp^2 杂化，碳原子的三个 sp^2 杂化轨道分别与两个氧原子的 sp^2 杂化轨道和一个烃基碳原子的 sp^3 杂化轨道（或氢原子的 1s 轨道）形成三个σ键，这三个σ键在同一平面上，键角约为 120°，羧基碳原子中未参与杂化的 p 轨道与 C=O 的氧原子的未杂化 p 轨道各自有一个电子，这两个轨道相互肩并肩平行交盖形成π键。羟基氧原子未杂化 p 轨道有一对未共用电子，未杂化 p 轨道与羰基的π键形成四个电子三个轨道的富电子 p-π 共轭体系（如图 11.2 所示）。羟基氧在共轭效应中提供两个电子，为给电子共轭效应，但是其电负性大于碳，所以诱导效应为吸电子的，给电子共轭效应大于吸电子诱导效应，总体呈现给电子，并且给电子能力大于烷基，故而羰基碳上的正电性不如醛、酮。

p-π共轭使得碳氧双键和碳氧单键的键长趋于平均化，故而甲酸分子中的 C—O 单键比醇分子中的碳氧单键短，碳氧双键 C=O 比醛、酮的双键长一点。

需要说明的是，羧基解离后形成的羧酸根负离子结构中，碳原子和两个氧原子形成四电子三中心的离域π体系。在这个离域体系中，两个 C—O 键键长完全相等，负电荷不再集中在一个氧原子上，而是分散在两个氧原子上，可用两个极限式表示，如图 11.3 所示。X 射线单晶衍射数据表明，甲酸钠的两个C—O键长均为0.127nm，没有单双键的差别。

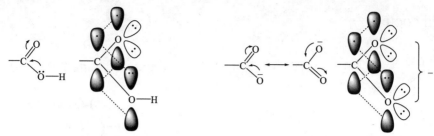

图 11.2 羧基的结构　　　　　　　　　图 11.3 羧酸根负离子的结构

11.1.1.3 羧酸的物理性质

低级脂肪酸是液体，具有刺鼻性气味或恶臭味；中级脂肪酸也是液体，具有难闻的气味；高级脂肪酸是蜡状固体，挥发性低，无味。脂肪族二元羧酸和芳香羧酸都是结晶固体。

羧酸的沸点通常随分子量的增加而升高，比分子量相当的烷烃、卤代烃以及醇的沸点高，原因在于羰羧基氧的电负性较高，与羟基中的质子形成分子间的氢键。液态甚至气态羧酸都可能形成二聚（缔合）体。

$$RCOOH + RCOOH \longrightarrow R-\overset{O\cdots H-O}{\underset{O-H\cdots O}{C}}-R$$

羧酸的熔点通常随着碳数的增加而呈锯齿状上升，偶数碳原子的羧酸比相邻两个奇数碳原子羧酸的熔点高。二元羧酸的熔点比一元羧酸的熔点高很多。

羧酸与水也能形成很强的氢键，其溶解度通常比同碳数的醇大。在饱和一元羧酸中，甲酸至丁酸可与水混溶，随着碳数增加，水溶性迅速降低，高级脂肪酸不溶于水，但能溶于有机溶剂中。多元羧酸的水溶性高于同碳数的一元羧酸，芳香羧酸的水溶性很低。一些羧酸的物理常数如表 11.1 所示。

表 11.1 部分羧酸的物理常数

化合物	熔点/℃	沸点/℃	pK_{a_1}	pK_{a_2}
甲酸	8.4	101	3.77	
乙酸	16.6	118	4.74	
丙酸	−22	141	4.87	
丁酸	−7.9	163	4.82	
异丁酸	−46.1	153.2	4.84	
戊酸	−35	187	4.85	
己酸	−3.9	205	4.83	
苯甲酸	122	249	4.20	
苯乙酸	77	265.5	4.28	
十六碳酸	62.9	269（0.01 MPa）		
十八碳酸	69.9	287（0.01 MPa）		
乙二酸	189		1.27	4.27
丙二酸	136		2.85	5.70

续表

化合物	熔点/℃	沸点/℃	pK_{a_1}	pK_{a_2}
丁二酸	185		4.21	5.64
戊二酸	98		4.34	5.41
己二酸	151		4.43	5.40
顺丁烯二酸	131		1.90	6.50
反丁烯二酸	302		3.00	4.20
邻苯二甲酸	213		3.00	5.39
间苯二甲酸	349		3.28	4.60
对苯二甲酸	300（升华）		3.82	4.45

11.1.1.4 羧酸的化学性质

（1）化学性质的推导

羧酸中含有羧基官能团，羧基由羰基和羟基连接而成，羧酸的化学性质并不是羰基和羟基化学性质的简单叠加，如羰基中由于 OH 的给电子作用导致羰基碳的正电性不如醛、酮，不能与 HCN、饱和 $NaHSO_3$ 溶液发生亲核加成反应。羧基能够解离出质子，显示酸性，且酸性比醇强；羧基上的羟基被取代后形成羧酸衍生物；α-H 由于羧基的吸电子作用具有一定的酸性，可以被卤素等取代，这与醛、酮的 α-H 卤代相似，但反应活性不如醛、酮；羧酸可以发生脱羧反应，产生稳定的二氧化碳小分子。另外，羧基为不饱和基团，加氢可以被还原为醇等，如图 11.4 所示。

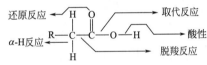

图 11.4 羧酸的化学性质推导

（2）化学性质

① 酸性与成盐反应。

a.酸性。在水溶液中，羧酸羧基的氢氧键异裂解离出质子氢，呈现出明显的酸性。

$$RCOOH + H_2O \rightleftharpoons RCOO^- + H_3O^+$$

羧基中的质子解离后，形成羧酸根负离子，由于 p-π 共轭，羧酸根负离子中的负电荷分散在两个氧原子上，使羧酸根负离子趋于稳定，使羧酸具有明显的酸性。羧酸负离子的结构可用两个共振式表示如下：

$$R-C\begin{smallmatrix}O\\O^-\end{smallmatrix} \longleftrightarrow R-C\begin{smallmatrix}O^-\\O\end{smallmatrix} \equiv R-C\begin{smallmatrix}O^-\\O^-\end{smallmatrix}$$

羧酸根负离子
共振杂化体

羧酸的酸性比碳酸（pK_a=6.37）酸性强，可以与碳酸钠、碳酸氢钠反应。而苯酚的酸性比羧酸弱，不能与碳酸氢盐发生反应。部分有机化合物的 pK_a 值列于表 11.2 中。

表 11.2　部分有机化合物的 pK_a 值

化合物	pK_a	化合物	pK_a
RCOOH	4~5	H_2O	约 15.7
C_6H_5OH	10	HC≡CH	约 25
ROH	16~19	NH_3	约 35

羧酸酸性的强弱取决于羧酸根负离子的稳定性。当羧酸烃基上的取代基有利于负电荷分散，羧酸根负离子变得稳定，则羧酸酸性增强；当羧酸烃基上的取代基不利于负电荷分散，羧酸根负离子变得不稳定，则羧酸酸性减弱。

各种电子效应都将影响羧酸根负离子的稳定性，进而影响羧酸的酸性。当烃基上氢被吸电子基团取代时，由于诱导效应，电子将通过碳链向吸电子基方向偏移，结果使羧酸根负离子的负电荷分散而稳定，酸性增强，并且吸电子基团离羧酸根负离子越近，诱导效应越强，其酸性也越强；而烃基上连有给电子基团时则使羧酸的酸性降低。诱导效应与距离有关，一般通过三个σ键之后，影响就很微弱了。如：

	CH_3COOH	$ClCH_2COOH$	$Cl_2CHCOOH$	Cl_3CCOOH
pK_a	4.76	2.86	1.26	0.64

	$CH_3CH_2CHCOOH$ ｜ Cl	CH_3CHCH_2COOH ｜ Cl	$CH_2CH_2CH_2COOH$ ｜ Cl	$CH_3CH_2CH_2COOH$
pK_a	2.82	4.41	4.70	4.82

	HCOOH	CH_3COOH	CH_3CH_2COOH	$(CH_3)_2CHCOOH$	$(CH_3)_3CCOOH$
pK_a	3.77	4.74	4.87	4.86	5.05

共轭效应对羧酸酸性也有较大影响。苯甲酸比一般脂肪羧酸酸性强（甲酸除外）。当苯环上引入取代基后，其酸性会随取代基的种类和位置的不同而变化。表 11.3 列出了部分取代苯甲酸的 pK_a 值。

表 11.3　部分取代苯甲酸的 pK_a 值

取代基	邻	间	对	取代基	邻	间	对
H	4.17	4.17	4.17	NO_2	2.16	3.47	3.41
CH_3	3.89	4.28	4.35	OH	2.98	4.12	4.54
Cl	2.89	3.82	4.03	OCH_3	4.09	4.09	4.46
Br	2.82	3.85	4.18	NH_2	5.00	4.82	4.92

如在苯环对位上有不同取代基时，各物质的 pK_a 值不同。给电子基团使酸性减弱，吸电子基团使酸性增强。

X—⟨C$_6$H$_4$⟩—COOH

X=	OH	CH_3	H	Cl	NO_2
pK_a	4.54	4.35	4.17	4.03	3.41

取代基的位置不同也会影响酸性大小。邻位的情况比较复杂，它涉及电子效应、立体空间

位阻效应和邻位效应等。如给电子的羟基处于邻位（pK_a=2.98）时酸性比苯甲酸（pK_a=4.17）强很多，是由于羟基与羧基形成了分子内氢键，有利于羧酸负离子的稳定，增强了酸性。

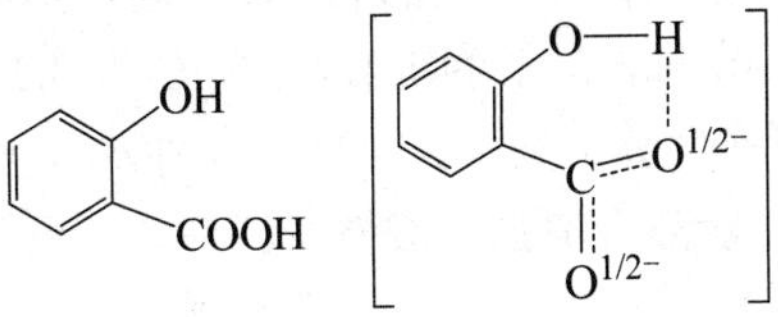

pK_a=2.98

间位和对位取代基距离较大，不显示立体效应，只受电子效应影响，其中间位共轭效应受阻，主要是诱导效应。对位时诱导效应较弱，主要是共轭效应。下面列出了几种典型基团在间位、对位时与未取代的苯甲酸酸性大小的比较。

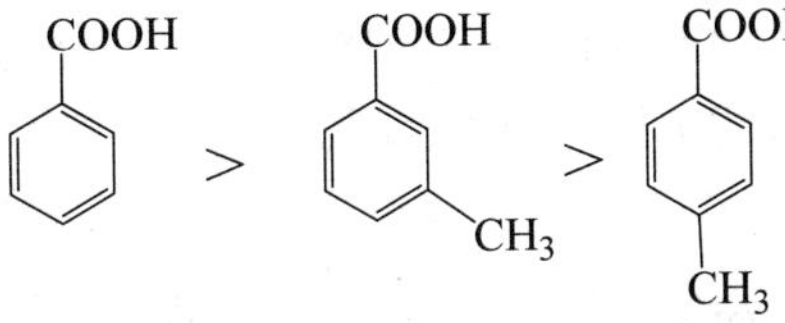

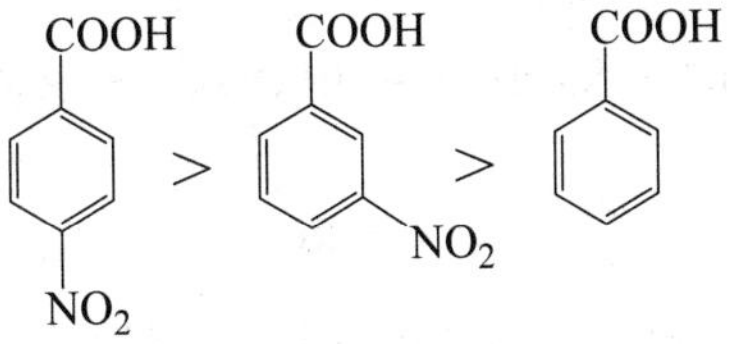

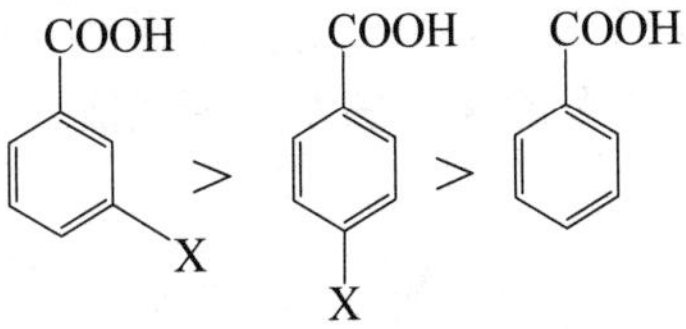

(X=Cl、Br)

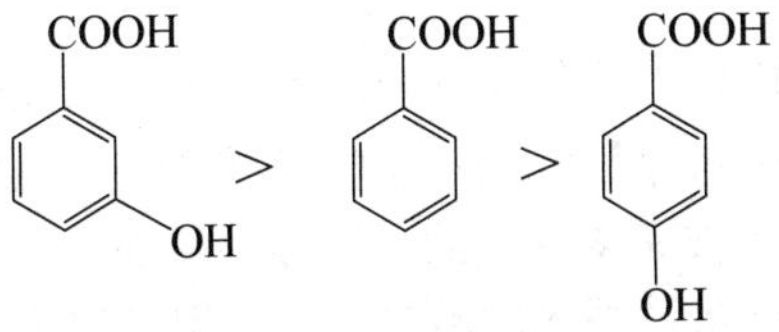

甲基的诱导效应和共轭效应都给电子，因而间、对位取代后酸性比苯甲酸都弱，其中甲基在间位只有给电子的诱导效应，在对位时有给电子共轭效应和较弱的给电子诱导效应，总的来说间位给电子不如对位给电子多，所以间甲基苯甲酸酸性比对甲基苯甲酸酸性强。硝基的诱导效应和共轭效应都吸电子，在间、对位取代时对酸性影响刚好跟甲基取代时的影响相反。卤素诱导效应吸电子、共轭效应给电子，在间位时，只有诱导效应，使苯甲酸酸性增强，在对位时，既有吸电子诱导效应也有给电子共轭效应，诱导效应大于共轭效应，总体为吸电子，也是使酸性增强，但增强幅度没有间位的多，所以卤素在间位的苯甲酸酸性强于卤素在对位的苯甲酸。羟基表现为吸电子诱导效应，给电子共轭效应，在间位时只表现吸电子诱导效应，所以间羟基苯甲酸酸性比苯甲酸强，在对位时既有吸电子诱导效应也有给电子共轭效应，共轭效应大于诱导效应，所以酸性减弱，其酸性弱于苯甲酸。

二元羧酸有两个可以解离的氢原子，解离分两步进行。第一个氢原子解离时，受到另一个羧基的吸电子诱导效应影响；而当第二个氢原子解离时，受到的是第一个羧酸根负离子的给电子诱导效应的影响。因此，二元羧酸两步解离的 pK_a 值不同，通常情况下，低级二元羧酸的 pK_{a_2} 值总是大于 pK_{a_1} 值。如：乙二酸的 pK_{a_1} 值为 1.27，pK_{a_2} 值为 4.27。

除了电子效应外，其他因素如分子结构、温度和溶剂等都会影响羧酸的酸性强弱，任何使羧酸根负离子稳定性增加的因素都将增强其酸性，任何使羧酸根负离子稳定性降低的因素都将减弱其酸性。

b.成盐反应。羧酸具有酸性，能与碱（无机碱或有机碱）发生中和反应生成羧酸盐和水。如：

$$RCOOH + NaHCO_3 \longrightarrow RCOONa + CO_2\uparrow + H_2O$$

$$RCOOH + H_2NR' \longrightarrow RCOONH_3R'$$

无机碱的羧酸盐与强的无机酸作用，又可转化为原来的羧酸。而有机碱的羧酸盐与强碱作用后再酸化可得到原来的羧酸。羧酸的这个性质常用于分离、提纯，或从动植物中提取含羧基的有效成分。

$$RCOONa + HCl \longrightarrow RCOOH + NaCl$$

$$RCOONH_2R'R'' + NaOH \longrightarrow RCOONa + R'NHR'' + H_2O$$
$$\downarrow H^+$$
$$RCOOH$$

羧酸盐一般为固体，熔点很高，常常在熔点分解。羧酸的钾盐、钠盐、铵盐均易溶于水，羧酸盐一般不溶于非极性溶剂。利用这个特性，可以分离、提纯与鉴别羧酸盐。

羧酸根负离子具有亲核性，可与活泼的卤代烷发生亲核取代反应，是制备酯的一种方法。如：

$$C_6H_5-CH_2Br + CH_3COONa \xrightarrow[\triangle]{冰醋酸} C_6H_5-CH_2OCOCH_3$$

② 羧酸衍生物的生成。羧酸中的羟基在一定条件下可以被卤素、酰氧基、烷氧基或氨基及取代氨基取代，分别形成酰卤、酸酐、酯或酰胺等羧酸衍生物。

a.生成酰卤。羧基中的羟基被卤素取代的产物称为酰卤。常采用三氯化磷、五氯化磷或氯化亚砜（$SOCl_2$）等进行反应制备。制备酰溴时，可采用三溴化磷与羧酸反应制备。

$$RCOOH + SOCl_2 \longrightarrow RCOCl + SO_2\uparrow + HCl\uparrow$$

酰卤很活泼，容易水解，最常用的是酰氯。

b.生成酸酐。羧酸在脱水剂作用下加热，发生分子间的脱水反应生成酸酐。常用脱水剂有五氧化二磷、醋酐、乙酰氯等。

$$RCOOH + RCOOH \xrightarrow[\triangle]{P_2O_5} RC(=O)-O-C(=O)R + H_2O$$

五元或六元环状酸酐，则可由 1,4- 或 1,5- 二元羧酸制备。混合酸酐通常用羧酸盐与酰氯反应制备。

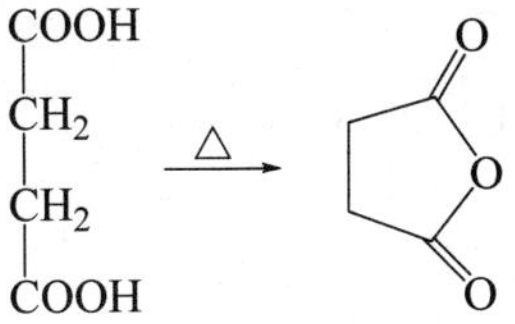

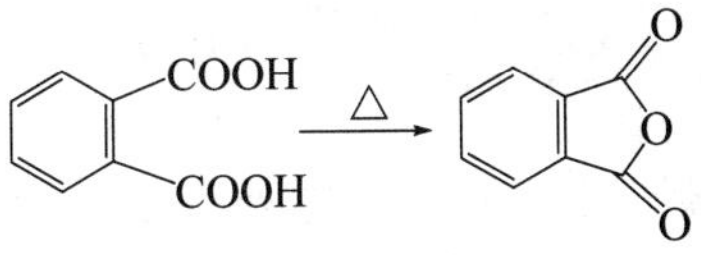

$$\underset{\text{(HOOC-CH}_2\text{-CH}_2\text{-COOH)}}{\text{COOH-CH}_2\text{-CH}_2\text{-COOH}} \xrightarrow{\Delta} \text{丁二酸酐}$$

$$\text{邻苯二甲酸} \xrightarrow{\Delta} \text{邻苯二甲酸酐}$$

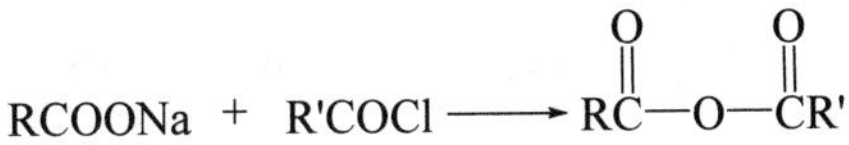

$$\text{RCOONa} + \text{R'COCl} \longrightarrow \text{RC}-\text{O}-\text{CR'}\ (\text{酸酐})$$

甲酸一般不发生分子间脱水形成酸酐，但在浓硫酸中加热，分解成一氧化碳和水。此方法可用来制备纯净的一氧化碳。

$$\text{HCOOH} \xrightarrow[\Delta]{\text{H}_2\text{SO}_4} \text{CO} + \text{H}_2\text{O}$$

c.生成酯。羧酸与醇在酸催化作用下生成酯和水，该反应称为酯化反应。常用催化剂有硫酸、对甲苯磺酸（TsOH）等。酯化反应是可逆反应，其通式表示如下：

$$\text{RCOOH} + \text{R'OH} \underset{\text{水解反应}}{\overset{\text{酯化反应}}{\rightleftharpoons}} \text{RCOOR'} + \text{H}_2\text{O}$$

如：

$$\text{CH}_3\text{COOH} + \text{C}_2\text{H}_5\text{OH} \underset{}{\overset{\text{H}^+}{\rightleftharpoons}} \text{CH}_3\text{COOC}_2\text{H}_5 + \text{H}_2\text{O}$$

酯化反应是亲核加成-消除反应机理，首先是羧羰基中氧原子质子化，增加羰基碳原子的正电性，使醇容易发生亲核加成反应，醇羟基的氧进攻羰基碳形成一个四面体型中间体，然后醇羟基的质子转移到羟基上，脱水后形成酯的锌盐，最后脱去质子形成酯。反应经历了亲核加成-消除的过程。总的结果是羧基中的羟基被烷氧基取代，因此发生的是酰基碳上的亲核取代反应。反应机理如下：

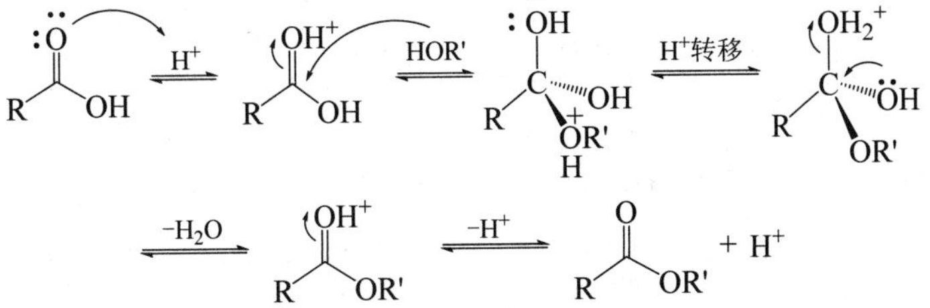

伯醇或仲醇与羧酸发生酯化反应时，都是醇羟基中的氢原子与羧酸羧基中的羟基结合脱水成酯。各种实验表明，在大多数情况下，酯化反应总是按照这样羧基中酰氧键断裂方式进行。如用含有 ^{18}O 的醇与羧酸酯化时，形成含有 ^{18}O 的酯；羧酸与具有光学活性的醇酯化时，形成的酯仍具有光学活性，说明醇分子中的碳氧键未发生断裂。

$$CH_3COOH + C_5H_{11}-^{18}OH \xrightleftharpoons{H^+} H_3C-\underset{O}{\overset{\parallel}{C}}-^{18}OC_5H_{11} + H_2O$$

$$CH_3COOH + HO-\overset{H}{\underset{CH_2CH_3}{C}}-CH_3 \xrightleftharpoons{H^+} CH_3COO-\overset{H}{\underset{CH_2CH_3}{C}}-CH_3 + H_2O$$

一般说来，醇或羧酸分子中烃基的空间位阻加大都会使酯化反应速率减小，这是因为酯化反应进行时，反应中间体是一个碳四面体结构，比起反应物醇或羧酸空间位阻增大了，所以醇或羧酸的结构对酯化反应影响很大。不同结构醇或羧酸的反应活性顺序如下：

醇　　　$CH_3OH > RCH_2OH > R_2CHOH$

羧酸　　$HCOOH > CH_3COOH > RCH_2COOH > R_2CHCOOH > R_3CCOOH$

叔醇与羧酸发生酯化反应时，由于叔醇的体积较大，不易形成四面体中间体，无法按照亲核加成-消除反应机理进行，实验表明，叔醇的酯化反应是按照碳正离子的反应机理进行。反应机理如下：

$$R'_3C-\ddot{O}H \xrightleftharpoons{H^+} R'_3C-\overset{+}{O}H_2 \xrightleftharpoons{-H_2O} R'_3C^+ \xrightarrow{R-\underset{O}{\overset{\ddot{O}H}{C}}} R-\underset{\overset{+}{O}H}{\overset{OH}{C}}-OCR'_3 \xrightleftharpoons{-H^+} R-\underset{O}{\overset{\parallel}{C}}-OCR'_3$$

这一机理已被同位素跟踪实验证明。由于中间体叔碳正离子在反应过程中易与碱性较强的水结合，不易与羧羰基氧原子结合，因此叔醇酯化反应的产率很低。

$$H_3C-\underset{O}{\overset{\parallel}{C}}-^{18}OH + HOC(CH_3)_3 \xrightleftharpoons{H^+} H_3C-\underset{O}{\overset{\parallel}{C}}-^{18}OC(CH_3)_3 + H_2O$$

2,4,6-三甲基苯甲酸进行酯化反应时，由于空间位阻的缘故不能按照上述两种反应机理进行。然而将羧酸先溶于100%浓硫酸中，形成酰基正离子，然后将其倒入醇中，可顺利地得到酯。仅仅少数空间位阻很大的羧酸进行酯化时按照酰基正离子的反应机理进行。

[Mechanism scheme for 2,4,6-trimethylbenzoic acid esterification via acylium ion intermediate, then reaction with CH_3OH, $-H^+$ to give methyl 2,4,6-trimethylbenzoate]

d. 生成酰胺。 羧酸与氨（胺）反应生成酰胺，该反应进行时，先发生酸碱中和生成铵盐，然后加热脱水得到酰胺。

$$RCOOH + NH_3 \longrightarrow RCOONH_4 \underset{\triangle}{\rightleftharpoons} \underset{R}{\text{C}}(=O)NH_2 + H_2O$$

$$RCOOH + H_2NR' \longrightarrow RCOOH \cdot H_2NR' \underset{\triangle}{\rightleftharpoons} \underset{R}{\text{C}}(=O)NHR' + H_2O$$

这是一个可逆反应,在铵盐分解温度以下,水被蒸馏除去,平衡正向移动,反应趋于完全。如:

$$CH_3COONH_4 \xrightarrow[\triangle]{\text{冰醋酸}} H_3C-C(=O)NH_2 + H_2O$$

③ 还原反应。羧酸不能用催化加氢法还原,也不易被一般还原剂还原,但是可被较强还原剂氢化铝锂还原为伯醇。氢化铝锂还原羧酸的条件温和,反应常在无水乙醚或无水四氢呋喃中进行,产率较高,但是氢化铝锂的用量较大,实际应用较少,通常都是将羧酸酯化后再还原为伯醇。在还原不饱和酸时,对孤立的双键无影响。

$$CH_3COOH + LiAlH_4 \xrightarrow{\text{无水醚}} \xrightarrow{H_3O^+} CH_3CH_2OH$$

$$CH_2=CHCH_2COOH + LiAlH_4 \xrightarrow{\text{无水醚}} \xrightarrow{H_3O^+} CH_2=CHCH_2CH_2OH$$

硼氢化钠不能还原羧酸,但是乙硼烷可将羧酸还原为伯醇。

$$C_6H_5-COOH \xrightarrow{B_2H_6} \xrightarrow{H_3O^+} C_6H_5-CH_2OH$$

④ α-H 的反应。羧酸中 α-H 受到羧基的吸电子效应影响,具有一定的活性,但比醛、酮的 α-H 活性差。羧酸在少量红磷或三卤化磷存在下与卤素反应,羧酸的 α-H 被取代生成 α-卤代酸。此反应称为 Hell-Volhard-Zelinsky 反应。

$$RCH_2COOH + X_2 \xrightarrow[\text{或}PX_3]{P} RCHCOOH + HX$$
$$\phantom{RCH_2COOH + X_2 \xrightarrow[\text{或}PX_3]{P} R}|$$
$$X=Cl、Br$$

羧酸卤代时,控制卤素用量,可生成一卤代或多卤代羧酸。如:

$$CH_3COOH \xrightarrow[P]{Cl_2} CH_2COOH \xrightarrow[P]{Cl_2} CHCOOH \xrightarrow[P]{Cl_2} Cl-C-COOH$$
(侧链 Cl 取代逐步增加)

$$CH_3CH_2COOH \xrightarrow[P]{Br_2} CH_3CHCOOH \xrightarrow[P]{Br_2} CH_3CCOOH$$
(Br 逐步取代)

⑤ 脱羧反应。羧酸分子中脱去羧基放出二氧化碳的反应称为脱羧反应。羧酸的无水碱金属盐与碱石灰(氢氧化钠和氧化钙混合物)混合共热,则羧酸发生脱羧反应生成烃。这个反应一般不用来制备烷烃,因为副产物很多,难以分离。

$$CH_3COONa + NaOH \xrightarrow[\triangle]{CaO} CH_4 + Na_2CO_3$$

$$H_3C-C_6H_4-COOH \xrightarrow[\triangle]{碱石灰} H_3C-C_6H_5 + CO_2$$

若羧基的 α-碳上连有吸电子基团时，则脱羧反应容易进行。

$$CCl_3COOH \xrightarrow{\triangle} CHCl_3 + CO_2$$

$$CH_3COCH_2COOH \xrightarrow{\triangle} CH_3COCH_3 + CO_2$$

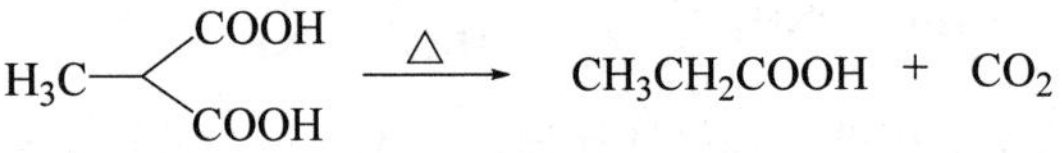

$$H_3C-CH(COOH)_2 \xrightarrow{\triangle} CH_3CH_2COOH + CO_2$$

二元羧酸对热敏感，当单独加热或与脱水剂加热时，依据羧基位置不同可发生不同的反应。当两个羧基处于 1,2-位或 1,3-位时，二元羧酸受热发生脱羧反应，生成一元羧酸。

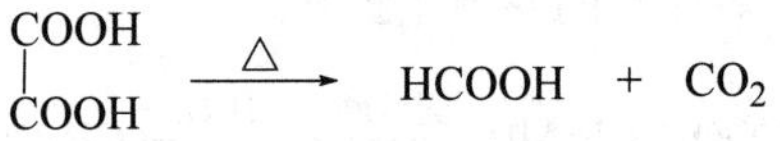

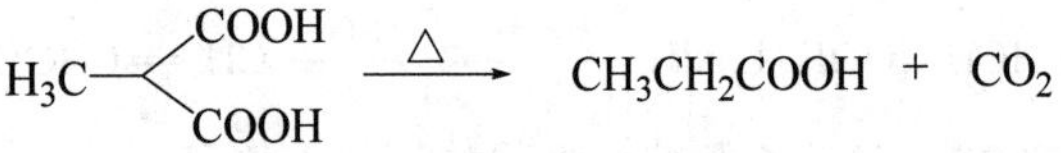

$$HOOC-COOH \xrightarrow{\triangle} HCOOH + CO_2$$

$$H_3C-CH(COOH)_2 \xrightarrow{\triangle} CH_3CH_2COOH + CO_2$$

当两个羧基处于 1,4-位或 1,5-位时，二元羧酸受热发生脱水反应，生成五元或六元结构的环状酸酐。

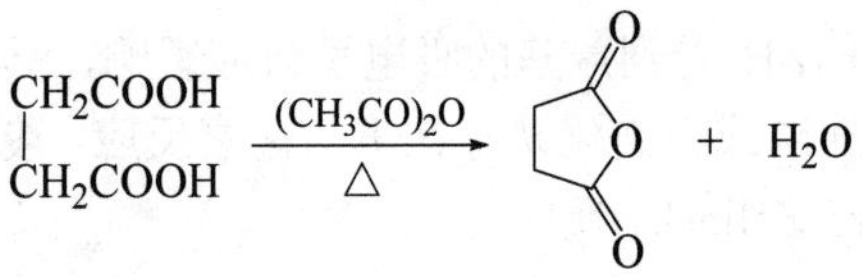

$$\begin{matrix} CH_2COOH \\ | \\ CH_2COOH \end{matrix} \xrightarrow[\triangle]{(CH_3CO)_2O} 丁二酸酐 + H_2O$$

$$\begin{matrix} CH_2COOH \\ CH_2 \\ CH_2COOH \end{matrix} \xrightarrow[\triangle]{(CH_3CO)_2O} 戊二酸酐 + H_2O$$

当两个羧基处于 1,6-位或 1,7-位时，二元羧酸受热发生脱水和脱羧反应，生成五元或六元环酮。在有机反应中，可能成环时，一般形成五元环或六元环，这称为 Blanc 规则。

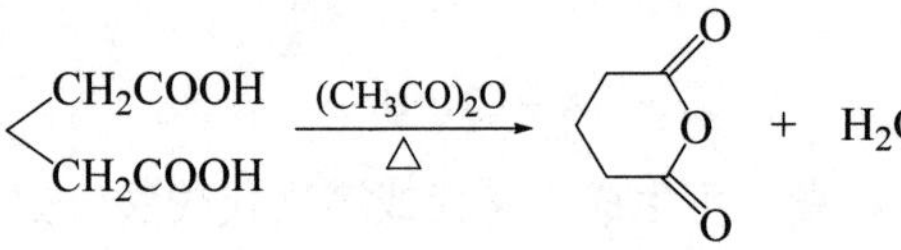

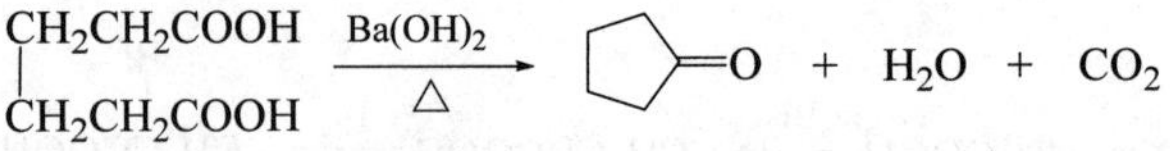

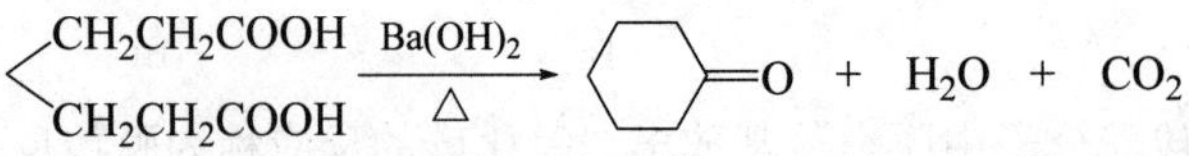

$$\begin{matrix} CH_2CH_2COOH \\ | \\ CH_2CH_2COOH \end{matrix} \xrightarrow[\triangle]{Ba(OH)_2} 环戊酮=O + H_2O + CO_2$$

$$\begin{matrix} CH_2CH_2COOH \\ CH_2 \\ CH_2CH_2COOH \end{matrix} \xrightarrow[\triangle]{Ba(OH)_2} 环己酮=O + H_2O + CO_2$$

11.1.2 取代羧酸

取代羧酸根据取代基的不同，可分为卤代酸、羟基酸、氨基酸和羰基酸。羟基酸根据羟基连接的方式又分为醇酸和酚酸，羰基酸分为醛酸和酮酸。取代羧酸还可根据取代基的位置分为 α、β、γ-和δ-等取代羧酸。取代羧酸是多官能团化合物，因此具有这些官能团特有的化学性质，同时还具有一些化学特性。此处重点介绍卤代酸和羟基酸的化学特性。

（1）卤代酸

卤代酸根据卤素原子 X（X=Cl、Br）与羧基位置的不同，分为 α-、β-、γ-和δ-等卤代酸。其化学特性取决于卤原子与羧基的相对位置。

α-卤代酸中卤素受到羧基的影响，活性很强，能与多种亲核试剂发生反应，如极易发生水解反应，生成 α-羟基酸；与过量氨气反应生成氨基酸；与氰化钠反应生成腈酸，进而制备二元酸或β-氨基酸。

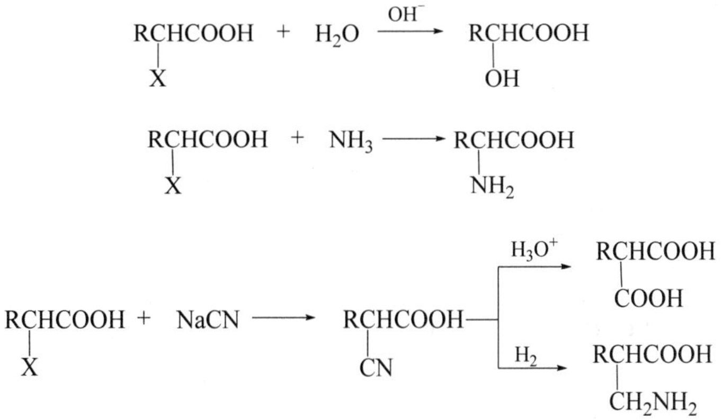

$$RCHCOOH(X) + H_2O \xrightarrow{OH^-} RCHCOOH(OH)$$

$$RCHCOOH(X) + NH_3 \longrightarrow RCHCOOH(NH_2)$$

$$RCHCOOH(X) + NaCN \longrightarrow RCHCOOH(CN) \begin{array}{c} \xrightarrow{H_3O^+} RCHCOOH(COOH) \\ \xrightarrow{H_2} RCHCOOH(CH_2NH_2) \end{array}$$

β-卤代酸在稀碱作用下发生消除反应，生成 α,β-不饱和羧酸。

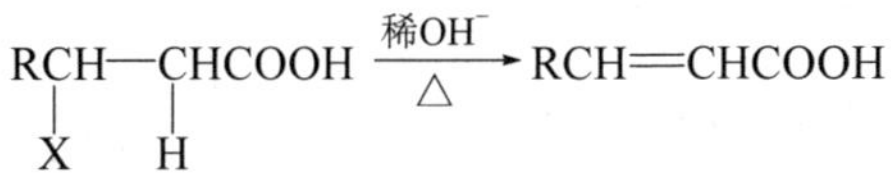

$$RCH(X)-CH(H)COOH \xrightarrow[\Delta]{稀OH^-} RCH=CHCOOH$$

α,β-不饱和羧酸

γ-和δ-卤代酸在碱作用下则生成五元环γ-内酯或六元环δ-内酯。

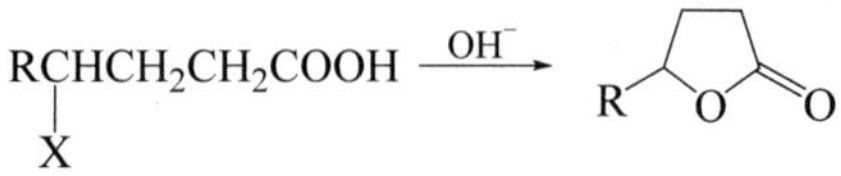

$$RCH(X)CH_2CH_2COOH \xrightarrow{OH^-} \gamma\text{-内酯}$$

$$RCH(X)CH_2CH_2CH_2COOH \xrightarrow{OH^-} \delta\text{-内酯}$$

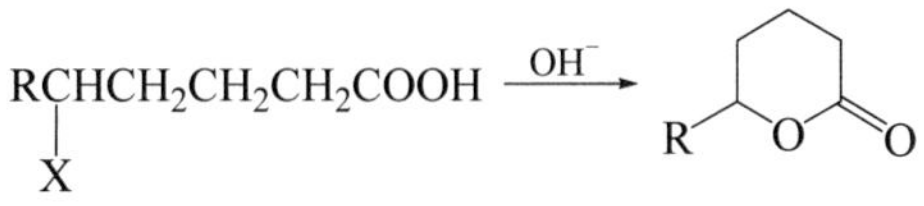

（2）羟基酸

羧酸分子烃基上的氢原子被羟基取代形成的化合物为羟基酸，也称为醇酸。羟基酸通常是晶体或黏稠液体。由于羟基是吸电子基团，所以羟基酸酸性增强。

$$\text{CH}_3\text{CH}_2\text{COOH} \quad \underset{\underset{\text{OH}}{|}}{\text{CH}_2\text{CH}_2\text{COOH}} \quad \underset{\underset{\text{OH}}{|}}{\text{CH}_3\text{CHCOOH}}$$

pK_a 4.87   4.51   3.87

羟基酸根据羟基与羧基位置的不同，分为 α-、β-、γ-和 δ 等羟基酸。羟基酸对热敏感，受热易脱水，其产物取决于羟基与羧基的相对位置。α-羟基酸受热时，两分子间发生交叉脱水形成交酯。β-羟基酸在受热时发生脱水反应，生成 α,β-不饱和羧酸。γ 和 δ-羟基酸在受热时则生成五元环 γ-内酯或六元环 δ-内酯，δ-内酯比 γ-内酯难生成，且在室温下，δ-内酯易开环显酸性。这些规律与卤代酸有相似之处。

交酯

$$\underset{\underset{\text{OH}}{|}\ \ \underset{\text{H}}{|}}{\text{RCH}-\text{CHCOOH}} \xrightarrow{\triangle} \text{RCH}=\text{CHCOOH} + \text{H}_2\text{O}$$

α,β-不饱和羧酸

$$\underset{\underset{\text{OH}}{|}}{\text{RCHCH}_2\text{CH}_2\text{COOH}} \xrightarrow{\triangle} \text{[}\gamma\text{-丁内酯]} + \text{H}_2\text{O}$$

$$\underset{\underset{\text{OH}}{|}}{\text{RCHCH}_2\text{CH}_2\text{CH}_2\text{COOH}} \xrightarrow{\triangle} \text{[}\delta\text{-戊内酯]} + \text{H}_2\text{O}$$

α-羟基酸与稀硫酸共热，分解为醛或酮和甲酸。高锰酸钾也能将 α-羟基酸氧化为少一个碳的醛或酮，其中的醛会被进一步氧化为羧酸。

$$\underset{\underset{\text{OH}}{|}}{\text{RCHCOOH}} \xrightarrow{\text{H}_2\text{SO}_4} \text{RCHO} + \text{HCOOH}$$

$$\underset{\underset{\text{OH}}{|}}{\text{RCHCOOH}} \xrightarrow{\text{KMnO}_4} \text{RCHO} \xrightarrow{\text{KMnO}_4} \text{RCOOH}$$

11.2 羧酸衍生物

11.2.1 羧酸衍生物的分类和命名

（1）羧酸衍生物的分类

羧酸衍生物一般是指羧基中的羟基被其他原子或基团取代后所形成的化合物，主要是四类化合物，分别是酰卤、酸酐、酯和酰胺。

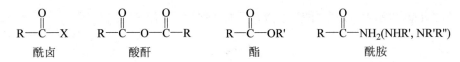

| 酰卤 | 酸酐 | 酯 | 酰胺 |

(2) 羧酸衍生物的命名

① 酰卤和酰胺。酰卤和酰胺的名称是在酰基名称后加上卤原子或胺的名称而成。如：

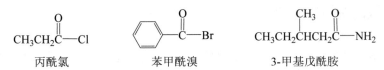

丙酰氯　　　苯甲酰溴　　　3-甲基戊酰胺

酰胺若氮原子上有取代基，在取代基名称前加"N-"。若取代基为芳香环，则将酰基作为取代基，芳胺作为母体名称。如：

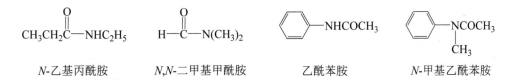

N-乙基丙酰胺　　N,N-二甲基甲酰胺　　乙酰苯胺　　N-甲基乙酰苯胺

环状酰胺称为内酰胺；氮原子上连有两个酰基的酰胺称为酰亚胺。如：

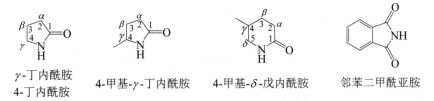

γ-丁内酰胺　　4-甲基-γ-丁内酰胺　　4-甲基-δ-戊内酰胺　　邻苯二甲酰亚胺
4-丁内酰胺

② 酸酐。酸酐的命名是在形成酸酐相应羧酸的名称后加"酐"组成。如：

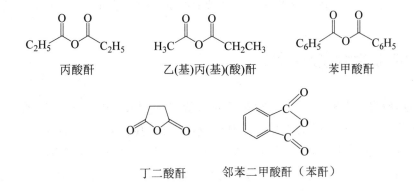

丙酸酐　　　乙(基)丙(基)(酸)酐　　　苯甲酸酐

丁二酸酐　　邻苯二甲酸酐（苯酐）

③ 酯。酯的命名由形成酯的羧酸和醇（或酚）的名称组成，称为"某酸某酯"。如：

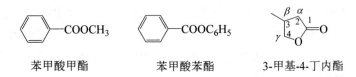

苯甲酸甲酯　　　苯甲酸苯酯　　　3-甲基-4-丁内酯

对于多元醇的酯，一般把"酸"名放在后面，称为"某醇某酸酯"。

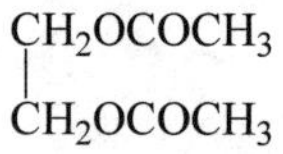

$$\begin{array}{l} CH_2OCOCH_3 \\ | \\ CH_2OCOCH_3 \end{array}$$

乙二醇二乙酸酯

11.2.2 羧酸衍生物的结构

羧酸衍生物（酰卤、酸酐、酯和酰胺）的结构与羧酸相似，分子中都含有酰基，酰基中的羰基碳原子和氧原子均为 sp^2 杂化，碳上的未参与杂化的 p 轨道与氧原子的 p 轨道平行交盖形成π键，与羰基相连的原子（X、O、N）也是 sp^2 杂化的，未杂化的 p 轨道（该轨道上有两个电子）与羰基的π键形成 p-π共轭体系，如图 11.5 所示。

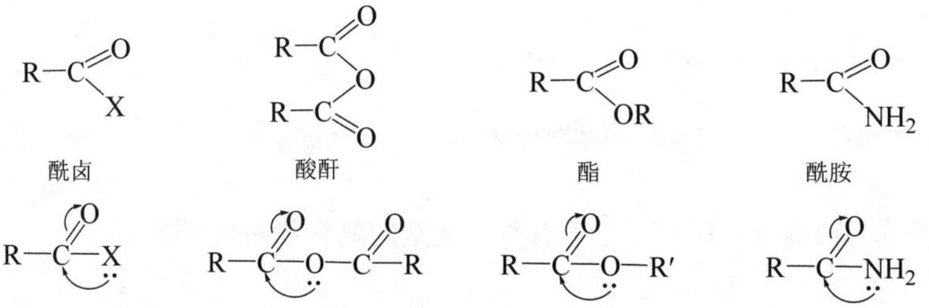

图 11.5 几种羧酸衍生物结构和 p-π共轭效应

酰卤、酸酐、酯和酰胺中，由于与羰基碳相连原子未杂化 p 轨道提供两个电子参与共轭，所以对羰基呈给电子共轭效应（+C），但是诱导效应为吸电子的，为–I。其中氨基、烷氧基和酰氧基给电子共轭效应大于吸电子诱导效应，总体为给电子，卤素吸电子诱导效应大于给电子共轭效应，总体吸电子，酰卤中羰基碳的正电荷最多。酰氧基、烷氧基和氨基给电子能力强弱顺序为：—OCOR<—OR<—NH₂，故而酸酐、酯、酰胺中羰基碳原子正电荷越来越少。

11.2.3 羧酸衍生物的物理性质

低级酰卤和酸酐是具有刺鼻性气味的液体，高级的为固体。低级酯是具有芳香气味的液体，高级酯是蜡状固体。甲酰胺和脂肪族 N-取代酰胺为液体，其余酰胺均是固体。

酰卤、酸酐和酯的沸点比相近分子量的羧酸低，原因是分子间无氢键缔合。酰胺的沸点比相近分子量的羧酸高，原因是酰胺可在分子间形成氢键。当酰胺氮原子上的氢原子被烃基取代后，分子间不能形成氢键，熔点、沸点随之降低。

酰卤和酸酐不溶于水，低级的酰卤和酸酐遇水易分解。低级酰胺可溶于水，因为酰胺能与质子性溶剂形成氢键，如 N, N-二甲基甲酰胺与水可以任意混溶，是很好的非质子性溶剂。酯在水中溶解度较小。羧酸衍生物都可溶于有机溶剂，有些化合物就是很好的溶剂，如乙酸乙酯就是很常见的有机溶剂，常用于从水溶液中提取有机物，或在油漆工业中常用作溶剂。表 11.4 列出了一些常见的羧酸衍生物的物理常数。

表 11.4 一些常见的羧酸衍生物的物理常数

化合物名称	熔点/℃	沸点/℃
乙酰氯	−112	51
丙酰氯	−94	80
苯甲酰氯	−1	197
乙酸酐	−73	140
丙酸酐	−45	169
苯甲酸酐	42	360
邻苯二甲酸酐	132	284.5
甲酸甲酯	−100	32
甲酸乙酯	−80	54
乙酸乙酯	−83	77
苯甲酸乙酯	−34	213
甲酰胺	2.5	200（分解）
乙酰胺	81	222
苯甲酰胺	130	290
N,N-二甲基甲酰胺	−61	153

11.2.4 羧酸衍生物的化学性质

11.2.4.1 化学性质的推导

酰卤、酸酐、酯和酰胺等四种羧酸衍生物的结构中都含有酰基，表现出相似的化学性质。羧酸衍生物中的 L 可以被亲核试剂取代（实际上是先加成后消除），发生水解、醇解、胺解等反应。其反应机理大致相同，只是反应活性有差异。同时，受到羰基的吸电子作用，α-H 具有一定的酸性，在碱性试剂作用下易脱除生成碳负离子，因此可作为亲核试剂进攻碳核等，可发生亲核加成反应，如酯的缩合反应。酰基中有不饱和 C=O 双键，故而也能发生加氢还原反应，如图 11.6 所示。

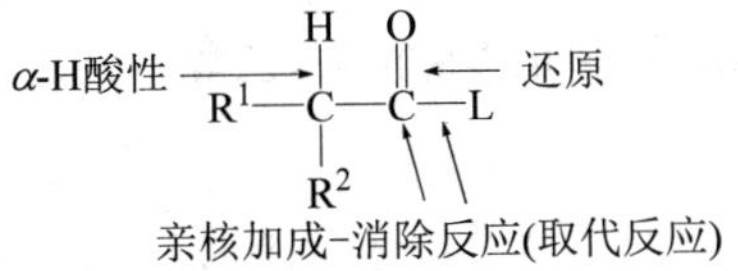

$$\alpha\text{-H酸性} \rightarrow \underset{\underset{R^2}{|}}{\overset{\overset{H}{|}}{R^1-C}}-\overset{O}{\underset{|}{C}}-L \leftarrow 还原$$

亲核加成-消除反应(取代反应)

图 11.6 羧酸衍生物的化学性质推导

11.2.4.2 化学性质

（1）酰基碳上的亲核加成-消除（取代）反应

① 水解反应。羧酸衍生物水解后都生成羧酸，反应通式如下：

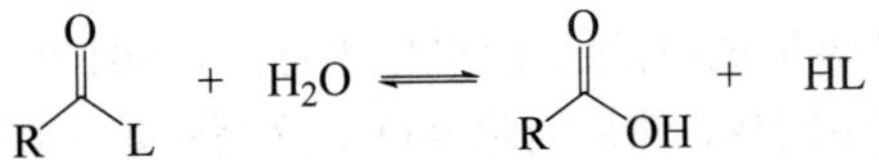

$$\underset{OL}{\overset{O}{\|}}{R-C} + H_2O \rightleftharpoons \underset{OH}{\overset{O}{\|}}{R-C} + HL$$

低分子酰卤极易水解，如乙酰氯在湿空气中冒白烟，就是乙酰氯水解生成了盐酸。分子量较大的酰氯,由于在水中溶解度降低,其水解速率降低。在多数情况下,酰卤水解不需催化剂,某些酰卤的水解需要碱作催化剂。

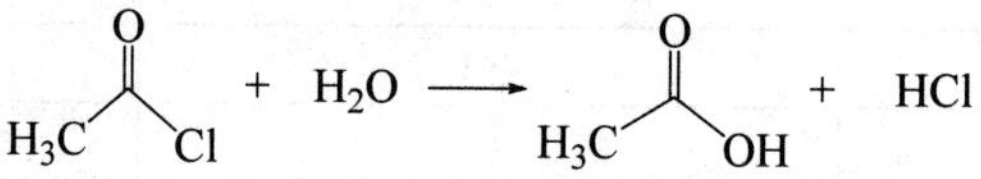

$$CH_3COCl + H_2O \longrightarrow CH_3COOH + HCl$$

酸酐可在中性、酸性或碱性溶液中水解,反应速度比酰卤稍慢。由于酸酐不溶于水,室温下水解很慢,必要时加热、加酸碱催化剂或选择适宜溶剂均可加速水解。

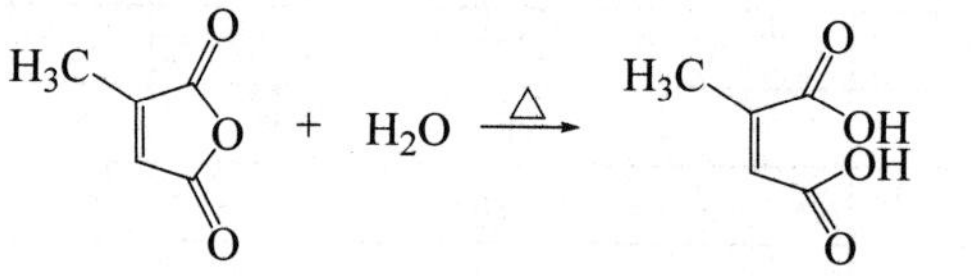

2-甲基丁烯二酸(94%)

酯水解生成一分子羧酸和一分子醇,它是酯化反应的逆反应,活性低于酸酐。酯水解通常需要酸或碱进行催化。采用碱进行催化时,酯的水解反应平衡破坏,成为不可逆反应。反应中,碱不仅是催化剂,而且还是参加反应的试剂。如:

$$C_6H_5COOC_2H_5 + H_2O \rightleftharpoons C_6H_5COOH + C_2H_5OH$$

$$CH_3COOC_2H_5 \xrightarrow{NaOH} CH_3COONa + C_2H_5OH$$

酯在进行水解反应生成羧酸和醇时,有两种不同的断裂方式,一种是酰氧键断裂,一种是烷氧键断裂。

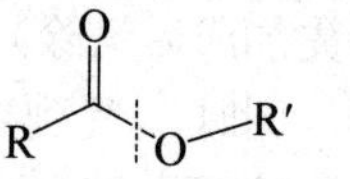

酰氧键断裂 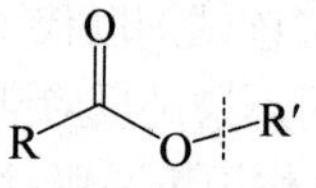   烷氧键断裂

大量实验表明,在碱性催化剂作用下,酯的水解反应以酰氧键断裂方式进行。如:以同位素 ^{18}O 标记的乙酸戊酯在碱性条件下水解,生成含 ^{18}O 的戊醇;具有光学活性的(R)-(+)-乙酸-1-苯乙醇酯水解,生成具有光学活性的(R)-(+)-1-苯乙醇。

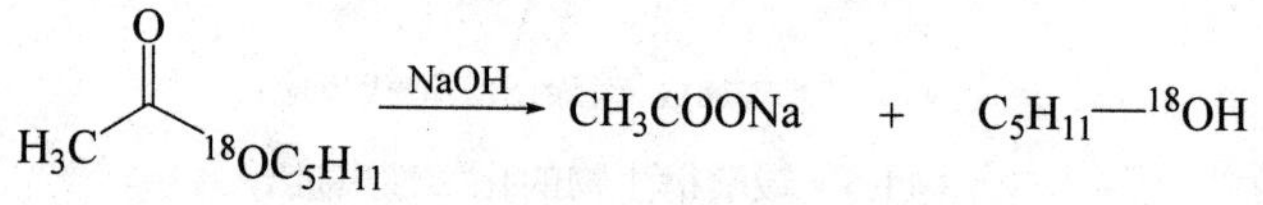

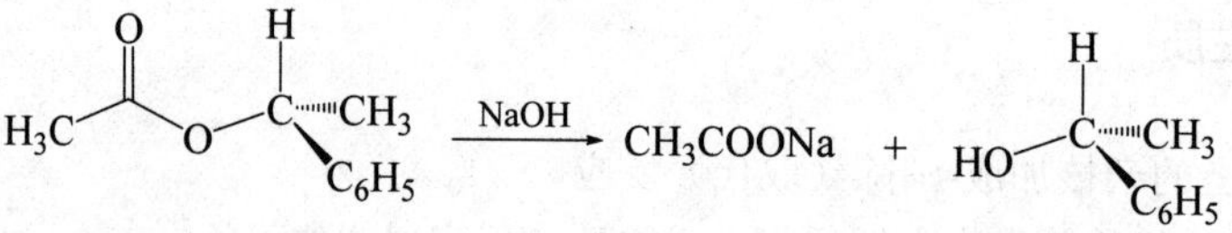

$$CH_3CO\text{-}^{18}OC_5H_{11} \xrightarrow{NaOH} CH_3COONa + C_5H_{11}\text{-}^{18}OH$$

(R)-(+)-乙酸-1-苯乙醇酯   (R)-(+)-1-苯乙醇

酯的碱性水解是通过亲核加成-消除反应机理进行的,OH^- 先进攻酯羰基发生亲核加成反应,形成四面体型氧负离子中间体,然后消除 $R'O^-$,这两步是可逆的,但由于反应在碱性条件下进行,生成的羧酸与碱发生中和反应,从而平衡正向移动。反应机理表示如下:

$$R-\underset{OR'}{\overset{O}{\|}}-\overset{}{C}-OR' + OH^- \underset{}{\overset{慢}{\rightleftharpoons}} R-\underset{OR'}{\overset{O^-}{\underset{|}{C}}}-OH \overset{快}{\rightleftharpoons} R-\overset{O}{\overset{\|}{C}}-OH \overset{R'O^-}{\longrightarrow} R-\overset{O}{\overset{\|}{C}}-O^- + R'OH$$

反应机理表明,酯的碱性水解,发生了酰氧键断裂。OH^-先进攻酯羰基生成氧负离子碳四面体中间体是决速步骤,反应速率取决于形成的氧负离子碳四面体的稳定性。若酯分子中的烃基上连有吸电子基团,可使负离子中间体稳定而促进反应,吸电子能力越强,反应速率就越快。同时,空间位阻对四面体中间体的形成也有较大影响,酯分子中α-碳或与氧原子相连的烃基碳上取代基的数目越多、体积越大,越不利于四面体中间体的形成,反应速率就越小。表 11.5 列出了部分酯碱性水解反应时的相对速率。

表 11.5 酯碱性水解反应时电子效应与空间效应对反应速率的影响

| $RCOOC_2H_5$ | | $RCOOC_2H_5$ | | CH_3COOR | |
| $H_2O(25℃)$ | | 87.8% ROH (30℃) | | 75% CH_3COCH_3 (25℃) | |
R	相对速率	R	相对速率	R	相对速率
CH_3	1	CH_3	1	CH_3	1
CH_2Cl	290	CH_3CH_2	0.470	CH_3CH_2	0.431
$CHCl_2$	6130	$(CH_3)_2CH$	0.100	$(CH_3)_2CH$	0.065
CH_3CO	7200	$(CH_3)_3C$	0.010	$(CH_3)_3C$	0.002
CCl_3	23150	C_6H_5	0.102	环己基	0.042

酯水解也可在酸性条件下进行,实验表明,酸催化的水解反应也是以酰氧键断裂方式进行,其反应机理如下:

$$R-\underset{OR'}{\overset{\ddot{O}:}{\|}}-C \overset{H^+}{\rightleftharpoons} R-\underset{OR'}{\overset{OH}{\|}}-C \overset{H_2O}{\rightleftharpoons} R-\underset{OR'}{\overset{OH_2^+}{\underset{|}{C}}}-OH \overset{H^+ 转移}{\rightleftharpoons} R-\underset{\overset{+}{O}R'}{\overset{\ddot{O}H}{\underset{|}{C}}}-OH$$

$$\overset{-R'OH}{\rightleftharpoons} R-\underset{OH}{\overset{OH^+}{\|}}-C \overset{-H^+}{\rightleftharpoons} R-\overset{O}{\overset{\|}{C}}-OH + H^+$$

酯酸性水解的反应速率也与四面体中间体的稳定性有关,电子效应对酸性水解速率的影响不如碱性水解速率大,但是空间效应对酸性水解的反应速率影响较大。表 11.6 列出了不同乙酸酯在酸性条件下水解反应的反应速率。

表 11.6 不同乙酸酯酸性水解反应速率

R	CH_3	CH_3CH_2	$(CH_3)_2CH$	$(CH_3)_3C$	$C_6H_5CH_2$	C_6H_5
相对速率	1	0.97	0.53	1.15	0.96	0.69

上述酯在酸性条件下的水解机理适用于伯醇酯和仲醇酯,但是不适用于叔醇酯的酸性水解,实验表明,叔醇酯的酸性水解是以烷氧键断裂方式进行,主要是由于空间位阻较大,且易于形成稳定的叔碳正离子。其反应机理表示如下:

$$R-\overset{\overset{\ddot{O}:}{\|}}{C}-OCR'_3 \xrightleftharpoons{H^+} R-\overset{\overset{OH^+}{\|}}{C}-O-CR'_3 \rightleftharpoons R-\overset{\overset{OH}{\|}}{C}-OH + R'_3C^+$$

$$R'_3C^+ + H_2O \rightleftharpoons R'_3C-OH_2^+ \xrightarrow{-H^+} R'_3C-OH$$

酰胺比酯难水解，一般需要在酸、碱或加热条件下进行。如：

$$Ph-CH_2-\overset{O}{\underset{\|}{C}}-NH_2 \xrightarrow[\triangle]{35\%HCl} Ph-CH_2-\overset{O}{\underset{\|}{C}}-OH + NH_4Cl$$

$$CH_3O-\underset{NO_2}{C_6H_3}-NHCOCH_3 \xrightarrow[\triangle]{KOH} CH_3O-\underset{NO_2}{C_6H_3}-NH_2 + CH_3COOK$$

② 醇解反应。羧酸衍生物的醇解反应是合成酯的重要方法。酰胺的醇解反应速度很慢，实际用途不大。羧酸衍生物的醇解反应通式如下：

$$R-\overset{O}{\underset{\|}{C}}-L + R'OH \longrightarrow R-\overset{O}{\underset{\|}{C}}-OR' + HL$$

酰卤很容易进行醇解反应。在进行反应时，常加碱如氢氧化钠、三乙胺或吡啶等作缚酸剂，以促进反应的进行。

$$(CH_3)_3C-COCl \xrightarrow[\text{吡啶}]{C_6H_5OH} (CH_3)_3C-COOC_6H_5 + \underset{N}{C_5H_5} \cdot HCl$$

$$H_3C-\overset{O}{\underset{\|}{C}}-Cl + HOC(CH_3)_3 \xrightarrow{C_6H_5N(CH_3)_2} H_3C-\overset{O}{\underset{\|}{C}}-OC(CH_3)_3 + C_6H_5N(CH_3)_2 \cdot HCl$$

酸酐易与醇或酚反应生成酯，反应较酰卤温和，与酰卤一样，都是常用的酰化试剂。进行反应时，常用少量的酸或碱催化。

$$(CH_3CO)_2O + \underset{COOH}{\overset{OH}{C_6H_4}} \longrightarrow \underset{COOH}{\overset{OCOCH_3}{C_6H_4}} + CH_3COOH$$

阿司匹林

$$\text{邻苯二甲酸酐} + C_2H_5OH \longrightarrow \underset{COOH}{\overset{COOC_2H_5}{C_6H_4}} \xrightarrow{C_2H_5OH} \underset{COOC_2H_5}{\overset{COOC_2H_5}{C_6H_4}}$$

在酸或碱作用下，酯中烷氧基被醇中烷氧基置换，故又被称为酯交换反应。该反应是可逆的，可用加入过量的醇或将生成的醇除去的方法促使平衡移动。反应可用酸（如硫酸、对甲苯磺酸）或碱（如醇钠）催化。常用来制备难以合成的酯或从低沸点醇合成高沸点醇。

$$CH_2=CHCOOCH_3 + n\text{-}C_4H_9OH \xrightarrow{TsOH} CH_2=CHCOOC_4H_9\text{-}n + CH_3OH$$

$$C_{25}H_{51}COOC_{26}H_{53}（白蜡）+ C_2H_5OH \xrightarrow{C_2H_5ONa} C_{25}H_{51}COOC_2H_5 + C_{26}H_{53}OH$$

③ 氨（胺）解反应。羧酸衍生物的氨（胺）解反应是制备酰胺的常用方法。由于氨（胺）的亲核能力比水、醇的亲核能力强，因此羧酸衍生物的氨（胺）解反应比水解、醇解反应更易进行。其反应通式如下：

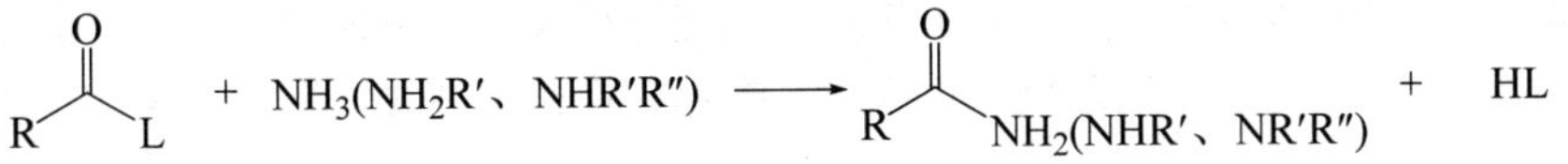

$$\underset{R}{\overset{O}{\|}}{C}-L + NH_3(NH_2R'、NHR'R'') \longrightarrow \underset{R}{\overset{O}{\|}}{C}-NH_2(NHR'、NR'R'') + HL$$

酰卤与氨（胺）迅速进行氨（胺）解反应生成酰胺。反应在碱性条件下进行，碱作缚酸剂。

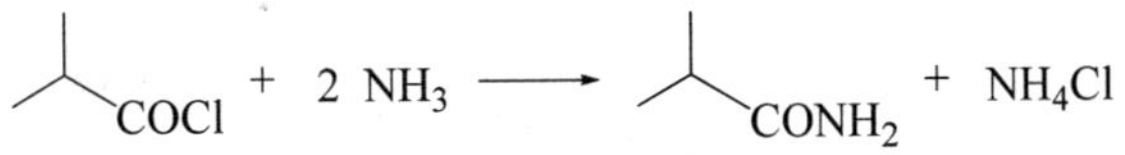

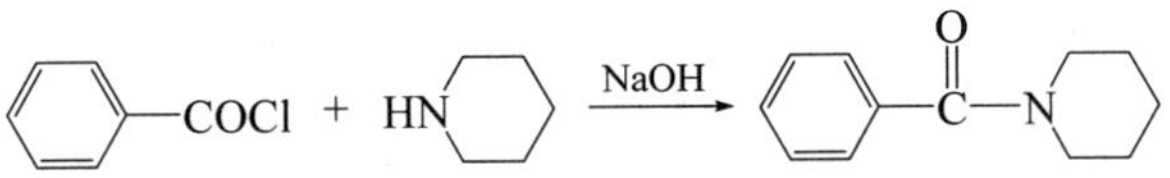

$$(CH_3)_2CHCOCl + 2NH_3 \longrightarrow (CH_3)_2CHCONH_2 + NH_4Cl$$

$$C_6H_5COCl + HN\text{（哌啶）} \xrightarrow{NaOH} C_6H_5CO-N\text{（哌啶）}$$

酸酐氨（胺）解也生成酰胺，但活性较酰卤弱，反应条件较温和。环状酸酐与氨反应时，温度不同，所形成产物也不同。

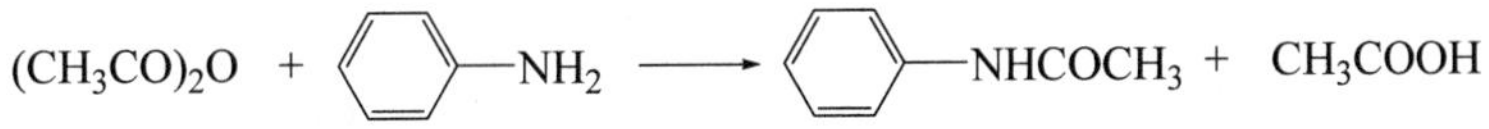

$$(CH_3CO)_2O + C_6H_5-NH_2 \longrightarrow C_6H_5-NHCOCH_3 + CH_3COOH$$
乙酰苯胺

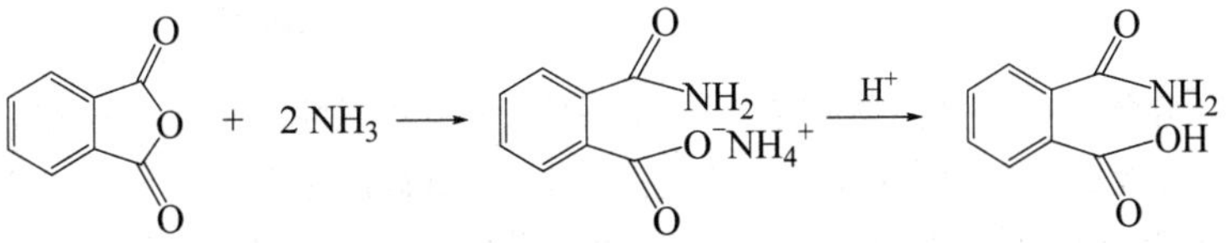

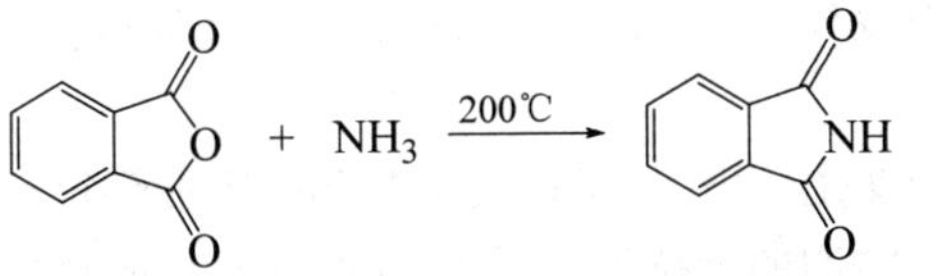

邻苯二甲酸酐 + 2NH$_3$ → 邻苯二甲酰胺铵 $\xrightarrow{H^+}$ 邻氨基甲酰苯甲酸

邻苯二甲酸酐 + NH$_3$ $\xrightarrow{200℃}$ 邻苯二甲酰亚胺

酰卤、酸酐的醇解和氨（胺）解反应，又称为酰化反应，因此，酰卤和酸酐称为酰化试剂。

酯与氨（胺）及氨的衍生物（如肼、羟胺等）反应生成酰胺或酰胺衍生物，该反应通常也不需要催化剂。

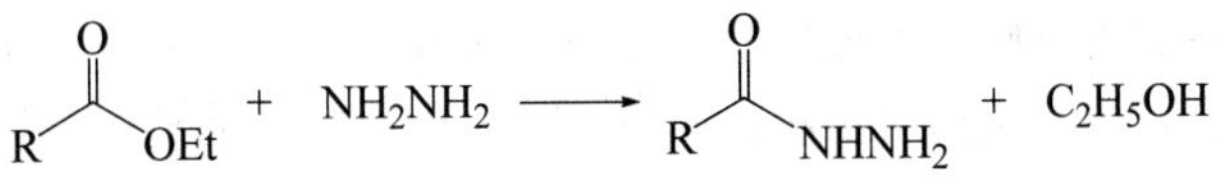

$$\underset{OH}{\overset{}{CH_3CH}}COOC_2H_5 + NH_3 \longrightarrow \underset{OH}{\overset{}{CH_3CH}}CONH_2 + C_2H_5OH$$

$$R\overset{O}{\|}C-OEt + NH_2NH_2 \longrightarrow R\overset{O}{\|}C-NHNH_2 + C_2H_5OH$$
酰肼

$$\text{R-COOEt} + NH_2OH \longrightarrow \underset{N\text{-羟基酰胺}}{\text{R-CO-NHOH}} + C_2H_5OH$$

酰胺的氨（胺）解反应又称为酰胺的交换反应，由于反应物胺需过量，且碱性要比离去胺的碱性强，故该反应在有机合成中很少应用。

④ 与金属有机化合物的反应。羧酸衍生物均能与格氏试剂发生反应，首先是格氏试剂先与羧酸衍生物发生亲核加成-消除反应生成酮，酮再与格氏试剂发生亲核加成反应生成叔醇。该反应的反应机理如下：

$$\text{R-CO-L} + R'\text{-MgX} \xrightarrow{\delta^- \delta^+} \text{R-C(OMgX)(R')(L)} \xrightarrow{-MgXL} \text{R-CO-R'} \xrightarrow{R'MgX} \xrightarrow{H_3O^+} \text{R-C(OH)(R')(R')}$$

如：

$$\text{Ph-COCl} \xrightarrow{2CH_3MgBr} \xrightarrow{H_3O^+} \text{Ph-C(OH)(CH_3)_2}$$

$$\text{C}_6\text{H}_{11}\text{-COOC}_2\text{H}_5 \xrightarrow{2CH_3MgBr} \xrightarrow{H_3O^+} \text{C}_6\text{H}_{11}\text{-C(OH)(CH}_3)_2$$

酰氯、酸酐与金属有机化合物反应活性高于酮，而酮的活性高于酯和酰胺。等物质的量的酰氯（或酸酐）与金属有机化合物反应可以生成酮，金属有机化合物过量可以生成叔醇。但是酯与金属有机化合物反应只能生成叔醇，因为酯与金属有机化合物反应生成酮后，生成的酮很快与金属有机化合物反应变成叔醇。酰胺中含有活泼氢，能使格氏试剂分解，反应时应使格氏试剂过量，并长时间回流。

羧酸衍生物在酸或碱的催化作用下，可以发生酰基碳上的亲核取代反应，生成羧酸衍生物。下面以碱性条件为例来说明它们的亲核加成-消除（取代）反应活性次序。其碱性条件下的通式如下：

$$\text{R-CO-L} + Nu^- \longrightarrow \text{R-CO-Nu} + L^-$$

$Nu^- = OH^-$、RO^- 等
$L = X$、$OCOR'$、OR'、NH_2、NHR'

该反应是通过亲核加成-消除反应机理进行，首先亲核试剂解离为 Nu^-，再进攻羧酸衍生物的羰基，发生亲核加成反应，形成氧负离子碳四面体结构，然后再消除离去基团 L，生成最终产物羧酸衍生物。从反应结果来看，相当于羧酸衍生物中的离去基团 L 被羟基、烷氧基或氨（胺）基取代，这分别被称为羧酸衍生物的水解、醇解或氨（胺）解反应。其反应过程如下：

$$R-\overset{O}{\underset{L}{C}} + Nu^- \rightleftharpoons R-\overset{O^-}{\underset{L}{C}}-Nu \rightleftharpoons R-\overset{O}{C}-Nu + L^-$$

从上述反应机理中可看到,反应分两步进行,第一步是亲核加成反应,第二步是消除反应,因此该反应的反应速率与这两步均有关系。在第一步中,羰基碳原子上所连 L 基团的吸电子效应越强,且体积越小,则越有利于亲核试剂的进攻,反应速度就越快;反之,反应速度越慢。L 基团的吸电子能力为 X>OCOR'>OR'> NH$_2$(NHR')。在第二步中,消除反应的反应速度与 L 基团的离去能力有关,L 基团的离去能力越强其反应速度也越快。而 L 基团的离去能力又与 L 基团的亲核性密切相关,亲核性越弱离去能力越强,L 基团的亲核性顺序为 X$^-$ <R'COO$^-$ <R'O$^-$ <NH$_2^-$(R'NH$^-$),所以 L 基团的离去能力为 X>R'COO$^-$>R'O$^-$>NH$_2^-$(R'NH$^-$)。综上所述,不同结构的羧酸衍生物发生酰基碳上亲核取代反应的反应活性次序如下:

$$R-\overset{O}{C}-X > R-\overset{O}{C}-OCOR' > R-\overset{O}{C}-OR' > R-\overset{O}{C}-NH_2(NHR')$$

酸性条件下亲核取代反应活性次序与碱性条件相同。

(2)还原反应

羧酸衍生物与羧酸类似,分子中都含有不饱和的羰基,可加氢还原,但由于分子结构的不同,通常发生还原反应的活性不同,其活性顺序为:酰氯>酸酐>酯>羧酸>酰胺。

羧酸衍生物均可用氢化铝锂和催化氢化方法还原,酰氯、酸酐和酯被还原为伯醇,而酰胺被还原为胺。如:

$$R-\overset{O}{C}-Cl \xrightarrow[Et_2O]{LiAlH_4} \xrightarrow{H_3O^+} RCH_2OH + HCl$$

$$R-\overset{O}{C}-O-\overset{O}{C}-R' \xrightarrow[Et_2O]{LiAlH_4} \xrightarrow{H_3O^+} RCH_2OH + R'CH_2OH$$

$$R-\overset{O}{C}-OR' \xrightarrow[Et_2O]{LiAlH_4} \xrightarrow{H_3O^+} RCH_2OH + R'OH$$

$$R-\overset{O}{C}-NH_2 \xrightarrow[Et_2O]{LiAlH_4} \xrightarrow{H_3O^+} RCH_2NH_2$$

下面将各类含羰基化合物(羧酸、羧酸衍生物和醛、酮)的 NaBH$_4$、LiAlH$_4$、催化氢化的还原产物列表比较,见表 11.7。

表 11.7 各类羰基化合物的还原产物

名称	结构	NaBH$_4$/乙醇	LiAlH$_4$/THF	H$_2$/催化剂
羧酸	RCOOH	—	RCH$_2$OH	—
酰卤	RCOX	RCH$_2$OH	RCH$_2$OH	RCH$_2$OH
酯	RCOOR'	—	RCH$_2$OH, R'OH	RCH$_2$OH, R'OH
酰胺	RCONH$_2$	—	RCH$_2$NH$_2$	RCH$_2$NH$_2$(难)
取代酰胺	RCONHR	—	RCH$_2$NHR	RCH$_2$NHR
酮	R$_2$CO	R$_2$CHOH	R$_2$CHOH	R$_2$CHOH
醛	RCHO	RCH$_2$OH	RCH$_2$OH	RCH$_2$OH

硼氢化钠只对酰卤、醛、酮等有还原作用，产物为醇，四氢铝锂对羧酸及四种羧酸衍生物和醛、酮等都有还原作用，除酰胺和取代酰胺的还原产物为胺外，其他的还原产物也都为醇。催化氢化方法不能还原羧酸，对其他物质都有还原作用，产物同四氢铝锂还原的产物。

另外酰卤和酯还有特殊的还原方法。用降低了活性的钯催化剂（Pd-BaSO$_4$），可选择性地将酰氯还原为醛，该反应称为罗森蒙德（Rosenmund）还原。在反应中，硝基和酯基不受影响。如：

$$C_2H_5OCOCH_2CH_2COCl + H_2 \xrightarrow[\text{二甲苯}]{\text{Pd-BaSO}_4} C_2H_5OCOCH_2CH_2CHO$$

酯用金属钠和醇为还原剂还原为伯醇的反应，称为 Bouveault-Blanc 还原。此反应条件温和，分子中双键不受影响。如：

$$CH_3CH=CHCH_2COOC_2H_5 \xrightarrow[C_2H_5OH]{Na} CH_3CH=CHCH_2CH_2OH$$

（3）酯和酰胺的特殊反应

① 酯的特殊反应（Claisen 缩合反应）。酯分子中的 α-H 显弱酸性，在碱作用下能与另一分子酯发生酰基碳上亲核取代反应，生成 β-酮酸酯，该反应称为酯缩合反应或克莱森（Claisen）缩合反应。如：

$$CH_3COOC_2H_5 + CH_3COOC_2H_5 \xrightarrow{C_2H_5ONa} \xrightarrow{H_3O^+} CH_3COCH_2COOC_2H_5 + C_2H_5OH$$

乙酰乙酸乙酯(75%)

酯缩合反应与羟醛缩合反应相似，但是发生的是酰基碳上的亲核取代反应，常用的碱为醇钠或氢化钠（NaH），它是合成 β-二羰基化合物 β-酮酸酯的重要反应。其反应通式如下：

$$RCH_2COOR' + RCH_2COOR' \xrightarrow{R'ONa} \xrightarrow{H_3O^+} RCH_2\underset{R}{\overset{O}{\underset{|}{C}}}CHCOOR' + R'OH$$

β-酮酸酯

反应进行时，首先，一分子酯在醇钠作用下，脱去 α-H 生成碳负离子；其次，碳负离子对另一酯分子的羰基进行亲核加成反应，加成产物再消除烷氧负离子生成 β-酮酸酯。这些步骤是可逆的。由于反应在碱性溶液中进行，生成的 β-酮酸酯迅速与醇钠发生酸碱中和反应，生成稳定的 β-酮酸酯盐，最后酸化得到游离的 β-酮酸酯，中和反应不可逆，使得平衡正向移动顺利生成产物。其反应机理表示如下：

$$RCH_2COOR' \underset{}{\overset{R'O^-}{\rightleftharpoons}} \left[R-\overset{-}{C}H-\overset{O}{\underset{}{C}}-OR' \longleftrightarrow R-HC=\overset{O^-}{\underset{}{C}}-OR' \right] + R'OH$$

$$R-\overset{O}{\underset{}{C}}-OR' + R-\overset{-}{C}H-\overset{O}{\underset{}{C}}-OR' \rightleftharpoons RCH_2-\overset{O^-}{\underset{OR'}{\overset{|}{C}}}-\underset{R}{\overset{|}{C}}HCOOR' \rightleftharpoons RCH_2-\overset{O}{\underset{}{C}}-\underset{R}{\overset{|}{C}}HCOOR' + R'OH$$

$$RCH_2-\overset{O}{\underset{}{C}}-\underset{R}{\overset{|}{C}}HCOOR' + R'O^- \longrightarrow RCH_2-\overset{O}{\underset{}{C}}-\underset{R}{\overset{|}{\overset{-}{C}}}COOR' + R'OH$$

$$\downarrow H^+$$

$$RCH_2-\overset{O}{\underset{}{C}}-\underset{R}{\overset{|}{C}}HCOOR'$$

只含有一个 α-H 的酯，在醇钠的作用下，酯的缩合反应难以进行。因为生成的 β-酮酸酯中无 α-H，不能与醇钠进行中和反应生成稳定的盐，使得平衡反应无法顺利正向移动。但是使用比醇钠更强的碱，如三苯甲基钠，则能使平衡正向移动而顺利得到产物。如：

$$2(CH_3)_2CHCOOC_2H_5 \xrightarrow{(C_6H_5)_3C^-Na^+} \xrightarrow{H_3O^+} (CH_3)_2CHC(CH_3)_2COOC_2H_5 + C_2H_5OH$$

采用两种不同且都具有 α-H 的酯，进行分子间交叉的酯缩合反应，在合成上无实际意义。但是采用一种不含有 α-H 的酯，而另一种含有 α-H 的酯，进行交叉的酯缩合，则可得到单一产物，在有机合成上具有重大的应用价值，它是合成 β-酮酸酯和 1,3-二酯等化合物的重要方法。常用无 α-H 的酯有甲酸酯、苯甲酸酯、草酸酯和碳酸酯等。值得注意的是，采用芳香酯进行缩合时，往往采用比醇钠强的碱（如 NaH），原因是芳香酯的酯羰基不够活泼，需用较强的碱以保证足量的烯醇负离子与之反应。如：

$$HCOOC_2H_5 + CH_3COOC_2H_5 \xrightarrow{C_2H_5ONa} \xrightarrow{H_3O^+} HCOCH_2COOC_2H_5$$

$$C_6H_5COOCH_3 + CH_3CH_2COOC_2H_5 \xrightarrow{NaH} \xrightarrow{H_3O^+} C_6H_5COCH(CH_3)COOC_2H_5$$

二元羧酸酯在碱作用下，可发生分子内的酯缩合反应，形成五元或六元环的 β-酮酸酯。这种分子内的酯缩合反应称为迪克曼（Dieckmann）缩合反应。如：

$$\begin{matrix}CH_2CH_2COOC_2H_5\\CH_2CH_2COOC_2H_5\end{matrix} \xrightarrow{C_2H_5ONa} \xrightarrow{H_3O^+} \text{(2-氧代环戊烷甲酸乙酯)}$$

含有 α-H 的醛、酮也可与酯进行分子间交叉的缩合反应，主要形成 β-二酮。由于醛、酮 α-H 的酸性大于酯 α-H 的酸性，在碱作用下，醛、酮会首先形成碳负离子，然后进攻酯发生酰基碳上的亲核取代反应。酮酸酯也可进行分子内的缩合反应，形成五元或六元环的 β-二酮。如：

$$C_6H_5COOC_2H_5 + CH_3COC_6H_5 \xrightarrow{C_2H_5ONa} \xrightarrow{H_3O^+} C_6H_5COCH_2COC_6H_5$$

$$CH_3CO(CH_2)_4COOC_2H_5 \xrightarrow{C_2H_5ONa} \xrightarrow{H_3O^+} \text{(2-乙酰基环戊酮)}$$

Claisen 酯缩合反应是形成 C—C 键的重要手段，是合成 β-酮酸酯、β-二酮（1,3-二酮）和 1,3-二酯等化合物的重要方法，它在有机合成中具有重要的应用价值。

② 酰胺的特殊反应。

a.酸碱性。酰胺结构中，由于氨基氮原子上的未共用电子对与羰基形成 p-π 共轭，降低了氮原子上电子云的密度，其碱性明显减弱。在酰亚胺结构中，氮原子上的未共用电子对与两个羰基形成π-p-π共轭体系，其电子云密度大大降低而不显碱性；同时氮氢键极性增强，氮上氢原子更容易以质子的形式离去，而显示出明显的酸性，可与氢氧化钠或氢氧化钾直接成盐。如：丁二酰亚胺、邻苯酰亚胺的 pK_a 值分别为 9.6 和 7.4，可与碱直接成盐，成盐后氮负离子上的负电荷可被分散到与之共轭的羰基上而使体系更加稳定。

$$\text{丁二酰亚胺} + NaOH \longrightarrow \text{丁二酰亚胺钠盐} + H_2O$$

$$\text{邻苯酰亚胺} + KOH \longrightarrow \text{邻苯酰亚胺钾盐} + H_2O$$

酰亚胺在碱性溶液中可以和溴发生反应生成 N-溴代产物。在冰冷却条件下，将溴加到丁二酰亚胺的碱性溶液中可得到 N-溴代丁二酰亚胺（NBS），它在自由基反应中提供溴自由基。

$$\text{丁二酰亚胺} + Br_2 + NaOH \longrightarrow \text{N-溴代丁二酰亚胺} + NaBr + H_2O$$

b. 霍夫曼（Hofmann）重排反应。氮上未取代的酰胺在碱性溶液中与卤素（Cl_2 或 Br_2）作用，生成少一个碳原子的伯胺并放出二氧化碳的反应，称为 Hofmann 重排反应。反应通式如下：

$$R-CONH_2 \xrightarrow[NaOH]{X_2} \xrightarrow{H_2O} RNH_2 + CO_2 \quad X_2 = Cl_2, Br_2$$

采用此法制备少一个碳原子的伯胺，操作简单，产率较高。如果酰胺的 α-碳是手性碳原子，反应后手性碳原子的构型保持不变。该反应还可用于制备氨基酸。如：

$$(S)\text{-}(-)\text{-}\alpha\text{-苯基丙酰胺} \xrightarrow[NaOH]{Cl_2} (S)\text{-}(-)\text{-}\alpha\text{-苯乙胺}$$

$$\text{丁二酰亚胺} + 2NH_3 \longrightarrow \begin{array}{c}CH_2CONH_2\\CH_2COONH_4\end{array} \xrightarrow[NaOH]{Cl_2} \xrightarrow{H_3O^+} \begin{array}{c}CH_2NH_2\\CH_2COOH\end{array}$$

c. 脱水反应。酰胺脱水是制备腈的常用方法，其反应条件温和，操作简单，收率较高。常用脱水剂有：五氧化二磷、三氯氧磷和氯化亚砜等，其中五氧化二磷的脱水能力最强。

$$CH_3(CH_2)_4CONH_2 \xrightarrow[\triangle]{SOCl_2} CH_3(CH_2)_4CN + H_2O$$

$$\text{o-Cl-C}_6H_4\text{CONH}_2 \xrightarrow[\triangle]{P_2O_5} \text{o-Cl-C}_6H_4\text{CN} + H_2O$$

羧酸、铵盐、酰胺和腈的关系如下：

$$R-COOH \underset{+H^+}{\overset{+NH_3}{\rightleftharpoons}} R-COONH_4 \underset{+H_2O}{\overset{-H_2O}{\rightleftharpoons}} R-CONH_2 \underset{+H_2O}{\overset{-H_2O}{\rightleftharpoons}} R-C\equiv N$$

11.2.5 β-二羰基化合物

分子中含有两个羰基的化合物称为二羰基化合物，其中两个羰基中间连接亚甲基的二羰基化合物称为 β-二羰基化合物，主要有 β-二酮（1,3-二酮）、β-酮酸酯和 1,3-二酯等化合物。这些化合物都可采用 Claisen 酯缩合反应进行合成。如：

$$\underset{\text{乙酰丙酮}}{H_3C-CO-CH_2-CO-CH_3} \quad \underset{\text{乙酰乙酸乙酯}}{H_3C-CO-CH_2-CO-OC_2H_5} \quad \underset{\text{丙二酸二乙酯}}{C_2H_5O-CO-CH_2-CO-OC_2H_5}$$

在这些结构中，两个羰基中间所连亚甲基的碳原子称为 α-碳原子，受到两个羰基的强吸电子作用，亚甲基碳上所连的 α-氢原子特别活泼，它们具有相似的性质，此类化合物统称为具有活泼亚甲基的化合物。具有活泼亚甲基的化合物还有氰基乙酸酯和硝基乙酸酯等。如：

$$\underset{\text{氰基乙酸乙酯}}{NC-CH_2-CO-OC_2H_5} \quad \underset{\text{硝基乙酸乙酯}}{O_2N-CH_2-CO-OC_2H_5}$$

重要的 β-二羰基化合物有乙酰乙酸乙酯和丙二酸二乙酯。乙酰乙酸乙酯是无色具有水果香味的液体，沸点 180.4℃，微溶于水，可溶于多种溶剂，它可由乙酸乙酯进行酯缩合反应制备。丙二酸二乙酯为无色有香味的液体，沸点 199℃，微溶于水。丙二酸二乙酯由氯乙酸钠进行制备。

$$\underset{Cl}{CH_2COONa} \xrightarrow{NaCN} \underset{CN}{CH_2COONa} \xrightarrow[H_2SO_4, \triangle]{C_2H_5OH} \underset{COOC_2H_5}{\overset{COOC_2H_5}{CH}}$$

（1）β-二羰基化合物的酸性与碳负离子的稳定性

α-H 的酸性强弱取决于与 α-碳所连官能团的吸电子能力，吸电子能力越强，α-H 的离解能力也越强，其酸性也越强；同时，α-H 的酸性强弱还与 α-H 解离后所形成碳负离子的稳定性有关，负离子越稳定，平衡越有利于向 α-H 解离的方向移动而使其酸性增强。在 β-二羰基化合物中，碳负离子稳定是因为 α-碳上的负电荷同时与两个羰基形成 p-π 共轭体系，具有较广泛的离域范围，此共轭体系可用三个共振极限式（即一个碳负离子和两个烯醇负离子结构）表示如下：

$$CH_3-CO-CH_2-CO-CH_3 \xrightleftharpoons{OH^-} CH_3-CO-CH^--CO-CH_3 + H_2O$$

$$\left[\underset{\text{碳负离子}}{CH_3-CO-CH^--CO-CH_3} \leftrightarrow \underset{\text{烯醇负离子}}{CH_3-C(O^-)=CH-CO-CH_3} \leftrightarrow \underset{\text{烯醇负离子}}{CH_3-CO-CH=C(O^-)-CH_3} \right] \equiv \underset{\text{共振杂化体}}{CH_3-C(O^-)=CH-C(O^-)=CH_3... }$$

从上式中可以看出，β-二羰基化合物中的α-H 解离后由于共轭可形成稳定的碳负离子，因此，β-二羰基化合物中α-H 的酸性比普通醛、酮或酯中α-H 的酸性强。表 11.8 列出了部分具有α-H 化合物的 pK_a 值。

表 11.8 部分具有α-H 化合物的 pK_a 值

化合物	pK_a
乙醛	17
丙酮	20
乙酸乙酯	25
丙二酸二乙酯	13
乙酰乙酸乙酯	11
乙酰丙酮	9

（2）互变异构与烯醇式稳定性

与醛、酮一样，具有活泼α-H 的β-二羰基化合物也存在酮式-烯醇式互变异构现象。当碳负离子或烯醇负离子获得质子后，分别形成酮式或烯醇式结构，它们在室温下达到动态平衡，酮式与烯醇式彼此变化很快，难以将它们分开，但在适当的条件下，可将二者分离。如乙酰乙酸乙酯的酮式与烯醇式的平衡体系，将乙酰乙酸乙酯冷却到-78℃时，得到一种结晶形的化合物，熔点-39℃，不和溴发生加成反应，也不和三氯化铁显色，但能与氢氰酸、亚硫酸氢钠、羟胺和肼等发生亲核加成反应，表明此结构为酮式结构；若将乙酰乙酸乙酯和钠生成的化合物在-78℃时用足量的盐酸酸化，得到另外一种不能结晶的化合物，该化合物不与上述试剂反应，但能和三氯化铁显色，能与溴进行加成反应，能与金属钠反应放出氢气，表明此结构为烯醇式结构。

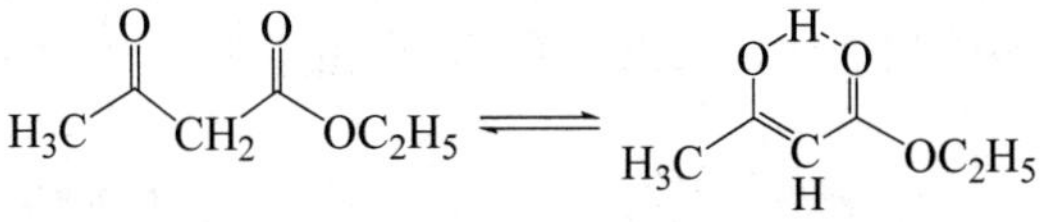

酮式(92.5%) ⇌ 烯醇式(7.5%)

酮式与烯醇式虽然共存于一个平衡体系中，但在绝大多数情况下，酮式是主要的存在形式。随着α-H 酸性的增强，α-H 解离后形成的碳负离子稳定性增大，烯醇式在平衡体系中的含量也会增多。如乙酰乙酸乙酯的平衡体系中酮式的含量有 92.5%，烯醇式含量有 7.5%。烯醇式含量增多的原因在于一方面通过分子内氢键形成一个较稳定的六元闭合体系；另一方面是烯醇式中形成了共轭体系，电子发生了离域，使分子内能降低。2,4-戊二酮的情况相似，但是 2,4-戊二酮结构中烯醇式含量有 76%，而酮式含量只有 24%。

（3）克诺维纳盖尔（Knoevenagel）反应

在弱碱作用下，醛或酮与具有活泼亚甲基的化合物发生缩合反应，称为 Knoevenagel 反应。常用的碱有吡啶、哌啶和胺等。反应通式如下：

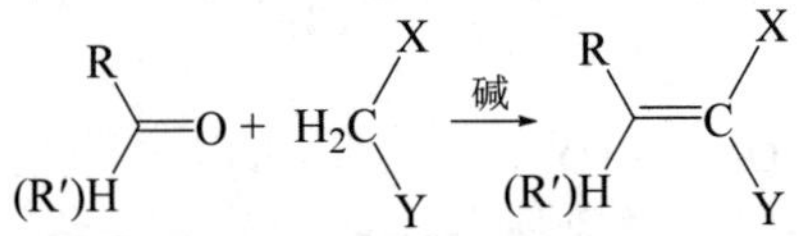

X,Y = COR、COOR、COOH、CN、NO$_2$ 等

通式中的 X、Y 可以相同，也可不同。该反应的反应机理与 Aldol 缩合类似，首先发生亲

核加成反应，再脱水得到烯烃。由于具有活泼亚甲基的化合物中亚甲基上氢原子比醛、酮α-H 活泼，在碱作用下优先形成碳负离子，然后与醛、酮发生缩合反应。

Knoevenagel 反应收率较高，广泛应用于 α,β-不饱和化合物的合成。

$$(CH_3)_2CHCH_2CHO + CH_2(COOC_2H_5)_2 \xrightarrow[\triangle]{\text{哌啶}} (CH_3)_2CHCH_2CH=C(COOC_2H_5)_2$$

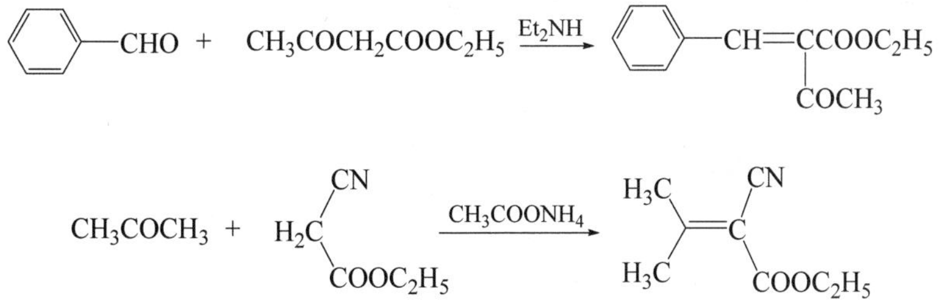

$$PhCHO + CH_3COCH_2COOC_2H_5 \xrightarrow{Et_2NH} Ph-CH=C(COOC_2H_5)(COCH_3)$$

$$CH_3COCH_3 + H_2C(CN)(COOC_2H_5) \xrightarrow{CH_3COONH_4} (H_3C)_2C=C(CN)(COOC_2H_5)$$

（4）迈克尔（Michael）加成反应

在碱催化作用下，α,β-不饱和共轭体系的化合物（如 α,β-不饱和醛、酮，α,β-不饱和酸酯和 α,β-不饱和腈等）与含活泼亚甲基的化合物（如 1,3-二酮、β-酮酸酯、1,3-二酯、氰乙酸乙酯和硝基化合物等）发生的 1,4-共轭加成反应，统称为 Michael 加成反应。含 α,β-不饱和共轭体系的化合物称为 Michael 受体，含活泼亚甲基的化合物称为 Michael 给体。

最常见的是 α,β-不饱和醛、酮与具有活泼 α-H 的环酮反应。如：

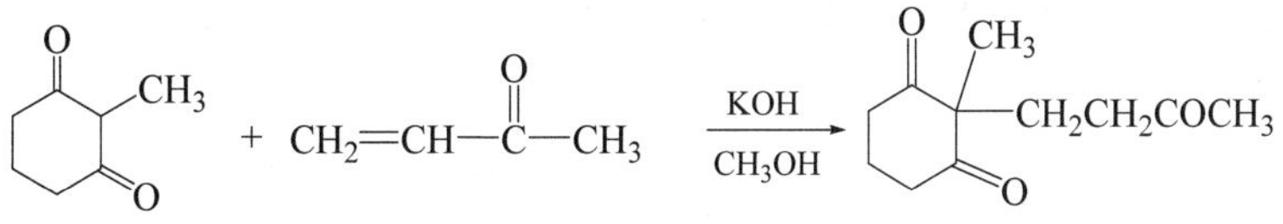

该反应进行时，首先是具有活泼 α-H 的化合物在碱作用下失去活泼氢原子生成碳负离子，然后碳负离子与含 α,β-不饱和共轭体系的化合物发生 1,4-共轭加成，加成物夺取质子形成烯醇，烯醇发生互变异构得最终产物。Michael 加成的反应机理如下：

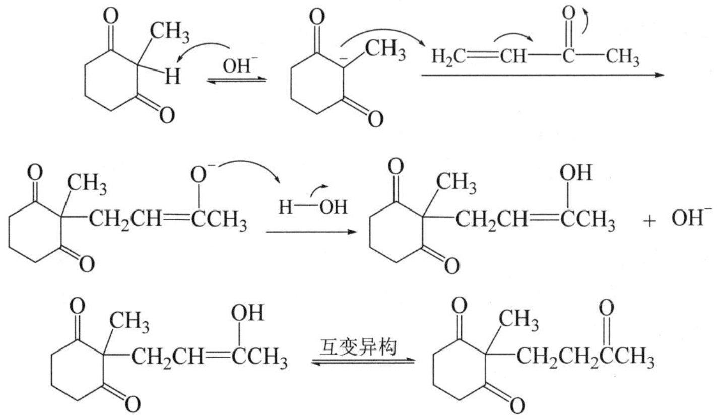

上述 Michael 加成产物，还可进行分子内的羟醛缩合反应。通过 Michael 加成，再进行分子内的羟醛缩合反应生成环己酮衍生物的反应称为罗宾逊（Robinson）成环。如：

$$\underset{\text{}}{\text{[环己烷-1,3-二酮-2-甲基-2-(3-氧代丁基)]}} \xrightarrow[\Delta]{\text{Al}[\text{OC}(\text{CH}_3)_3]_3} \underset{\text{}}{\text{[双环产物-OH]}} \xrightarrow{-\text{H}_2\text{O}} \underset{\text{}}{\text{[烯酮产物]}}$$

Michael 加成反应是形成碳碳键的重要方法之一，在有机合成中具有非常重要的应用价值。例如：乙酰乙酸乙酯和丙二酸二乙酯先发生 Michael 加成反应，再进行水解脱羧可得 1,5-二羰基化合物。

$$\text{CH}_3\text{COCH}_2\text{COOC}_2\text{H}_5 + \text{CH}_2=\text{CH}-\overset{\text{O}}{\text{C}}-\text{CH}_3 \xrightarrow[\text{EtOH}]{\text{EtONa}} \text{CH}_3\text{CO}\underset{\text{COOC}_2\text{H}_5}{\text{CH}}\text{CH}_2\text{CH}_2\text{COCH}_3$$

$$\xrightarrow[(2)\text{ H}^+/\Delta]{(1)\text{ OH}^-} \text{CH}_3\text{COCH}_2\text{CH}_2\text{CH}_2\text{COCH}_3$$

$$\text{CH}_2(\text{COOEt})_2 + \text{CH}_2=\text{CH}-\overset{\text{O}}{\text{C}}-\text{CH}_3 \xrightarrow[\text{EtOH}]{\text{EtONa}} \text{CH}_3\text{COCH}_2\text{CH}_2\text{CH}(\text{COOEt})_2$$

$$\xrightarrow[(2)\text{ H}^+/\Delta]{(1)\text{ OH}^-} \text{CH}_3\text{COCH}_2\text{CH}_2\text{CH}_2\text{COOH}$$

不同类型的化合物进行 Michael 加成反应举例如下：

$$\text{CH}_3\text{COCH}_2\text{COCH}_3 + \text{CH}_2=\text{CH}-\overset{\text{O}}{\text{C}}-\text{OEt} \xrightarrow[\text{EtOH}]{\text{EtONa}} \text{CH}_3\text{CO}\underset{\text{CH}_2\text{CH}_2\text{COOEt}}{\text{CH}}\text{COCH}_3$$

$$\text{CH}_3\text{COCH}_2\text{COCH}_3 + \text{CH}_2=\text{CH}-\text{CN} \xrightarrow[t\text{-BuOH}]{(\text{C}_2\text{H}_5)_3\text{N}} \text{CH}_3\text{CO}\underset{\text{CH}_2\text{CH}_2\text{CN}}{\text{CH}}\text{COCH}_3$$

$$\underset{\text{CN}}{\text{CH}_2\text{COOEt}} + \text{CH}_2=\text{CH}-\overset{\text{O}}{\text{C}}-\text{OEt} \xrightarrow[\text{EtOH}]{\text{EtONa}} \text{EtOOC}\underset{\text{CN}}{\text{CH}}\text{CH}_2\text{CH}_2\text{COOEt}$$

（5）β-二羰基化合物的烃基化、酰基化

β-二羰基化合物的 α-H 解离后，所形成碳负离子中的 α-碳和氧原子都具有亲核性，一般情况下，反应主要发生在亲核的 α-碳原子上，得到烃基化或酰基化产物。

① 乙酰乙酸乙酯的烃基化、酰基化。乙酰乙酸乙酯的亚甲基很活泼，在强碱作用下可形成碳负离子，与卤代烃或酰卤发生亲核取代反应，分别称为乙酰乙酸乙酯的烃基化或酰基化。反应通式可表示如下：

$$\text{CH}_3\text{COCH}_2\text{COOC}_2\text{H}_5 \xrightarrow[\text{或 NaH}]{\text{C}_2\text{H}_5\text{ONa}} \text{CH}_3\text{CO}\bar{\text{CH}}\text{COOC}_2\text{H}_5 \begin{cases} \xrightarrow{\text{RX}} \text{CH}_3\text{COCHCOOC}_2\text{H}_5 \\ \phantom{\xrightarrow{\text{RX}}} \quad\quad\quad |\text{R} \\ \xrightarrow{\text{RCOCl}} \text{CH}_3\text{COCHCOOC}_2\text{H}_5 \\ \phantom{\xrightarrow{\text{RCOCl}}} \quad\quad\quad |\text{COR} \end{cases}$$

烃基化时宜采用伯卤代烷,因叔卤代烷在强碱作用下易发生消除反应而使产率降低,卤代乙烯、卤代芳烃则不发生反应。酰基化时宜采用 NaH 替代乙醇钠,因为酰卤会和乙醇钠发生反应,同时反应宜在极性非质子性溶剂中进行。烃基化产物在需要时还可生成二烃基取代产物,但一般需要更强碱代替醇钠。如:

$$CH_3COCHCOOC_2H_5 \xrightarrow{t\text{-BuOK}} \xrightarrow{R'X} CH_3COC(R')(R)COOC_2H_5$$
（R 在下方）

乙酰乙酸乙酯经过烃基化或酰基化后,再进行酮式分解,可得到甲基酮或二元酮。

$$CH_3COCH(R)COOC_2H_5 \xrightarrow{\text{稀NaOH}} \xrightarrow[\triangle]{H^+} CH_3COCH_2R$$

$$CH_3COC(R')(R)COOC_2H_5 \xrightarrow{\text{稀NaOH}} \xrightarrow[\triangle]{H^+} CH_3COCH(R')(R)$$

$$CH_3COCH(COR)COOC_2H_5 \xrightarrow{\text{稀NaOH}} \xrightarrow[\triangle]{H^+} CH_3COCH_2COR$$

在酮式分解产物中,乙酰乙酸乙酯提供 CH_3COCH—部分,其余由卤代烃或酰卤提供。利用取代乙酰乙酸乙酯的酮式分解可以合成不同结构的甲基酮或二元酮。如:

$$CH_3COCH_2COOC_2H_5 \xrightarrow[(2) n\text{-}C_4H_9Br]{(1) C_2H_5ONa} CH_3COCH(C_4H_9\text{-}n)COOC_2H_5 \xrightarrow[(2) H^+/\triangle]{(1)\text{稀NaOH}} CH_3COCH_2C_4H_9\text{-}n$$

$$CH_3COCH_2COOC_2H_5 \xrightarrow[(2) CH_3COCH_2Cl]{(1) C_2H_5ONa} CH_3COCH(CH_2COCH_3)COOC_2H_5 \xrightarrow[(2) H^+/\triangle]{(1)\text{稀NaOH}} CH_3COCH_2CH_2COCH_3$$

$$CH_3COCH_2COOC_2H_5 \xrightarrow[(2) Br(CH_2)_4Br]{(1) 2C_2H_5ONa} \text{[环戊烷-COCH}_3\text{、COOC}_2H_5\text{]} \xrightarrow[(2) H^+/\triangle]{(1)\text{稀NaOH}} \text{环戊基-COCH}_3$$

其他结构的 β-酮酸酯同样可发生烃基化、酰基化或酮式分解,生成各种结构的酮、环酮等,在合成上有广泛的应用。如:

$$PhCH=C(COCH_3)COOC_2H_5 \xrightarrow[(2) H^+/\triangle]{(1)\text{稀NaOH}} PhCH=CHCOCH_3$$

$$\begin{array}{l} CH_2CH_2COOC_2H_5 \\ CH_2CH_2COOC_2H_5 \end{array} \xrightarrow[(2) H^+]{(1) C_2H_5ONa} \text{[2-氧代环戊基-COOC}_2H_5\text{]} \xrightarrow[(2) C_2H_5Br]{(1) C_2H_5ONa} \text{[2-氧代-1-乙基环戊基-COOC}_2H_5\text{]} \xrightarrow[(2) H^+/\triangle]{(1)\text{稀NaOH}} \text{[2-乙基环戊酮]}$$

② 丙二酸二乙酯的烃基化、酰基化。丙二酸二乙酯的亚甲基很活泼,在强碱作用下,也能与卤代烃或酰卤反应,发生丙二酸二乙酯的烃基化或酰基化,其过程与乙酰乙酸乙酯

相同。

$$\begin{matrix} CH_2 \begin{matrix} COOEt \\ COOEt \end{matrix} \end{matrix} \xrightarrow[(2) RBr]{(1) C_2H_5ONa} R-CH\begin{matrix} COOEt \\ COOEt \end{matrix} \xrightarrow[(2) R'Br]{(1) C_2H_5ONa} \begin{matrix} R \\ R' \end{matrix}C\begin{matrix} COOEt \\ COOEt \end{matrix}$$

$$CH_2\begin{matrix} COOEt \\ COOEt \end{matrix} \xrightarrow[(2) RCOCl]{(1) NaH} RC(O)-CH\begin{matrix} COOEt \\ COOEt \end{matrix}$$

烃基或酰基取代的丙二酸二乙酯经水解、脱羧后生成取代羧酸，这称为丙二酸酯合成法，这是合成羧酸的重要方法。

$$\begin{matrix} R \\ R' \end{matrix}C\begin{matrix} COOEt \\ COOEt \end{matrix} \xrightarrow[\triangle]{稀NaOH} \begin{matrix} R \\ R' \end{matrix}C\begin{matrix} COOH \\ COOH \end{matrix} \xrightarrow[\triangle]{H^+} \begin{matrix} R \\ R' \end{matrix}CH-COOH$$

丙二酸酯合成法所得产物中丙二酸酯提供—CHCOOH 部分，其余由卤代烃或酰卤提供。利用取代丙二酸酯合成法可以合成不同结构的一元羧酸、二元羧酸或三至六元环的环烷羧酸。如：

$$CH_2\begin{matrix} COOEt \\ COOEt \end{matrix} \xrightarrow[(2) CH_3CH_2CH_2Br]{(1) C_2H_5ONa} CH_3CH_2CH_2-CH\begin{matrix} COOEt \\ COOEt \end{matrix} \xrightarrow[(2) H^+/\triangle]{(1)稀NaOH} CH_3CH_2CH_2CH_2COOH$$

$$2CH_2\begin{matrix} COOEt \\ COOEt \end{matrix} \xrightarrow[(2) BrCH_2CH_2Br]{(1) 2C_2H_5ONa} \begin{matrix} CH_2CH(COOEt)_2 \\ CH_2CH(COOEt)_2 \end{matrix} \xrightarrow[(2) H^+/\triangle]{(1)稀NaOH} \begin{matrix} CH_2COOH \\ CH_2COOH \end{matrix}$$

$$CH_2\begin{matrix} COOEt \\ COOEt \end{matrix} \xrightarrow[(2) Br(CH_2)_4Br]{(1) 2C_2H_5ONa} \begin{matrix}\text{环戊烷} \end{matrix}\begin{matrix} COOEt \\ COOEt \end{matrix} \xrightarrow[(2) H^+/\triangle]{(1)稀NaOH} \text{环戊烷}-COOH$$

（6）乙酰乙酸乙酯的分解

乙酰乙酸乙酯有两种分解方式：

$$CH_3-\underset{O}{\overset{\|}{C}}-CH_2\overset{\vdots}{\underset{O}{\overset{\|}{C}}}-OC_2H_5 \qquad CH_3-\underset{O}{\overset{\|}{C}}\overset{\vdots}{-}CH_2-\underset{O}{\overset{\|}{C}}-OC_2H_5$$

酮式分解　　　　　　　　酸式分解

乙酰乙酸乙酯在稀碱作用下水解生成乙酰乙酸盐，再酸化后加热脱羧生成酮，称为酮式分解。酮式分解由于产物单一，应用非常广泛。

$$CH_3COCH_2COOC_2H_5 \xrightarrow{稀NaOH} CH_3COCH_2COONa \xrightarrow[\triangle]{H^+} CH_3COCH_3 + CO_2$$

乙酰乙酸乙酯与浓碱共热，酯基水解同时碳碳键断裂，再酸化后生成羧酸，称为酸式分解。酸式分解形成了羧酸混合物，应用受到限制。

$$CH_3COCH_2COOC_2H_5 \xrightarrow[\triangle]{40\%NaOH} \xrightarrow[\triangle]{H^+} 2\ CH_3COOH + C_2H_5OH$$

习 题

1. 用系统命名法命名下列化合物或写出其结构式。

（1）CH$_3$CH$_2$CHCH$_2$CH$_2$COOH
　　　　　　|
　　　　　　CH$_3$

（2）BrCH$_2$CH$_2$COOC$_2$H$_5$

（3）C$_6$H$_5$—CONHCH$_3$

（4）邻苯二甲酸酐

（5）邻醛基苯甲酸

（6）3-甲基丁酰氯

2. 选择题。

（1）下列化合物酯化反应最容易的是（　　）。

A. HCOOH　　B. 环己基-COOH　　C. 1-甲基环己基-COOH　　D. 1-叔丁基环己基-COOH

（2）下列化合物的酸性顺序排列正确的是（　　）。

a.苯乙炔　b.苯酚　c.苄醇　d.苯甲酸

A. d>b>c>a　　B. b>d>c>a　　C. d>b>a>c　　D. d>c>b>a

（3）下列化合物的酸性最弱的是（　　）。

A. 4-叔丁基苯甲酸　　B. 4-甲氧基苯甲酸　　C. 4-硝基苯甲酸　　D. 4-氯苯甲酸

（4）下列化合物最易水解生成羧酸的是（　　）。

A. C$_6$H$_5$—CONH$_2$　　B. 邻苯二甲酸酐　　C. C$_6$H$_5$—COCl　　D. C$_6$H$_5$—COOCH$_2$CH$_3$

（5）有机化合物 C$_{22}$H$_{45}$CONH$_2$ 的 Hofmann 重排反应的产物是（　　）。

A. C$_{21}$H$_{43}$NH$_2$　　B. C$_{22}$H$_{45}$NH$_2$　　C. C$_{23}$H$_{47}$NH$_2$　　D. C$_{24}$H$_{49}$NH$_2$

3. 判断题。

（1）羧酸中羧基是 p-π 共轭且其中两个 C-O 键键长相同，但在羧酸钠中两个 C-O 键键长不同。（　　）

（2）邻羟基苯甲酸可以在分子内形成氢键，使羧酸酸性增强。（　　）

（3）酰胺、酸酐、酯醇解产物是酯，且它们醇解反应活性顺序与氨解相同。（　　）

（4）酰氯与格氏试剂反应可得到酮或叔醇，酯与格氏试剂也可以生成酮或叔醇，酸酐与格氏试剂在低温时作用也可以得到酮。（　　）

4. 完成下列反应式。

（1）(CH$_3$)$_2$CHCH$_2$COOH $\xrightarrow[\text{H}^+]{\text{C}_2\text{H}_5\text{OH}}$ (　　)

（2）邻苯二甲酸 $\xrightarrow{\Delta}$ (　　)

（3）CH$_2$=环己基-COOH $\xrightarrow{\text{LiAlH}_4}$ $\xrightarrow{\text{H}_3\text{O}^+}$ (　　)

(4) C₆H₁₁COOH $\xrightarrow[P]{Br_2}$ ( )

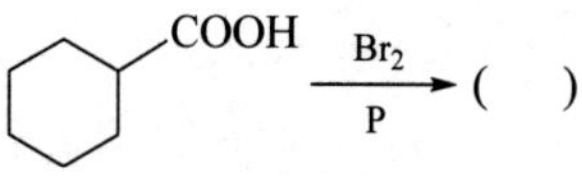

(5) CH₃COCH₂COOH $\xrightarrow{\triangle}$

(6) H₃C—C₆H₄—CH₂CN + H₂O $\xrightarrow[\triangle]{H^+}$ ( )

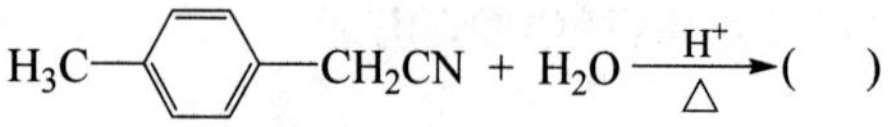

(7) CH₃CH₂CH(Cl)COOH + NH₃ ⟶ ( )

(8) CH₃CH₂CH(OH)CH₂CH₂COOH $\xrightarrow{\triangle}$ ( )

(9) CH₃COCl + CH₃NH₂ ⟶ ( )

(10) C₂H₅CH=CHCH₂COOC₂H₅ $\xrightarrow[C_2H_5OH]{Na}$ ( )

(11) 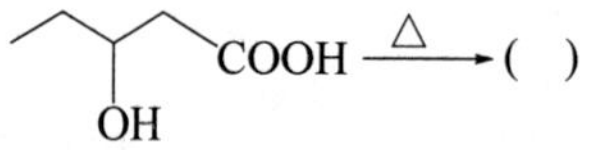 CH₃CH₂CH(OH)CH₂COOH $\xrightarrow{\triangle}$ ( )

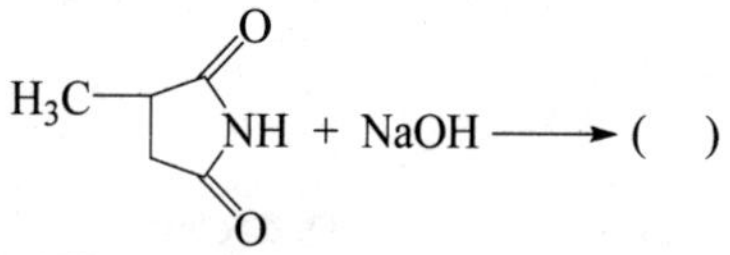

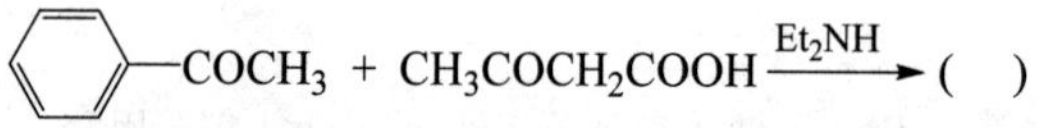

(12) 甲基丁二酰亚胺 (H₃C-取代的琥珀酰亚胺) + NaOH ⟶ ( )

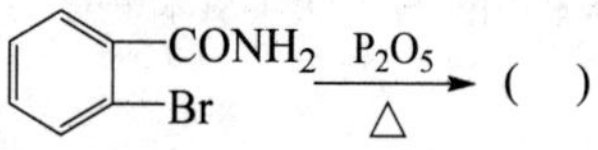

(13) C₆H₅COCH₃ + CH₃COCH₂COOH $\xrightarrow{Et_2NH}$ ( )

(14) o-BrC₆H₄CONH₂ $\xrightarrow[\triangle]{P_2O_5}$ ( )

(15) CH₃COCH₂COCH₃ + CH₂=CHCN $\xrightarrow[t\text{-BuOH}]{(C_2H_5)_3N}$ ( )

5. 分离下列化合物：苯甲酸、苯甲醇、苯酚。

6. 鉴别下列化合物：甲酸、乙酸、乙醛。

7. 合成题。

(1) 用苯甲酸合成 C₆H₅C(OH)(CH₃)₂ 。

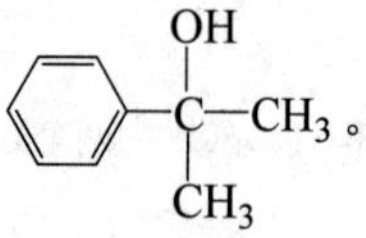

(2) CH₃CH₂COOH ⟶ CH₃CH₂CH₂COOH 。

(3) 苯 ⟶ 间溴苯甲酸

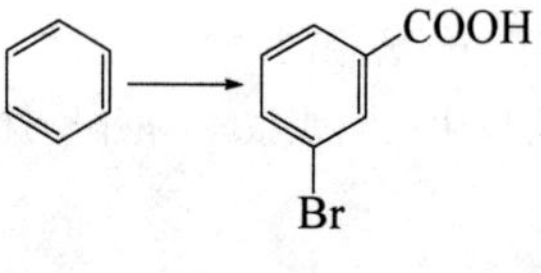

8. 用合适的方法转变下列化合物：

(1) 以乙酰乙酸乙酯为原料合成下列化合物：
  a. 3-甲基-2-戊酮 b. 1-苯基-1,3-丁二酮 c. 2,7-辛二酮
  d. α-甲基丙酸 e. γ-戊酮酸 f. δ-己内酯

(2) 以丙二酸二乙酯为原料合成下列化合物：
  a. 2-甲基戊酸 b. 2-甲基丙酸 c. 1,4-环己烷二甲酸
  d. 戊二酸 e. 3-甲基己二酸 f. 2-甲基丁二酸酐

9. 有三个化合物 A、B、C，分子式均为 $C_4H_6O_4$。A 和 B 能溶于 NaOH 水溶液，和 Na_2CO_3 作用放出 CO_2。A 加热时脱水生成酸酐 D；B 加热脱羧生成丙酸。C 不溶于冷的 NaOH 溶液，也不和 Na_2CO_3 溶液作用，但和 NaOH 水溶液共热时，则生成两个化合物，其中一个化合物 E 具有酸性，另一个化合物 F 呈中性。试写出 A、B、C、D、E 和 F 的结构简式。

10. 化合物 A 能溶于水，但不溶于乙醚，含 C、H、O、N 元素。A 加热失去一分子水得化合物 B。B 能与氢氧化钠的水溶液共热，放出一种有气味的气体。残余物酸化后得一不含氮的酸性物质 C。C 与氢化铝锂反应的产物用浓硫酸处理，得一气体烯烃 D，其分子量为 56，该烯烃经臭氧化再还原水解后，分解为一个醛和一个酮。试写出 A、B、C 和 D 的结构简式。

第 12 章 含氮化合物

有机分子中含有氮元素的化合物称为含氮化合物，包括硝基化合物、胺、重氮化合物、季铵类化合物、偶氮化合物和腈等。本章主要介绍胺和重氮化合物，并简单介绍季铵类化合物和偶氮化合物。

12.1 胺

胺类化合物可以看作是氨的烃类衍生物，广泛存在于自然界中。胺类化合物和生命活动有密切的关系，许多激素、抗生素、生物碱及所有的蛋白质、核酸都是胺的复杂衍生物。如具有生理和药理作用的生物碱，麻黄碱和阿托品：

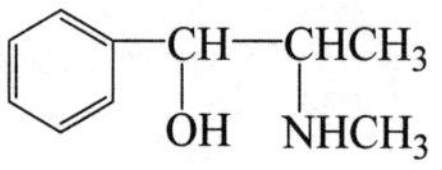

麻黄碱 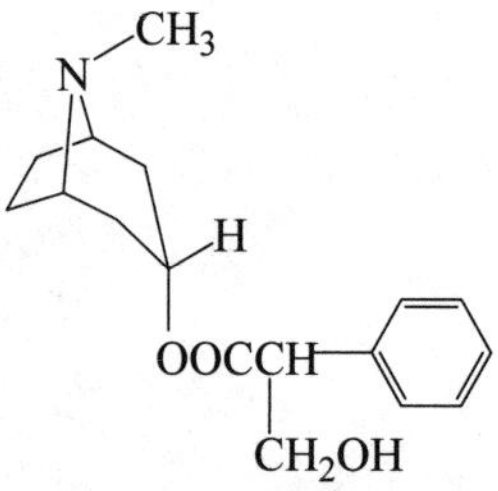　　　　　　阿托品

12.1.1 胺的分类和命名

12.1.1.1 胺的分类

氨分子中的氢原子被一个、两个或三个烃基取代，则分别生成伯胺、仲胺和叔胺，所以根据氮原子上所连烃基的数目，可分为伯胺（一级胺）、仲胺（二级胺）、叔胺（三级胺）。如：

$$RNH_2 \qquad R_2NH \qquad R_3N$$
伯胺　　　　仲胺　　　　叔胺

需要注意的是伯、仲、叔胺的分类方法与伯、仲、叔卤代烃和伯、仲、叔醇的分类方法是不同的。如：

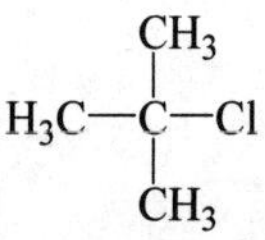

叔卤代烃 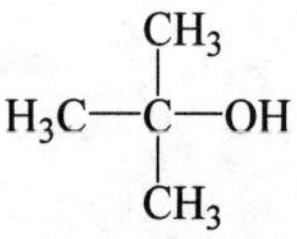　　　　　　叔醇 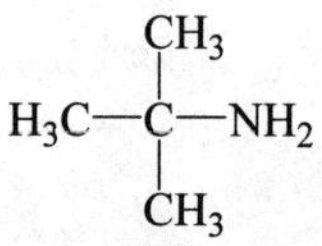　　　　　　伯胺

根据分子中烃基结构的不同，可把胺分为脂肪胺和芳香胺。如：

脂肪胺：CH₃CH₂NH₂　环己基-NH₂　苯基-CH₂CH₂NH₂

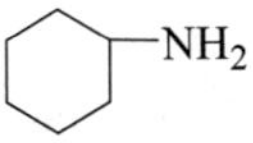

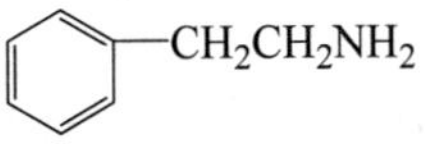

芳香胺：苯基-NH₂　萘基-NH₂

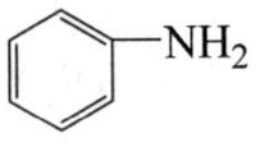

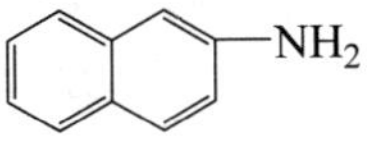

根据分子中氨基的数目，可把胺分为一元胺、二元胺和多元胺等。如：

CH₃NH₂　　　H₂NCH₂NH₂　　　H₂NCHNH₂
　　　　　　　　　　　　　　　　　　|
　　　　　　　　　　　　　　　　　NH₂
一元胺　　　　二元胺　　　　多元胺

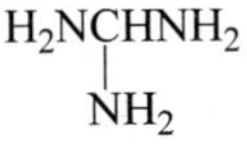

12.1.1.2 胺的命名

（1）习惯命名法

简单胺可用习惯命名法命名。方法是在烃基名称后面加上"胺"字来命名；有相同的烃基在前面用中文数字"二""三"表明烃基的数目；若有不同的烃基，则按由小到大的顺序排列，"基"字一般省略。如：

CH₃CH₂NH₂　　(CH₃)₂NH　　CH₃NHCH₂CH₃　　甲乙丙胺结构
乙胺　　　　　二甲胺　　　　甲乙胺　　　　　甲乙丙胺

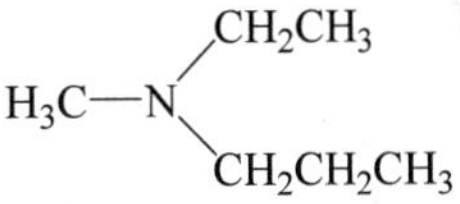

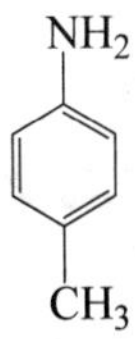

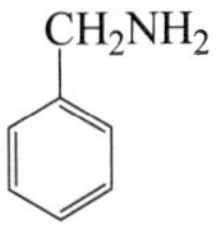

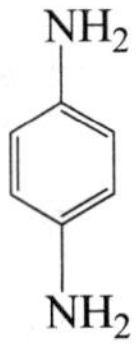

对甲苯胺　　苯甲胺　　对苯二胺

芳香族仲胺和叔胺，芳胺为母体，并在取代基前面冠以斜体"*N*"字，表示取代基团连在氮原子上，而不是连在芳香环上。如：

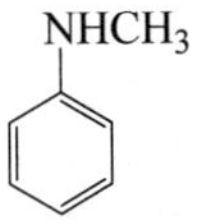

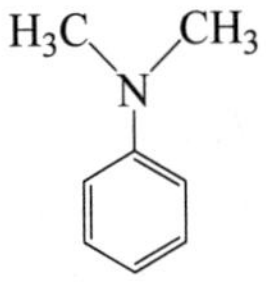

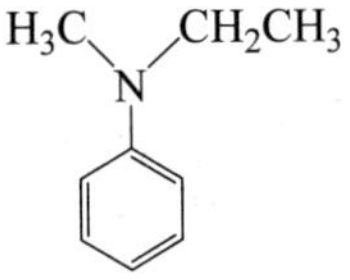

N-甲基苯胺　　*N*,*N*-二甲基苯胺　　*N*-甲基-*N*-乙基苯胺

（2）系统命名法

结构复杂的胺通常用系统命名法命名，即把氨基作为取代基，烃作为母体。如：

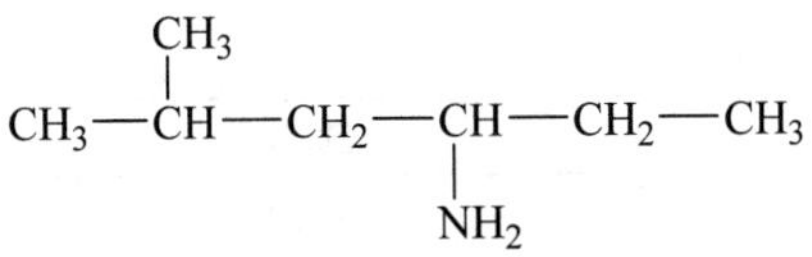

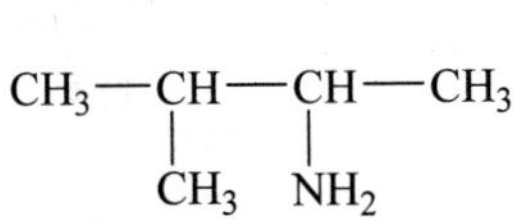

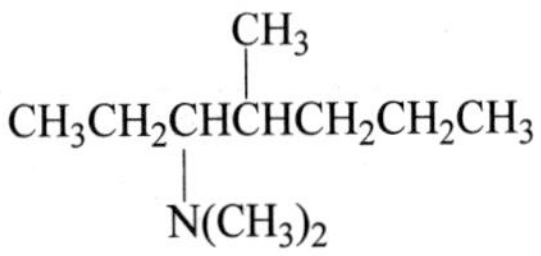

2-甲基-4-氨基己烷　　2-甲基-3-氨基丁烷　　4-甲基-3-二甲氨基庚烷

12.1.2 胺的结构

氨分子 NH_3 为三角锥形结构,胺可以看成是 NH_3 分子的 H 原子被烃基取代的产物。氨分子中氮原子采取不等性 sp^3 杂化,脂肪族胺分子的氮原子也是不等性 sp^3 杂化。N 原子的 5 个外层电子分布于四个 sp^3 杂化轨道中,有三个 sp^3 杂化轨道为单电子占据,这三个轨道分别与烃基碳的 sp^3 杂化轨道或氢原子的 1s 轨道结合形成σ键,另外一个 sp^3 杂化轨道为孤电子对占据(如图 12.1 所示)。

氮上连着三个不同基团时,分子具有手性,但它们与镜像异构体(如图 12.2 所示)之间转化的活化能较低,一般不能分离得到其中某一个对映体:

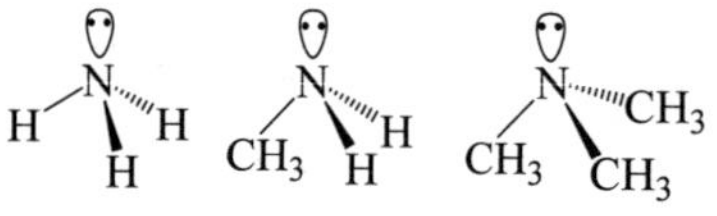

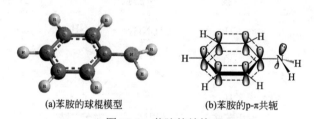

图 12.1　氨、甲胺、三甲胺结构 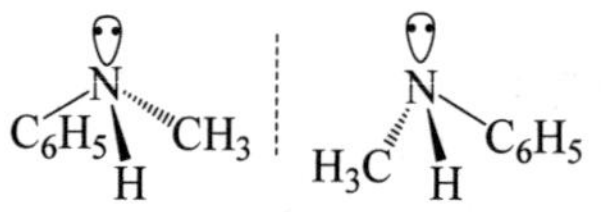　　图 12.2　手性胺对映体

在芳香胺中,结构最简单的是苯胺。苯胺分子中 NH_2 平面与苯环平面夹角为 142.5°,N 原子介于 $sp^2 \sim sp^3$ 杂化之间。氮上的未共用电子对主要参与了与芳环的共轭,因而芳香胺的碱性和亲核性都较弱。另外,在芳香胺的 p-π 共轭体系中,氨基为给电子共轭效应,使芳环的电子云密度增大,且给电子共轭效应(+C)大于吸电子诱导效应(−I),因此氨基活化芳环,而且使邻对位电子云密度较高。苯胺的结构见图 12.3。

(a)苯胺的球棍模型　　(b)苯胺的p-π共轭

图 12.3　苯胺的结构

12.1.3 胺的物理性质

常温下,低级和中级脂肪胺为无色气体或液体,高级脂肪胺为固体,如甲胺、二甲胺、三甲胺和乙胺在常温时为气体,丙胺以上是液体,含 C_{12} 以上为固体。芳香胺为高沸点的液体或固体。由于胺是极性化合物,除叔胺外,其他胺分子间可通过氢键缔合,因此胺的熔点和沸点比分子量相近的非极性化合物高。但由于氮的电负性比氧小,胺形成的氢键弱于醇或羧酸形成的氢键,因而胺的熔点和沸点比分子量相近的醇和羧酸低。一些常见胺的熔点、沸点见表 12.1。

表 12.1　常见胺的熔点和沸点

名称	熔点/℃	沸点/℃
甲胺	−93.5	−6.8
乙胺	−81	17
正丙胺	−83	47.8

续表

名称	熔点/℃	沸点/℃
正丁胺	-50	77
正己胺	-19	131.4
正十二胺	32	249
二甲胺	-96	7
三甲胺	-117	2.9
苯胺	-6.2	184.4
N-甲基苯胺	-57	196.3
N,N-二甲基苯胺	2.5	194
丁二胺	28	159

伯、仲、叔胺都能与水形成氢键，故而低级脂肪胺可溶于水。随着烃基在分子中的比例增大，胺在水中的溶解度迅速下降。中级胺、高级胺（及芳香胺）微溶或难溶于水。大部分胺可溶于有机溶剂。

低级胺具有氨的气味或鱼腥味，高级胺没有气味，肉腐烂时能产生极臭而且毒性很强的丁二胺（腐胺）及戊二胺（尸胺）。芳香胺的气味不像脂肪胺那样大，但芳香胺有毒而且容易渗入皮肤，无论吸入它的蒸气还是皮肤与之接触都能引起中毒，在使用时应注意防护。

12.1.4 胺的化学性质

12.1.4.1 化学性质的推导

胺是典型的有机碱，氮原子上的孤对电子可使胺表现出碱性和亲核性（如烃基化、酰基化、磺酰化及与亚硝基等反应）。在芳香胺中，氨基活化芳环可使芳环更容易进行亲电取代反应（卤化、硝化、磺化和弗-克反应），且为邻、对位定位基，如图12.4所示。

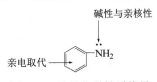

图 12.4 胺的化学性质推导

12.1.4.2 化学性质

（1）有关氨基孤电子对的反应

① 碱性。在有机胺中，氨基的未共用电子对能接受质子，因此显碱性。胺可以和大多数酸反应生成盐。

$$RNH_2 + H_2O \longrightarrow RNH_3^+ + OH^-$$

$$RNH_2 + HCl \longrightarrow RNH_3^+Cl^-$$

胺的碱性强弱用离解常数 K_b 或其负对数 pK_b 表示，K_b 愈大或 pK_b 愈小，碱性愈强。部分胺的 pK_b 列于表12.2。

表 12.2 部分脂肪胺、芳香胺的 pK_b

化合物	CH_3NH_2	$(CH_3)_2NH$	$(CH_3)_3N$	NH_3
pK_b	3.38	3.27	4.21	4.76
化合物	$C_6H_5-NH_2$	$p\text{-}CH_3-C_6H_4-NH_2$	$p\text{-}Cl-C_6H_4-NH_2$	$p\text{-}O_2N-C_6H_4-NH_2$
pK_b	9.37	8.92	9.85	13.0

由 pK_b 数据可知，脂肪胺的碱性大于 NH_3，NH_3 的碱性大于芳香胺。

在脂肪胺中，由于烷基的给电子诱导效应（+I），使氨基上的电子云密度增加，接受质子的能力增强，所以脂肪胺的碱性大于氨。在芳香胺中，由于氨基氮上的未共用电子对主要参与 p-π 共轭，氮原子电子云密度降低，接受质子的能力减弱，所以芳胺碱性比氨弱。取代苯胺的碱性强弱取决于取代基的性质，取代基为给电子基团时，使碱性增强；取代基为吸电子基团时，使碱性减弱。

胺的碱性强弱除与烃基的诱导效应和共轭效应有关外，还受到空间位阻效应及水的溶剂化效应等因素的影响。氮上取代的烃基愈多，空间位阻愈大，使质子不易与氮原子接近，胺的碱性也就愈弱；胺分子中，氮上连接的氢愈多，溶剂化程度愈大，铵正离子就愈稳定，胺的碱性也愈强。

综合以上各种效应，胺类化合物的碱性强弱次序一般为：

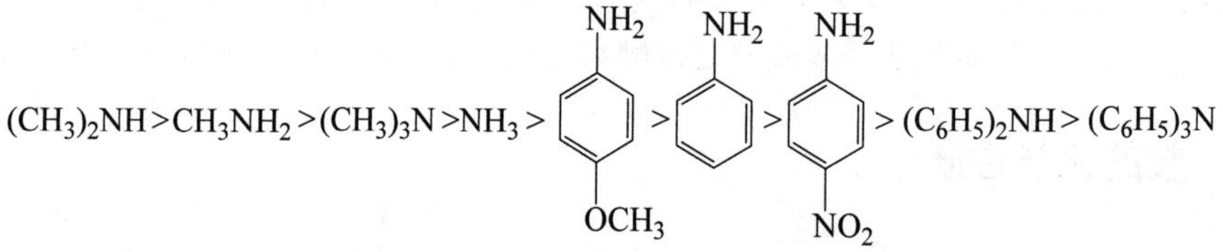

$(CH_3)_2NH > CH_3NH_2 > (CH_3)_3N > NH_3 >$ p-$CH_3OC_6H_4NH_2$ > $C_6H_5NH_2$ > p-$O_2NC_6H_4NH_2$ > $(C_6H_5)_2NH > (C_6H_5)_3N$

由于胺是弱碱，与酸生成的铵盐遇强碱会释放出原来的胺。

$$RNH_3^+Cl^- + NaOH \longrightarrow RNH_2 + NaCl + H_2O$$

可以利用这一性质进行胺的分离、提纯。如：把不溶于水的胺溶于稀酸形成盐，经分离后，再用强碱将胺由铵盐中释放出来。

② 烃基化。胺与卤代烃、醇等烃基化试剂作用，氨基上的氢原子被烃基取代，称为胺的烃基化反应。叔胺氮原子上没有氢，可以与卤代烃生成季铵盐。如：

$$C_{16}H_{33}NH_2 + CH_3Cl \xrightarrow{NaOH} C_{16}H_{33}NHCH_3 + NaCl + H_2O$$

$$C_{16}H_{33}NHCH_3 + CH_3Cl \xrightarrow{NaOH} C_{16}H_{33}N(CH_3)_2 + NaCl + H_2O$$

$$C_{16}H_{33}N(CH_3)_2 + CH_3Cl \longrightarrow [C_{16}H_{33}N(CH_3)_3]^+Cl^-$$

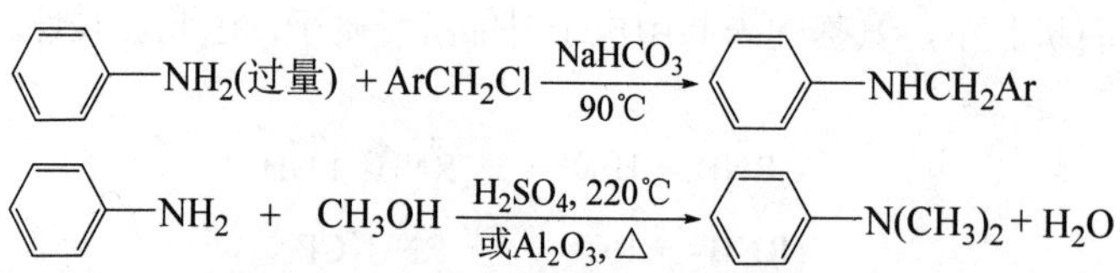

$$C_6H_5-NH_2(过量) + ArCH_2Cl \xrightarrow[90℃]{NaHCO_3} C_6H_5-NHCH_2Ar$$

$$C_6H_5-NH_2 + CH_3OH \xrightarrow[\text{或}Al_2O_3, \triangle]{H_2SO_4, 220℃} C_6H_5-N(CH_3)_2 + H_2O$$

③ 酰基化。伯胺和仲胺可以与酰卤、酸酐和酯等酰基化试剂反应，酰基取代氨基上的氢原子生成酰胺的反应叫作胺的酰基化反应。叔胺氮原子上没有氢原子，不能进行酰基化反应。

$$CH_3NH_2 + (CH_3CO)_2O \longrightarrow CH_3-\overset{O}{\underset{\|}{C}}-NHCH_3 + CH_3COOH$$

$$(CH_3)_2NH + CH_3COCl \longrightarrow CH_3-\overset{O}{\underset{\|}{C}}-N(CH_3)_2 + HCl$$

$$(CH_3)_3N + CH_3COCl \longrightarrow 不反应$$

$$\underset{}{C_6H_5}-NH_2 \xrightarrow{(CH_3CO)_2O} C_6H_5-NH-COCH_3$$

除甲酰胺外，其他酰胺在常温下大多是具有一定熔点的固体，它们在酸或碱的水溶液中加热易水解生成原来的胺。因此利用酰基化反应，不但可以分离、提纯胺，还可以通过测定酰胺的熔点来鉴定胺。

酰化反应也用于制药工业，如扑热息痛的制备。

$$\underset{NO_2}{\underset{|}{C_6H_4}}-Cl \xrightarrow[(2)H_2O,H^+]{(1)NaOH,H_2O} \underset{NO_2}{\underset{|}{C_6H_4}}-OH \xrightarrow{H_2,Ni} \underset{NH_2}{\underset{|}{C_6H_4}}-OH \xrightarrow{(CH_3CO)_2O} \underset{NHCOCH_3}{\underset{|}{C_6H_4}}-OH$$

④ 磺酰化。在氢氧化钠或氢氧化钾溶液存在下，伯、仲胺能与苯磺酰氯或对甲苯磺酰氯反应生成磺酰胺。叔胺氮原子上无氢原子，不能发生磺酰化反应。磺酰化反应又称兴斯堡（Hinsberg）反应。

$$\begin{Bmatrix} RNH_2 \\ R_2NH \\ R_3N \end{Bmatrix} \xrightarrow{CH_3-C_6H_4-SO_2Cl} \begin{Bmatrix} CH_3-C_6H_4-SO_2-HNR\downarrow \\ CH_3-C_6H_4-SO_2-NR_2\downarrow \\ R_3N \text{ 油状液体} \end{Bmatrix} \xrightarrow{NaOH溶液} \begin{matrix} 溶解 \\ \\ 不溶解 \end{matrix}$$

伯胺生成的磺酰胺中，氮原子上还有一个氢原子，由于受到磺酰基强吸电子诱导效应的影响而显酸性，可溶于氢氧化钠溶液生成盐；仲胺生成的磺酰胺中，氮原子上没有氢原子，不能溶于氢氧化钠溶液而呈固体析出；叔胺不发生磺酰化反应，也不溶于氢氧化钠溶液而出现分层现象。因此，利用兴斯堡反应可以鉴别或分离伯、仲、叔胺。

如要分离伯、仲、叔胺的混合物，可以将这三种胺的混合物与对甲苯磺酰氯的碱性溶液反应后进行蒸馏，叔胺不反应，先被蒸出；将剩余液体过滤，固体为仲胺的磺酰胺，加酸水解后可得到仲胺；滤液酸化后，水解得到伯胺。

⑤ 与亚硝酸的反应。不同的胺与亚硝酸反应，产物各不相同。

a.伯胺。脂肪族伯胺与亚硝酸反应，生成醇、烯烃、卤代烃的混合物，在合成上没有价值，但放出的氮气是定量的，可用于氨基的定量测定。

$$RNH_2 \xrightarrow{NaNO_2,HCl} N_2\uparrow + R^+ + Cl^-$$
醇、烯烃、卤代烃的混合物

在较低温度的强酸水溶液中，芳香族伯胺与亚硝酸反应生成重氮盐。芳香族重氮盐在低温（5℃以下）和强酸性水溶液中是稳定的，升高温度则易分解放出氮气，容易爆炸，使用时要小心。由于亚硝酸不稳定，在反应中实际使用的是亚硝酸钠与盐酸或硫酸的混合物。

$$C_6H_5-NH_2 + NaNO_2 + HCl \xrightarrow{0\sim5℃} C_6H_5-N_2^+Cl^-$$

$$C_6H_5-N_2^+Cl^- \xrightarrow[\text{微热}]{\text{酸溶液}} C_6H_5-OH + N_2\uparrow$$

b.仲胺。脂肪族或芳香族仲胺与亚硝酸反应，生成 N-亚硝基胺。N-亚硝基胺与稀酸共热可分解为原来的胺，可用来鉴别或分离、提纯仲胺。N-亚硝基胺为不溶于水的黄色油状液体或固体，有致癌作用，能引发多种器官或组织的肿瘤。

$$(CH_3)_2NH + NaNO_2 + HCl \longrightarrow (CH_3)_2N-N=O + H_2O + NaCl$$

$$C_6H_5-NHCH_3 + NaNO_2 + HCl \longrightarrow C_6H_5-N(CH_3)-N=O + H_2O + NaCl$$

c.叔胺。脂肪族叔胺因氮原子上没有氢，只能与亚硝酸形成不稳定的盐。

$$R_3N + HNO_2 \longrightarrow R_3N^+HNO_2^-$$

芳香族叔胺与亚硝酸反应，在芳环上发生亲电取代（亚硝化反应）。如：

$$(CH_3)_2N-C_6H_5 \xrightarrow[\text{②}Na_2CO_3, C_2H_5OH, \triangle]{\text{①}NaNO_2, HCl, 5\sim8℃} (CH_3)_2N-C_6H_4-N=O$$

对亚硝基-N,N-二甲苯胺（绿色）

亚硝化的芳香族叔胺通常带有颜色，在不同介质中，其结构不同，颜色也不相同。

(2) 芳环上的亲电取代反应

在芳香胺中，氨基氮原子（主要为 sp^2 杂化）的未杂化 p 轨道提供一对电子与芳环的大 π 键形成 p-π 共轭体系，使芳环的电子云密度增大，因此芳环容易发生亲电取代反应。芳香族伯胺和芳香族仲胺的芳环上不能进行烷基化和酰基化，因为卤代烃等烷基化试剂和酰化试剂优先跟氨基起反应。

① 卤化。芳胺与氯或溴很容易发生取代反应，且常常生成多卤代产物。苯胺和溴水反应生成 2,4,6-三溴苯胺白色沉淀，可用于苯胺的鉴别。

$$C_6H_5-NH_2 \xrightarrow{Br_2, H_2O} 2,4,6\text{-}Br_3C_6H_2-NH_2\downarrow$$

（白色）

② 硝化。芳胺不能直接硝化，因为它会被硝酸氧化。硝化前应对氨基进行钝化保护。如要想合成间硝基苯胺，需先将芳胺溶于浓硫酸，生成硫酸氢盐，变为间位定位基后再硝化，最后用碱中和硫酸氢盐到中性，以消除酸。如：

$$\text{PhNH}_2 \xrightarrow{\text{浓}H_2SO_4} \text{PhN}^+H_3 HSO_4^- \xrightarrow[\triangle]{HNO_3} \text{m-}O_2N\text{-C}_6H_4\text{-N}^+H_3 HSO_4^- \xrightarrow{H_2O, OH^-} \text{m-}O_2N\text{-C}_6H_4\text{-NH}_2$$

若想在邻、对位硝化，则应降低氨基活性，使其仍然为第一类定位基，然后再硝化，最后脱保护。如：

$$\text{PhNH}_2 \xrightarrow[CH_3COOH]{(CH_3CO)_2O} \text{PhNHCOCH}_3 \xrightarrow{HNO_3, \triangle} \text{p-}O_2N\text{-C}_6H_4\text{-NHCOCH}_3 \xrightarrow[\triangle]{H_2O/H^+ \text{或} OH^-} \text{p-}O_2N\text{-C}_6H_4\text{-NH}_2$$

$$\xrightarrow{H_2SO_4, \triangle} \text{4-NHCOCH}_3\text{-C}_6H_4\text{-SO}_3H \xrightarrow{\text{混酸}} \text{2-NO}_2\text{-4-SO}_3H\text{-C}_6H_3\text{-NHCOCH}_3 \xrightarrow{H_2O, H^+} \text{o-}O_2N\text{-C}_6H_4\text{-NH}_2$$

③ 磺化。苯胺用浓硫酸磺化时，首先生成盐，加热下失水生成对氨基苯磺酸（以内盐的形式存在）。如：

$$\text{PhNH}_2 \xrightarrow{\text{浓}H_2SO_4} \text{PhN}^+H_3 HSO_4^- \xrightarrow[\text{烘焙}]{180℃} \text{4-SO}_3H\text{-C}_6H_4\text{-NH}_2 \xrightarrow{\text{内盐}} \text{4-SO}_3^-\text{-C}_6H_4\text{-}\overset{+}{N}H_3$$

（3）胺的氧化

脂肪胺容易被氧化。其中脂肪族伯胺的氧化产物复杂，无实际意义，有意义的是用 H_2O_2 或 RCO_3H 氧化叔胺，可得到叔胺氧化物：

$$\text{C}_6H_{11}\text{-CH}_2\text{N(CH}_3)_2 + H_2O_2 \longrightarrow \text{C}_6H_{11}\text{-CH}_2\overset{+}{\text{N}}(\text{CH}_3)_2\text{O}^-$$

（环己甲基二甲胺氧化物）

具有一个长链烷基的氧化胺是性能优异的表面活性剂。

仲胺用 H_2O_2 氧化可生成羟胺，但通常产率很低。

$$(CH_3)_2NH + H_2O_2 \longrightarrow (CH_3)_2NOH + H_2O$$

芳胺亦易被氧化，其中芳香族伯胺极易被氧化。苯胺久置后，空气中的氧可使苯胺氧化进而发生颜色变化：无色透明→黄→浅棕→红棕。用二氧化锰和硫酸或重铬酸钾和硫酸也可氧化苯胺，生成对苯醌。

$$\text{PhNH}_2 \xrightarrow{MnO_2, \text{稀}H_2SO_4} \text{对苯醌}$$

12.2 季铵类化合物

季铵类化合物有季铵盐和季铵碱两类,可以用铵的衍生物法来命名。如:

$$(CH_3)_4N^+Cl^- \qquad [(CH_3)_3N^+CH_2CH_3]OH^-$$

氯化四甲铵(季铵盐)　氢氧化三甲基乙基铵(季铵碱)

12.2.1 季铵盐的制备和应用

叔胺与卤代烷作用生成季铵盐。季铵盐是白色晶体,具有盐的性质,能溶于水而不溶于非极性有机溶剂,熔点高,一般加热到熔点时即分解。

$$R_3N + RX \longrightarrow [R_4N]^+X^- \xrightarrow{\triangle} R_3N + RX$$

季铵盐主要用作表面活性剂、抗静电剂、柔软剂、杀菌剂、动植物激素(如矮壮素、乙酰胆碱)以及相转移催化剂。

有机合成中的非均相有机反应,反应速度慢,效果差,季铵盐能使水相中的物质转入有机相,从而加快反应速度,故而称为相转移催化剂,这类反应称为相转移催化反应。相转移催化反应(phase transfer catalytic reaction, PTC)的特点是条件温和、操作简单、产率高、速率快、选择性好。如:

1-氯辛烷与氰化钠水溶液的反应,在季铵盐催化下回流1.5h即可,若不加相转移催化剂,加热两周也不发生反应。

$$CH_3(CH_2)_6CH_2Cl + NaCN \xrightarrow[\text{回流1.5h}]{C_{16}H_{33}N^+(C_4H_9)_3Br^-} CH_3(CH_2)_6CH_2CN$$

醇在氢氧化钠水溶液中与卤代烷作用制备醚的反应,若不加相转移催化剂,反应必须在无水条件下进行。如果用季铵盐则在水溶液中可以完成。

$$CH_3(CH_2)_6CH_2OH + CH_3(CH_2)_3Cl \xrightarrow[(C_4H_9)_4N^+SO_4^-H]{NaOH, H_2O, \triangle} CH_3(CH_2)_6CH_2O(CH_2)_3CH_3$$

自20世纪60年代以来,相转移催化反应发展很快,已成为有机合成的一种新技术。目前常用的相转移催化剂除了季铵盐外还有冠醚、聚乙二醇等。

12.2.2 季铵碱的制备和受热分解

季铵碱具有强碱性,其碱性与NaOH相近,易潮解,易溶于水。其制备方法主要有两种:

$$[R_4N]^+X^- + KOH \xrightleftharpoons{\text{醇溶液}} [R_4N]^+OH^- + KX$$

$$[R_4N]^+X^- + Ag_2O \xrightarrow{H_2O} [R_4N]^+OH^- + AgX\downarrow$$

季铵碱的性质主要为热分解反应。烃基上无β-H的季铵碱在加热下分解,生成叔胺和醇。该反应为S_N2反应历程,OH^-进攻烃基,同时C—N键(该烃基碳原子与氮原子形成的键)断裂,形成产物。如:

$$(CH_3)_4N^+OH^- \xrightarrow{\triangle} (CH_3)_3N + CH_3OH$$

当 β-碳上有氢原子时，季铵碱加热分解，生成叔胺、烯烃和水（E2 反应历程）。如：

$$[(CH_3)_3N^+CH_2CH_2CH_3]OH^- \xrightarrow{\triangle} (CH_3)_3N + CH_3CH=CH_2 + H_2O$$

当有几种 β-氢时，消除反应的取向遵守霍夫曼（Hofmann）规则，即主要生成双键上烷基取代基最少的烯烃（Hofmann 烯）。如：

$$CH_3CH_2CH_2\underset{\underset{CH_3}{|}}{\overset{\overset{H_3C}{|}}{N^+}}CH_2CH_3 OH^- \xrightarrow{\triangle} CH_3CH_2CH_2N(CH_3)_2 + CH_2=CH_2 + H_2O$$
$$\qquad\qquad\qquad\qquad\qquad\qquad\qquad 98\%$$

$$\left[CH_3-CH_2-\underset{\underset{CH_3}{|}}{\overset{\overset{N(CH_3)_3}{|}}{CH}}-CH_3\right]^+ OH^- \longrightarrow CH_3CH_2CH=CH_2 + CH_3CH=CHCH_3 + (CH_3)_3N$$
$$\qquad\qquad\qquad\qquad\qquad\qquad 95\% \qquad\qquad 5\%$$

当 β-碳上有苯基、乙烯基、羰基等吸电子基团时，消除反应遵循扎依采夫（Saytzeff）规则。如：

$$C_6H_5CH_2CH_2\underset{\underset{CH_3}{|}}{\overset{\overset{H_3C}{|}}{N^+}}CH_2CH_3 OH^- \xrightarrow{\triangle} C_6H_5CH=CH_2 + CH_2=CH_2$$
$$\qquad\qquad\qquad\qquad\qquad\qquad 94\% \qquad 6\%$$

霍夫曼消除反应的应用主要体现为推测胺的结构。根据消耗的碘甲烷的物质的量可推知胺的类型；测定烯烃的结构即可推知 R 的骨架。如：

$$RCH_2CH_2NH_2 \xrightarrow{3CH_3I} RCH_2CH_2\underset{\underset{CH_3}{|}}{\overset{\overset{CH_3}{|}}{N^+}}CH_3 I^- \xrightarrow{AgOH} RCH_2CH_2\underset{\underset{CH_3}{|}}{\overset{\overset{CH_3}{|}}{N^+}}CH_3 OH^- \xrightarrow{\triangle}$$
$$\qquad\qquad\qquad\qquad\qquad\qquad\qquad\qquad\qquad RCH=CH_2 + (CH_3)_3N + H_2O$$

12.3 重氮和偶氮化合物

12.3.1 重氮和偶氮化合物的命名和重氮盐的结构

（1）重氮和偶氮化合物的命名

重氮化合物和偶氮化合物分子中都含有—N_2—基团，该基团只有一端与烃基相连叫作重氮化合物，两端都与烃基相连叫作偶氮化合物。

$$(Ar)R-N_2^+-X^- \qquad\qquad (Ar)R-N=N-R(Ar)$$
重氮化合物 偶氮化合物

① 重氮化合物的命名。通用结构为 $RN_2^+X^-$ 的化合物的命名，采用母体氢化物 RH 加上后缀"重氮盐(正离子)"，或以负离子"X^-"名为前缀组成。如：

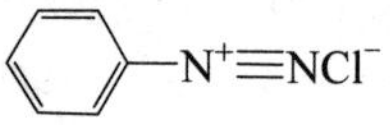

苯重氮盐酸盐（氯化重氮苯） 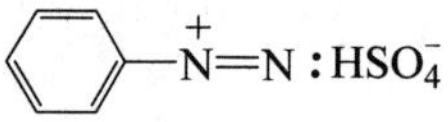 苯重氮硫酸盐（硫酸重氮苯）

通用结构为 R—N=N—X 的化合物的命名，将 X 基名和重氮基连接在烃名之前来命名。

$$C_6H_5-N=N-OH \qquad\qquad \text{(苯)}N=N-NH\text{(苯)}$$
氢氧化重氮苯 N-苯胺重氮苯（苯重氮氨基苯）

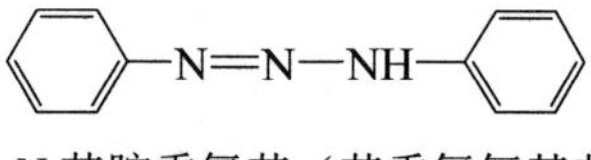

也可作为母体结构乙氮烯 HN=NH 的衍生物来进行命名。如：

$$C_6H_5-N=N-OH$$
苯乙氮烯醇 (phenyldiazenol)

重氮基只跟一个烃基相连的重氮化合物 RN_2，采用母体氢化物的名称加前缀"重氮"的方式命名。如：

$$CH_2N_2 \qquad\qquad CH_3CH=N_2$$
重氮甲烷 重氮乙烷

② 偶氮化合物的命名。—N=N—结构两边连接烃基为偶氮化合物，习惯命名法称为偶氮某烷。

$$CH_3-N=N-CH_3 \qquad\qquad C_6H_5-N=N-C_6H_5$$
偶氮甲烷 偶氮苯

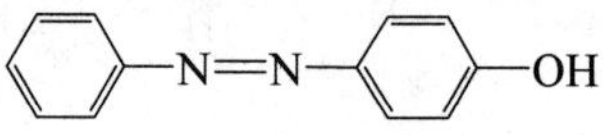

$$\text{(苯)}N=N\text{(苯)}-OH$$
对羟基偶氮苯

也可以把它作为母体乙氮烯（diazene）HN=NH 衍生物来命名。如：

$$CH_3-N=N-CH_3$$
二甲基乙氮烯（dimethyldiazene）

由其衍生的基团，即 HN=N—和—N=N—，命名为乙氮烯基（diazenyl）和乙氮亚烯基（diazenediyl）。

（2）重氮盐的结构

芳香族重氮盐中，两个氮原子都是 sp 杂化（如图 12.5 所示）的，两者之间形成了一个σ键和两个π键（与炔基类似），其中一个π键与芳环碳原子的未杂化 p 轨道肩并肩平行形成大π键，故而具有一定稳定性，这也是其稳定性大于脂肪族重氮盐的原因。芳香族重氮盐中有一个π键缺电子，具有亲电性。

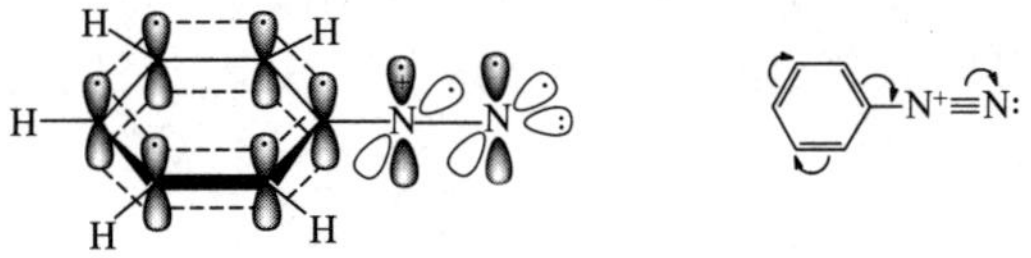

图 12.5　重氮盐的结构

12.3.2　重氮盐的制备和化学性质

12.3.2.1　重氮盐的制备

脂肪族重氮盐非常不稳定，一旦生成立刻分解。芳香族重氮盐也很活泼，但在 0~5℃可稳定存在。这里讲的重氮盐是指芳香族重氮盐，芳香族重氮盐是离子型化合物，具有盐的性质，易溶于水，不溶于一般有机溶剂，水溶液可导电。重氮盐只在低温的溶液中才能稳定存在，干燥的重氮盐对热和震动都很敏感，易发生爆炸。制备时一般不从溶液中分离出来，直接进行下一步反应。

芳香族伯胺在低温和强酸溶液中与亚硝酸钠作用生成重氮盐的反应称为重氮化反应。如：

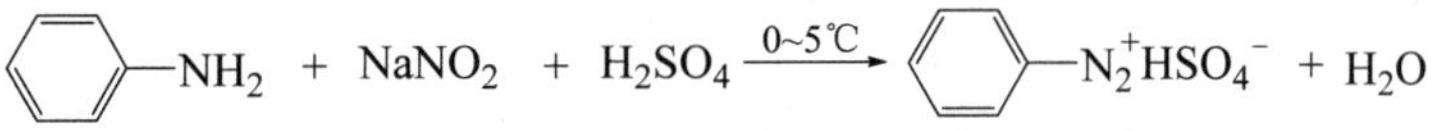

$$\text{C}_6\text{H}_5\text{—NH}_2 + \text{NaNO}_2 + \text{H}_2\text{SO}_4 \xrightarrow{0\sim5\text{℃}} \text{C}_6\text{H}_5\text{—N}_2^+\text{HSO}_4^- + \text{H}_2\text{O}$$

反应条件：①在水溶液中进行，强酸性介质，HCl 或 H_2SO_4 必须过量，否则易发生偶联副反应。②在低温下（0~5℃）进行，否则重氮盐室温下分解。绝大多数重氮盐对热不稳定。干燥时，重氮盐遇热爆炸。特殊情况下，氟硼酸重氮盐在室温下稳定。③HNO_2 不能过量，否则促使重氮盐分解。可用淀粉-KI 试纸检验过量的 HNO_2，再用尿素除去过量的 HNO_2。

12.3.2.2　重氮盐的化学性质

（1）化学性质的推导

重氮盐的化学性质很活泼，能发生多种反应。重氮盐中的重氮部分 N_2^+ 不稳定，与它相连的芳环碳原子易受亲核试剂（如羟基、卤素负离子、氰基、硝基等）进攻，也可以被氢原子取代（自由基机理），生成取代产物，并放出氮气。并且重氮部分 N_2^+ 带正电荷，是比较好的亲电试剂，与活化的芳环反应可生成偶氮化合物，另外不饱和重氮键可以加氢还原为饱和的胺或肼等。重氮盐的化学性质推导如图 12.6 所示。

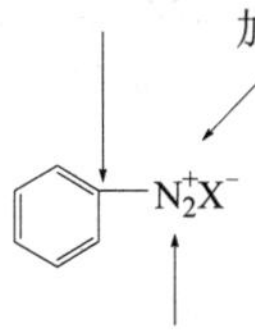

（2）化学性质

① 失去氮的反应。重氮盐分子中的重氮基带有正电荷，是很强的吸电子基团，它使 C—N 键的极性增大，容易断裂，能被多种基团取代并放出氮气。该反应可制得许多芳香族化合物。

a.重氮基被羟基取代。加热芳香族重氮盐的酸性水溶液，可放出氮气，生成酚，故又称为

图 12.6　重氮盐的化学性质推导

重氮盐的水解反应,这是由氨基通过重氮盐制备酚的通用方法。该反应宜在强酸性介质中进行,以免发生偶联等副反应。重氮盐用硫酸盐制备而不用盐酸盐,以免生成副产物氯苯。

利用该反应可制备用其他方法难以得到的酚。如：由苯制备间溴苯酚。

$$\text{苯} \xrightarrow[50℃]{\text{混酸}} \text{PhNO}_2 \xrightarrow[\triangle]{Br_2,Fe} \text{间-BrC}_6\text{H}_4\text{NO}_2 \xrightarrow{Fe+HCl} \text{间-BrC}_6\text{H}_4\text{NH}_2 \xrightarrow[0\sim5℃]{NaNO_2,H_2SO_4} \text{间-BrC}_6\text{H}_4\text{N}_2^+\text{HSO}_4^- \xrightarrow{H_3O^+,\triangle} \text{间-BrC}_6\text{H}_4\text{OH}$$

b.重氮基被卤素原子 X（X=F、Cl、Br、I）取代。在氯化亚铜的盐酸溶液中或溴化亚铜的氢溴酸溶液中加热,重氮盐可以被氯、溴取代,称为桑德迈尔（Sandmeyer）反应。在铜粉作用下重氮盐也可以生成相应的卤代苯,称为加特曼（Gattermann）反应。前者产率高,后者操作简单。

$$\text{PhN}_2^+\text{Cl}^- \xrightarrow[HCl]{CuCl,\triangle} \text{PhCl} + N_2\uparrow$$

$$\text{PhN}_2^+\text{Br}^- \xrightarrow[HBr]{CuBr,\triangle} \text{PhBr} + N_2\uparrow$$

$$\text{PhN}_2^+\text{Cl}^- \xrightarrow{Cu粉,\triangle} \text{PhCl} + N_2\uparrow$$

$$\text{PhN}_2^+\text{Br}^- \xrightarrow{Cu粉,\triangle} \text{PhBr} + N_2\uparrow$$

芳环上直接碘化困难,但重氮基比较容易被 I⁻取代。加热重氮盐的碘化钾溶液,可生成相应的碘化物。

$$\text{PhN}_2^+\text{Cl}^- \xrightarrow{KI,\triangle} \text{PhI} + N_2\uparrow$$

芳环上引入氟原子,一般是先将氟硼酸（或氟硼酸钠）加入重氮盐溶液中,生成不溶解的氟硼酸重氮盐沉淀,然后过滤、洗涤、干燥,再加热分解得到相应的氟化物。此反应称为 Schiemann 反应。

$$\text{PhN}_2^+\text{Cl}^- \xrightarrow[\text{或}NaBF_4]{HBF_4} \text{PhN}_2^+\text{BF}_4^- + N_2\uparrow \xrightarrow[②\triangle]{①\text{过滤,干燥}} \text{PhF}$$

在有机合成中,利用重氮基被卤原子取代的反应,可制备一系列不易或不能用直接卤化法得到的卤代芳烃及其衍生物。如：由苯制备间氟甲苯。

$$\text{苯} \xrightarrow[\Delta]{\text{混酸}} \text{PhNO}_2 \xrightarrow[\text{AlCl}_3]{\text{CH}_3\text{Cl}} \text{m-CH}_3\text{C}_6\text{H}_4\text{NO}_2 \xrightarrow{\text{Fe+HCl}} \text{m-CH}_3\text{C}_6\text{H}_4\text{NH}_2 \xrightarrow[0\sim 5\text{℃}]{\text{NaNO}_2,\text{HCl}}$$

$$\text{m-CH}_3\text{C}_6\text{H}_4\text{N}_2^+\text{Cl}^- \xrightarrow{\text{HBF}_4} \text{m-CH}_3\text{C}_6\text{H}_4\text{N}_2^+\text{BF}_4^- \xrightarrow{\Delta} \text{m-CH}_3\text{C}_6\text{H}_4\text{F}$$

c.重氮基被氰基取代。与氯代、溴代相似，氰基取代可以在氰化亚铜的氰化钾水溶液中进行，也可以在铜粉和氰化钾溶液中进行，同样前者称为 Sandmeyer 反应，后者称为 Gattermann 反应。

$$\text{PhN}_2^+\text{Cl}^- \xrightarrow[\Delta]{\text{CuCN,KCN}} \text{PhCN} + \text{N}_2\uparrow$$

$$\text{PhN}_2^+\text{Cl}^- \xrightarrow[\Delta]{\text{Cu粉,KCN}} \text{PhCN} + \text{N}_2\uparrow$$

由于苯不能直接氰化，因而由重氮盐引入氰基非常重要。氰基可以转变为羧基、氨甲基等，在合成中很有意义。如：由对甲基苯胺合成对苯二甲酸。

$$\text{p-CH}_3\text{C}_6\text{H}_4\text{NH}_2 \xrightarrow[0\sim 5\text{℃}]{\text{NaNO}_2,\text{HCl}} \text{p-CH}_3\text{C}_6\text{H}_4\text{N}_2^+\text{Cl}^- \xrightarrow[\Delta]{\text{CuCN,KCN}} \text{p-CH}_3\text{C}_6\text{H}_4\text{CN} \xrightarrow{\text{H}_2\text{O/H}^+} \text{p-CH}_3\text{C}_6\text{H}_4\text{COOH} \xrightarrow{\text{KMnO}_4} \text{p-HOOC-C}_6\text{H}_4\text{-COOH}$$

d.重氮基被硝基取代。氟硼酸重氮盐在一价铜催化下和亚硝酸钠反应，重氮基被硝基取代。

$$\text{ArN}_2^+\text{BF}_4^- + \text{NaNO}_2 \xrightarrow{\text{Cu(I)}} \text{ArNO}_2$$

e.重氮基被氢原子取代。重氮盐在次磷酸或醇等还原剂作用下，重氮基被氢原子取代。又称为去氨基反应。

$$\text{PhN}_2^+\text{Cl}^- + \text{H}_3\text{PO}_2 + \text{H}_2\text{O} \longrightarrow \text{PhH} + \text{N}_2 + \text{H}_3\text{PO}_3 + \text{HCl}$$

$$\text{PhN}_2^+\text{HSO}_4^- + \text{CH}_3\text{CH}_2\text{OH} \longrightarrow \text{PhH} + \text{CH}_3\text{CHO} + \text{N}_2 + \text{H}_2\text{SO}_4$$

该反应用重氮盐酸盐或硫酸盐均可，用次磷酸作还原剂比用醇好，副反应少。在有机合成中很重要，如：由苯制备 1,3,5-三溴苯，直接溴化苯无法制得，可以先把苯硝化然后还原、溴化，再制得重氮盐，最后消除重氮基即可制得。

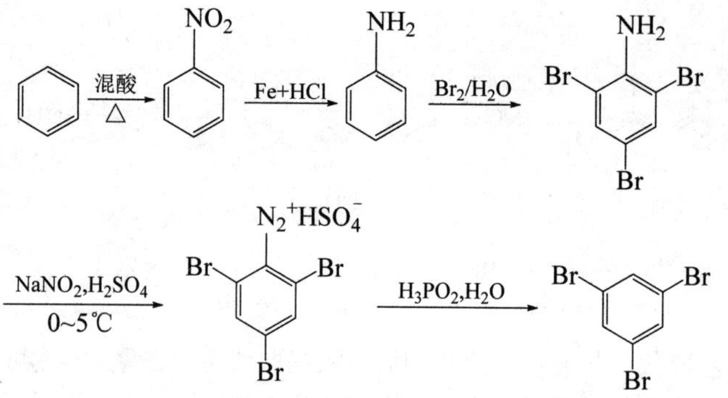

[反应路线图：苯 →(混酸,Δ) 硝基苯 →(Fe+HCl) 苯胺 →(Br_2/H_2O) 2,4,6-三溴苯胺 →($NaNO_2, H_2SO_4$, 0~5℃) 重氮盐($N_2^+HSO_4^-$，三溴) →(H_3PO_2, H_2O) 1,3,5-三溴苯]

② 保留氮的反应。反应后重氮盐分子中重氮基的氮原子仍保留在产物分子中。

a. 还原反应。重氮盐用弱还原剂（氯化亚锡+盐酸或亚硫酸氢钠）还原得到芳基肼，用强还原剂（如锌+盐酸）还原得到芳基胺。如：

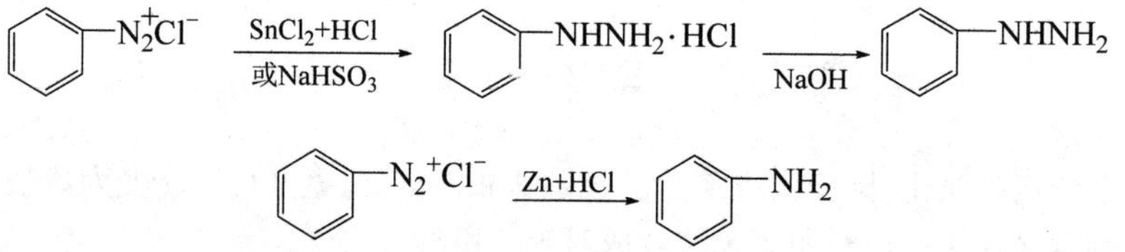

[反应：$C_6H_5N_2^+Cl^-$ →($SnCl_2$+HCl 或 $NaHSO_3$) C_6H_5-NHNH$_2$·HCl →(NaOH) C_6H_5-NHNH$_2$]

[反应：$C_6H_5N_2^+Cl^-$ →(Zn+HCl) C_6H_5-NH$_2$]

苯肼和苯胺都是合成药物和染料的原料，但都有毒。

b. 偶合反应。低温下，重氮盐与某些芳环上连有强供电基的芳香族化合物如酚或芳胺等发生作用，生成偶氮化合物，称为偶合反应（偶联反应）。芳香重氮盐中，重氮基正离子与芳环是共轭体系，氮原子上的正电荷因离域而分散，故重氮正离子是弱亲电试剂，只能与芳香胺或酚这类活性较高的芳环发生亲电取代反应。由于电子效应和空间效应的影响，通常在氨基或羟基的对位取代，若对位被其他基团占据，则在邻位取代。如：

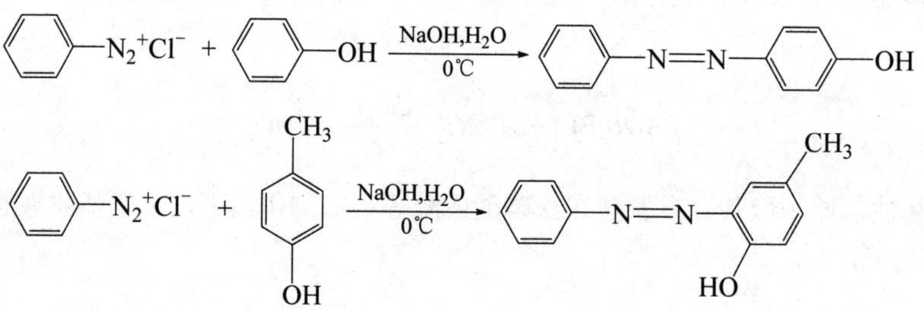

[反应：$C_6H_5N_2^+Cl^-$ + 苯酚 →($NaOH, H_2O$, 0℃) C_6H_5-N=N-C_6H_4-OH（对位）]

[反应：$C_6H_5N_2^+Cl^-$ + 对甲基苯酚 →($NaOH, H_2O$, 0℃) 邻位偶合产物]

重氮盐与苯酚的反应，应控制在 pH=8~10 条件下进行，酚变成酚盐，酚氧基负离子的邻对位比酚的邻对位负电性更强，有利于反应进行，但若 pH＞10，则重氮盐转变为苯乙氮烯醇，亲电试剂被破坏，反应不能进行。

重氮盐与芳胺的偶合应在弱酸性溶液中进行，反应体系控制在 pH=5~7，此时重氮正离子浓度最大，有利于偶合反应进行。偶合反应不能在强酸性介质中进行。因为芳胺氮原子与质子结合，钝化了芳环，不能发生亲电反应。若反应体系 pH 值过高，则重氮盐也生成苯乙氮烯醇，不能进行偶合反应。

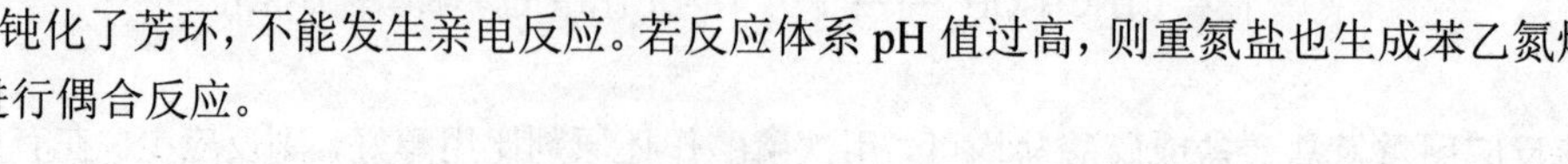

[反应：$C_6H_5N_2^+Cl^-$ + C_6H_5-NHCH$_3$ →(CH_3COONa, H_2O, 0℃) C_6H_5-N=N-C_6H_4-NHCH$_3$]

重氮盐与萘环偶合时，总是发生在有致活基的环上：

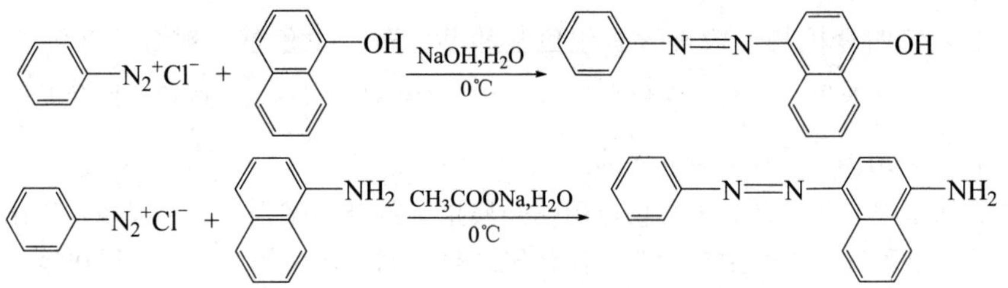

α-萘酚和 α-萘胺在 2-位或 4-位偶合，β-萘酚和 β-萘胺在 1-位偶合。

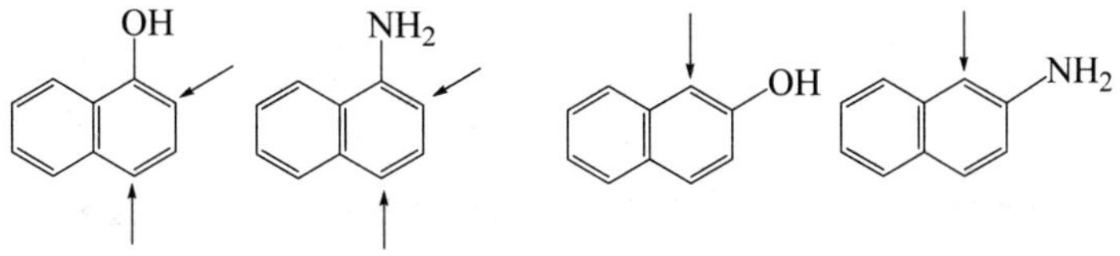

另外偶合位置也受反应介质 pH 值的影响，如：

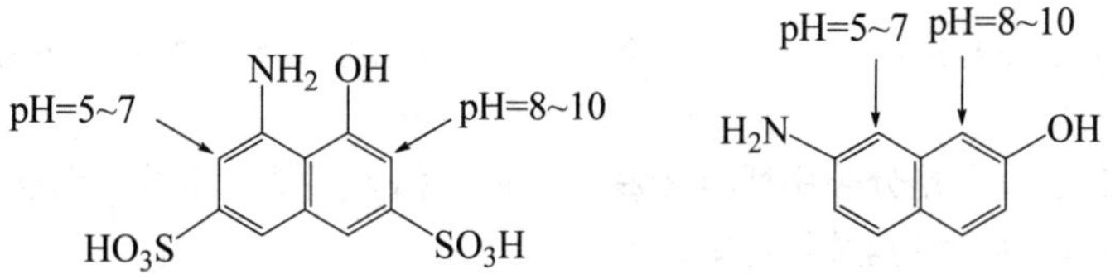

12.3.3 偶氮化合物的制备和应用

偶氮化合物具有顺、反几何异构体，两种异构体在光照或加热条件下可相互转换，其中反式比顺式稳定。偶氮基能吸收一定波长的可见光，是一个发色团。偶氮染料是品种最多、应用最广的一类染料，可用于纤维、纸张、墨水、皮革、塑料、彩色照相材料和食品着色。偶氮化合物主要通过重氮盐的偶联反应制得，如甲基橙、萘酚蓝黑 B 的合成：

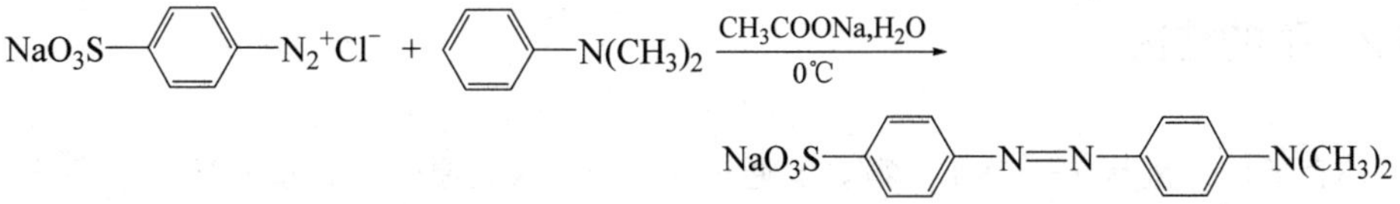

甲基橙

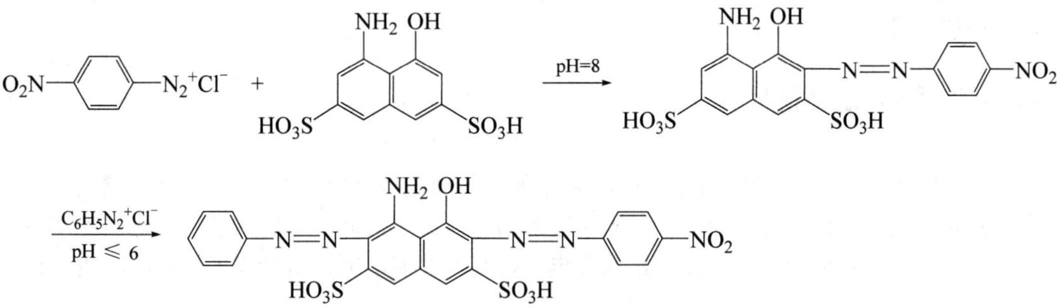

萘酚蓝黑 B

能产生颜色的有机物一般都含有生色基和助色基。生色基一般含有共轭体系，如：○—、—N=N—、○=○、—C=C—C=C—、—N=O 等。助色基一般含有孤对电子，如：—ṄH₂、—ÖH、—ṄHR 等。

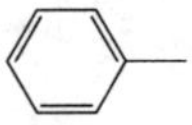

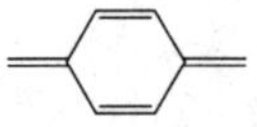

在分析化学中，有些偶氮化合物可用作金属指示剂及酸碱指示剂。有些偶氮化合物加热时分解，释放出氮气，并产生自由基（如偶氮二异丁腈 AIBN 等），故可用作聚合反应的引发剂。

12.4 腈

腈可以看成烃中的氢原子被 CN 取代的产物，通式为 RCN 或 RC≡N。

12.4.1 腈的分类和命名

腈根据氰基所连烃基的不同，可分为饱和腈、不饱和腈、芳香腈；根据氰基数目分为一元腈和多元腈。

腈的习惯命名法是根据分子中所含碳原子数目，称为某腈。系统命名法是以烃基为母体，氰基作取代基命名，称为氰基某烃。如：

    CH₃CN   CH₃CH₂CH₂CH₂CN
    乙腈（氰基甲烷）   戊腈（氰基丁烷）
    C₆H₅CN   NCCH₂CH₂CN
    苯甲腈（氰基苯）   丁二腈（1,2-二氰基乙烷）
    NCCH₂CH₂CH₂CH₂CN
    己二腈（1,4-二氰基丁烷）

12.4.2 腈的结构

腈的官能团为氰基（—CN），碳、氮通过三键结合，碳原子和氮原子都为 sp 杂化，两者原子之间各以一个 sp 杂化轨道形成一个σ键和以未杂化的 p 轨道形成两个π键，与炔基相似，其中碳原子的另一个 sp 杂化轨道跟烃基的 sp³ 杂化轨道结合形成σ键，氮原子剩下的 sp 杂化轨道则被一对孤电子所占据。

12.4.3 腈的物理性质

低级腈为无色液体，高级腈为固体。由于氰基是吸电子基团，腈分子极性大，腈的沸点比分子量相近的烃、卤代烃、醚、醛、酮和胺都高，但比羧酸低，与醇的沸点相近。乙腈与水混溶，丁腈以上难溶或不溶于水。乙腈介电常数高，并能溶解许多盐类，为常用非质子极性溶剂。

12.4.4 腈的化学性质

12.4.4.1 化学性质的推导

腈分子中的官能团为氰基，由于氰基 C 的电负性小于 N，氰基 C≡N 上的 C 带部分正电荷，亲核试剂可以进攻它，发生亲核加成反应，如水解、醇解、与金属有机化合物的加成反应等；另外氰基为不饱和基团，可以催化加氢生成胺。腈的化学性质推导如图 12.7 所示。

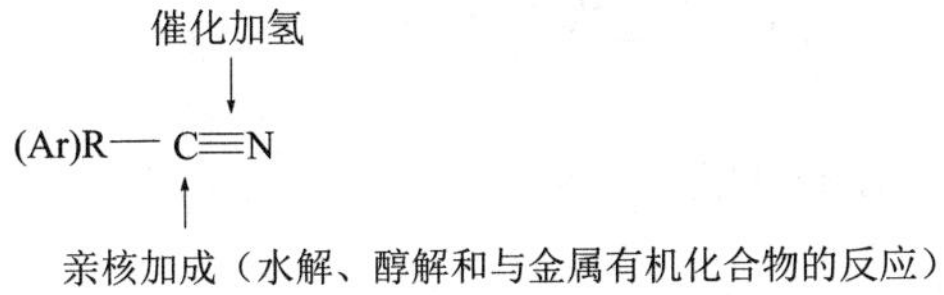

$$\text{(Ar)R} - \text{C} \equiv \text{N}$$

上方箭头：催化加氢
下方箭头：亲核加成（水解、醇解和与金属有机化合物的反应）

图 12.7 腈的化学性质推导

12.4.4.2 化学性质

（1）水解

在酸或碱催化下，腈水解首先转变成酰胺，最后生成羧酸或羧酸盐。如：

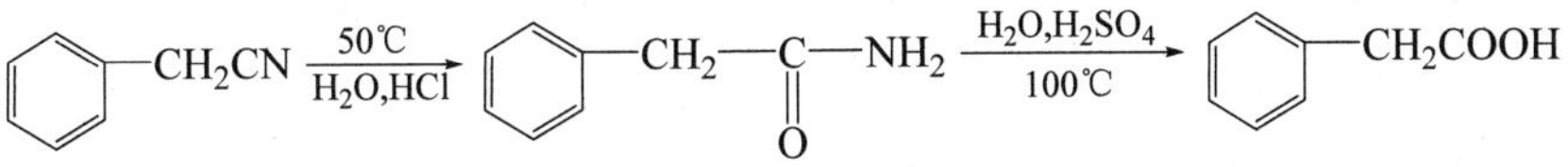

$$\text{PhCH}_2\text{CN} \xrightarrow[\text{H}_2\text{O,HCl}]{50\,^{\circ}\text{C}} \text{PhCH}_2\text{CONH}_2 \xrightarrow[\text{100}\,^{\circ}\text{C}]{\text{H}_2\text{O,H}_2\text{SO}_4} \text{PhCH}_2\text{COOH}$$

$$\text{NCCH}_2\text{CH}_2\text{CH}_2\text{CN} \xrightarrow[\triangle]{\text{H}_2\text{O,HCl}} \text{HOOCCH}_2\text{CH}_2\text{CH}_2\text{COOH}$$

$$(\text{CH}_3)_2\text{CHCH}_2\text{CH}_2\text{CN} \xrightarrow[\triangle]{\text{H}_2\text{O,NaOH}} (\text{CH}_3)_2\text{CHCH}_2\text{CH}_2\text{COONa}$$

（2）醇解

在酸催化下，腈醇解可生成酯。如：

$$\text{RCN} \xrightarrow[\text{H}_2\text{SO}_4]{\text{R'OH,H}_2\text{O}} \text{RCOOR'} + \text{NH}_3$$

（3）与有机金属试剂反应

腈与格氏试剂加成，所得产物在酸催化下水解生成酮，这是制备酮的简便方法之一。如：

$$\text{CH}_3\text{CN} \xrightarrow[\text{②H}_2\text{O,H}^+]{\text{①CH}_3(\text{CH}_2)_4\text{MgBr,THF}} \text{CH}_3-\underset{\underset{\text{O}}{\|}}{\text{C}}-(\text{CH}_2)_4\text{CH}_3$$

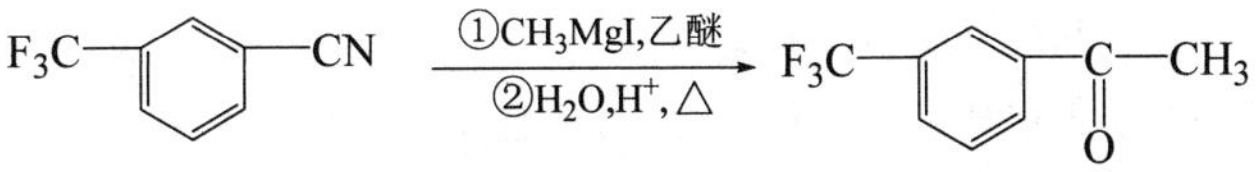

$$\text{F}_3\text{C-C}_6\text{H}_4\text{-CN} \xrightarrow[\text{②H}_2\text{O,H}^+,\triangle]{\text{①CH}_3\text{MgI,乙醚}} \text{F}_3\text{C-C}_6\text{H}_4\text{-COCH}_3$$

有机锂试剂常用来代替格氏试剂与腈反应，同样可以得到酮。

$$\text{C}_6\text{H}_5\text{CN} \xrightarrow[\text{② H}_2\text{O,H}^+]{\text{① CH}_3(\text{CH}_2)_3\text{Li, 乙醚}} \text{C}_6\text{H}_5\text{COC}(\text{CH}_2)_3\text{CH}_3$$

（4）还原

腈用氢化铝锂还原或催化加氢均生成伯胺。如：

$$\text{CH}_3\text{CH}_2\text{CH}_2\text{CN} \xrightarrow[\text{② H}_2\text{O,H}^+]{\text{① LiAlH}_4, \text{乙醚}} \text{CH}_3\text{CH}_2\text{CH}_2\text{CH}_2\text{NH}_2$$

$$\text{NC}(\text{CH}_2)_4\text{CN} + 4\text{H}_2 \xrightarrow[\text{2~3MPa}]{\text{Ni,C}_2\text{H}_5\text{OH,70~90℃}} \text{H}_2\text{NCH}_2(\text{CH}_2)_4\text{CH}_2\text{NH}_2$$

该反应是工业上制备己二胺的方法。

习 题

1. 命名下列化合物。

（1）$O_2N\text{-}C_6H_4\text{-}COOH$ （2）$H_2N\text{-}C_6H_4\text{-}N(CH_3)_2$ （3）$H_2NCH_2CH_2NH_2$

（4）$(CH_3CH_2CH_2CH_2)_4N^+Br^-$ （5）$(CH_3)_2NCH_2CH_2OH$ （6）1-萘基乙胺（CH$_2$CH$_2$NH$_2$取代萘）

（7）$C_6H_5\text{-}N\equiv N^+Cl^-$ （8）$H_3C\text{-}N=N\text{-}CH_3$ （9）$CH_3CH_2CH_2CN$

2. 选择题。

（1）叔胺的沸点低于同分子量的仲胺，这是因为（　　）。

　　A．叔胺的密度较大　　　　　　B．叔胺的偶极矩大
　　C．叔胺难生成分子间氢键　　　D．叔胺没有旋光性

（2）下列化合物碱性由强到弱排序正确的是（　　）。

　　a．乙胺　b．苯胺　c．对甲基苯胺　d．对硝基苯胺

　　A．a>b>c>d　　B．a>c>d>b　　C．c>a>b>d　　D．a>c>b>d

（3）下列关于同碳二元胺与一元胺熔、沸点的比较，正确的是（　　）。

　　A．二元胺熔、沸点均低于同碳一元胺
　　B．二元胺沸点低于同碳一元胺，熔点与之相反
　　C．二元胺沸点高于同碳一元胺，熔点与之相反
　　D．二元胺熔、沸点均高于同碳一元胺

（4）下列试剂可作相转移催化剂的是（　　）。

　　A．无水乙醇　　B．季铵盐　　C．格氏试剂　　D．碳酸钠溶液

（5）下列关于胺和重氮盐的说法错误的是（　　）。

　　A．氨分子与脂肪族胺分子中氮原子都采取等性 sp^3 杂化
　　B．胺具有碱性和亲核性
　　C．芳香族重氮盐中，两个氮原子都是 sp 杂化
　　D．芳香族重氮盐中有一个π键缺电子，具有亲电性

3. 判断题。

(1) 利用兴斯堡反应可以鉴别或分离伯、仲、叔胺。 ( )

(2) 苯胺和苯酚都能发生酰化反应,但苯胺的酰化反应活性较大。 ( )

(3) 苯胺用硝酸酸化时,应进行氨基的保护,可以先与硫酸或乙酸酐反应,而且这两种试剂可以将硝基加到苯环上不同的位置。 ( )

(4) N-亚硝基化合物有强烈的致癌作用。 ( )

(5) 季铵盐中的氮原子与 NH_3 分子中的氮原子一样采取 sp^3 不等性杂化。 ( )

4. 写出苯胺与下列化合物作用的反应式。

(1) 稀盐酸

(2) 邻苯二甲酸酐

(3) 对甲苯磺酰氯

(4) MnO_2,稀 H_2SO_4

(5) $NaNO_2+HCl$,0℃

5. 完成下列反应式。

(1) $H_3C-\text{C}_6H_4-NO_2 \xrightarrow[HCl]{Fe/Sn}$ ( )

(2) $\text{C}_6H_5-NHCH_3 + CH_3CH_2CH_2Cl \xrightarrow{NaOH}$ ( )

(3) $H_2N-\text{C}_6H_5 \xrightarrow[\text{烘焙}]{\text{浓}H_2SO_4,\ 180℃}$ ( )

(4) $(CH_3)_4N^+Cl^- + Ag_2O \xrightarrow{H_2O}$ ( )

(5) $(C_2H_5)_4N^+OH^- \xrightarrow{\triangle}$ ( )

(6) 3-$H_3C-\text{C}_6H_4-N_2^+Br^- \xrightarrow[HBr]{CuBr,\triangle}$ ( )

(7) $H_3C-\text{C}_6H_4-N_2^+Cl^- \xrightarrow[\triangle]{Cu\text{粉},HCl}$ ( )

(8) $\text{C}_6H_5-N_2^+Cl^- + H_3PO_2 + H_2O \longrightarrow$ ( )

(9) $C_2H_5-\text{C}_6H_4-N_2^+Cl^- \xrightarrow{Zn+HCl}$ ( )

(10) $\text{C}_6H_5-N_2^+Cl^- + \text{C}_6H_5-NHCH_3 \xrightarrow[0℃]{CH_3COONa,H_2O}$ ( )

(11) $CH_3CH_2CH_2CN \xrightarrow[\triangle]{H_2O,HCl}$ ( )

(12) $\text{C}_6H_5-CN \xrightarrow[(2)H_2O,H^+]{(1)CH_3MgI,\text{乙醚}}$ ( )

6. 化学方法区别下列化合物:对甲苯胺、N-甲基苯胺、N,N-二甲基苯胺。

7. 由指定原料合成下列化合物(其他试剂任选)。

（1）由 3-甲基丁醇分别制备：

    a. $(CH_3)_2CHCH_2CH_2NH_2$ b. $(CH_3)_2CHCH_2CH_2CH_2NH_2$

（2）由苯胺合成间硝基苯胺。

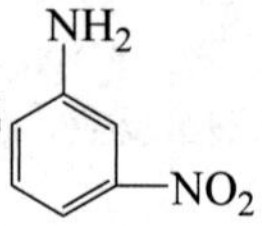

（3）由苯合成间溴苯酚。

8. 毒芹碱(coniine, $C_8H_{17}N$)是毒芹的有毒成分，具有仲胺结构。毒芹碱与 2mol CH_3I 反应，再与湿 Ag_2O 反应，热解产生中间体 $C_{10}H_{21}N$，后者进一步甲基化转变为氢氧化物，再热解生成三甲胺、1,5-辛二烯和 1,4-辛二烯。试推测毒芹碱和中间体的结构。

第13章 杂环化合物

除碳原子以外的其他原子叫做杂原子,主要为氧、硫和氮等。碳环中有一个或多个碳原子被杂原子取代后的化合物称为杂环化合物。杂环化合物数量庞大,在自然界分布极其广泛,许多天然杂环化合物在动、植物体内起着重要的生理作用。如植物中的叶绿素、动物血液中的血红素、中药中的有效成分生物碱及部分苷类、部分抗生素和维生素、组成蛋白质的某些氨基酸和核苷酸的碱基等都含有杂环结构。在现有的药物中,含杂环结构的约占半数。因此,杂环化合物在有机化合物(尤其是有机药物)中占有重要地位。

杂环化合物可以分为两大类,一类是脂肪族杂环化合物,如环氧乙烷、四氢呋喃、顺丁烯二酸酐和己内酰胺等,这类化合物性质与脂肪族化合物性质相似;另一类为芳香族杂环化合物,其环的结构较稳定,性质与芳香族化合物有些类似,也有不同,这里只介绍芳杂环化合物。

13.1 杂环化合物的分类和命名

13.1.1 杂环化合物的分类

杂环化合物中最常见且最稳定的也是五元杂环和六元杂环,芳杂环化合物可以按照环的大小分为五元杂环和六元杂环两类,也可以按环的多少分为单杂环和稠杂环等。还可按杂原子的数目分为含一个、两个和多个杂原子的杂环,如表13.1所示。

表13.1 部分杂环化合物的名称和编号

类别	杂环母环
含一个杂原子的五元杂环	 呋喃 furan 　　噻吩 thiophene 　　吡咯 pyrrole
含两个杂原子的五元杂环	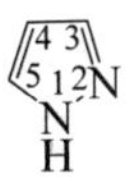 吡唑 pyrazole 　　咪唑 imidazole 　　噁唑 oxazole 　　异噁唑 isoxazole 　　噻唑 thiazole

类别	杂环母环		
含一个杂原子的六元杂环	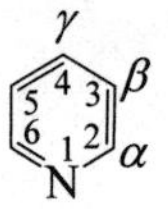 吡啶 pyridine 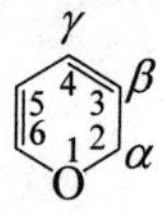	2H-吡喃 2H-pyran 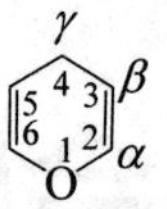	4H-吡喃 4H-pyran
含两个杂原子的六元杂环	 哒嗪 pyridazine 	嘧啶 pyrimidine 	吡嗪 pyrazine
五元稠杂环	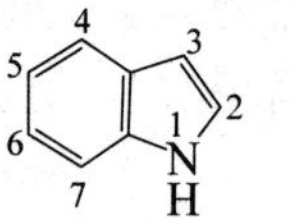 吲哚 indole 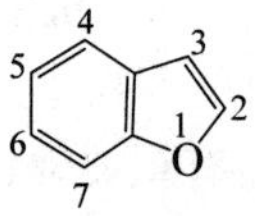	苯并呋喃 benzofuran 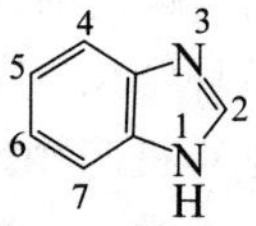	苯并咪唑 benzimdazole 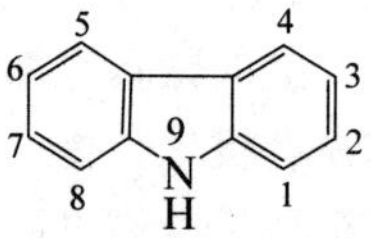 / 咔唑 carbazole
六元稠杂环	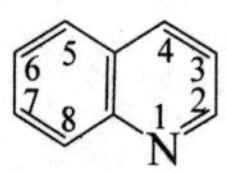 喹啉 quinoline 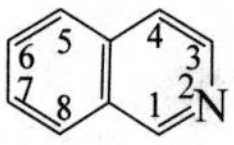 / 异喹啉 isoquinoline 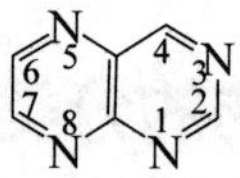	喋啶 pteridine 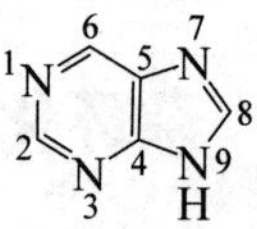 / 嘌呤 purine 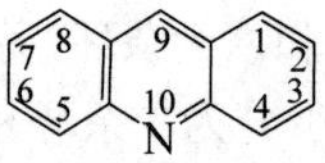	吖啶 acridine 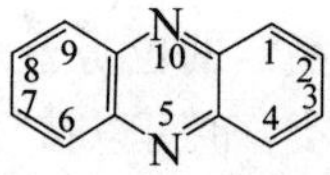 / 吩嗪 phenazine 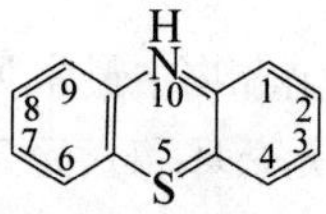 / 吩噻嗪 phenothiazine

13.1.2 杂环化合物的命名

(1) 音译命名法

杂环化合物的命名采用其英文名称的音译。中国化学会根据中文的特点，规定了杂环化合物的命名用英文发音相近的汉字，并在该汉字左边加一个"口"字旁作为该杂环化合物的名称标志。其中含两个以上杂原子的五元单杂环，至少含一个氮原子的通称为"某唑"；两个氮相邻的叫吡唑，互为间位的为咪唑；含氧的叫"噁"；含硫的称为"噻"；含两个氮原子以上的六元单杂环称为"嗪"或"啶"。如：

furan（呋喃） 　　thiophene（噻吩） 　　pyrrole（吡咯） 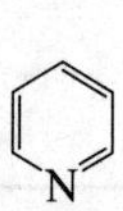　　pyridine（吡啶）

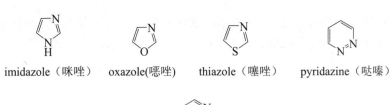

imidazole（咪唑）　　oxazole(噁唑)　　thiazole（噻唑）　　pyridazine（哒嗪）

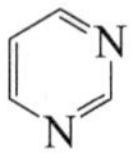

pyrimidine（嘧啶）

当杂环上有取代基时，以杂环为母体，需给杂环编号确定取代基位置。

单杂环从杂原子开始编号，含有两个或以上的相同杂原子的单杂环衍生物，编号从连有取代基（或氢原子）的那个杂原子开始，使另一个杂原子的位次保持最小（即位次和小）；环上如有不同的杂原子时，则按 O、S、NH、—N═ 顺序进行编号。只含一个杂原子的单杂环，也可以用 α、β、γ 等对杂原子旁边的碳原子编号。把靠近杂原子的位置叫作α位，其次是β位，再次是γ位。五元杂环中只有α位和β位，六元杂环则有 α、β、γ位（见表13.1）。

稠杂环有其固定的编号顺序，通常从一端开始，共用碳原子一般不参与编号。编号时注意杂原子的编号尽可能小，并遵守杂原子的优先顺序，如吩噻嗪的编号。有的按其相应的稠环芳烃的母环编号，如喹啉、异喹啉、吖啶等的编号。还有些具有特殊规定的编号，如嘌呤的编号，不仅给公共碳原子编号，而且编号顺序也很特别（见表13.1）。

在写名称时硝基、卤素和烃基等总是放在名称的前面；羟基、醛基、羧基、磺酸基等总是放在名称的后面，这与芳香族化合物命名相似。如：

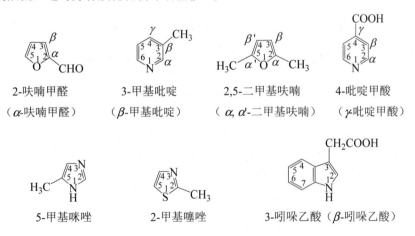

2-呋喃甲醛　　　3-甲基吡啶　　　2,5-二甲基呋喃　　　4-吡啶甲酸
（α-呋喃甲醛）　（β-甲基吡啶）　（α,α'-二甲基呋喃）　（γ-吡啶甲酸）

5-甲基咪唑　　　2-甲基噻唑　　　3-吲哚乙酸（β-吲哚乙酸）

当 N 上连有取代基时，往往用"*N*"表示取代基的位置。

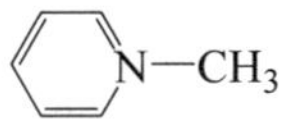

N-甲基吡啶

（2）系统命名法

杂环化合物可以把杂环看做是碳环中的碳原子被杂原子取代后形成的化合物，杂环化合物的系统命名是在相应的碳环化合物名称前加上杂原子的名称。

为了方便，有些碳环母体还被给予特定的名称，如：把环戊二烯称为"茂"，环己二烯称为"茈"。故而呋喃、噻吩、吡咯又可分别叫做氧杂茂、硫杂茂、氮杂茂，或杂字省去，称为氧茂、硫茂、氮茂。六元杂环吡喃、吡啶、喹啉又可分别叫作氧杂苯、氮杂苯、氮杂萘（或氧苯、氮苯、氮萘）。如：

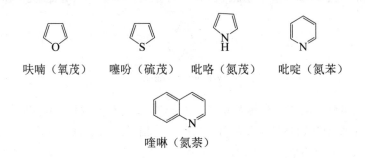

13.2 六元杂环化合物

在六元杂环化合物中，最常见的杂原子是氧和氮，在这里只介绍含 1 个氮原子的吡啶和喹啉。

13.2.1 吡啶

13.2.1.1 吡啶的结构

在六元单杂环化合物中最重要的是吡啶。吡啶结构与苯相似，它的氮原子与五个碳原子处于同一平面上，吡啶的结构式为 或 ，其球棍模型如图 13.1（a）所示。

吡啶中，成环骨架原子（五个碳和一个氮）都是 sp^2 杂化的，它们之间以 sp^2 杂化轨道相互重叠成键（形成 6 个 σ 键，且在同一平面上），连接成环，这些键的夹角为 120°。每个原子还有一个未杂化的 p 轨道（各自有 1 个电子）与环平面垂直，这些 p 轨道相互肩并肩平行重叠，形成了 6 个电子 6 个轨道的闭合的大 π 键。氮原子还有一个 sp^2 杂化轨道被一对未共用电子对占据，与环共平面，如图 13.1（b）所示。

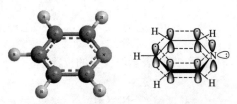

(a) 吡啶的球棍模型图　　(b) 吡啶原子轨道示意图

图 13.1　吡啶的结构

吡啶环与苯环结构相似，且 π 电子数也为 6，符合休克尔 $4n+2$（$n=1$）规则，故有与苯相似的芳香性，但由于杂原子 N 的存在，环上的电子云密度不像苯那么均匀（如图 13.2 所示），故而共轭程度不如苯，芳香性也比苯差。

图 13.2　吡啶的电子云密度　　　　图 13.3　吡啶的键长

这从吡啶环的键长数据（如图 13.3 所示）也可以看出：

吡啶的碳碳键长（0.140nm、0.139nm）与苯（0.140nm）的键长接近，碳氮键（0.134nm）比一般的碳氮单键（0.147nm）短，比碳氮双键（0.130nm）长。吡啶环的键长没有像苯那样完全平均化。

13.2.1.2　吡啶的物理性质和化学性质

（1）吡啶的物理性质

吡啶具有特殊臭味，为无色液体，沸点 115℃、熔点-42℃、相对密度 0.982，存在于煤焦油、页岩油和骨焦油中，可与水、乙醇和乙醚等互溶，能溶解多种有机物和无机物，是一种很好的有机溶剂。

（2）吡啶的化学性质

① 化学性质的推导。吡啶可认为是苯环中的一个碳原子被氮原子所取代而形成的产物，结构与苯相似，因而化学性质也与苯相似，能发生亲电取代反应。由于氮原子的吸电子作用，使得吡啶环上碳原子周围的电子云密度较小（电子云密度较苯低），因此亲电取代比苯难。其中 α 位电子云密度降低最多，γ 位次之，β 位电子云密度降低最少，亲电取代主要发生在 β 位；另外由于吡啶氮原子的 α 位电子云密度低，该位置可以发生亲核取代。吡啶氮原子的 sp^2 杂化轨道有一对孤电子对，呈现出一定碱性，其还可以加氧氧化。除此之外，吡啶环具有不饱和性，加氢还原可变为饱和含氮脂环烃，该反应比苯容易；苯环侧链烷基如果有 α-氢的话，可以被氧化生成羧酸等。吡啶的化学性质推导如图 13.4 所示。

图 13.4　吡啶的化学性质推导

② 化学性质。

a.吡啶环上的反应。

Ⅰ.亲电取代反应。氮原子的电负性比碳原子大，所以氮原子电子云密度较高，环上碳原子的电子云密度低。因此，吡啶环上电子云密度与硝基苯中的苯环相似，亲电取代比苯困难，反应条件要求较高，主要发生在电子云密度较高的 β 位上。如：

$$\underset{N}{\bigcirc} \xrightarrow[\text{浮石}]{Br_2, 300℃} \underset{N}{\bigcirc}-Br$$

$$\underset{N}{\bigcirc} \xrightarrow[300℃,24h]{混酸} \underset{N}{\bigcirc}-NO_2$$

$$\text{吡啶} \xrightarrow[\substack{\text{浓}H_2SO_4, \\ HgSO_4 \\ 22℃}]{H_2SO_4, 350℃} \text{3-吡啶磺酸}(SO_3H)$$

另外由于吡啶环的电子云密度低，且吡啶氮原子易与催化剂形成络合物进一步钝化吡啶环，故而不能进行弗-克反应。

$$\text{吡啶} \xrightarrow[AlX_3]{RX \text{或} R-\overset{\overset{O}{\|}}{C}-X} \text{无反应}$$

Ⅱ.亲核取代。氮原子的吸电子作用，对其旁边的α位碳原子影响很大，故而α位碳原子电子云密度降低多，较易发生亲核取代反应，主要生成α-取代物。

$$\text{吡啶} + NaNH_2 \xrightarrow[\text{回流}]{N,N\text{-二甲苯胺}} \text{2-NHNa-吡啶} \xrightarrow{H_2O} \text{2-氨基吡啶}$$

$$\text{吡啶} + KOH \longrightarrow \text{2-OH-吡啶} \quad \alpha\text{-羟基吡啶}$$

$$\text{吡啶} + \text{C}_6\text{H}_5\text{-Li} \longrightarrow \text{2-苯基吡啶}$$

Ⅲ.碱性和亲核性。吡啶氮原子一个 sp^2 杂化轨道有一对未共用电子对，能与质子结合，具有弱碱性，可以与无机酸等反应生成盐，有机合成中常作缚酸剂。如：

$$\text{吡啶} + HCl \longrightarrow \text{吡啶}\cdot H^+ \cdot Cl^-$$

$$\text{吡啶} + H_2SO_4 \longrightarrow \text{吡啶}\cdot H_2SO_4$$

可利用此性质除去苯中少量吡啶，吡啶的盐酸盐或硫酸盐溶于水，进入水层，然后通过分液分出水层。水层中加碱，把水层的吡啶盐变回吡啶，然后用乙醚等萃取出来。

吡啶与三氧化硫作用，生成的 N-磺酸吡啶可作温和的磺化剂。

$$\text{吡啶} + SO_3 \longrightarrow \text{N-SO}_3^-\text{吡啶}^+$$

从结构上看，吡啶似环状叔胺，但其碱性却比脂肪族叔胺（如三甲胺 pK_b=4.21）弱得多。这是因为吡啶的氮原子为 sp^2 杂化，而一般脂肪胺的氮原子为 sp^3 杂化，较之于脂肪胺氮原子，吡啶氮原子对未共用电子束缚力较强，因而碱性较弱。较之于苯胺（pK_b=9.30），吡啶的碱性（pK_b=8.8）略强，这是因为苯胺中氮原子的未共用电子对主要与苯环形成了 p-π共轭。

吡啶也具有一定的亲核性，可与卤代烷结合生成相当于季铵盐的产物，这种盐受热则发生分子重排，生成吡啶的烷基取代物。如：

$$\underset{N}{\bigcirc} + CH_3I \longrightarrow \underset{\underset{CH_3}{N^+}}{\bigcirc} I^- \xrightarrow[300℃]{封管} \underset{\underset{HI}{N}}{\bigcirc}{-CH_3} + \underset{\underset{HI}{N}}{\bigcirc}{-CH_3}$$

吡啶与酰氯作用也能生成盐，该盐是良好的酰化剂。如：

$$\underset{N}{\bigcirc} + C_6H_5COCl \xrightarrow[-20℃]{石油醚} \underset{\underset{COC_6H_5}{N^+}}{\bigcirc} Cl^-$$

Ⅳ.氧化反应。由于氮原子的吸电子作用，吡啶环电子云密度低，不易被氧化，如铬酸或硝酸都不能使它氧化，但用30%的H_2O_2和冰乙酸作用时，吡啶可氧化生成N-氧化吡啶。

$$\underset{N}{\bigcirc} \xrightarrow{H_2O_2, CH_3COOH} \underset{\underset{O}{N^+}}{\bigcirc}$$

Ⅴ.还原反应。吡啶与氢气加成（还原）反应较苯容易，经催化氢化或用乙醇和金属钠还原，可得六氢吡啶。如：

$$\underset{N}{\bigcirc} \xrightarrow[或C_2H_5OH, Na]{H_2, Pt} \underset{\underset{H}{N}}{\bigcirc}$$

六氢吡啶又称哌啶，具有特殊臭味，是无色的液体，熔点−7℃、沸点106℃，易溶于水。化学性质与脂肪族胺相似，碱性比吡啶大。常用作溶剂或有机合成原料。

b.吡啶侧链的α-H 氧化。吡啶比苯稳定，不易被氧化，一般都是侧链烃基被氧化，而杂环不被破坏，生成吡啶甲酸。这与苯的烃基衍生物氧化相似，只要有α-H，无论碳链多长都氧化为吡啶的甲酸取代物。如：

$$\underset{N}{\bigcirc}{-CH_3} \xrightarrow{KMnO_4, OH} \underset{N}{\bigcirc}{-COOH}$$

3-吡啶甲酸（烟酸）

$$\underset{N}{\bigcirc}{-CH_2CH_3} \xrightarrow[空气]{V_2O_5} \underset{N}{\bigcirc}{-COOH}$$

4-吡啶甲酸（异烟酸）

3-吡啶甲酸（烟酸）和它的衍生物烟酰胺都是维生素B族成员，用于防治糙皮并口炎、舌炎等。4-吡啶甲酸（异烟酸）的衍生物异烟酰肼（也称异烟肼）可较好地抗痨病，其商品名叫"雷米封"，可通过下面反应制得。

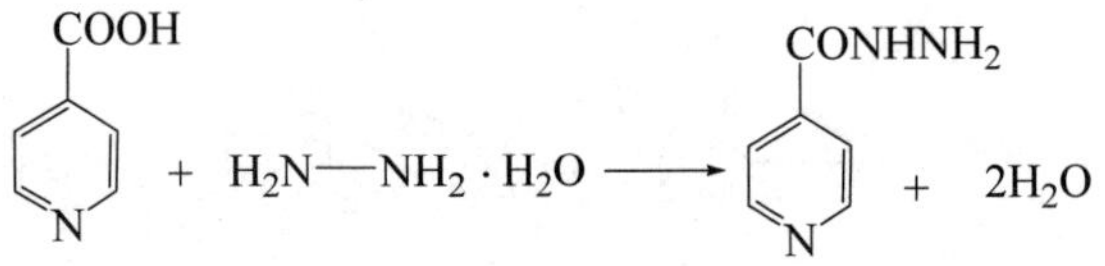

$$\text{(isonicotinic acid)} + H_2N-NH_2 \cdot H_2O \longrightarrow \text{(isoniazid)} + 2H_2O$$

异烟肼

13.2.2 喹啉

13.2.2.1 喹啉的制备

喹啉由苯环与吡啶环稠合而成，结构式为 ![quinoline]，存在于煤焦油和骨焦油中，用稀硫酸可以提取出来。常用斯克洛浦（Skraup）合成法制备喹啉及其衍生物，即由甘油、浓硫酸和苯胺及氧化剂（硝基苯）共热而成。反应机理为：甘油在浓硫酸的作用下，先脱水生成丙烯醛，丙烯醛再与苯胺发生 1,4-加成生成 β-苯氨基丙醛，再经环化、脱水生成二氢喹啉，二氢喹啉再经硝基苯氧化生成喹啉。

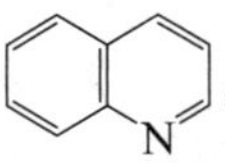

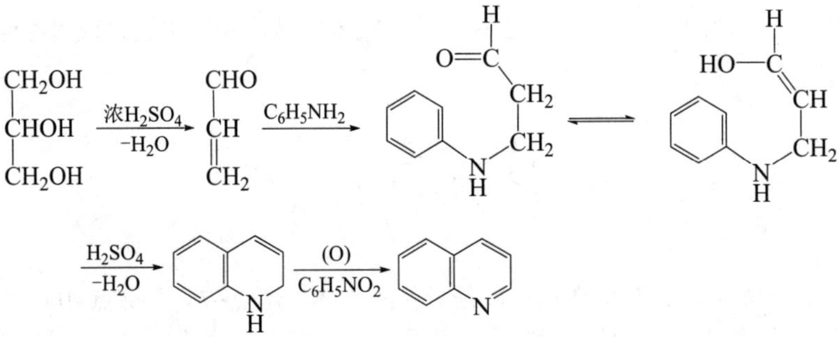

$$\text{甘油} \xrightarrow[-H_2O]{\text{浓}H_2SO_4} \text{丙烯醛} \xrightarrow{C_6H_5NH_2} \text{β-苯氨基丙醛} \rightleftharpoons \text{烯醇式}$$

$$\xrightarrow[-H_2O]{H_2SO_4} \text{二氢喹啉} \xrightarrow[C_6H_5NO_2]{(O)} \text{喹啉}$$

如果用其他芳胺与丙烯醛反应，就可制得喹啉的各种衍生物。如：

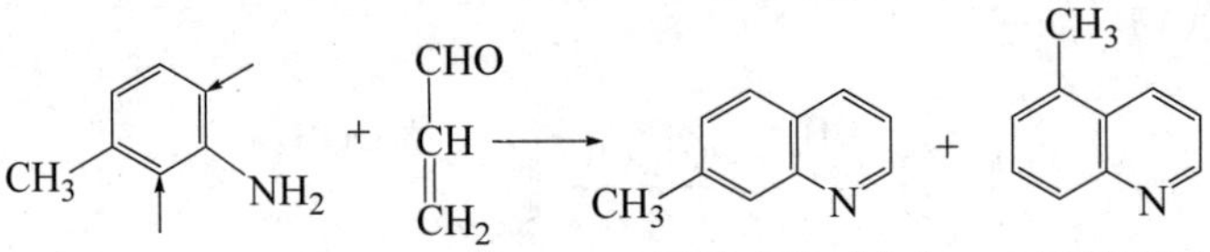

7-甲基喹啉（主） + 5-甲基喹啉

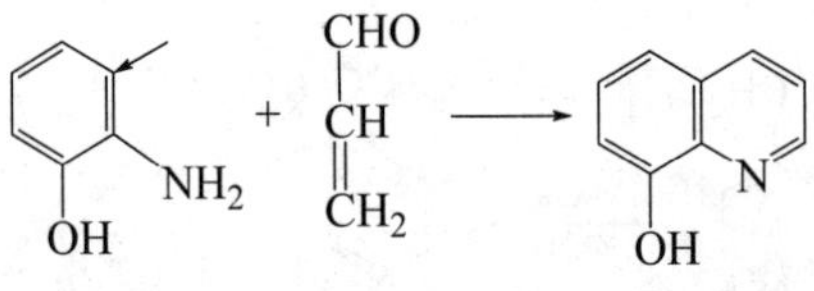

8-羟基喹啉

13.2.2.2 喹啉的物理性质和化学性质

（1）喹啉的物理性质

喹啉为无色油状液体，久置会逐渐变黄，具有特殊气味，熔点-15.6℃、沸点238℃，相对密度为 1.095，易溶于乙醚等有机溶剂，难溶于冷水，在热水中有较大溶解度。易吸收空气中的水分。

（2）喹啉的化学性质

① 化学性质的推导。喹啉可看作萘的一个 α-碳原子被氮原子取代的产物，喹啉可发生亲电取代反应，但由于吡啶环难发生亲电取代反应，所以取代基多进入苯环（5或8位）。氮原子的电负性比碳原子大，对2位和4位碳原子的电子云密度降低较多，可以在这两个位置发生亲核取代。喹啉上氮原子的一个 sp^2 杂化轨道有一对孤电子对，和吡啶一样也呈现出弱碱性。另外喹啉也可以发生跟萘相似的氧化开环反应，其中喹啉的苯环电子云密度比吡啶环大，优先被氧化开环。喹啉在催化剂存在的条件下也可以被还原为十氢喹啉等。

② 化学性质。

a.亲电取代反应。喹啉可发生亲电取代反应，取代基多进入苯环（5或8位）。如：

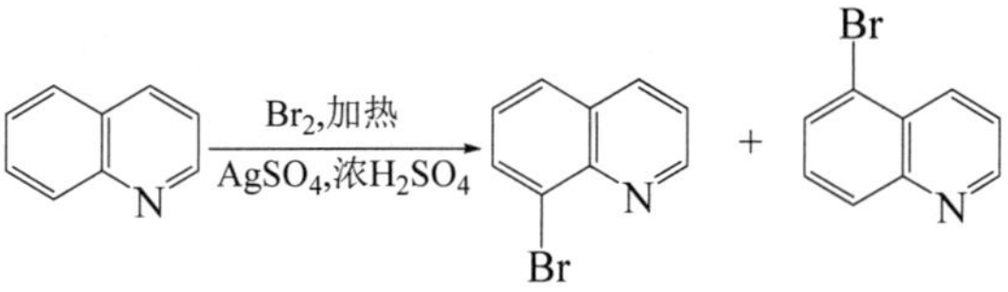

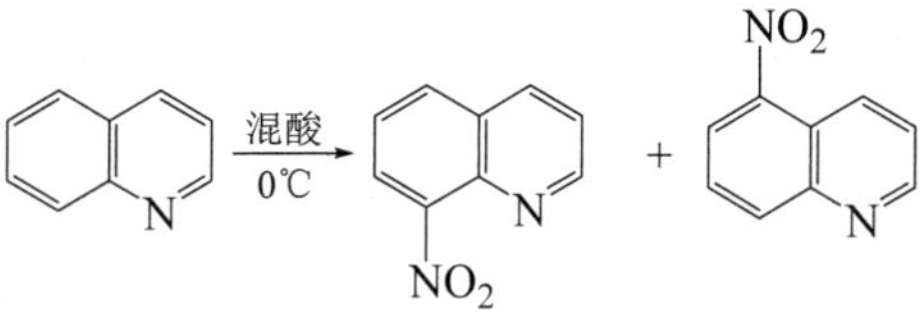

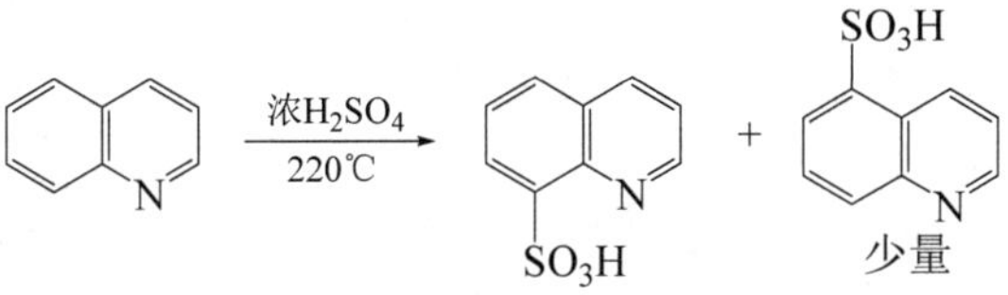

（反应式：喹啉 + Br_2，加热，$AgSO_4$，浓H_2SO_4 → 8-溴喹啉 + 5-溴喹啉）

（反应式：喹啉 + 混酸，0℃ → 8-硝基喹啉 + 5-硝基喹啉）

（反应式：喹啉 + 浓H_2SO_4，220℃ → 8-磺酸喹啉 + 5-磺酸喹啉 少量）

b.亲核取代。喹啉与吡啶一样，也能发生亲核取代反应，取代基主要进入吡啶环（2或4位）。如：

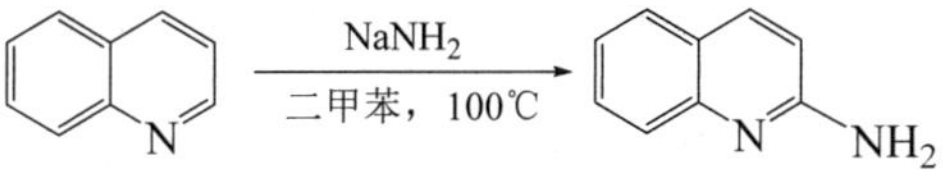

（反应式：喹啉 + $NaNH_2$，二甲苯，100℃ → 2-氨基喹啉）

c.弱碱性。喹啉与吡啶相似，也呈弱碱性（pK_b=9.1），但碱性比吡啶（pK_b=8.8）弱，可与酸反应生成盐，喹啉也可与卤代烷等反应生成类似季铵盐的物质。但喹啉与重铬酸作用生成的复盐$(C_8H_7N)_2 \cdot H_2Cr_2O_7$，难溶于水，可用此法精制喹啉。

d.氧化反应。喹啉对一般氧化剂较稳定，用较强的氧化剂（如高锰酸钾）氧化时，通常苯环优先破裂，生成2,3-吡啶二甲酸。

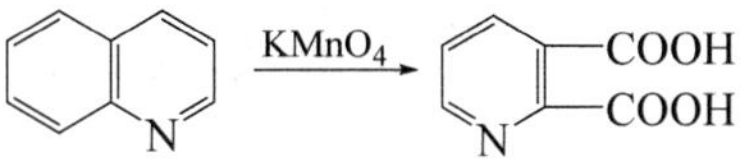

（反应式：喹啉 + $KMnO_4$ → 2,3-吡啶二甲酸）

2,3-吡啶二甲酸在140℃下受热脱羧生成烟酸：

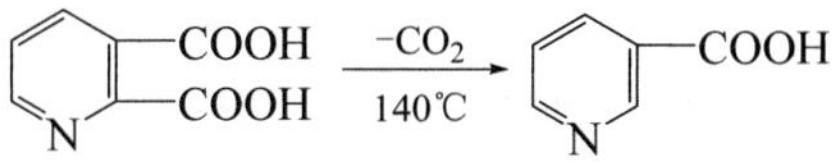

（反应式：2,3-吡啶二甲酸 $\xrightarrow[140℃]{-CO_2}$ 烟酸）

e.还原反应（加成）。当用金属钠和乙醇或锡和盐酸等较弱的还原剂还原时，吡啶环加氢生成1,2,3,4-四氢喹啉。当用活泼的催化剂铂、钯时，喹啉加氢生成十氢喹啉。

13.3 五元杂环化合物

在五元杂环化合物中,含有 1 个或 2 个杂原子的较为重要。这里我们只讨论含有 1 个杂原子的五元杂环化合物——呋喃、噻吩和吡咯,因为它们的衍生物非常重要,有的是具有重要生理作用的物质,有的则是重要的工业原料。

13.3.1 呋喃、噻吩和吡咯的结构

呋喃、噻吩和吡咯都为平面结构,如图 13.5 所示。

(a) 呋喃　　(b) 噻吩　　(c) 吡咯

图 13.5　呋喃、噻吩、吡咯的结构示意图

组成环的 4 个碳原子与 1 个杂原子都为 sp^2 杂化,彼此以 sp^2-sp^2 重叠形成σ键,连接成五元环;每个原子的未杂化 p 轨道肩并肩平行形成闭合的大π键,如图 13.6 所示。

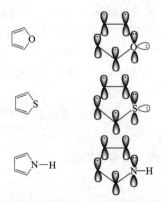

图 13.6　呋喃、噻吩、吡咯的未杂化 p 轨道形成大π键示意图

这一点从它们的键长数据可以看出。经物理方法测定得呋喃、噻吩、吡咯各键的键长数据见表 13.2。

13.2 五元杂环化合物的键长

化合物	键长/nm		
	C2—X	C2—C3	C3—C4
呋喃	0.1371	0.1354	0.1440
噻吩	0.1718	0.1352	0.1455
吡咯	0.1383	0.1371	0.1429

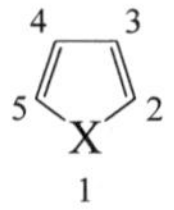

X=O、S、NH

三者的 C—X 键键长都较相应的饱和化合物短（在饱和化合物中，C—O、C—S 和 C—N 键长相应为 0.143nm、0.182nm 和 0.147nm），C2—C3 键也比一般的 C=C 键（0.134nm）长，C3—C4 的键长则都比一般的 C—C 键（0.154nm）短。说明三个化合物的键长都有一定程度的平均化，这是共轭体系的特征之一。

呋喃、噻吩、吡咯中每个碳原子的 p 轨道提供 1 个电子，杂原子的 p 轨道提供两个电子，组成了五个 p 轨道 6 个电子的闭合的共轭体系，其π电子数符合休克尔 $4n+2$ 规则，因此具有芳香性。但由于杂原子（氧、硫和氮）电负性的不同，使环上电子云密度无法像苯那样均匀分布，芳香性不如苯。杂原子电负性越大，对π电子的吸引力越大（或不容易给出电子），对杂环的芳香性越不利。杂原子的电负性顺序为 S＜N＜O，所以它们的芳香性大小顺序是：

噻吩＞吡咯＞呋喃

为了表示它们的共轭闭合环结构，呋喃、噻吩和吡咯也可以用下面形式表示。

呋喃　　噻吩　　吡咯

13.3.2 呋喃、噻吩和吡咯的物理性质和化学性质

13.3.2.1 呋喃、噻吩和吡咯的物理性质

呋喃、噻吩和吡咯都为无色液体。其中呋喃熔点为-85.6℃，沸点为 31℃，微溶于水，易溶于乙醇、乙醚等有机溶剂。噻吩熔点为-38℃，沸点为 84℃，不溶于水，可与乙醇、乙醚等混溶。吡咯熔点为-23℃，沸点为 131℃，在室温下，在水中溶解度为 8g/100g，能与醇、醚及其他有机溶剂混溶。

呋喃能使盐酸浸过的松木片呈现绿色；噻吩和靛红（吲哚满二酮）在硫酸作用下呈蓝色；吡咯（及同系物）蒸气遇盐酸浸湿的松木片呈红色。利用这些性质，可以检验呋喃、噻吩、吡咯的存在。

13.3.2.2 呋喃、噻吩和吡咯的化学性质

(1) 化学性质的推导

呋喃、噻吩、吡咯结构相似，因而具有类似的化学性质（如图 13.7 所示），由于杂原子（O、N、S）上的未杂化 p 轨道（有一对电子）与环上 4 个碳原子的未杂化 p 轨道（各自有 1 个电子）肩并肩平行形成了 6 个电子 5 个轨道的富电子共轭体系，使环上碳原子的电子云密度有所增加，因此这 3 个杂环化合物都比苯容易发生亲电取代反应，其中 α 位电子云密度最大，所以亲电取代反应一般发生在 α 位（即 2 或 5 位），如果 2 或 5 位已被取代基占据，则发生在 β 位（即 3 或 4 位）。呋喃、噻吩、吡咯都为不饱和的芳杂环化合物，可以发生加成（如催化加氢）反应。呋喃、噻吩、吡咯虽都为五元杂环化合物，但因环中杂原子的电负性的不同，三者的稳定性也不同（主要影响杂环芳香性）。杂原子电负性越小，给电子能力越强，则化合物越稳定，故而三者稳定性次序为：噻吩>吡咯>呋喃。

吡咯的氮原子连接着一个氢原子，会表现出一定的弱酸性。吡咯上氮原子的孤电子对参与共轭形成大 π 键，故而碱性极弱。

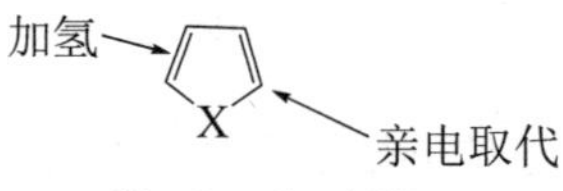

图 13.7 呋喃、噻吩、吡咯的化学性质推导

(2) 化学性质

① 对酸、碱和氧化剂的稳定性。呋喃、噻吩和吡咯对酸的稳定性不同。呋喃对酸最不稳定，很容易跟酸作用，稀酸就可使其结构破坏生成不稳定的二醛，然后聚合成树脂状物。吡咯与浓酸作用可聚合生成树脂状物。噻吩对酸则较稳定。

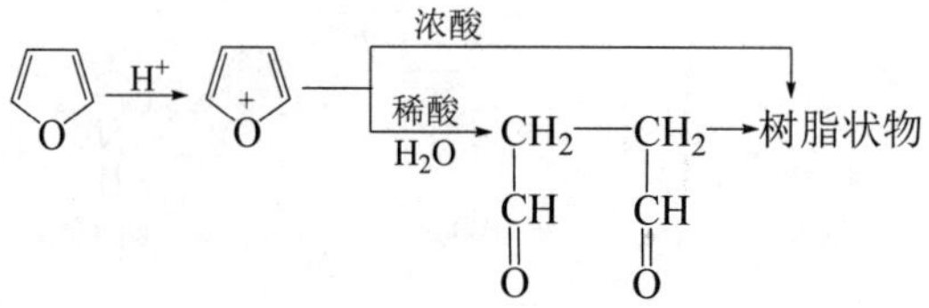

三者对碱都比较稳定，基本不跟碱作用。

呋喃和吡咯对氧化剂（甚至空气中的氧气）不稳定，呋喃稳定性最差，可被氧化成树脂状物。但噻吩对氧化剂较为稳定。

② 亲电取代反应。呋喃、噻吩和吡咯易发生亲电取代反应，活性比苯高。杂原子提供 2 个电子参与共轭，呈现给电子共轭效应，S 原子体积比碳原子大很多，匹配不好，给电子效果不如其他两者；N、O 原子大小与碳接近，N 原子电负性小，给电子效果好，因而它们给电子能力顺序为 N>O>S，所以亲电取代反应活性顺序为：

吡咯 > 呋喃 > 噻吩 > 苯

a. 卤化。三者卤代都无需催化剂，呋喃卤代时在低温下即发生反应；噻吩与卤素反应在室温下发生；吡咯卤代反应的活性比前两者都高，在低温下即可生成四卤代物。

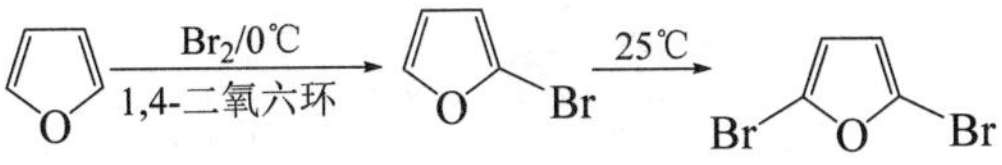

$$\begin{CD} \text{呋喃} @>{Br_2/0℃}>{1,4-\text{二氧六环}}> \text{2-Br-呋喃} @>{25℃}>> \text{2,5-二Br-呋喃} \\ & & 80\% \end{CD}$$

$$\text{噻吩} \xrightarrow[\text{CH}_3\text{COOH}]{Br_2/\text{室温}} \text{2-Br-噻吩} \quad 78\%$$

$$\text{吡咯} \xrightarrow[\text{CH}_3\text{CH}_2\text{OH}]{Br_2/0℃} \text{2,3,4,5-四溴吡咯}$$

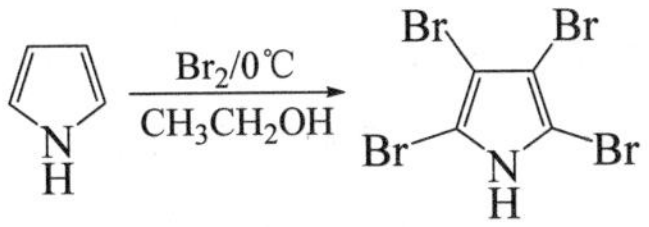

吡咯与碘在碱性介质中反应生成四碘吡咯,四碘吡咯在医疗中可作为伤口消毒剂。

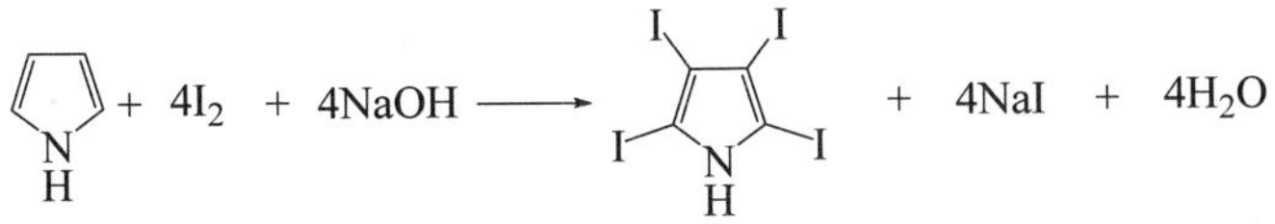

$$\text{吡咯} + 4I_2 + 4NaOH \longrightarrow \text{四碘吡咯} + 4NaI + 4H_2O$$

b. 硝化。呋喃、噻吩和吡咯用硝酸硝化,易氧化或开环聚合。用温和的试剂,如用酸酐和乙酰基硝酸酯,在低温下进行硝化,生成 α-硝基化合物。

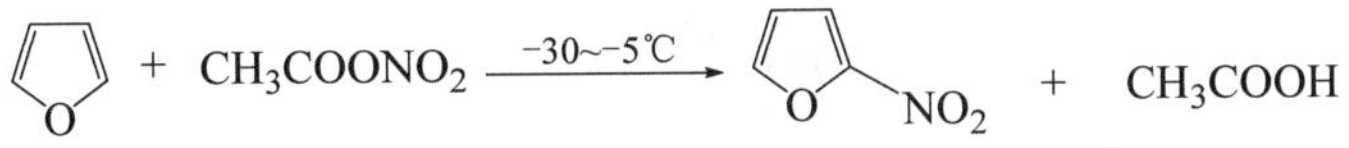

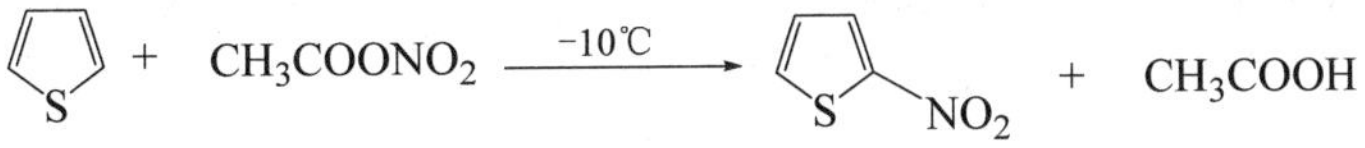

$$\text{呋喃} + CH_3COONO_2 \xrightarrow{-30\sim-5℃} \alpha\text{-硝基呋喃} + CH_3COOH$$

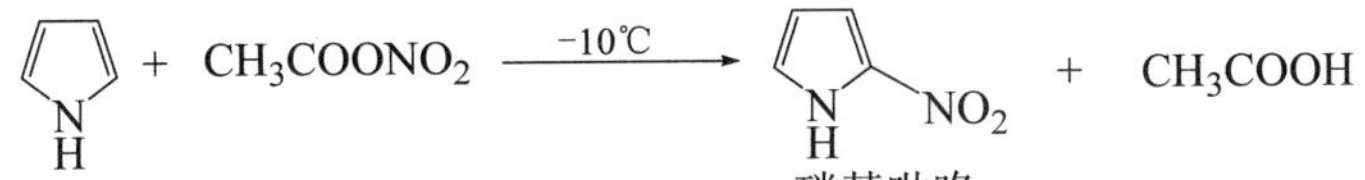

$$\text{噻吩} + CH_3COONO_2 \xrightarrow{-10℃} \alpha\text{-硝基噻吩} + CH_3COOH$$

$$\text{吡咯} + CH_3COONO_2 \xrightarrow{-10℃} \alpha\text{-硝基吡咯} + CH_3COOH$$

c. 磺化。由于呋喃、吡咯对酸不稳定,磺化必须在特殊条件下才能进行,用吡啶的三氧化硫加成物作为磺化剂,反应如下:

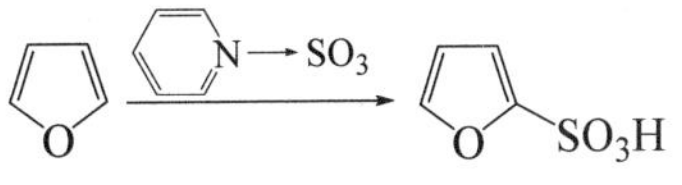

$$\text{呋喃} \xrightarrow{\text{吡啶} \to SO_3} \alpha\text{-呋喃磺酸}$$

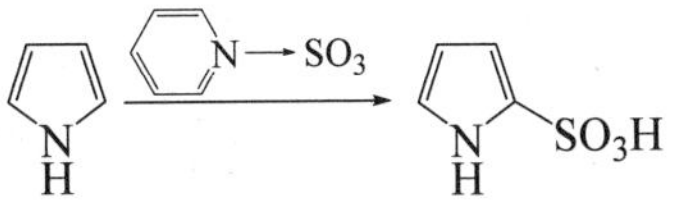

$$\text{吡咯} \xrightarrow{\text{吡啶} \to SO_3} \alpha\text{-吡咯磺酸}$$

噻吩相对稳定,可以用吡啶的三氧化硫加成物磺化,也可以用浓硫酸在室温下磺化。

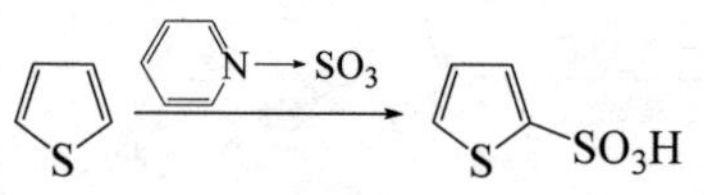

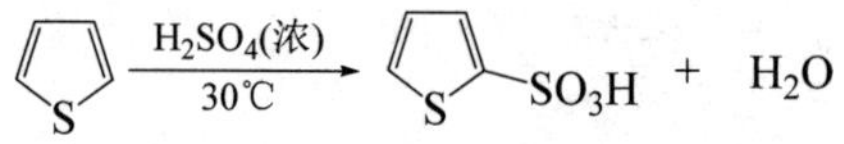

$$\text{噻吩} \xrightarrow{\text{N} \to SO_3} \text{噻吩-}SO_3H$$

$$\text{噻吩} \xrightarrow[30℃]{H_2SO_4(\text{浓})} \underset{\alpha\text{-噻吩磺酸}}{\text{噻吩-}SO_3H} + H_2O$$

利用噻吩可以被硫酸磺化这一性质可去除苯中的噻吩。在石油馏分中，苯和噻吩沸点接近（苯80.1℃，噻吩84℃），难以分离。可向混合物中加入浓硫酸，在室温下搅拌一段时间，混合物中噻吩被磺化生成α-噻吩磺酸，其溶于硫酸中（下层）；而苯不能被磺化，浮在上层。分液后蒸馏可得比较纯的苯，而α-噻吩磺酸水解，可得到噻吩。

d. 弗-克反应。呋喃、噻吩、吡咯等可以酰基化，如下：

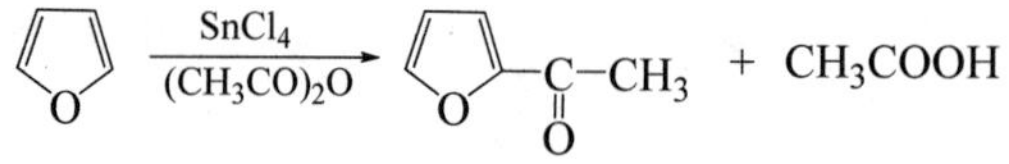

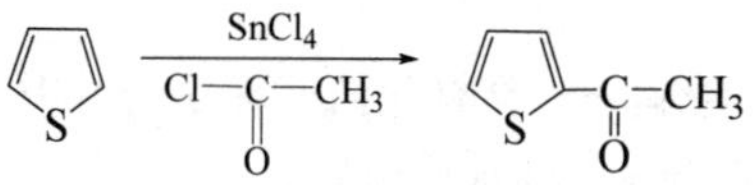

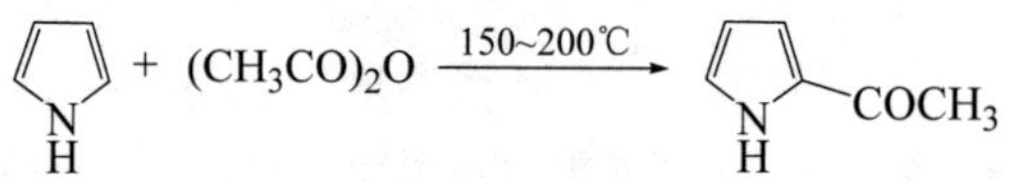

$$\text{呋喃} \xrightarrow[(CH_3CO)_2O]{SnCl_4} \text{呋喃-COCH}_3 + CH_3COOH$$

$$\text{噻吩} \xrightarrow[Cl-\overset{O}{\underset{}{C}}-CH_3]{SnCl_4} \text{噻吩-COCH}_3$$

$$\text{吡咯} + (CH_3CO)_2O \xrightarrow{150\sim 200℃} \text{吡咯-COCH}_3$$

它们的烷基化较复杂，很难得到一烷基取代产物，常得到多烷基产物，甚至产生树脂状物质。

③ 加成反应。呋喃、噻吩和吡咯都可催化加氢，生成相应的四氢化物。

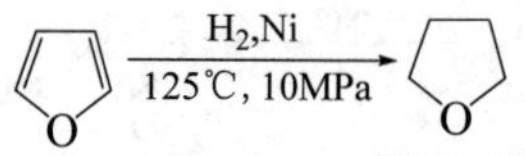

$$\text{呋喃} \xrightarrow[125℃, 10MPa]{H_2, Ni} \text{四氢呋喃}$$

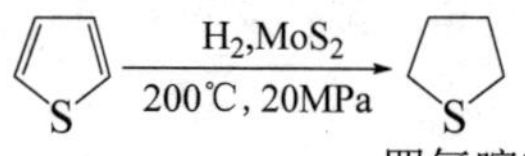

$$\text{噻吩} \xrightarrow[200℃, 20MPa]{H_2, MoS_2} \text{四氢噻吩}$$

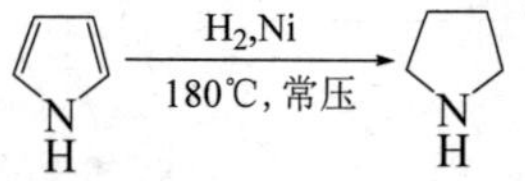

$$\text{吡咯} \xrightarrow[180℃, \text{常压}]{H_2, Ni} \text{四氢吡咯}$$

呋喃芳香性较差，表现出环状共轭二烯的特征，容易与活泼的亲双烯试剂进行双烯合成反应。有时吡咯也显示类似性质。如：

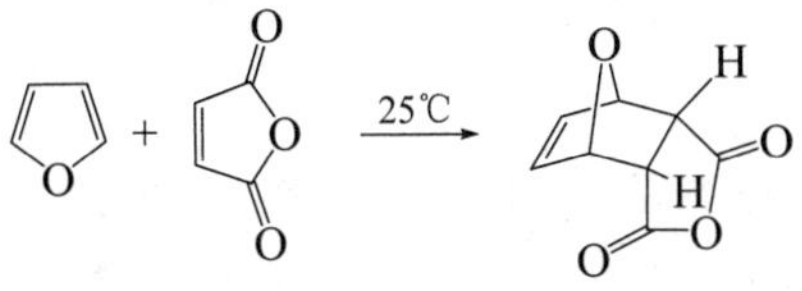

$$\text{呋喃} + \text{顺丁烯二酸酐} \xrightarrow{25℃} \text{(加成产物)}$$

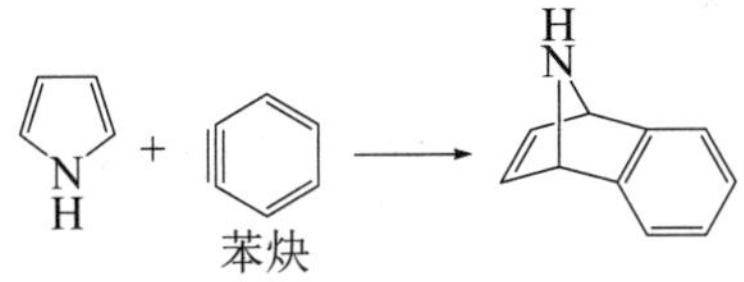

$$\text{吡咯} + \text{苯炔} \longrightarrow \text{(加成产物)}$$

芳香性较强的噻吩则不发生此反应。

④ 吡咯的弱碱性和弱酸性。吡咯氮原子上的未共用电子对参与了环的共轭形成了大π键，因此吡咯的碱性很弱（pK_b=13.6），而与其结构相似的四氢吡咯由于 N 上有孤电子对，碱性要强很多（pK_b=2.7）。

pK_b　　13.6　　2.7

吡咯的碱性不仅比一般的仲胺要弱，甚至比吡啶和苯胺还要弱（吡啶 pK_b=8.8，苯胺 pK_b=9.28），它不能与酸形成稳定的盐。

吡咯能缓慢地溶解在冷的稀酸溶液中，把该溶液加热，生成一种叫吡咯红的聚合物，浓酸则使吡咯聚合成树脂状化合物。

吡咯环中，与氮原子相连的氢容易离解成 H^+，因为电离后形成的具有五元环平面结构的负离子存在共轭效应，负电荷能得到分散，该负离子较稳定。故而吡咯呈一定的弱酸性。它能与活泼金属（钠或钾）、固体氢氧化钠（或固体氢氧化钾）等作用生成盐。

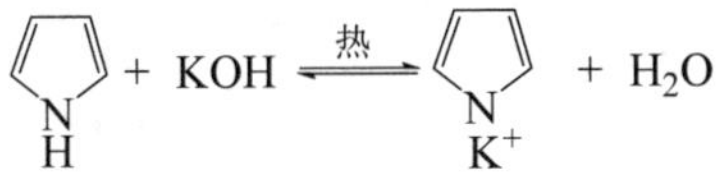

$$\text{吡咯} + KOH \xrightleftharpoons{\text{热}} \text{吡咯钾} + H_2O$$

因为吡咯的酸性比水弱，所以这种盐容易水解。

13.3.3　糠醛

糠醛，又名 α-呋喃甲醛，因为最初是用米糠与稀酸共热制得的，所以叫作糠醛。它是呋喃衍生物中最重要的一个，为无色透明液体，熔点-36.5℃、沸点 162℃，相对密度为 1.160，能溶于水，且能与乙醇、乙醚等混溶。在空气中久置会逐渐氧化变为黄色甚至棕色。在醋酸存在的条件下，糠醛和苯胺反应的产物呈红色，利用此反应可检验糠醛。

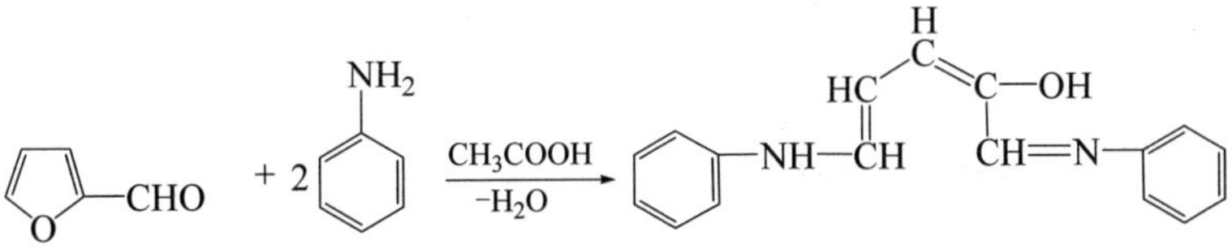

$$\text{糠醛-CHO} + 2\,\text{苯胺} \xrightarrow[-H_2O]{CH_3COOH} \text{红色产物}$$

13.3.3.1 糠醛的制备

糠醛在工业上由甘蔗渣、花生壳、棉籽壳、高粱秆、燕麦壳和玉米芯等农副产品与稀硫酸共热蒸馏制得。这些原料中都含有碳水化合物多缩戊糖，在酸的作用下，多缩戊糖先解聚变成戊醛糖，后者再进一步脱水成糠醛。

$$(C_5H_8O_4)_n + H_2O \xrightarrow[\text{加热}]{\text{稀}H_2SO_4} n\,C_5H_{10}O_5$$

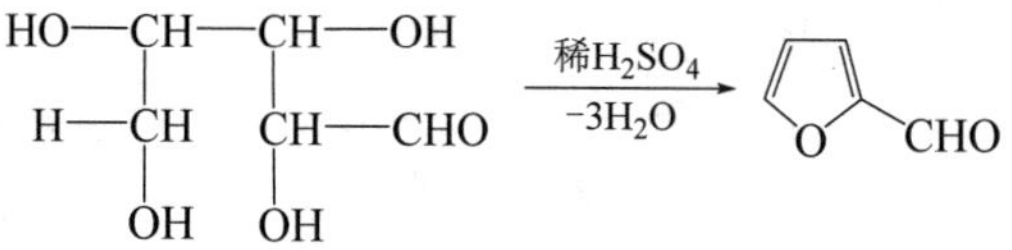

13.3.3.2 糠醛的化学性质

糠醛既有呋喃环，又具有醛基，因而同时具有这两个官能团的性质，主要反应如下：

（1）催化加氢

糠醛催化加氢可以生成各种化合物。用强的还原方法，如铂、钯、镍作催化剂加氢，呋喃环和醛基都被加氢还原。选择合适的催化剂可以把醛基还原，呋喃环保留下来。

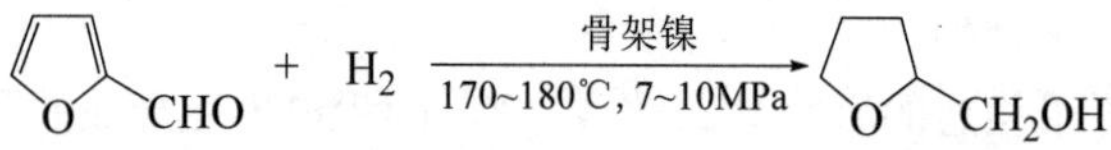

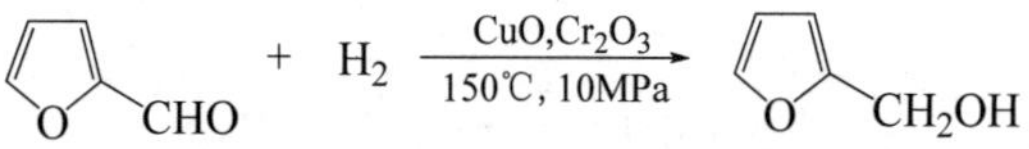

（2）氧化反应

糠醛被高锰酸钾氧化，醛基变为羧基，产物为2-呋喃甲酸（也叫糠酸）。

（3）Cannizzaro 反应和 Perkin 反应

糠醛分子中没有 α-氢原子，与苯甲醛相似，可以发生 Cannizzaro 反应。

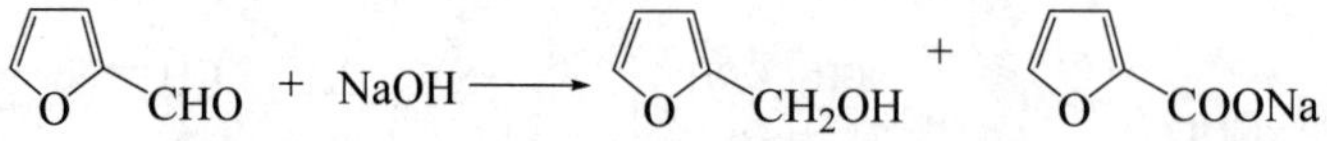

也可以发生 Perkin 反应。

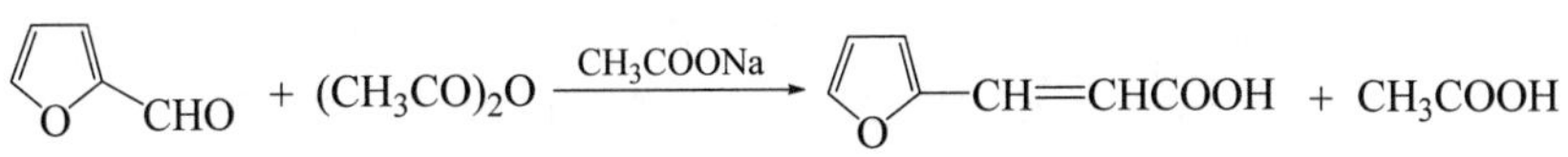

$$\text{furan-CHO} + (CH_3CO)_2O \xrightarrow{CH_3COONa} \text{furan-CH=CHCOOH} + CH_3COOH$$
α-呋喃丙烯酸

(4) 脱羧反应

在混合催化剂氧化锌-三氧化铬-二氧化锰催化作用下,糠醛和水蒸气的混合物在高温时可脱去羧基生成呋喃。

$$\text{furan-CHO} + H_2O \xrightarrow[400\sim 415℃]{ZnO\text{-}Cr_2O_3\text{-}MnO_2} \text{furan} + CO_2 + H_2$$

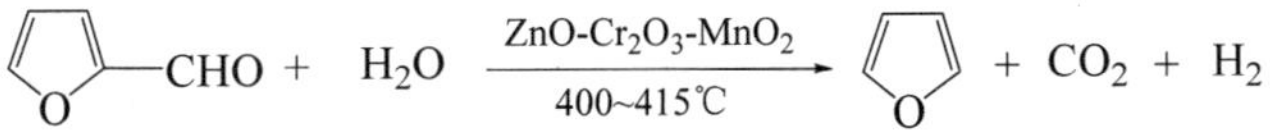

13.4 生物碱

13.4.1 生物碱简介

生物碱是存在于生物体内,结构比较复杂的含氮碱性化合物。含有氮杂环,如吡啶、吲哚、喹啉、嘌呤等,环的数目往往不止一个。一般为无色或白色晶状固体,少数是有颜色的液体。难溶于水,易溶于乙醇、乙醚、卤仿和苯等有机溶剂。

生物碱主要存在于植物中,所以也叫植物碱。生物碱主要分为吡啶类、吲哚类、喹啉类等。

生物碱具有很强的生理作用,如:吗啡碱有镇痛作用,喹啉碱能治疗疟疾,麻黄碱有止咳平喘的功效等。生物碱大多都具有旋光性,自然界中存在的一般都是左旋体。左旋体和右旋体的生理作用往往差别很大。迄今为止,人们已从各种植物和极少数动物中分离出几千种不同的生物碱,其中分子结构确定且具有良好疗效,并投入生产的药物有100多种。

13.4.2 生物碱的化学性质

(1) 弱碱性

生物碱分子中含有氮原子,以仲胺、叔胺和季铵碱等形式存在,显弱碱性,能与酸作用生成盐。其盐一般易溶于水,难溶于其他有机溶剂。用碱与生物碱的盐反应,可生成不溶于水的生物碱。生物碱的提取、分离和精制就是利用这种性质。这种性质可表示如下:

$$\underset{\text{(难溶于水)}}{\text{生物碱}} \xrightleftharpoons[OH^-]{H^+} \underset{\text{(易溶于水)}}{\text{生物碱的盐}}$$

(2) 氧化反应

在氧化剂的作用下,生物碱能发生氧化反应,生成相应的氧化产物。如:

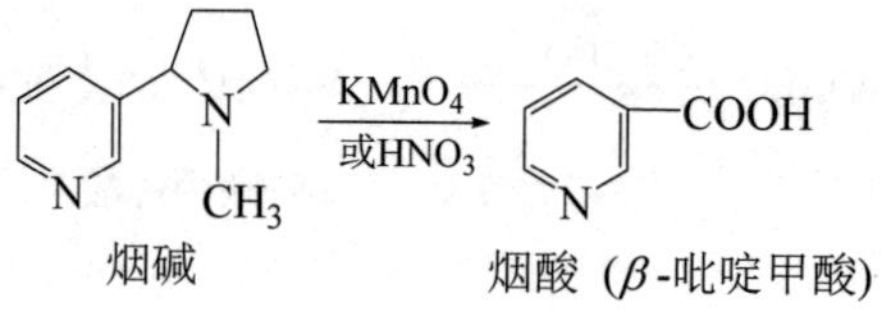

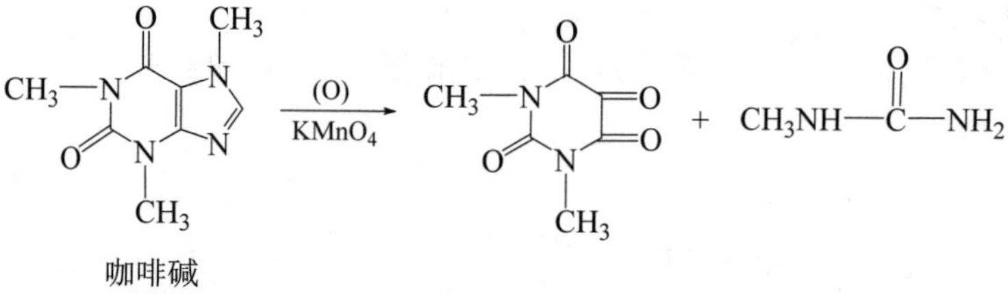

[反应式：烟碱 经 KMnO₄ 或 HNO₃ 氧化 生成 烟酸（β-吡啶甲酸）]

[反应式：咖啡碱 经 (O)/KMnO₄ 氧化生成相应产物 + CH₃NH—CO—NH₂]

（3）沉淀和颜色反应

生物碱与许多试剂反应有明显的现象变化，如生成沉淀或颜色变化，可用这些试剂来检验生物碱，这些试剂称为生物碱试剂。

生成沉淀的试剂有：碘化铋钾（$BiI_3 \cdot KI$）、磷钨酸（$H_3PO_4 \cdot 12WO_3 \cdot 2H_2O$）、硅钨酸（$12WO_3 \cdot SiO_2 \cdot 4H_2O$）、鞣酸、苦味酸等。

产生颜色反应的试剂有：浓硫酸、硝酸、甲醛和氨水等。如尿酸在用浓硝酸氧化后，再加入浓氨水就出现紫红色，反应很灵敏。反应式如下：

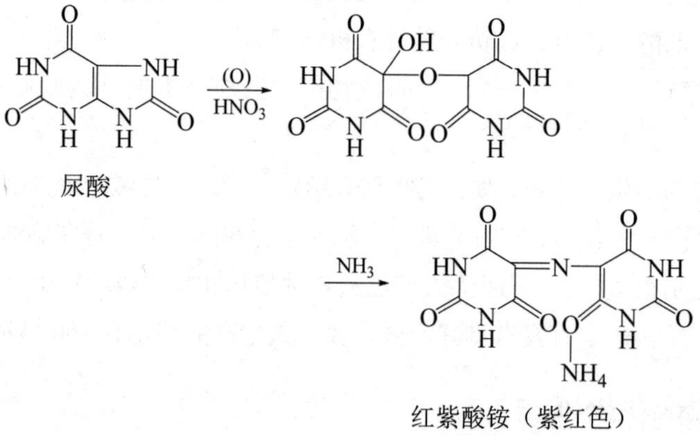

[反应式：尿酸 经 (O)/HNO₃ 氧化，再经 NH₃ 生成 红紫酸铵（紫红色）]

13.4.3 重要的生物碱

（1）咖啡碱（咖啡因）

咖啡碱又叫咖啡因，是一种黄嘌呤生物碱化合物，存在于茶叶、咖啡果中。无色或白色针状或粉状固体，熔点237℃，在178℃升华。咖啡因适度使用具有祛除疲劳、兴奋神经的功效，临床上常用于治疗神经衰弱和昏迷复苏。但是，它有一定的成瘾性，长期使用或大剂量会对人体造成伤害，停用会出现精神萎靡、浑身疲软困乏等症状。其结构式如下：

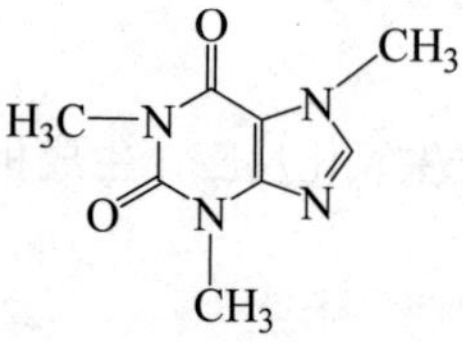

[咖啡因结构式]

（2）烟碱

烟碱又称尼古丁，分子中含有吡啶环，存在于烟叶中。微黄色液体，熔点为–79℃，沸点为246℃，溶于水和乙醇。少量使用有兴奋神经、升高血压的作用；大量使用则会抑制中枢神经，使心脏停搏致死。烟碱能通过口、鼻、支气管黏膜吸收，粘在皮肤表面亦可吸收，且能使人产生依赖性，因此吸烟有害健康。烟碱可杀灭蚜虫、蓟马、木虱等害虫，故而可用作杀虫剂。其结构式如下：

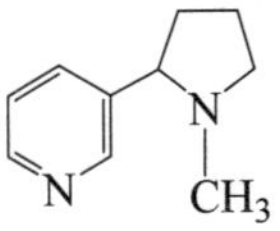

（3）奎宁

奎宁又称金鸡纳碱，存在于金鸡纳树及其同属植物的树皮中，为针状晶体，熔点177℃，微溶于水，易溶于乙醇、乙醚、氯仿等有机溶剂。奎宁是一种最早使用的抗疟疾药，现由于不良反应多，耐药性等原因，已较少使用，其结构式如下：

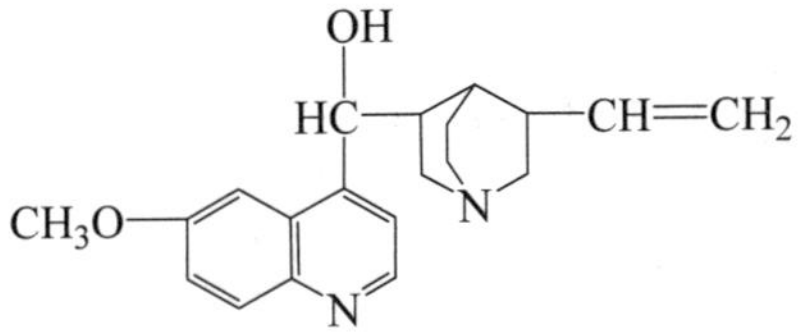

习 题

1. 命名下列化合物或写出其结构式。

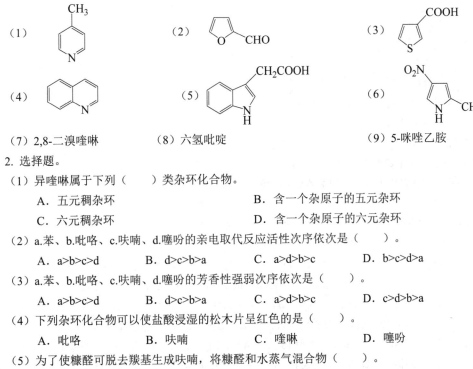

(7) 2,8-二溴喹啉　　(8) 六氢吡啶　　(9) 5-咪唑乙胺

2. 选择题。

(1) 异喹啉属于下列（　　）类杂环化合物。

　　A．五元稠杂环　　　　　　　　B．含一个杂原子的五元杂环

　　C．六元稠杂环　　　　　　　　D．含一个杂原子的六元杂环

(2) a.苯、b.吡咯、c.呋喃、d.噻吩的亲电取代反应活性次序依次是（　　）。

　　A．a>b>c>d　　B．d>c>b>a　　C．a>d>b>c　　D．b>c>d>a

(3) a.苯、b.吡咯、c.呋喃、d.噻吩的芳香性强弱次序依次是（　　）。

　　A．a>b>c>d　　B．d>c>b>a　　C．a>d>b>c　　D．c>d>b>a

(4) 下列杂环化合物可以使盐酸浸湿的松木片呈红色的是（　　）。

　　A．吡咯　　B．呋喃　　C．喹啉　　D．噻吩

(5) 为了使糠醛可脱去羰基生成呋喃，将糠醛和水蒸气混合物（　　）。

　　A．高温加压　　　　　　　　　B．在高温时通过混合催化剂

　　C．在低温时通过混合催化剂　　D．低温低压

3. 判断题。

(1) 呋喃、噻吩、吡咯的硝化反应可以用浓硫酸和浓硝酸酸化。 （ ）

(2) 吡啶比苯稳定，不易被氧化，但易被还原。 （ ）

(3) 呋喃使 HCl-松木片显红色。 （ ）

(4) 奎宁又称金鸡纳碱，存在于金鸡纳树中。 （ ）

(5) 吡咯能与酸形成稳定的盐，可以很快地溶解在冷的稀酸溶液中。 （ ）

4. 写出下列各反应的主要产物。

(1) 吡啶 + NaNH$_2$ $\xrightarrow[\text{回流}]{N,N\text{-二甲苯胺}}$ $\xrightarrow{H_2O}$ （ ）

(2) 吡啶 $\xrightarrow{H_2O_2, CH_3COOH}$ （ ）

(3) 喹啉 + NaNH$_2$ $\xrightarrow[100℃]{\text{二甲苯}}$ （ ）

(4) 3-甲基喹啉 $\xrightarrow[CH_3COOH, 40℃]{H_2, Pt}$ （ ）

(5) 噻吩 + Br$_2$ $\xrightarrow[\text{室温}]{CH_3COOH}$ （ ）

(6) 呋喃 + CH$_3$COONO$_2$ $\xrightarrow{-30\sim-5℃}$ （ ）

(7) 噻吩 $\xrightarrow[30℃]{H_2SO_4(\text{浓})}$ （ ）

(8) 吡咯 $\xrightarrow[180℃,\text{常压}]{H_2, Ni}$ （ ）

(9) 呋喃-2-甲醛 $\xrightarrow[\text{中性或碱性}]{KMnO_4}$ （ ）

(10) 2 呋喃-CHO + NaOH(浓) ⟶ （ ）

5. 用化学方法区别下列各组化合物：

(1) 苯、苯酚和噻吩。

(2) 糠醛和苯甲醛。

(3) 吡啶和α-甲基吡啶。

6. 用化学方法除去下列化合物中的少量杂质：

(1) 吡啶中混有少量六氢吡啶。

(2) 苯中混有少量噻吩。

(3) 甲苯中混有少量吡啶。

7. 把下列化合物按其碱性由强到弱排列成序：甲胺、苯胺、吡咯、吡啶、喹啉、氨。

8. 某杂环化合物 A（C$_5$H$_4$O$_2$），与还原剂作用生成 B（C$_5$H$_6$O$_2$）；B 经强氧化剂氧化不生成 A 而生成 C（C$_5$H$_4$O$_3$），A 也可氧化为 C；C 能与 NaHCO$_3$ 溶液作用，加热 C 放出气体生成 D（C$_4$H$_4$O）；D 无酸性，也不发生醛酮反应，但是能使盐酸浸过的松木片显绿色，试推测 A、B、C、D 的结构。

9. 吡啶甲酸 3 个异构体的熔点分别为 137℃（A）、234~237℃（B）、317℃（C）。喹啉氧化时得到二元酸 D（C$_7$H$_5$O$_4$N），D 加热时生成 B。异喹啉氧化时得到二元酸 E(C$_7$H$_5$O$_4$N)，E 加热时生成 B 和 C。据此推测 A、B、C、D、E 的构造式，并写出有关的反应式。

参考文献

[1] 蔡素德. 有机化学. 4版. 北京：中国建筑工业出版社，2017.
[2] 陈宏博. 有机化学. 4版. 大连：大连理工大学出版社，2015.
[3] 陈洪超. 有机化学. 3版. 北京：高等教育出版社，2009.
[4] 付彩霞，王春华. 有机化学. 2版. 北京：科学出版社，2020.
[5] 付建龙，李红. 有机化学. 2版. 北京：化学工业出版社，2017.
[6] 高鸿宾. 有机化学简明教程. 天津：天津大学出版社，2001.
[7] 高吉刚. 基础有机化学. 北京：化学工业出版社，2013.
[8] 谷亨杰，吴泳，丁金昌. 有机化学. 2版. 北京：高等教育出版社，2007.
[9] 吉卯祉，彭松，葛正华. 有机化学. 3版. 北京：科学出版社，2013.
[10] 蓝仲薇，李瑛，陈华，等. 有机化学基础. 北京：海洋出版社，2004.
[11] 李东冈，易兵. 有机化学. 2版. 武汉：华中科技大学出版社，2017.
[12] 李小瑞，姚团利，赵艳娜，等. 有机化学. 2版. 北京：化学工业出版社，2018.
[13] 林晓辉，朱焰，姜洪丽. 有机化学概论. 北京：化学工业出版社，2019.
[14] 彭凤鼐，毛璞，卢奎，等. 有机化学. 北京：化学工业出版社，2008.
[15] 覃兆海，马永强. 有机化学. 北京：化学工业出版社，2014.
[16] 魏俊杰. 有机化学. 北京：高等教育出版社，2003.
[17] 吴爱斌，李冰清，龚银香. 有机化学. 北京：化学工业出版社，2017.
[18] 吴范宏，任玉杰. 有机化学. 北京：高等教育出版社，2014.
[19] 杨建奎，张薇. 有机化学. 北京：化学工业出版社，2015.
[20] 姚映庆. 有机化学. 2版. 武汉：武汉理工大学出版社，2005.
[21] 于世钧，安悦，闫杰. 有机化学. 北京：化学工业出版社，2014.
[22] 袁履冰. 有机化学. 北京：高等教育出版社，2003.
[23] 周乐. 有机化学. 北京：科学出版社，2009.
[24] 朱仙第，蒋华江，吴家守，等. 有机化学. 杭州：浙江大学出版社，2019.
[25] 曾昭琼. 有机化学（上下册）. 4版. 北京：高等教育出版社，2004.
[26] 段文贵. 有机化学. 2版. 北京：化学工业出版社，2016.
[27] 高鸿宾. 有机化学. 4版. 北京：高等教育出版社，2005.
[28] 郭灿成. 有机化学. 2版. 北京：科学出版社，2006.
[29] 郝红英. 有机化学. 北京：化学工业出版社，2017.
[30] 胡春. 有机化学. 2版. 北京：中国医药科技出版社，2013.
[31] 胡春. 有机化学. 北京：高等教育出版社，2013.
[32] 胡宏纹. 有机化学. 4版. 北京：高等教育出版社，2013.
[33] 曾昭琼. 有机化学. 3版. 北京：高等教育出版社，1993.
[34] 吉卯祉，黄家卫，沈峥. 有机化学. 4版. 北京：科学出版社，2016.
[35] 刘俊义，董陆陆. 有机化学. 北京：北京大学医学出版社，2015.
[36] 陆涛，胡春，项光亚. 有机化学. 8版. 北京：人民卫生出版社，2016.
[37] 钱旭红，高建宝，焦家俊，等. 有机化学. 3版. 北京：化学工业出版社，2014.

[38] 宋昭峥. 有机化学. 东营：中国石油大学出版社，2014.

[39] 汪小兰. 有机化学. 4版. 北京：高等教育出版社，2005.

[40] 邢存章，于跃芹. 有机化学. 济南：山东大学出版社，2001.

[41] 邢其毅，裴伟伟，徐瑞秋，等. 基础有机化学. 4版. 北京：北京大学出版社，2016.

[42] 张文勤，郑艳，马宁，等. 有机化学. 5版. 北京：高等教育出版社，2014.

[43] 徐寿昌. 有机化学. 2版. 北京：高等教育出版社，1993.

[44] 尹冬冬. 有机化学. 北京：北京师范大学出版社，2014.

[45] 张晓梅，陈红，王传虎，等. 有机化学. 北京：化学工业出版社，2016.

[46] 赵建庄，尹立辉. 有机化学. 北京：中国林业出版社，2014.

[47] 赵骏，杨武德. 有机化学. 北京：中国医药科技出版社，2015.